"十四五"时期水利类专业重点建设教材

水资源工程概论

主　编　白　涛　黄　强
副主编　李　茉　程　瑶　郭鹏程　李铁键　潘保柱

中国水利水电出版社
www.waterpub.com.cn
·北京·

内 容 提 要

本教材从地表水、地下水常规水资源以及非常规水资源开发利用出发，全面介绍了水资源开发利用工程。

本书分为四个部分，共十三章。第一部分绪论及水资源工程的基本知识；第二部分包括水库枢纽工程、水力发电工程、农田水利工程、给排水工程、治河防洪工程、港口与航道工程、生态水利工程等方面，重点介绍了地表水资源工程；第三部分从垂直取水建筑物、水平取水建筑物和辐射井等其他取水建筑物，介绍了地下水资源工程；第四部分从海水、再生水、空中水等非常规水资源出发，介绍了其他水资源工程。

本书可作为水文与水资源工程、农业工程、环境工程、能源与动力工程、港口与航道工程、土木工程、工程力学等专业本科生、专科生"水资源工程概论""水利工程概论"课程的教材及参考书，也可供基层水利工作人员和其他非水利专业人员参考使用。

图书在版编目（CIP）数据

水资源工程概论 / 白涛，黄强主编. -- 北京：中国水利水电出版社，2023.11
"十四五"时期水利类专业重点建设教材
ISBN 978-7-5226-1055-9

Ⅰ．①水… Ⅱ．①白… ②黄… Ⅲ．①水资源－高等学校－教材 Ⅳ．①TV211

中国国家版本馆CIP数据核字(2023)第215415号

书　　名	"十四五"时期水利类专业重点建设教材 **水资源工程概论** SHUIZIYUAN GONGCHENG GAILUN
作　　者	主　编　白涛　黄强 副主编　李茉　程瑶　郭鹏程　李铁键　潘保柱
出版发行	中国水利水电出版社 （北京市海淀区玉渊潭南路1号D座　100038） 网址：www.waterpub.com.cn E-mail：sales@mwr.gov.cn 电话：(010) 68545888（营销中心）
经　　售	北京科水图书销售有限公司 电话：(010) 68545874、63202643 全国各地新华书店和相关出版物销售网点
排　　版	中国水利水电出版社微机排版中心
印　　刷	清淞永业（天津）印刷有限公司
规　　格	184mm×260mm　16开本　19.25印张　468千字
版　　次	2023年11月第1版　2023年11月第1次印刷
印　　数	0001—2000册
定　　价	**58.00元**

凡购买我社图书，如有缺页、倒页、脱页的，本社营销中心负责调换

版权所有·侵权必究

编写人员名单

主　　编　白　涛　黄　强

副主编　李　茉　程　瑶　郭鹏程　李铁键　潘保柱

参　编　杨　杰　李　昱　许增光　李家叶

主　审　金　峰　练继建

副主审　韩菊红　吴吉春　刘廷玺

前　言

2020年，教育部高等学校水利类专业教学指导委员会（以下简称"教指委"）优化与调整了水文与水资源工程（以下简称"水文"）专业的培养计划。新的培养计划以思想政治教育有机融入课程为指导思想，将"水利工程概论"课程调整为"水资源工程概论"课程，充分体现了教指委对水文专业学生在水资源开发利用工程领域的高度重视。"十三五""十四五"期间，科技部发布国家重点研发计划"水资源高效开发利用""长江黄河等重点流域水资源与水环境综合治理"等重点专项申报指南，涉及26项内容、80余项资助项目，充分体现了国家对于水资源开发利用的高度重视和殷切希望。在满足新时代生态保护和高质量发展领域急需的应用型、复合型、创新型人才和水利工程专业培养计划优化与调整的背景下，正式拉开了《水资源工程概论》教材编写的序幕。

《水资源工程概论》教材是在西安理工大学水利水电学院张彦法、陈尧隆、刘景翼老一辈水利工程专家主编的《水利工程》教材以及白涛、杨杰、程琳、苗林合编的《水利工程概论》教材一脉相传的基础上，融入水利水电学院一线教师和科研工作者几十年实践教学积累和宝贵经验，集中清华大学、东北农业大学、河北工程大学、澳门大学、武汉大学等兄弟院校学科与教学优势编写而成的。

本教材以地表水及地下水等常规水资源为主、非常规水资源为辅，全面介绍了水资源开发利用工程。全书分为绪论及水资源工程的基本知识、地表水资源工程、地下水资源工程和其他水资源工程四个部分，共十三章。第一章绪论，由西安理工大学白涛、黄强和河北工程大学程瑶编写，介绍了水资源概况、水资源开发利用现状，重点以我国70年来取得的历史成就，介绍了水资源开发利用现状；第二章水资源工程的基本知识，由西安理工大学白涛、黄强编写，介绍了水工建筑物类型及特点、水利枢纽对生态环境的影响等；第三章水库枢纽工程，由西安理工大学白涛编写，重点介绍了挡水、泄水、输水建筑物；第四章水力发电工程，由西安理工大学郭鹏程、白涛编写，介绍了水能的利用和开发方式，进水、引水、平水等水电站建筑物以及水电站主要设备和厂房枢纽等；第五章农田水利工程、第六章给排水工程，由西安理工大学白涛撰写；第七章治河防洪工程、第八章港口与航道工程，由西安理工大学白涛撰写；第九章生态水利工程，由西安理工大学许增光、潘保柱、白涛撰写，介绍了河道内过鱼工程、河道外牧业大渠等生态水利工程；第十章垂直取水工程、第十一章水平取水工程和第十二章其他地下水取水工程，由东北农业大学李茉撰写，介绍了地下水资源开发利用工程；第十三章非常规水资源工程由清华大学李铁键、东莞理工学院李家叶、西安理工大学白涛撰写。

全书由西安理工大学白涛、黄强主编，李茉、程瑶、郭鹏程、李铁键、潘保柱为副主编，杨杰、李昱、许增光、李家叶为参编。本书由清华大学金峰教授、天津理工大学练继建教授主审，郑州大学韩菊红教授、南京大学吴吉春教授、内蒙古农业大学刘廷玺教授为副主审。马英杰教授、杨杰教授、何新林教授、苗隆德副教授、叶林副教授以及关心和支持本教材编写、出版的所有专家和编辑同志对教材送审稿认真审阅，提出了许多宝贵意见，在此表示衷心的感谢。

由于编者水平所限，教材中的不足之处在所难免，恳请读者批评指正，可将有关意见和建议发送至电子邮箱：wasr973@gmail.com。

编者

2022 年 7 月

目　录

前言

第一章　绪论 ········· 1
　第一节　水资源概况 ········· 1
　第二节　水利事业 ········· 8
　第三节　水资源开发利用现状 ········· 11
　第四节　水资源保护 ········· 17
　思考题 ········· 20

第二章　水资源工程的基本知识 ········· 21
　第一节　水文学的基本知识 ········· 21
　第二节　水利水电规划 ········· 26
　第三节　水工建筑物 ········· 28
　第四节　水利枢纽 ········· 31
　思考题 ········· 36

第三章　水库枢纽工程 ········· 37
　第一节　挡水建筑物 ········· 37
　第二节　泄水建筑物 ········· 74
　第三节　输水建筑物 ········· 91
　思考题 ········· 101

第四章　水力发电工程 ········· 103
　第一节　水能的利用和开发方式 ········· 103
　第二节　水电站建筑物 ········· 108
　第三节　水电站主要设备 ········· 117
　第四节　水电站厂房枢纽 ········· 125
　第五节　其他类型的水电站厂房 ········· 132
　思考题 ········· 138

第五章　农田水利工程 ········· 139
　第一节　概述 ········· 139

第二节　取水工程 ………………………………………………………… 142
　　第三节　渠道工程 ………………………………………………………… 151
　　第四节　渠系建筑物 ……………………………………………………… 157
　　第五节　水泵及水泵站 …………………………………………………… 166
　　思考题 ……………………………………………………………………… 172

第六章　给排水工程 …………………………………………………………… 173
　　第一节　给水系统 ………………………………………………………… 173
　　第二节　主要给水构筑物 ………………………………………………… 176
　　第三节　给水处理 ………………………………………………………… 178
　　第四节　排水系统 ………………………………………………………… 181
　　思考题 ……………………………………………………………………… 183

第七章　治河防洪工程 ………………………………………………………… 184
　　第一节　河床演变 ………………………………………………………… 184
　　第二节　河道整治 ………………………………………………………… 188
　　第三节　河道整治建筑物 ………………………………………………… 191
　　第四节　防洪工程 ………………………………………………………… 195
　　思考题 ……………………………………………………………………… 196

第八章　港口与航道工程 ……………………………………………………… 198
　　第一节　航道工程 ………………………………………………………… 198
　　第二节　内河港口 ………………………………………………………… 201
　　第三节　通航建筑物 ……………………………………………………… 202
　　思考题 ……………………………………………………………………… 208

第九章　生态水利工程 ………………………………………………………… 209
　　第一节　基本概念和设计原则 …………………………………………… 209
　　第二节　河道内生态水利工程 …………………………………………… 210
　　第三节　河道外生态水利工程 …………………………………………… 218
　　思考题 ……………………………………………………………………… 223

第十章　垂直取水工程 ………………………………………………………… 224
　　第一节　管井工程 ………………………………………………………… 224
　　第二节　大口井工程 ……………………………………………………… 243
　　思考题 ……………………………………………………………………… 249

第十一章　水平取水工程 ……………………………………………………… 250
　　第一节　渗渠工程 ………………………………………………………… 250
　　第二节　截潜流工程 ……………………………………………………… 258
　　第三节　坎儿井工程 ……………………………………………………… 263
　　思考题 ……………………………………………………………………… 269

第十二章　其他地下水取水工程 ······ 270
第一节　辐射井工程 ······ 270
第二节　其他地下水取水工程简介 ······ 275
思考题 ······ 277

第十三章　非常规水资源工程 ······ 278
第一节　海水淡化工程 ······ 278
第二节　再生水利用工程 ······ 281
第三节　空中水资源利用工程 ······ 288
思考题 ······ 293

参考文献 ······ 294

第一章 绪 论

水资源是人类生活和生产劳动所必需的、能从自然界获得补充并可资利用的自然资源，也是一种独特的、不可替代的、数量有限的资源。作为社会和经济的基础，它具有多重价值。但是，与其他大多数有价值的资源不同，确定它真正的价值极其困难。

联合国教科文组织总干事奥德蕾·阿祖莱（Audrey Azoulay）如此形容水资源：水是我们最宝贵的资源，是超过 20 亿人无法直接获得的"蓝色黄金"。它不仅对生存至关重要，而且在人类社会的核心发挥卫生、社会和文化作用。

第一节 水资源概况

一、水资源的概念及特点

水资源是自然资源的一种。"水资源"作为官方词语第一次出现于 1894 年，美国地质调查局（United States Geological Survey，USGS）设立了水资源处（Water Resources Department，WRD），其主要业务范围是地表河川径流和地下水的观测以及其资料的整编和分析等。此处，水资源作为地表水和地下水的总称。此后，随着水资源研究范畴的不断拓展，其内涵不断地丰富和发展。

不同的专家、学者和机构对于水资源的概念及内涵具有不同的认识与理解，但是作为维持人类社会存在与发展的重要资源之一，水资源具有以下特点：

（1）是按照社会需要提供或有可能提供的水量；
（2）具有可靠的来源，并且可以通过自然界水文循环不断得到更新和补充；
（3）可通过人工调节加以控制；
（4）其水量和水质能够适应人类用水的要求。

二、水资源的分类

（一）地表水

地表水是指地面上的任何水体，包括小溪、河流、湖泊、湿地、水库和冰川等，主要有以下三种类型：

（1）永久（常年）地表水，一年四季都存在，包括河流、沼泽和湖泊；
（2）半永久（短暂）地表水，指一年中只有在特定时间出现的水体，包括小溪、潟湖和水坑等区域；
（3）人造地表水，可通过人类建造的基础设施继续使用的水，主要存在于水坝和人工湿地中。

（二）地下水

地下水是存在于地表以下岩石和土壤孔隙、裂隙和溶隙中的水。按照地下水埋藏的形式可以分为包气带水、潜水和承压水。

（1）包气带水：地表面与地下水面之间与大气相通的含有气体的地带，称为包气带。存在于包气带中的地下水称为包气带水。

（2）潜水：地表以下，第一个稳定分布的隔水层之上，具有自由水面的地下水称为潜水。

（3）承压水：充满于上下两个相对隔水层之间承受静水压力的地下水称为承压水。

（三）非常规水资源

非常规水源是常规水源的重要补充，对于缓解水资源供需矛盾、提高区域水资源配置效率和利用效益等方面具有重要作用。

针对非常规水源表述、统计口径不一致等问题，全国节水办在广泛调研、深入研究的基础上，组织起草了加强和规范非常规水源统计工作的文件。经充分征求意见，水利部印发《关于进一步加强和规范非常规水源统计工作的通知》（办节约〔2019〕241号），指出非常规水源是经处理后可以利用或在一定条件下可直接利用的再生水、淡化海水、微咸水、矿坑水等。

（1）再生水：废水或雨水经适当处理后，达到一定的水质指标，满足某种使用要求，可以进行有益使用的水。

（2）淡化海水：通过海水淡化设施处理后的水。

（3）微咸水：含盐量0.2%~0.5%的水或矿化度为2~5g/L的水。

（4）矿坑水：露天矿坑和井下矿道中的各种水。

三、水资源的形成及分布

（一）自然界水循环

自然界的地表水，由于受到太阳辐射热的作用，蒸发上升至大气中，与大气中的水分在一定的条件下凝结成降水（含降雨、降雪等）重新回到地表（含陆地、海洋、河流等），回到地表的水，一部分蒸发，另一部分则经各级沟涧江河汇入海洋，形成了周而复始的运行过程，称之为水循环。

降水到达地表后，一部分沿地表坡面流动，汇入河道成为地面径流；另一部分或渗入地下，以增加土壤含水量，或被植物、作物等吸收，以促进其生长，或以地下渗流的方式补给河道，形成地下径流（地面径流与地下径流之和称河川径流）；第三部分通过蒸发上升到大气中。

此外，水循环还包括局部性陆地-陆地和海洋-海洋的小循环。例如：降至陆地上的水，在没回到海洋之前，又被蒸发到空中，重新凝结成为降水而降至陆地上。内陆河并不汇入海洋，而是汇入内陆湖泊（如青海湖水系、塔里木河水系等）。

总的来说，地球上总蒸发量与总降水量的多年平均值是相等的。

(二) 世界水资源分布

1. 世界各大洲水资源

世界各大洲的自然条件不同，降水和径流的差异也较大。以年降水和年径流计，大洋洲各岛（除澳大利亚外）水量最丰，多年平均年降水深达2700mm，年径流深达1500mm以上，其中澳大利亚水量最少，年降水仅有460mm，年径流深仅40mm，有2/3的面积为荒漠和半荒漠。南美洲的水量也较丰富，降水和径流深均为全球陆面平均值的两倍。欧洲、亚洲和北美洲的降水和径流都接近全球陆面的平均值。非洲大陆有大面积的沙漠，气候炎热，虽年降水接近世界平均值，但年径流深却不及世界平均值的一半。南极洲降水虽然不多，只有全球陆面平均降水的20%，但全部降水以冰川的形态储存，总储存量相当全球淡水总量的62%。世界各大洲年降水及年径流分布见表1-1[1]。

表1-1　　　　　世界各大洲年降水及年径流分布

洲名	面积 /$10^3 km^2$	年降水 mm	年降水 $10^3 km^3$	年径流 mm	年径流 $10^3 km^3$	径流系数
亚洲	43475	741	32.2	332	14.41	0.45
非洲	30120	740	22.3	151	4.57	0.20
北美洲	24200	756	18.3	339	8.20	0.45
南美洲	17800	1596	28.4	661	11.76	0.41
南极洲	13980	165	2.31	165	2.31	1.00
欧洲	10500	790	8.29	306	3.21	0.39
大洋洲（各岛）	1335	2704	3.61	1566	2.09	0.58
全球陆地	149025	798	118.88	314	46.85	0.39

2. 世界各国水资源

按照国家年水资源量来看，水资源数量最大的前10个国家是：巴西（6950×$10^9 m^3$，以下单位相同）、俄罗斯（4270）、美国（3056）、印尼（2986）、加拿大（2901）、中国（2711.5）、孟加拉国（2357）、印度（2085）、委内瑞拉（1317）、哥伦比亚（1070）。

按人均占有水资源量计，排名最少的10个国家是：科威特（103m^3/人，以下单位相同）、利比亚（111）、新加坡（211）、沙特阿拉伯（254）、约旦（314）、也门共和国（359）、以色列（382）、突尼斯（443）、阿尔及利亚（528）、布隆迪（563）。2021年，中国人均占有水资源量仅为2090m^3，占全球平均水平的1/4，在153个国家中排第121位。

(三) 中国水资源分布

1. 河流、湖泊和冰川

根据《第一次全国水利普查公报》的结果，全国共有流域面积50km^2及以上河流45203条，总长度为1580.85万km；流域面积100km^2及以上河流22909条，总长度为 111.46km；流域面积 1000km² 及以上河流 2221 条，总长度为 38.65 万 km；流域面积 10000km² 及以上河流 228 条，总长度为 13.25 万 km，详见表 1-2。

表 1-2　　　　　　　　　　　河流分流域数量汇总表　　　　　　　　　　　单位：条

流域（区域）	流域面积			
	50km² 及以上	100km² 及以上	1000km² 及以上	10000km² 及以上
合计	45203	22909	2221	228
黑龙江	5110	2428	224	36
辽河	1457	791	87	13
海河	2214	892	59	8
黄河流域	4157	2061	199	17
淮河	2483	1266	86	7
长江流域	10741	5276	464	45
浙闽诸河	1301	694	53	7
珠江	3345	1685	169	12
西南西北外流区诸河	5150	2467	267	30
内流区诸河	9245	5349	613	53

中国七大江河是松花江、辽河、海河、黄河、淮河、长江和珠江。按河流的长度排列，长江干流全长有 6300km，在世界上仅次于非洲的尼罗河和南美洲的亚马孙河而居世界第 3 位；黄河的干流全长 5464km，在国内位居第二，但在世界大河中又次于美国的密西西比河而居世界第 5 位。按流域面积计，长江在中国国内属第一，在世界大河中属第 12 位；黄河属第 23 位。若按年径流量计，长江在世界大河中占第 3 位，珠江占第 15 位，黄河占第 24 位。

中国的河流中流入太平洋的有长江、黄河、辽河、黑龙江、珠江、海河、淮河、钱塘江、闽江、澜沧江等，流入印度洋的有怒江和雅鲁藏布江，流入北冰洋的有额尔齐斯河。此外，还有大片内陆河流域，如塔里木河、柴达木河等。中国主要河流特征见表 1-3[2]。

表 1-3　　　　　　　　　　　中国主要河流特征

河流	流域面积/km²	河长/km	年径流量/10⁸m³	注入地
长江	1808500	6300	9755	东海
黄河	752443	5464	592	渤海
黑龙江（中国境内）	1620710（903418）	3420	3430（1166）	鞑靼海峡
松花江	557180	2308	742	黑龙江
珠江	453690	2214	3360	南海
雅鲁藏布江	240480	2057	1654	孟加拉湾

续表

河流	流域面积/km²	河长/km	年径流量/10⁸m³	注入地
塔里木河	194210	2046	205	台特玛湖
澜沧江	167486	1826	760	南海
怒江	137818	1659	703	安达曼海
辽河	228960	1390	148	渤海
海河	263631	1090	228	渤海
淮河	269283	1000	611	长江
滦河	44900	877	48	渤海
鸭绿江	61889	790	291	黄海
额尔齐斯河	57290	633	100	喀拉海
伊犁河	61640	601	170	巴尔喀什湖
元江	39768	565	183	北部湾
钱塘江	42156	428	364	东海
南渡江	7176	311	70	琼州海峡
浊水溪	3155	186	54	台湾海峡

中国的湖泊西部分布较多。常年水面面积1km²及以上湖泊2865个，水面总面积7.80万km²（不含跨国界湖泊境外面积），其中淡水湖1594个，咸水湖945个，盐湖166个，其他160个，总储水量约7088×10^8m³，淡水湖泊水储量约占总湖水储量的32%。青藏高原上的湖泊水面面积占全国一半以上，多为咸水湖泊。东部地区则多为淡水湖泊。中国主要湖泊特征见表1-4[3]。

表1-4　　　　　　中国主要湖泊特征

类别	湖名	湖面高程/m	水面面积/km²	最大水深/m	储水量/10⁸m³	所在地
咸水湖泊	青海湖	3196.0	4635.0	28.7	854.4	青海
	呼伦湖	545.5	2315.0	8.0	131.3	内蒙古
	纳木错	4718.5	1940.0	35.0	(768.0)	西藏
	奇林错	4530.0	1640.0	33.0	(492.0)	西藏
	艾比湖	189.0	1070.0			新疆
	博斯腾湖	1048.0	1019.0	15.7	99.0	新疆
	札日南木错	4613.0	1000.0		(60.0)	西藏
	赛里木湖	2071.0	464.0		232.0	新疆
	玛旁雍错	4587.0	412.0		202.7	西藏
	喀顺错					西藏
	艾丁湖	-154.0	124.0			新疆
淡水湖泊	兴凯湖	69.0	4380.0		27.1	吉林、中俄界湖
	鄱阳湖	21.0	3583.0	16.0	248.9	江西
	洞庭湖	33.5	2740.0	30.8	178.0	湖南

续表

类别	湖名	湖面高程/m	水面面积/km²	最大水深/m	储水量/10⁸m³	所在地
淡水湖泊	太湖	3.0	2420.0	4.8	48.7	江苏、浙江、上海
	洪泽湖	12.5	2069.0	5.5	31.3	江苏
	南四湖	33.5～34.5	1268.0	6.0	25.3	山东
	巢湖	10.0	820.0	5.0	36.0	安徽
	鄂陵湖	4268.7	610.7	30.7	107.6	青海
	扎陵湖	4293.2	526.0	13.1	46.7	青海
	滇池	1885.0	330.0	8.0	15.7	云南
	抚仙湖	1875.0	217.0		173.5	云南
	长白山天池	2194.0	9.8	373.0	20.0	吉林
	日月潭	760.0	7.7		1.4	台湾

中国是世界上低纬度山丘冰川最多的国家之一，冰川主要分布在新疆、西藏、青海、甘肃、四川、云南等地山区，冰川覆盖面积约为 58700km²，占全球冰川总覆盖面积的 0.36%。全国冰川总储量约 51300×10⁸m³，多年平均冰川年融水量约 563×10⁸m³，是中国西部河流的重要补给来源。

在中国冰川覆盖面积中约有 61% 分布在内陆河流域。按行政区统计，西藏的冰川水资源量约占全国冰川水资源量的 60%，新疆约占全国的 34%。在内陆河流域的冰川水资源量每年约 236×10⁸m³，约占内陆河流域年水资源量的 24%。

冰川融水径流多发生于每年的 5—9 月，其中 6—8 月融水径流量可占消融期融水径流量的 90%。由于湿润年份气温相对较低，冰川融水径流较少；干旱年份气温相对较高，融水径流较多。因此，冰川融水补给量比重较大的河流，河川径流量的年际变化常较小。

2. 河川径流量

河川径流量指河流、湖泊、冰川等地表水体逐年更新的动态水量。中国水资源公报（2011—2020 年）显示，近 10 年我国河川径流量的平均值为 27434 亿 m³，平均径流深为 289.7mm，详见表 1-5。

表 1-5　　　　　　　　近 10 年我国河川径流量

年份	河川径流量/亿 m³	与多年平均值比较/%	径流深/mm
2020	30407	13.90	321.1
2019	27993	4.80	295.7
2018	26323	-1.40	278.0
2017	27746	3.90	293.1
2016	31274	17.10	330.3
2015	26901	0.70	284.1
2014	26264	-1.70	277.4

续表

年 份	河川径流量/亿 m³	与多年平均值比较/%	径流深/mm
2013	26840	0.50	283.4
2012	28373	6.20	299.6
2011	22214	−16.80	234.6
平均	27434	2.72	289.7

根据 2020 年《中国水资源公报》，全国河川径流量 30407.0 亿 m³，折合年径流深 321.1mm，比多年平均值偏多 13.9%，比 2019 年增加 8.6%，详见表 1-6。

表 1-6　　　　　　　　2020 年各水资源一级区河川径流量

水资源一级区	2020 年河川径流量/亿 m³	与 2019 年比较/%	与多年平均值比较/%
全国	30407.0	8.6	13.9
北方 6 区	5594.0	18.7	27.8
南方 4 区	24813.0	6.6	11.1
松花江区	1950.5	0.8	51.1
辽河区	470.3	53.8	15.3
海河区	121.5	16.2	−43.8
黄河区	796.2	15.4	30.2
淮河区	1042.5	217.7	54.0
长江区	12741.7	22.2	29.3
长江区太湖流域	292.3	43.1	82.5
东南诸河区	1665.1	−32.7	−16.2
珠江区	4655.2	−8.1	−1.1
西南诸河区	5751.1	8.3	−0.4
西北诸河区	1213.1	−10.1	3.5

河川径流的地区分布，由东南向西北递减，东南的高值区多年平均年径流深高达 1800mm（局部可大于 2000mm），而处于西北的低值区平均年径流深低于 50mm 以下。相应于前述干旱区河川年径流深多在 10mm 以下，不少地区基本不产生地表径流，河网不发育；半干旱区的河川年径流深多为 10～50mm，该区域内的水资源十分短缺，沙漠化日趋严重，人畜用水困难；相应于半湿润带的河川年径流深为 50～200mm，是由多水向少水的过渡地带，其中的平原地区已是中国北方的主要农作区，人口密度已明显增大，水资源供需矛盾突出；相应于湿润带的河川径流深为 200～800mm，相应于十分湿润带的河川径流深大于 800mm，以水稻为主的主要农作区，人口十分密集。

中国河流年径流的年内分配多集中于汛期 4 个月。在长江以南、云贵高原以东大部地区，汛期连续 4 个月的径流量占全年径流量的 60%，长江以北的比重则多在 80% 左右，海河流域平原河流高达 90%。南方河流汛期多在 4—7 月，北方河流汛期多为 6—9 月。冬季连续 3 个月的径流量占全年径流量的比值，南方河流多为 10% 左右，仅在台湾省东北部的河流达 20%，北方河流多在 5% 以下，东北地区因冬季河流结冰期较长，冬季径流所占比重更小，如辽河多在3%以下，松花江流域大多不到2%。

中国河川年径流很大比重来自洪水。与暴雨相应，在湖南、江西等地的河流洪水出现早，常从每年4月开始。珠江支流北江和东江的洪水常出现于5—6月，但西江的洪水则出现在6—7月，洞庭湖水系诸江洪水则出现于5—7月，长江的支流乌江洪水发生于6—8月，淮河、黄河中游、海河、滦河、辽河的洪水则出现于7—8月，松花江出现于8—9月，汉江出现于7—10月。

3. 地下水量

2021年，中国地质调查局组织25家水资源调查专业单位和31个省级地质环境监测机构，首次完成全国地下水储存量评价。结果显示，全国地下水总储存量约52.1万亿 m^3。北方地下淡水总储存量约35.5万亿 m^3，占全国的95%，主要分布于鄂尔多斯盆地、东北平原、河西走廊、华北平原等地区，可为保障北方水安全提供战略储备。南方地下淡水总储存量约1.9万亿 m^3，仅占全国的5%，主要分布于江汉洞庭平原、长江三角洲、成都平原等地区。此外，全国还有约14.7万亿 m^3 的地下咸水储存量，主要分布在塔里木盆地、准噶尔盆地、柴达木盆地等地区。从存量变化来看，2021年，中国地下水储存量净增加363亿 m^3。其中，浅层地下水储存量净增加357亿 m^3，深层地下水储存量净增加6亿 m^3。得益于华北平原2021年汛期的强降水过程和华北地区地下水超采综合治理，华北平原地下水储存量净增加17.1亿 m^3，其中浅层地下水增加32.4亿 m^3，但深层地下水减少15.3亿 m^3。随着全国地下水监测站网更加完善，地下水储存量计算的精度不断提高。在国家地下水监测工程20469个站点基础上，2021年全国地下水测点数由6.7万个增加到7.6万个，监测面积由2020年的400万 km^2 拓展到740万 km^2。

第二节 水 利 事 业

水利一词最早见于战国末期问世的《吕氏春秋》中的《孝行览·慎人》篇，但它所讲的"取水利"系指捕鱼之利。约公元前104—前91年，西汉史学家司马迁写成《史记》，其中的《河渠书》（见《史记·河渠书》）是中国第一部水利通史。该书记述了从禹治水到汉武帝黄河瓠子堵口该历史时期内一系列治河防洪、开渠通航和引水灌溉的史实之后，感叹道："甚哉水之为利害也"，并指出"自是之后，用事者争言水利"。从此，水利一词就具有防洪、灌溉、航运等除害兴利的含义。现代由于社会经济技术不断发展，水利的内涵也在不断充实扩大。1933年，中国水利工程学会第三届年会的决议中就曾明确指出："水利范围应包括防洪、排水、灌溉、水力、水道、给水、污渠、港工八种工程在内。"其中的"水力"指水能利用，"污渠"指城镇排水。进入20世纪后半叶，水利又增加了水土保持、水资源保护、环境水利和水利渔业等新内容，含义更加广泛。因此，水利一词可以概括为：人类社会为了生存和发展的需要，采取各种措施，对自然界的水和水域进行控制和调配，以防治水旱灾害，开发利用和保护水资源，为此进行的各种工作称为水利事业。

一、防洪

我国有 112 万 km² 的冲积平原，多处于各大江河的中下游，地面高程多在河流汛期洪水位以下，依靠堤防和其他工程措施加以保护。该地区人口集中，经济发达，是我国工农业生产的主要基地。据统计，从公元前 206 年到 1949 年期间，我国共发生较大的洪水灾害 1092 次，平均每两年发生一次水灾。新中国成立以来，我国进行了大规模水利工程建设，各大江河未发生重大洪水灾害事故，但远未达到根本治理的目标。如发生超过现有防洪能力的洪水时，全国国土近 1/2 的面积、1/2 的人口、2/3 的工农业总产值，将受到不同程度的威胁。因此，防洪问题仍然是十分突出的问题。防止洪水形成灾害的主要措施，有以下三种。

(1) 水土保持。流域内上游地区大量泥沙随地面径流进入河道，逐渐淤积在下游河床内，降低河道的行洪能力，致使河道破堤决口甚至改道，造成严重的洪水灾害，黄河便是典型案例之一。水土保持是利用造林、种草等生物措施，修筑梯田、治理沟壑等工程措施，拦蓄雨水，保护坡面土壤少受冲刷，以达维持生态平衡、涵养水土资源，防止洪水灾害。

(2) 提高河槽行洪能力。通过修建堤防、疏浚和整治河道，以提高河道的行洪能力。

(3) 分洪、滞洪和蓄洪。分洪是在泄流能力不足的河段上游修筑分洪闸，将超过河段安全泄量的部分洪水引走，以保证该河段的安全；滞洪和蓄洪是利用水库、湖泊、洼地等拦蓄部分洪水，以削减洪峰流量，保证河道安全。

二、农业灌溉

农作物的生长发育必须有适宜的水分、养料、空气、温度和日照等条件，各条件间相互联系、相互影响，特别是水，它对气、肥、热的影响起着主导作用。当土壤内水分不能满足作物生长时，则应向农田输水、配水，以增加土壤的含水量，即为灌溉；当土壤中水分过多时，则应排水。灌溉和排水是农田水利的两项主要措施。实现农田水利化，通常是修建引水、输水和配水建筑物，以及排水、集水设施，形成良好的灌溉排水系统，使农田旱则可灌，涝则能排，以保证农作物的正常生长。

三、水力发电

天然河道蕴藏着巨大的能量，水流能量的大小是由水体的重量和其落差的乘积共同决定的。水力发电是在河流上筑坝或修建引水道，集中河道分散的落差取得水头，通过调节径流取得流量，引导水流进入水电站厂房中的水轮发电机组，将水能转换为机械能和电能。水力发电突出的优点是以水为能源。水不是一次性能源，可周而复始地循环供应，且不污染环境，发电成本低。因而世界上工业发达的国家，在能源开发过程中，几乎都将开发利用水能资源放在优先地位。我国也正在大力发展水力发电，为国民经济发展和人民生活需要提供高质量的廉价电力。

四、给水和排水

居民区的生活用水和工矿企业、交通运输的生产用水的供给，即给水；工业废水、污水及可能的暴雨积水的排除，称为排水。

居民生活用水和工业用水有一定的质量要求，水中有害物质的含量不得超过国家规定的标准，且供水量和供水时间要求有较高的可靠性。工矿企业排放的废水和污水，常含有大量有害化学物质，应加以妥善处理，防止对水源和环境的污染。

为实现供水，必须修建取水建筑物、沉砂池、输水设施、净化设施、泵站以及供水管网等，将水送至用水单位。排水则需通过排水管道（下水道），将污水、工业废水送至污水处理厂集中处理，再由排水闸或抽水泵站排入容泄区。

五、航运及水产养殖

内河航运是利用水的浮运能力，以河流为航道的客、货运输。水运具有运量大、运费低等优点，在我国社会主义现代化建设中占有重要的地位。发展航运的工程措施主要是疏浚天然河道，开挖运河及修建码头等专门建筑物。内河水道有时为了获得足够的航道水深和平稳的流速，需修建一系列的节制闸和船闸等建筑物。在水库枢纽区还需兴建船只过坝的专门建筑物，如船闸、升船机等。

水产养殖是重要的国民经济部门，淡水养鱼占有重要的地位。在有洄游鱼类生长的河段中，修建水利水电枢纽工程以后，为库区养鱼提供了有利条件，但也不可避免地要改变洄游鱼类的生活习惯和生存环境，严重影响鱼类的繁衍，甚至造成某种鱼类的灭绝。因此，必须修建过鱼设施，以保证鱼类的生存和发展。水库养鱼，以人工放养为主，但当水库泄水建筑物泄水时，常有大量鱼类被冲走而损失严重。因此，必须搞好水库拦鱼设施的建造，提高其拦鱼效果。

六、生态保护与修复

水资源综合利用，旨在最大限度地满足国民经济各部门的需要。由于各部门对水资源的利用方式不同，导致供水量和用水时间的要求存在矛盾。因此，在规划设计水利水电工程时，不仅应从河流、地区特点出发，且要考虑到国民经济所有各部门发展的要求，统筹兼顾，全面研究，充分合理地利用水资源，以取得最大的综合效益。此外，还需估计到工程建设可能引起的不利方面，例如大面积的土地淹没、生态变化、河床演变的趋势等，事先就应考虑和采取相应的措施，以防止不利因素的产生。

水利水电工程项目建设时，整个区域范围内的自然环境会出现非常明显的变化趋势，对原本生态系统造成一系列影响。设计人员需要与目前整个施工区域范围内的实际情况进行结合，采取有针对性的对策，保证施工方法的科学性和合理性，尽可能避免水利水电工程项目对生态环境造成更加严重的影响。在项目实践中，人员需要对水利水电工程项目的建设意义有所认识和了解，将环境保护放在首要位置，从多个角度出发，在水利水电工程项目建设中进行针对性管理和控制，实现对生态环境的保护。

在水利工程项目建设中，需要对能源交换以及利用互动体系进行科学合理的构建和利用，避免使用强污染力的原材料，减少项目建设中环境污染的发生。水利工程项目中需要选择具有绿色节能环保特点的建筑材料，从源头处实现污染问题的有效控制。与新时期背景下的绿色发展理念进行结合，将该理念真正融入生态水利工程项目的建设中。与当地环境保护措施进行结合，对符合现实要求的准入机制进行科学合理的编制和落实，保证各环节环境评价工作的全面有序开展。针对钢铁或者有色金属等一系列具有高污染特征的行业，需要保证审查机制在实践中的严格有效落实，避免对生产环境造成严重污染，为水利水电工程项目的有序开展奠定良好基础。

在水利工程项目建设过程中，政府部门一定要严格规范水利施工单位的施工行为，并在施工结束后及时做好植被种植覆盖工作，充分降低水土流失效率，提高生态修复工作质量和效率。此外，为了更好地提高生态修复质量，不能仅仅做好修复工作，还要采取宣传和保护相结合的方式以有效降低公众对自然生态环境的破坏。

水资源的不合理利用，是当前我国亟待解决的重大问题之一。在我国，水资源的统一规划、统一管理工作较为薄弱，各地区、各部门、各用水单位用水不尽合理，未科学考虑综合效益，以致造成地区之间、部门之间的水事纠纷。用水浪费现象也极为严重。农业上，水的利用率仅达30%～50%；城市水的重复利用率很低，其中工业用水的重复利用率不足30%；水质污染日益严重，全国废污水排放量每天高达数千万吨，污水处理能力不足。为了解决以上问题，必须认真实施《中华人民共和国水法》，加强水资源的统一管理，合理开发、利用、保护水资源，充分发挥水资源的综合效益。

第三节 水资源开发利用现状

一、世界水资源开发利用现状

（一）水的供给和使用

在过去100年，全球淡水使用量增加了6倍，自20世纪80年代以来，全球淡水使用量继续以每年约1%的速度增长。在经济合作与发展组织（Organization for Economic Cooperation and Development，OECD）的大多数成员国中，人均用水量往往是世界上最高的，但淡水使用量的增长率已逐渐下降，且在大多数新兴经济体以及中低收入国家，淡水使用量仍在继续增长，主要原因是人口增长、经济发展和消费模式转变的综合作用。

农业用水主要用于灌溉，也包括牲畜和水产养殖用水，目前占全球用水的69%。联合国粮食及农业组织测算在一些发展中国家，农业用水量占比可达95%，工业（包括能源和发电）用水占全球用水的19%，城市生活用水占剩下的12%。

不同的学者和机构试图预测未来用水趋势的研究取得了不同的结果。

（1）2030年水资源小组[5]得出结论，在现有的情况下，到2030年世界将面临40%的全球水资源缺口；

（2）经济合作与发展组织[6]预测，2000—2050年间，全球水需求将增长55%；

（3）Burek等[7]估计，全球用水量可能会继续以每年约1%的速度增长，到2050年将比目前的用水量增加20%～30%。

虽然全球用水实际增长的确切规模仍不确定，但大多数学者都认为，由于发展中国家和新兴经济体的工业发展以及改善水和卫生服务的作用，工业和能源部门以及市政和家庭用水的需求将会主导用水量的增长，因此农业用水将面临日益激烈的竞争。

农业用水需求的变化是最难以预测的。联合国粮食及农业组织根据现状情景估计，到 2050 年世界对粮食的需求将增加约 60%，且灌溉作物的产量将增加 50% 以上，以此增长带来的农业需水是难以满足的。联合国粮食及农业组织认为农业供水量仅能增加 10%。目前，在灌溉系统的用水效率，以及在消除粮食浪费和将消费转向需水较少的食品方面，仍有很大的改进空间。上述对策将在一定程度内能够满足预期的粮食需求，甚至在未来减少农业用水需求，从而减少农业部门与其他部门的用水竞争压力。

（二）水的获取

全球超过 20 亿人生活在水资源短缺的国家。然而，缺水通常是季节性的，而不是年度现象。据估计有 40 亿人生活在每年至少有一个月遭受严重物理缺水的地区。此外，约有 16 亿人面临着"经济缺水"，意味着尽管水在物理上是可获得的，但缺乏获得水的必要基础设施。

气候变化可能会增加季节变化，造成更不稳定和不确定的供水，从而加剧已经缺水地区的问题，且在尚未出现该现象的地方可能会产生供水压力。

世界上几个主要的含水层承受着越来越大的压力，30% 的大型地下水系统正在枯竭。灌溉用水超标是全球地下水枯竭的主要原因。

（三）水质

由于部分国家特别是在许多最不发达国家缺乏监测和报告能力，全球水质数据较少。在全球范围内，估计 80% 的工业和城市废水未经任何事先处理就排放到环境中，对人类健康和生态系统造成有害影响。在卫生和废水处理设施严重缺乏的最不发达国家，该比例更高。处理农业退水中的营养过剩也被认为是全球最普遍的与水质相关的挑战之一。数百种化学物质也对水质产生了负面影响。自 21 世纪初以来，与新兴污染物（包括微污染物）相关的水质风险已得到认可。

（四）极端事件

洪水和干旱是两种主要的与水有关的灾害。2009—2019 年期间，洪水造成近 5.5 万人死亡（仅 2019 年就有 5110 人），另有 1.03 亿人受影响（仅 2019 年就有 3.1 万人受影响），造成经济损失 768 亿美元（仅 2019 年就有 368 亿美元）。同期，超过 1 亿人受到干旱影响，超过 2000 人死亡，直接经济损失超过 100 亿美元。

在全球范围内，洪水和极端降雨事件在过去 10 年中增加了 50% 以上，其发生速度是 1980 年的 4 倍。预计气候变化将进一步增加洪涝和干旱发生的频率和严重程度。

（五）水、环境卫生和个人卫生

2017 年，53 亿人（占全球 75.5 亿人口的 70%）使用了安全的饮用水服务，即在需要时可获得且无污染的公共场所饮用水服务。34 亿人（占全球人口的 45%）使用安全的卫生服务，即排泄物可就地或异地安全处理的非公用改进厕所。

（六）与水相关的生态系统服务

在"自然对人类的贡献"（包括生态系统服务）的 18 个类别中，有 14 个类别的贡献在减少，包括 3 个明确与水相关的类别：淡水量的调度、沿海和淡水质量以及灾害和极端事件。此类别的下降导致大多数其他服务类别的下降，威胁目前正在增加的服务类别（能源、食品、动物饲料和材料）的可持续性。考虑到可持续发展目标（sustainable development goals，SDGs）是综合的、不可分割且由国家实施的，目前生物多样性和生态系统方面的消极趋势将破坏实现可持续发展目标中与贫困、饥饿、健康、水、城市、气候、海洋和陆地相关的80%评估指标的进展。

二、中国水资源开发利用

（一）历史治水名人❶

1. 大禹

禹（约公元前21世纪），"为夏后而别氏，姓姒氏"，名文命，字密，又称夏禹、大禹、神禹，原始社会末期的部落联盟领袖，夏王朝的奠基者，也是中华民族历史上最负盛名的治水英雄。为了治水，禹常年在外奔波劳碌，"劳身焦思，居外十三年，过家门不敢入""身执耒锸，以为民先""沐甚雨，栉疾风"。禹坚韧不拔的奋斗精神和为民造福的奉献精神，成为中华民族精神的象征。

2. 孙叔敖

孙叔敖（约公元前630年—前593年），芈姓，蒍氏，名敖，字孙叔，期思（今河南淮滨）人，春秋时楚国令尹（宰相），著名政治家、水利家，一生政绩卓著，而尤以治水最为世人所称道。主持修建了期思陂、芍陂等大型灌溉工程；又在今江汉平原一带开发水利，促进了楚国的繁荣富强。

3. 西门豹

西门豹（生卒年不详），战国初期魏国安邑（今山西省运城市盐湖区安邑一带）人，著名政治家、军事家、水利家。魏文侯时为邺令，率民凿引漳十二渠（又称引漳渠、西门渠），开我国历史上多首制大型引水灌溉工程的先河。

4. 李冰

李冰（约公元前302年—前235年），号陆海，一说为今山西运城人，战国晚期著名政治家、水利家。秦昭王末年为蜀郡守，主持修建都江堰等水利工程，惠及后世，被川渝一带民众奉为水神，尊为"川主"。

5. 王景

王景（约20—90年），字仲通，原籍琅琊不其（今山东即墨西南），出生于乐浪（今朝鲜平壤西北）。曾任侍御史、河堤谒者、徐州刺史、庐江太守等职，是东汉最著名的治河专家。主持规模宏大的治河、理汴工程，开创黄河800多年基本安流的局面，有"王景治河，千载无患"的盛誉。

---

❶ 历史治水名人　秉承治水名人高尚情操　弘扬新时代水利精神．水利部网站

第一章 绪论

6. 马臻

马臻（88—141年），字叔荐，扶风茂陵（今陕西兴平）人。东汉顺帝永和五年（140年）任会稽（今浙江绍兴）太守，创建了东汉时期江南最大的蓄水灌溉工程——鉴湖（又称镜湖、长湖等），大大促进了绍兴地区经济社会的发展。后人尊其为"鉴湖之父"和江南水利的奠基人。

7. 姜师度

姜师度（653—723年），魏州魏人（今河北魏县人），明经科举人，历任易州、沧州、蒲州、陕州、同州等地刺史和大理卿、司农卿、将作大匠等职，是唐代杰出的治水名臣、水利专家。由他主持兴建的水利工程，有据可考的就达13项之多，工程类型有防洪、排涝、灌溉、航运和军事水障等。

8. 苏轼

苏轼（1037—1101年），字子瞻，号东坡居士，眉州眉山（今四川眉山）人，一代文豪。他不仅在文学、书法、绘画等方面有很深的造诣，而且在水利方面也颇有建树。苏轼在徐州、杭州、颍州等地任地方官时，多次主持兴修水利，既是一位治水实干家，又是一位水利理论家，撰有《熙宁防河录》《禹之所以通水之法》《钱塘六井记》等水利著述。

9. 郭守敬

郭守敬（1231—1316年），字若思，顺德邢台（今河北邢台市信都区）人，历任都水少监、都水监、太史令、知太史院事等职。元代杰出的科学家，在天文、历法、水利、数学等方面都取得了卓越成就。

10. 潘季驯

潘季驯（1521—1595年），字时良，号印川，浙江乌程（今浙江湖州市吴兴区）人，明代杰出的治河专家。4次出任总理河道，官至工部尚书兼右都御史，主持治理黄河、淮河、运河达10年之久。创造性地提出"以河治河、束水攻沙"等治河方略并付诸实践，取得显著成就，并对后世治河产生了深远影响。

11. 林则徐

林则徐（1785—1850年），字元抚，又字少穆、石麟，晚号俟村老人，福建侯官（今福州）人，清代著名政治家、思想家，历任东河河道总督、江苏巡抚、湖广总督、两广总督等职。他不但以禁烟抗英的爱国壮举彪炳史册，同时还是一位功勋卓著的治水名臣，并撰有《北直隶水利书》《畿辅水利议》等水利著作，主持开挖新疆阿奇乌苏渠（即"皇渠"，今

称伊犁人民渠,也称"林公渠"),在吐鲁番大力推广兴修坎儿井,制定《经久章程》,使大片沙漠荒地变成沃壤绿洲。当地群众将坎儿井称作"林公井",赞誉他是"吾乡之伟大人物"。

12. 李仪祉

李仪祉(1882—1938年),原名协,字宜之,陕西蒲城人。早年两次留学德国,归国后投身水利教育,之后倾力水利事业,足迹遍布中国大江大河。历任陕西水利局局长、建设厅长,导淮委员会总工程师,黄河水利委员会委员长等职。学贯中西,精研水利,是桃李满天下的水利教育家,是兴办"关中八惠"、治黄导淮的实干家,是承前启后的水利科学家,被誉为"中国近现代水利奠基人"。李仪祉筹划了"关中八惠"(泾惠、渭惠、洛惠、梅惠、黑惠、涝惠、沣惠、泔惠),撰写了《黄河概况及治本探讨》《导治黄河宜注意上游》等论文与报告,先后任华北水利委员会委员长、导淮委员会工务处长兼总工程师、国民政府救济水灾委员会委员和总工程师、扬子江水利委员会顾问,对永定河、淮河、长江等大江大河的治理提出不少建设性主张。

李仪祉毕生致力于水利教育事业,参与创办了三秦公学、河海工程专门学校、陕西省水利道路工程专门学校(后改为西北大学工科)、陕西水利专修班(后改为西北农林学院水利系)。1915年参与创办了我国第一所水利专业学校——南京河海工程专门学校(河海大学前身),培养了一大批水利精英人才。

(二) 水资源的开发利用现状

1. 供水量

2020年,全国供水总量5812.9亿 m^3,占当年水资源总量的18.4%。其中,地表水源供水量4792.3亿 m^3,占供水总量的82.4%;地下水源供水量892.5亿 m^3,占供水总量的15.4%;其他水源供水量128.1亿 m^3,占供水总量的2.2%。

地表水源供水量中,蓄水工程供水量占32.9%,引水工程供水量占31.3%,提水工程供水量占31.0%,水资源一级区间调水量占4.8%。全国跨水资源一级区调水主要是在黄河下游向其左、右两侧的海河区和淮河区调水,以及长江中下游向淮河区、黄河区和海河区的调水。

地下水源供水量中,浅层地下水占95.7%,深层承压水占3.9%,微咸水占0.4%。其他水源供水量中,再生水、集雨工程利用量分别占85.0%、6.2%。

2. 用水量

2020年,全国用水总量5812.9亿 m^3。其中,生活用水863.1亿 m^3,占用水总量的14.9%;工业用水1030.4亿 m^3(其中火核电直流冷却水470.3亿 m^3),占用水总量的17.7%;农业用水量3612.4亿 m^3,占用水总量的62.1%;人工生态环境补水量307.0亿 m^3,占用水总量的5.3%。

3. 耗水量

2020年,全国耗水总量3141.7亿 m^3,耗水率54.0%。其中,农业耗水量2354.6亿 m^3,占耗水总量的74.9%,耗水率65.2%;工业耗水量237.8亿 m^3,占耗水总量的7.6%，耗水率23.1%；生活耗水量349.3亿 m^3，占耗水总量的11.1%，耗水率40.5%；人工生态环境补水耗水量200.0亿 m^3，占耗水总量的6.4%，耗水率65.2%。

4. 用水指标

2020年，全国人均综合用水量412m^3，万元国内生产总值（当年价）用水量57.2m^3。耕地实际灌溉亩均用水量356m^3，农田灌溉水有效利用系数0.565，万元工业增加值（当年价）用水量32.9m^3，城镇人均生活用水量（含公共用水）207L/d，农村居民人均生活用水量100L/d。

三、中国水利未来发展的方向——新阶段水利高质量发展

1. 主要水利工程设施现状

（1）堤防和水闸。全国已建成5级及以上江河堤防32.8万km，累计达标堤防24.0万km，堤防达标率为73.0%，其中1级、2级达标堤防长度为3.7万km，达标率为83.1%。全国已建成江河堤防保护人口6.5亿人，保护耕地4.2万千公顷❶。全国已建成流量为5m^3/s及以上的水闸103474座，其中大型水闸914座。按水闸类型分，分洪闸8249座，排（退）水闸18345座，挡潮闸5109座，引水闸13829座，节制闸57942座。

（2）水库和枢纽。全国已建成各类水库98566座，水库总库容9306亿 m^3。其中：大型水库774座，总库容7410亿 m^3；中型水库4098座，总库容1179亿 m^3。

（3）机电井和泵站。全国已累计建成日取水大于等于20m^3的供水机电井或内径大于等于200mm的灌溉机电井共517.3万眼。全国已建成各类装机流量1m^3/s或装机功率50kW以上的泵站95049处，其中：大型泵站420处，中型泵站4388处，小型泵站90241处。

（4）灌区工程。全国设计灌溉面积2000亩❷及以上的灌区共22822处，耕地灌溉面积37940千公顷。其中：50万亩及以上灌区172处，耕地灌溉面积12344千公顷；30万～50万亩大型灌区282处，耕地灌溉面积5478千公顷。截至2020年年底，全国灌溉面积75687千公顷，耕地灌溉面积69161千公顷，占全国耕地面积的51.3%。全国节水灌溉工程面积37796千公顷，其中：喷灌、微灌面积11816千公顷，低压管灌面积11375千公顷。

（5）农村水电。全国已建成农村水电站43957座，装机容量8133.8万kW，占全国水电装机容量的22.0%；全国农村水电年发电量2423.7亿kWh，占全国水电发电量的17.9%。

（6）水土保持工程。全国水土流失综合治理面积达143.1万 km^2，累计封禁治理保有面积达21.4万 km^2。2020年开展全国全覆盖的水土流失动态监测工作，全面掌握县级以上行政区、重点区域、大江大河流域的水土流失动态变化。

（7）水文站网。全国已建成各类水文测站119914处，包括国家基本水文站3265

---

❶ 1千公顷=$10^7 m^2$。
❷ 1亩≈666.67m^2。

处、专用水文站4492处、水位站16068处、雨量站53392处、蒸发站8处、地下水站27448处、水质站10962处、墒情站4218处、实验站61处。其中，向县级以上水行政主管部门报送水文信息的各类水文测站71177处，可发布预报站2608处，可发布预警站2294处；配备在线测流系统的水文测站2066处，配备视频监控系统的水文测站4464处。进一步完善了由中央、流域、省级和地市级共336个水质监测（分）中心和水质站（断面）组成的水质监测体系，监测范围覆盖全国主要江河湖库和地下水、重要饮用水水源地、行政区界水域等。

（8）水利网信。全国省级以上水利部门配置累计各类服务器9373台（套），形成存储能力47.0PB，存储各类信息资源总量达6.0PB，县级以上水利部门累计配置各类卫星设备3109台（套），利用北斗卫星短文传输报汛站达7297个，应急通信车65辆，集群通信终端3354个，宽、窄带单通信系统328套，无人机1338架。全国县级以上水利部门各类信息采集点达43.4万处，其中：水文、水资源、水土保持等各类采集点共约20.9万处，大中型水库安全监测采集点约22.5万处。

2. 水资源现状与开发

（1）水资源状况。2020年，全国水资源总量31605.2亿m^3，比多年平均值偏多14.0%；全国年平均降水量706.5mm，比多年平均偏多10.0%，较上年增加8.5%。全国705座大型水库和3729座中型水库年末蓄水总量4358.7亿m^3，比年初减少237.5亿m^3。

（2）水资源开发。2020年，新增规模以上水利工程供水能力104.8亿m^3。截至2020年年底，全国水利工程供水能力达8927.5亿m^3，其中：跨县级区域供水工程644.3亿m^3，水库工程2403.0亿m^3，河湖引水工程2138.1亿m^3，河湖泵站工程1815.1亿m^3，机电井工程1394.5亿m^3，塘坝窖池工程367.6亿m^3，非常规水资源利用工程164.9亿m^3。

第四节 水资源保护

一、水资源保护的重要意义

水资源保护是指为维护江河湖库及地下水水体的水质、水量、水生态的功能要求与资源属性，防止水源枯竭、水体污染和水生态系统恶化所采取的技术、经济、法律、行政等措施的总和。水资源保护规划的编制应依据国家法律法规，贯彻执行国家经济社会发展、资源与环境保护的方针政策；遵循水资源可持续利用和保障水生态系统良性循环，水质、水量、水生态并重，统筹兼顾、突出重点等原则。

为了避免在水资源开发、利用、管理过程中的盲目性和局限性，对水环境保护应从更高的、更全面的层次治理，即从生态学、环境学、经济学和卫生学等方面理解水资源保护。水资源保护一般是根据总体布局，具体制定入河排污口布局与整治、面源及内源污染控制与治理、水生态系统保护与修复、地下水资源保护、饮用水水源地保护等措施方案。

二、入河排污口布局及整治

入河排污口的布局与整治方案应符合水功能区划及其管理规定，污染物入河量控制方案要求。入河排污口的布局与整治方案应与防洪规划、饮用水水源地安全保障规划、水污染防治规划、产业布局规划及城市发展总体规划等相关规划相衔接。

（一）入河排污口布局

入河排污口的布局要遵循可持续发展原则，强调饮用水水源地保护、水生态系统功能的维持。首先要考虑敏感区保护原则，使排污口的设置不会对饮用水源地和生态敏感区产生不良影响。其次，水域纳污能力是排污口合理布局的关键因素，合理利用水域纳污能力，既可实现对水质、水生生态敏感区域的有效保护，又可充分利用河流稀释与自净能力。对区域经济社会发展、人民生活具有重要影响的水域范围，禁止设置入河排污口，以保证区域经济社会健康发展。

根据《中华人民共和国水法》，各流域及各省（自治区、直辖市）水功能区划、水域纳污能力及限制排污总量控制等有关要求，禁止设置入河排污口水域包括但不限于：

（1）饮用水水源地保护区；

（2）跨流域调水水源地及其输水干线；

（3）区域供水水源地及其输水通道；

（4）具有重要生态功能的水域；

（5）其他禁止设置入河排污口的水域。

（二）入河排污口整治方案

入河排污口整治的重点为：①对饮用水水源地构成直接或潜在威胁的排污口；②水质不达标的水功能区和污染物入河量超过控制总量的功能区，应根据各排污口排污情况，重点治理对水功能区水质和污染物入河量有重大影响和较高贡献率的排污口。

位于禁止设置入河排污口水域范围内的排污口和排污规模及对水质影响较大的入河排污口纳入综合整治范围。整治措施主要有：

（1）优先考虑污水经处理后回用；

（2）污水截流后入管网集中处理；

（3）按水功能区要求采取截污导流或调整排放；

（4）关闭或搬迁排污企业。

三、面源及内源污染控制与治理

面源控制治理要与小流域综合治理相结合，以发展生态农业、改进耕作方式、调整农业种植结构，采用先进科学的施肥技术、低毒低残留的农药品种，提高农作物对氮磷的吸收效率，有效控制化肥、农药的施用量和流失量；可采用生态沟渠、缓冲带工程、坡耕地径流污染拦截与再利用工程等高植物工程，采取生物措施与工程措施相结合的方法，有效控制流域氮磷的输出。治理重点要加强农村生活污水和垃圾收集处理、畜禽养殖粪便收集储存处理及回收利用，实现农村废水和固体废弃物的科学处理及资源化利用。

内源控制与治理主要包括污染底泥、水产养殖、流动污染源及因水体富营养化而造成的蓝藻暴发等形成的间接污染治理。对污染底泥堆积较厚的局部浅水区域，采用环保疏浚方式进行治理，同时考虑水生生物恢复与疏浚底泥的综合利用；对底泥污染物含量大的深水区域，可在试验研究的基础上，因地制宜地采用合适的方式进行治理。

四、水生态系统保护与修复

水生态系统保护与修复措施主要包括生态需水保障、水源涵养、重要生境保护与修复等。

（一）生态需水保障

生态需水保障主要包括河道内生态需水量配置、生态基流和敏感生态需水保障。对于湖泊，还需要提出最小及适宜生态水位要求。对流域或区域内的生态敏感区，也需要提出包括敏感时期和水量过程的敏感生态需水要求及保障措施。生态敏感区主要包括国家重要湿地名录中的河流、湖泊或河口，已列入《全国重要江河湖泊水功能区划》的重要敏感区水域，以及《全国主体功能区规划》中明确的国家级或省级自然保护区、国家级水产种质资源保护区等涉水的重要敏感区水域。敏感时期重点考虑重要植物的水分临界期，珍稀特有鱼类的繁殖期，以及水-盐平衡、水-沙平衡的控制期等。

（二）水源涵养

水源涵养的范围主要是根据江河源头和保护区水源涵养现状和保护要求综合确定。水源涵养综合治理措施主要是封育措施。针对坡面水土流失区，采取坡改梯、配套坡面工程（蓄水池窖、沉砂池、排灌沟渠、田间道路、等高植物篱），配合营造水土保持林草措施（水土保持林、经济林果、种草）；针对沟道水土流失区，采取谷坊、拦沙坝、淤地坝、溪沟整治和塘堰整治等措施；针对污染严重的水源涵养区，采取污染控制等治理措施。

（三）重要生境保护与修复

重要生境保护与修复主要包括自然栖息地保留、河湖连通性维护与恢复、河湖生境形态多样性维护和修复、生境条件调控等措施。针对流域或区域具体生态保护目标，结合不同类型生境范围和特点，划分适宜的规划单元，明确水生态系统保护和修复的方向和重点，提出措施布局，主要包括：①自然栖息地保留；②河湖连通性维护与恢复；③河湖生境形态多样性维护和修复；④生境条件调控。

五、地下水资源保护

地下水资源保护的重点包括：针对具有供水功能或重要生态保护意义的浅层地下水，提出保护地下水水质、控制开采、维持适宜的地下水埋深等措施；深层承压地下水作为战略储备资源和应急水源，应提出严格控制开采的要求和措施。地下水功能区划是以水文地质单元为基础，结合区域地下水主导功能，划分不同类型地下水功能区，按照地下水功能区开发与保护等要求，制定其开发利用和保护目标及标准，为地下水合理开发、保护、治理与管理提供科学依据，以保障供水安全、生态与环境安全和地下水资源的可持续利用。地下水功能区划分完整的水文地质单元的界线为基础，再对相应的功能分区以地级行政区的界线进行分割，作为地下水功能区的基本单元。

地下水保护措施的分类有：

（1）水资源量保护措施主要包括提出超采区压采的具体措施，制定节约用水和替代水源（如污水处理回用、中水利用、海咸水利用、雨洪水利用、岩溶水利用以及跨流域调水）等措施。

（2）水质保护措施主要包括提出集中式地下水水源地、地下水补给带等"防治结合，以防为主"的污染预防措施，以及控制点源污染、减轻面源污染的有关建议。

（3）地下水超采治理修复措施主要包括对地下水超采和污染引发的生态与环境问题的区域，提出污染预防控制措施（如对于供水水源区可实行限制排放、禁止排放、居民搬迁等措施）和地下水补源、人工蓄灌、地下水压采等治理修复的工程措施。

六、饮用水水源地保护

饮用水水源地保护对象应包括地表水水源地和地下水水源地。保护范围包括水源地各级保护区和调水、输水线路。

饮用水水源地保护措施主要包括隔离防护、污染综合整治、生态修复等工程措施以及水源地监测、综合管理等非工程措施。

隔离防护在饮用水水源地保护区边界设立隔离防护设施，防止人类及牲畜干扰活动，拦截污染物直接进入水源保护区。隔离防护措施主要包括物理隔离和生物隔离。物理隔离是在保护区边界采用隔栏或隔网对水源保护区进行机械围护；生物隔离工程是根据不同地区的具体情况选择适宜的树木种类设置防护林。

污染综合整治主要指对点源和面源污染开展治理。点源治理须明确保护区内需清拆和关闭的非法建筑、企业、入河排污口、危险和有害有毒污染源、集约式畜禽养殖污染源等；面源污染治理包括农田径流污染控制、生物系统拦截净化及耕作管理等措施。

生态修复是针对重要的大中型水库饮用水水源地提出主要入库支流、库尾建设生态滚水堰、前置库、库岸生态防护、水库周边及湿地生态修复工程、水库内生态修复及清淤工程等措施。

思 考 题

1. 简述水资源的含义、分类及特性。
2. 水资源时空分布的不均匀性是如何影响水资源的开发利用的？
3. 水资源在开发利用与保护过程中，如何维持水资源的循环性和储量有限性的特征？
4. 简述中国水资源时空分布特征以及开发利用过程中存在的问题。
5. 在水生态系统保护中应该重点关注哪些问题？
6. 未来水资源研究的可能发展趋势有哪些？

第二章 水资源工程的基本知识

第一节 水文学的基本知识

一、河流的水文特性

(一) 河流的流域及水系

流域是指由分水线所包围的河流集水区。分隔相邻两个流域的山岭或高地称分水岭。例如，秦岭是长江和黄河流域的分水岭，秦岭以南的降水汇流入长江，以北的降水则汇流入黄河。再如，在已成悬河的黄河下游河段，其北岸河堤为其与海河的分水岭，其南岸河堤为其与淮河的分水岭。

流域的气象条件、地形及地质条件、土壤植被条件、流域的几何特征等，对河流的水文特性有着重大的影响。

直接流入海洋或内陆湖泊的河流称干流。汇入干流的称一级支流，例如汉江、渭河等；汇入一级支流的称二级支流，其余类推。河流的干流及其各级支流（末级的支流通常称为溪涧或峪沟）所构成的系统称河系或水系。

(二) 河道的纵横断面

河道横断面是指垂直于河道水流方向所切取出来的断面，其在河道水位以下的部分称为过水断面。低水位时的过水断面常简称为河槽。稀遇洪水时的过水断面称大断面或洪水河槽。大断面及其以上较陡的岸坡合称为河谷横断面。

沿河道纵向之最大水深线切取一断面，并将其拉直即得河道纵断面。河段首尾的水面高差称落差，此落差与其河段长的比值称河段的纵比降。

(三) 河渠的流速、流量及水位

在水资源工程上，常将人工水道称为渠道，将一般的天然水道称为天然河道。

1. 流速

流速是指水体在单位时间内的位移，常用单位为米/秒（m/s）。河渠中水流各点的流速是不同的，河渠中的流速分布参见图 2-1。

由图 2-1 可以看出，流速的一般分布规律是：近河底和河岸处较小，近河心主流处（即河渠的中泓线处）较大。

沿水流方向，横断面不变的河渠称棱柱形河渠。棱柱形河渠中，水面平行于其底时的水流称均匀流。均匀流时的断面平均流速采用谢才公式计算：

$$v = C\sqrt{Ri} \qquad (2-1)$$

式 (2-1) 中的 C 常用下述的曼宁公式计算：

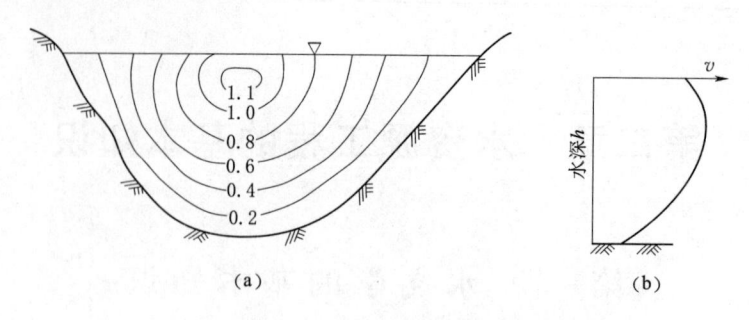

图 2-1 河渠中的流速分布
(a) 横断面上的等流速线（单位：m/s）；(b) 流速沿水深的分布

$$C=\frac{1}{n}R^{\frac{1}{6}} \qquad (2-2)$$

式中 C——谢才系数；

i——河渠的水面比降；

R——水力半径，$R=\dfrac{\omega}{x}$；

ω——河渠的过水断面积，m^2；

x——湿周，即河渠横断面中与水接触的周界长度，m；

n——糙率，亦称糙率系数，典型情况下的 n 值可在表 2-1 中查取，《水力学计算手册》（李炜，2006 年）中有可供查取的更详细的 n 值表。

表 2-1 河渠糙率 n 值表

序号	河渠特征	n
1	没油漆的钢管	0.011~0.014
2	油漆的钢管	0.012~0.017
3	表面刨光的木板	0.010~0.014
4	用窄木条拼成的渠床	0.012~0.018
5	混凝土渠槽	0.013~0.016
6	在开凿不大好的岩石上喷浆	0.022~0.027
7	渠线顺直、断面均匀的新土渠	0.016~0.020
8	渠线顺直、断面均匀、经过风雨侵蚀的土渠	0.018~0.025
9	渠线顺直、断面均匀、有牧草和杂草的土渠	0.022~0.033
10	浆砌块石渠道	0.017~0.030
11	人工开凿出来的均匀石渠	0.025~0.040
12	清洁、弯曲、有深潭和浅滩的较小平原河流	0.033~0.045
13	河槽多卵石和孤石，岸坡陡又有草树韵山区河道	0.040~0.070

2. 流量及水位

单位时间内流过某过水断面的水的体积称为流量，常用单位为 m^3/s。流量的计算公式为

$$Q=\omega v=C\sqrt{Ri} \tag{2-3}$$

式中 Q——流量，m^3/s；

其余符号意义同前。

河渠中的流量与其相应的水位是有密切关系的。以水位 Z 为纵坐标、流量 Q 为横坐标，所点绘出的曲线称水位流量关系曲线 $Z-Q$。

一般来说，上游河床是逐渐下切的（因为冲刷），下游河床是逐渐上升的（因为淤积）。河床冲淤对水位流量关系的影响可参见图 2-2。

洪水涨落时的河道水流属于变量流，此时的水位流量关系有其一定的特殊性，见图 2-3。

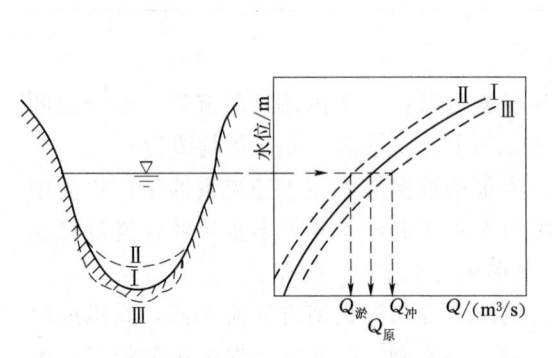

图 2-2 河床冲淤对水位流量关系曲线的影响
Ⅰ—稳定断面和相应的水位流量关系曲线；
Ⅱ—淤积后的断面和相应的水位流量关系曲线；
Ⅲ—冲淤后的断面和相应的水位流量关系曲线

图 2-3 洪水涨落时的水位流量关系曲线

（四）河渠的泥沙

河渠中的泥沙常被分为两类：悬浮于水中者称浮沙或悬移质；沿河底滚动者称底沙或推移质。

单位体积水流中所含泥沙的重量称含沙量，常用 ρ 表示，其常用单位为 kg/m^3。我国黄土高原地区一些河流的实测最大含沙量可高达 $1000 kg/m^3$ 以上。例如：无定河白家川站为 $1520 kg/m^3$；泾河张家山站为 $1430 kg/m^3$。

单位时间内流过河流某断面的泥沙重量称输沙率，常用 Q_S 表示，单位为 t/s。每年通过河流某断面的泥沙重量称年输沙量。表 2-2 列举了我国一些河流的径流及泥沙特性。

表 2-2   我国一些河流的径流及泥沙特性

河流	测站	测站以上流域面积 /万 km²	平均年径流量 /亿 m³	平均年输沙量 /亿 t	最大断面含沙量 /(kg/m³)
黄河	陕县	68.79	426	15.70	590.0
长江	宜昌	100.55	4510	5.14	10.5

续表

河流	测站	测站以上流域面积 /万 km²	平均年径流量 /亿 m³	平均年输沙量 /亿 t	最大断面含沙量 /(kg/m³)
渭河	华县	10.65	91	4.25	753.0
泾河	张家山	4.32	16	2.84	1430.0
无定河	白家川	2.97	14	1.82	1520.0
永定河	官厅	4.25	13	0.81	436.0
汉江	碾盘山	14.00	544	1.30	16.9
西江	梧州	32.97	2206	0.72	4.1

（五）河川的径流

河川径流是指在河川中流动的水流。年径流量是指一年内通过河流某一横断面的水量，常用单位为 m³，有时也用 m³/s 来表示（其含义实质上是年平均流量）。

年径流量在年际之间是有变化的，年径流量接近多年平均年径流量的年份称为中水年；年径流量较大和较小的年份，分别称为丰水年和枯水年。丰水年的径流量可达中水年的 2～3 倍，枯水年的径流量可小至中水年的 1/10～1/5 倍。

年径流量在年内的分配是很不均匀的。我国北方河流比南方河流尤甚，其汛期约 4 个月的径流量常占年径流量的 60% 以上，对"兴水利、除水害、保生态"的工作带来了很大的困难。

（六）河流的洪水

当流域内下了暴雨或冰雪迅速融化时，将有大量径流汇入河中，于是河流就将发生洪水。一般的洪水过程线如图 2-4 所示。

一次洪水的流量最大值称为洪峰流量 Q_m。一次洪水的总水量称为洪水总量或简称为洪量（图 2-4 中阴影部分的面积）。不止单个洪峰的洪水称多峰型洪水。

我国绝大多数的江河，其最大洪水都是由暴雨形成的。在现代气候条件下，特定流域一定历时内，气象上可能发生的最大暴雨称可能最大暴雨（probable maximum precipitation，PMP）。将其转化为洪水即为可能最大洪水（probable maximum flood，PMF）。

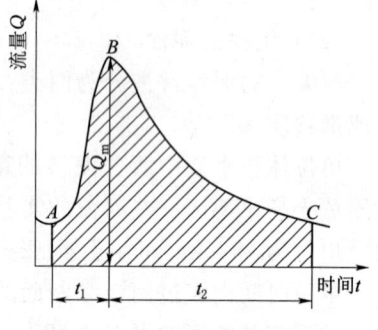

图 2-4 洪水过程线示意图

确定河川各种设计洪水的方法，是水文学的主要内容之一。

二、水文统计的若干基本知识

水文现象一般都具有偶然性即随机性。因此，工程上采用数理统计方法研究其变化规律。

(一) 频率 P

设观测到的某水文变量（例如年径流量），由大到小排列起来为 x_1、x_2、…、x_m、…、x_n。则 x_m 的频率 P 可以用下述的数学期望（均值）公式来计算：

$$P = \frac{m}{n+1} \qquad (2-4)$$

n 项实测资料称为样本。对于水文现象（例如最大洪峰流量），其可能出现结果的总数是无限的。所以，n 越大，用式（2-4）算出的 P 值越接近其概率值。

(二) 重现期 T

水文中的重现期 T 一般是指所研究的随机变量的某值，在长时期内平均每 T 年出现一次（即 T 年一遇）。实际工程中的重现期有下面两种不同的含义：

(1) 在研究暴雨及洪水时，一般取重现期 T 为

$$T = 1/P \qquad (2-5)$$

例如，频率 $P = 0.1\%$ 的洪水，其重现期为 $T = \dfrac{1}{P} = 1000$ 年。

(2) 在研究灌溉、发电、供水等用水部门的需要时，一般取

$$T = 1/(1-P) \qquad (2-6)$$

例如，当灌溉设计保证率（即频率）$P = 80\%$ 时，可由式（2-6）求得 $T = 5$，意即平均每 5 年有一年的来水量小于设计年的来水量。

(三) 常用的几个水文统计参数

(1) 算术平均值 $\overline{X}$。$\overline{X}$ 表示系列分布中心的位置，其值可按式（2-7）进行计算：

$$\overline{X} = \frac{1}{n} \sum_{i=1}^{n} X_i \qquad (2-7)$$

(2) 加权平均值 $\overline{X}_{加}$ 可按式（2-8）进行计算：

$$\overline{X}_{加} = \frac{1}{n} \sum_{i=1}^{n} X_i f_i \qquad (2-8)$$

式中 f_i——x_i 出现的次数。

(3) 均方差 σ。均方差表示系列分布的离散情况，σ 小表示分布的离散度小。

$$\sigma = \sqrt{\frac{\sum (X_i - \overline{X})^2}{n-1}} \qquad (2-9)$$

(4) 变差系数（离势系数）C_v。C_v 可说明系列分布的离散程度，也可比较多个系列分布的离散情况。

$$C_v = \sigma / \overline{X} \qquad (2-10)$$

(5) 偏差系数（偏态系数）C_s：

$$C_s = \frac{\sum\limits_{i=1}^{n}(X_i/\overline{X} - 1)^2}{(n-3)C_v^3} \qquad (2-11)$$

当 n 不够大时，求得的 C_s 值误差往往很大。水文现象中的 C_s 都较小。因此，通

常采用经验值选定 C_s：年径流的 C_s 值约为 C_v 的 2~3 倍；暴雨和洪水的 C_s 值约为 $(2.5\sim 4.0)C_v$。

C_s 表示随机变量 x 对其中心（平均值）两旁的分布对称情况。$C_s=0$ 时表示左右两旁对称；$C_s>0$ 表示正偏（即概率密度曲线的峰值偏左），水文现象大多属于此；$C_s<0$ 表示负偏。

第二节 水利水电规划

一、河川径流调节

河流的来水是极为不均匀的，需要对天然的河川径流进行径流调节。即按人们的需要，利用水库控制径流并重新分配。

（一）河川径流调节的类型

1. 年调节

年调节是将洪水时期（亦称汛期）多余水量存蓄在水库中，待枯水期使用。年内全部来水量完全按用水要求重新分配而不发生弃水的径流调节，称为完全年调节；发生弃水的年调节称为不完全年调节或季调节。

完全年调节和不完全年调节的概念是相对的。对同一水库来说，在典型年份时能进行完全年调节，但在丰水年或年径流分配极不均匀的年份时，则只能进行不完全年调节。所谓典型年，是指由多年径流观测资料中，选出其年径流量及其年内分配均具有代表性的年份。

2. 多年调节

多年调节是将丰水年的多余水量存蓄于水库中，待枯水年时使用的一种调节方式。多年调节由于要求的库容巨大，比较少见。

3. 日调节

日调节是在一昼夜内将来水按需要进行重新分配的一种调节。例如，水力发电的用水量是随其发电量的大小而变的，因此其用水量是不断变化的（晚上 12 时以前是高峰，后半夜则是其低谷），对水力发电而言进行日调节是非常必要的。

（二）水库的特征水位及其库容

水库的特征水位及其库容如图 2-5 所示。

(1) 水库正常运用情况下，允许消落的最低水位称死水位（∇_1）。死水位以下的库容称死库容（$V_{死}$）。死库容不参与径流调节，其中的蓄水一般不动用。

(2) 水库正常运用情况下，在设计枯水年，为满足兴利要求开始供水时，水库应蓄到的水位称正常蓄水位，又称正常挡水位或设计兴利水位（∇_3）。该水位至死水位间的水库深度称消落深度或工作深度。

水库正常蓄水位与死水位间的库容称兴利库容或调节库容（$V_{兴}$），$V_{兴}$ 与多年平均年径流量之比称库容系数 β。一般可进行年调节的水库，其 β 值约为 0.08~0.30。

(3) 在汛期，水库允许兴利蓄水的上限水位，称防洪限制水位（∇_2）。对汛期的不同时期，可根据洪水特性和防洪要求的不同，制定不同的防洪限制水位。对于有防

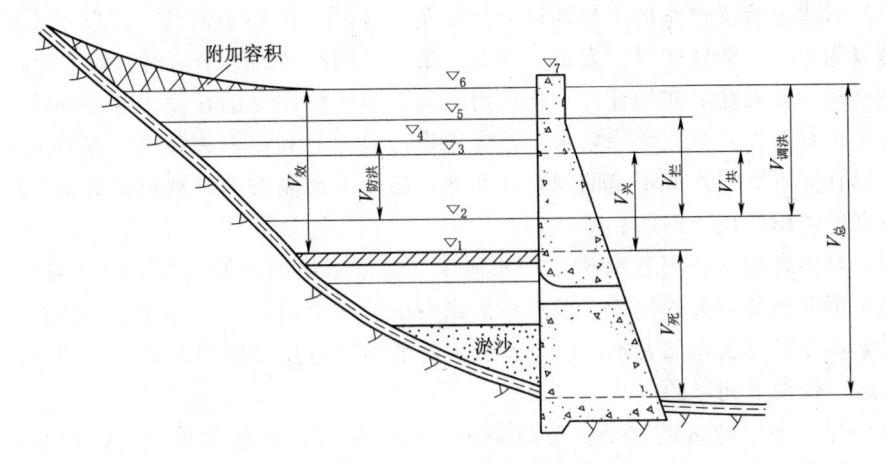

图 2-5　水库特征水位及其相应库容
∇_1—死水位；∇_2—防洪限制水位；∇_3—正常蓄水位；∇_4—防洪高水位；
∇_5—设计洪水位；∇_6—校核洪水位；∇_7—坝顶高程

洪要求的水库，一般防洪限制水位低于正常蓄水位，其间的库容是兼作兴利和防洪用的共用库容（$V_{共}$）。

（4）当遇到水库下游防洪对象的设计洪水时，水库应拦蓄洪水以减小下泄流量。此时水库中的最高蓄水位，称为防洪高水位（∇_4）。该水位与防洪限制水位间的库容称为防洪库容（$V_{防洪}$）。

（5）当遇到拦河坝的设计洪水和校核洪水时，水库相应的最高蓄水位，称为设计洪的水位（∇_5）和校核洪水位（∇_6）。它们与防洪限制水位间的库容，分别称为拦洪库容（$V_{拦}$）和调洪库容（$V_{防洪}$）。

（6）校核洪水位以下的全部静库容称为总库容（$V_{总}$）。总库容是确定工程重要性及工程规模等级的重要指标。总库容与死库容之差称有效库容（$V_{效}$）。

（三）水库的动库容

静库容是假定水库水面为水平时所算得的库容。一般水库都是按静库容进行调节计算的。上述的水库特征水位及其相应的库容，是针对静库容而言的。

实际上，水库水面由坝址起沿流上溯呈回水曲线，越向上游水面越上翘，直至与河道天然水面平顺相切交为止，参见图 2-5。因此，某一坝前水位所相应的库容（即动库容）为上述静库容与相应附加容积之和。对于较小的山谷水库，较大洪水时，由于回水所形成的附加容积将是很显著的。对于多沙河流，有时需要按相应设计水平年和最终稳定情况下的淤积量和淤积形态修正库容曲线。

二、河流规划

（一）开发治理方针和任务的确定

确定拟规划河流的开发治理方针和任务，首先应通过广泛的调查研究，查明流域的自然情况和社会经济情况，以摸清流域特点和国民经济各部门对开发治理该河流的要求，再确定编制河流流域规划的方针和任务。一般来讲：

(1) 对水土流失严重的干旱地区（例如黄土高原）的中小河流，应以水土保持和发展灌溉为重点，兼顾防洪、发电、渔业、供水，同时考虑治涝防碱、航运等。

(2) 对山低坡缓、耕地连片、土地潜力大，但水源缺乏的丘陵山区的河流，应以灌溉为主进行开发：兴建水库蓄水、塘库连串，以充分利用当地径流，或兼由邻近流域引水以补充本流域水源不足的问题；此外，还应因地制宜地开展机电提灌，以解决地势较高区农田的用水问题。

(3) 对山高坡陡、河谷窄狭、耕地稀少、落差集中的上游河段，应以发电为主：一方面利用天然落差大的优势，多建引水式中小型水电站；另一方面要选择合宜地点建库发电，以同时获得加大水库以下各引水式电站发电量和解决水库下游的防洪、灌溉、航运、供水等问题的效益。

(4) 对于平原地区的河流，应以防洪、治涝防碱、航运为重点，兼顾灌溉、供水、渔业等方面的要求。

（二）制定综合利用规划方案

综合利用规划方案，从范围来看，包括全流域各部位、各阶段除水害、兴水利、保生态的工程措施规划；从专业来看，包括防洪、治涝、灌溉、水土保持、水力发电、供水、航运、渔业、环境保护等规划；从时间来看，包括近期和远景规划。因此综合利用规划涉及的内容是广泛而复杂的，一般在制定规划时应注意遵循下述原则：

(1) 对流域的治理和开发，一定要综合利用、综合治理、综合平衡，力求做到水利和土地资源的综合利用，且力求每一项工程措施的综合利用。综合治理是指统一考虑治山、治水、治沙、治碱等，统一考虑上中下游、大中小工程；综合平衡是指力争做到建筑材料、资金、设备和劳动力的需求与供给之间的综合平衡，以求达到耗费小、效益大。

(2) 妥善协调各部门的不同要求，是规划中的棘手问题，要求各有关部门有全局观念，明确轻重缓急，力求以国民经济总效益最大为原则。

(3) 在拟定规划时，要有发展的观点。不仅要看到目前的经济形势，还应预计到将来经济发展的需要。此外，还应考虑邻近流域国民经济发展的要求。

(4) 在流域规划中，一般应以小型工程为基础，大中型工程为骨干。在河流上中下游及其主要支流上，一般应因地制宜地安排若干大中型工程作为控制性的工程，综合解决防洪、发电、灌溉、航运、供水等方面的问题。

第三节 水工建筑物

一、水工建筑物的类型

水利水电工程中，通常需要修建一些建筑物，用来挡水、泄水、输水、排沙等，以便达到防洪、灌溉、发电、供水、航运等目的，称为水工建筑物。水工建筑物依其作用的不同，可分为：①一般性的水工建筑物，指服务于水利事业若干个部门的一类建筑物；②专门性的水工建筑物，指服务于水利事业少数一两个部门的一类建筑物，例如专为发电用的调压井等。

一般性的水工建筑物主要包括下述几种。

（一）挡水建筑物

1. 坝

坝是一种垂直于水流方向拦挡水流的建筑物，因此亦常称为拦河坝。它是水利水电工程中应用较广、造价较高的一种建筑物。可按筑坝材料、构造特征等进行分类。

（1）筑坝材料。

1）当地材料坝，包括土坝、堆石坝、干砌石坝、土石混合坝等。

2）非当地材料坝，包括混凝土坝、钢筋混凝土坝、浆砌石坝、橡胶坝等。

（2）坝的构造特征。

1）重力坝，靠自重来维持稳定的一种坝。

2）拱坝，靠拱形的坝身、将巨大的水平水压力传至河谷两岸的一种坝。

3）支墩坝，将水压力经过挡水面板传至支墩，再传至地基的一种坝，如平板坝、连拱坝、大头坝等。

4）混合结构坝，如拱形重力坝等。

（3）坝顶是否过水。

1）溢流坝，又称滚水坝。

2）非溢流坝。

（4）坝的任务。

1）蓄水坝，其主要任务是形成水库以便拦蓄径流。

2）引水坝，亦常称为壅水坝，其主要任务是抬高水位以便引取河水（或改善航道）。

2. 水闸

水闸是一种靠闸门挡水的建筑物，常简称为闸，也称活动坝。水闸又常分为以下几种类型。

（1）按泄水条件分为单向泄水闸、可逆泄水闸。

（2）按闸的任务分为蓄水闸、引水闸、进水闸、分洪闸、节制闸、排水闸、退水闸、挡潮闸等。

3. 堤

堤是指平行于水流方向挡水的一种建筑物。修建在湖边防止湖水漫溢的叫湖堤；修建在海边和河口两岸防止土地被潮水淹没的叫海塘。

（二）泄水建筑物

泄水建筑物是用来宣泄水库、渠道、前池等中之多余水量，以保证其安全的一类建筑物。例如河岸式溢洪道、泄洪隧洞等。

（三）输水建筑物

输水建筑物是用以将水从一处输引到另一处的一类建筑物。例如引水隧洞、放水涵管、渠道及渠系建筑物等。

（四）取水建筑物

取水建筑物亦常称引水建筑物。因其常位于渠道的首部，故也常称渠首建筑物或进水口。它是一种将水库、河渠、湖泊等与输水建筑物联系起来的一类建筑物。例如取水塔、渠首进水闸及冲沙闸等。

（五）整治建筑物

整治建筑物是用以改善水流条件、保护岸坡及其他建筑物安全的一类建筑物。例如顺坝、丁坝、护底等。

不难看出，有些水工建筑物所起的作用并不是单一的。例如，溢流坝既是挡水建筑物又是泄水建筑物，水闸既可挡水又可泄水还可用作取水。

二、水工建筑物的特点

水工建筑物有着一些不同于其他建筑物的特点。理解并掌握下述特点将有助于正确地去解决水工建筑物的设计、施工和管理中的问题。

（1）较高的挡水建筑物承受着巨大的水平推力和向上作用的扬压力。因此，要求此类水工建筑物应具有相应的抗推能力和抗浮能力。

（2）由于建筑物上下游或内外有水位差，所以在地基和建筑物内部，将产生渗透水流，因此产生渗透压力和渗透变形（包括溶蚀、管涌、流土等）。

（3）通过水工建筑物的水流，具有巨大的能量。例如，上下游水位差50m、坝长100m、单位坝长下泄流量为100m³/s的溢流坝，其下泄水流的能量高达约500万kW，下泄水流的能量将冲蚀建筑物及其下游河道。当下泄水流中含有泥沙时（极常见的现象），特别是含有坚硬的砂粒或滚石时，将造成显著的磨蚀。此外，高速水流还将使水工建筑物和水力机械遭受到脉动压力、振动和气蚀的破坏作用。

（4）必须要进行施工导流（即让河水临时改道）才能进行河道水下部分的施工。在较大河流上进行施工导流是有相当难度的。如果河流有航运问题或需要跨汛期施工时，施工导流将更加复杂。

（5）水工建筑物的基础多位于地下水位以下，其基坑开挖常常是比较困难的，特别是需要开挖地下水位以下的均匀砂层时。

（6）水工建筑物的工程量比较大。大中型水利水电工程动用的土石方常达几百万甚至几千万立方米、混凝土方常达几十万至几百万立方米。因而往往需要很多的劳动力、施工机械和相当长的施工工期，其施工组织和施工技术是非常复杂的。

1）需要解决冬季施工和夏季高温多雨期的混凝土及黏性土等的施工问题。

2）适当地解决好施工问题，常常既具有显著的经济意义又具有重大的质量和安全意义。

3）很多水工建筑物的新型式和新构造，往往是由于施工技术的发展而创立的。近代施工技术发展迅速，设计和施工人员都应充分重视施工技术的学习。

（7）水工建筑物的型式、尺寸和工作条件，与建筑物所在地区的地形、地质、水文和运用条件等有着密切的关系。上述条件的综合是绝少重复的，所以，每一水工建筑物都有其独特性，特别是挡水建筑物。

（8）由于水工建筑物，特别是大中型的挡水建筑物，施加给地基以巨大的荷载（水库的水压力甚至大到可以诱发地震），且还伴有水流的不利作用（渗透等），所以一般都要求进行大量的地质勘探工作。

(9) 水土建筑物大多是空间块体结构（区别于内力易于确定的杆件结构系统），不仅荷载巨大，且水力及结构工作条件复杂，因之往往需要进行大量的科学研究工作。

(10) 混凝土和浆砌石的水工建筑物，由于水泥水化发热等将引起温度应力。因此常常需要对水工建筑物进行分缝分块并控制其温度变化，以防止产生温度裂缝。

(11) 水工建筑物大多工程量大、工期长，在施工过程中，由于施工缝的设置和分期分批合拢，建筑物的应力会随着施工的过程而变化。

(12) 其他几个特点。

1）水工建筑物受有风浪和冰的作用。

2）地震时水工建筑物将受到地震水荷载和地震土荷载及地震惯性力等的作用。

3）渗水会溶滤混凝土中的游离石灰质及地基岩体中的可溶盐，降低其力学性能和抗渗抗冻性能。

4）混凝土和岩石会遭到冻融循环的作用，降低强度或遭受破坏。

5）水对金属和木材有腐蚀作用，有些水对混凝土也有破坏作用。

第四节 水 利 枢 纽

一、定义及特性

为了综合利用水利资源，常常需要将几种不同类型的水工建筑物修建在一起，协同工作，以控制水流，此类水工建筑物的综合体称为水利枢纽。

水利枢纽依其主要功用分，有蓄水枢纽、取水枢纽等；依其主要服务部门分，有发电枢纽、灌溉取水枢纽、综合利用水利枢纽（由于水利事业的综合性，大多数水利枢纽都具有程度不同的综合利用性）等；依其拦河坝建筑材料的不同分，有当地材料坝枢纽和非当地材料坝枢纽；依其水头的大小分，有高、中、低水头水利枢纽（一般10～40m 为中水头）等。

对于枢纽位置，可选用几种不同的建筑物型式和枢纽布置方案，而不同的方案又与工程造价、工期及运行管理条件等有着直接的关系。因此，枢纽布置是水工设计中复杂且重要的问题。设计时应对各种可能的枢纽布置方案进行技术经济比较，从中选出最优方案。

二、水库对周围环境的影响

（一）库岸的崩落和滑塌

水库蓄水后，抬高了河道水位和地下水位，易使库岸充水饱和，若又时逢连阴雨或库水位骤然较大幅度降落时，常会发生库岸崩落和滑塌现象，不仅毁坏了两岸农田及建筑物，且岩土滑落在水库内也减小了库容。

在高深峡谷中修建水库，如高大而陡峻的岸坡滑塌入库，则有可能发生堵填水库或同时骤然挤出大量库水（当满库时），造成下游灾难性的洪水或垮坝性的事故。例如意大利1961年建成了一座坝高262m 的瓦依昂拱坝（库容1.69 亿 m^3）。1963年时，由于库岸发生大滑坡，导致不到一分钟内有近 3 亿 m³ 的土石方涌入库内，使大量库水挤出漫坝。倾泻而下的水体，以约 150m 的浪高冲向下游，致使下游的几个小市镇在 7min 内遭到了毁灭性的破坏。由此可见，确保水库工程的安全是非常必要的，特别是当下游有大的工矿企业和城镇时。

(二) 水库的淤积

河川水流流入水库后，流速逐渐减小，水流挟带的泥沙便由粗到细地逐渐沉积于库中（库首沉积的为较粗的泥沙）。

高蓄水位时，入库水流受到库水的顶托，在入库以前就已有回水曲线形成（参见图 2-5），特别是当库首处的河床又较宽时，水流中挟带的较粗颗粒的泥沙便易于在库首附近沉积下来，于是在库首附近就形成了所谓"拦门沙（槛）"。由于落淤会加大对上游来水的顶托，使回水曲线向上游延伸，因此，拦门槛会逐渐抬高、逐渐向上游扩展，形成了库首河床的"翘尾巴"现象。

例如，黄河三门峡水库，建成蓄水运用后，潼关处的河床便被淤积抬高了 5.5m，使陕西关中受到了很大的危害，并波及西安市。后几经研究，最后决定打开已用混凝土封堵好了的大坝导流底孔并在左岸新建了两条泄洪排沙隧洞，才使潼关河床淤积面回降了 2m（目前仍比建库前淤高约 3.5m），基本上制止住了对关中和西安危害日益加剧的现象。

多沙河流上，水库的淤积速度是很快的。对于此类水库，不能采用常规的"拦蓄洪水"运用方式，应该采用"蓄清排浑"的水沙调节运用方式，其要点是：

(1) 利用河流来水过程线与来沙过程线不一致的特性，采用避开沙峰期来拦蓄洪水的运用方式。即：在主汛期，应以泄洪排沙为主；到尾汛期（9 月份以后）再逐渐过渡到以蓄水为主。由此可见，在多沙河流上修建完全年调节水库或库容系数过大的水库，是不经济的也是不现实的（水库地形地质条件极为优越者例外）。

(2) 利用异重流排沙，是在水库已蓄水情况下，河道来洪水时的一种排沙方法。

异重流是自上游河道进入水库、沿库底行进的比重高于水库清水（因其含沙量较大）的一种高含沙量的潜流。当水库回水长度较短、河床比较窄狭（或已形成"槽库容"的水库）、库底纵比降较大、来沙颗粒较细（因而泥沙不易沉落）时，异重流排沙的效果较好。例如，黑松林水库（1959 年修建于渭河二级支流冶峪河上，坝高 45.5m）的平均异重流排沙效率可达 65% 左右。

(3) 高渠泄水拉淤。我国已有很多水库遭到了严重淤积（有不少已报废）。对于具有一定泄空或低水位运行时间的水库，可采用"高渠泄水拉淤"的方法以恢复其部分库容。具体方法为：将水流自库首以高渠沿库岸引至坝前，在库区范围内可垂直于高渠开挖若干条冲刷沟，将渠水沿冲刷沟泄放至库内，以便将淤滩的泥沙冲至库底，后经水库的泄洪排沙设施排至下游。

(三) 水库对上游的其他影响

(1) 大型水库类似一座人工湖。蓄水后，可改善周围地区的航运、灌溉、渔业、供水等条件，还可美化周围的环境，调节当地的气候条件，促使其发展为旅游胜地和鱼米之乡。

(2) 水库蓄水后，将会直接淹没位于库区内的农田、矿藏、森林、村镇、道路、输电通信线路等。

确定水库淹没范围时，应进行回水计算。按回水曲线求出与前述之动库容相应的淹没范围。在多沙河流上，尚应计及水库因"拦门沙"所导致的"翘尾巴"的影响。

(3) 修建水库可显著地抬高该处的河床水位及地下水位。地下水位的抬高将可能引起森林死亡、农作物受涝、农田发生沼泽化或盐碱化，形成塌岸，影响已有建筑物的沉陷，使矿井积水、破坏古迹等。凡此因修建水利工程而引起地下水位抬高所导致的各种危害、损失统称浸没。

预测浸没范围所依据的库水位，一般为正常蓄水位或一年之内持续时间在两个月以上的运行水位。

(4) 水库沿岸以及回水边缘地带，如果有可能形成广阔的浅水区和死水区时，不利于该区域的水质净化和卫生防疫，应设法改善。

(四) 水库对下游的其他影响

(1) 水库建成后，对下游保障防洪安全、改善航运条件、发展农业灌溉、增加供水供电大有裨益。

(2) 在电力系统中，担负峰荷的大型水电站，其下泄流量变化较大，对下游航运是不利的，必要时可修反调节池（库）加以改善。

(3) 水库下泄水流有可能存在折冲水流现象，将危及下游河岸的安全。水库下泄水流流速高而含沙量低，在运行一段时间后常常会对坝后下游一段河床进行冲刷，造成河道水位下降。在设计坝后消能防冲设施及下游河段中的取水工程、码头口岸时应注意。

(4) 由南向北流的北方河段，当春季南部河段开冻时，位于其下游的北部河段尚冰封着。南部河段的下游冰块受北部河段冰盖的阻挡，可能形成冰坝或冰塞，阻碍河水下泄，抬高河床水位造成凌汛。通过水库合理调度可缓解凌汛的危害。

(5) 建库后一旦垮坝，下泄的溃坝流量将是很大的，其灾害也是惊人的。因此在进行水库的规划设计和管理时，一定要以高度负责的精神，按科学规律办事，确保大坝的安全。

(五) 其他

水库在开始蓄水前，除应做好迁出移民、厂矿企业及预定的文物古迹等外，尚应做好下列清理工作：

(1) 清理可能污染水库水质的物质，例如可溶盐矿、屠宰场、患炭疽病的牲畜埋葬场和化工厂等。

(2) 清理妨碍船舶航行的障碍物，例如树木、电线杆等。

三、水电枢纽工程的分等和水工建筑物的分级

(一) 等级的划分标准

我国现行的《水电枢纽工程等级划分及设计安全标准》（DL 5180—2003）规定，

水电枢纽的分等指标和水工建筑物级别的划分见表2-3和表2-4。

表2-3　　　　　　　　　　水电枢纽工程的分等指标

工程等别	工程规模	水库总库容/$10^8 m^3$	防洪 保护人口/10^4人	防洪 保护农田面积/10^4亩	防洪 保护区当量经济规模/10^4人	治涝 治涝面积/10^4亩	灌溉 灌溉面积/10^4亩	供水 供水对象重要性	供水 年引水量/$10^8 m^3$	发电装机容量/MW
Ⅰ	大(1)型	≥10	≥150	≥500	≥300	≥200	≥150	特别重要	≥10	≥1200
Ⅱ	大(2)型	<10,≥1.0	<150,≥50	<500,≥100	<300,≥100	<200,≥60	<150,≥50	重要	<10,≥3	<1200,≥300
Ⅲ	中型	<1.0,≥0.10	<50,≥20	<100,≥30	<100,≥40	<60,≥15	<50,≥5	比较重要	<3,≥1	<300,≥50
Ⅳ	小(1)型	<0.1,≥0.01	<20,≥5	<30,≥5	<40,≥10	<15,≥3	<5,≥0.5	一般	<1,≥0.3	<50,≥10
Ⅴ	小(2)型	<0.01,≥0.001	<5	<5	<10	<3	<0.5		<0.3	<10

注　1. 水库总库容指水库最高水位以下的静库容；治涝面积指设计治涝面积；灌溉面积指设计灌溉面积；年引水量指供水工程渠首设计年均引（取）水量。
　　2. 保护区当量经济规模指标仅限于城市保护区；防洪、供水中的多项指标满足1项即可。
　　3. 按供水对象的重要性确定工程等别时，该工程应为供水对象的主要水源。

表2-4　　　　　　　　　　水工建筑物级别的划分

工程等别	永久性建筑物级别 主要建筑物	永久性建筑物级别 次要建筑物	工程等别	永久性建筑物级别 主要建筑物	永久性建筑物级别 次要建筑物
Ⅰ	1	3	Ⅳ	4	5
Ⅱ	2	3	Ⅴ	5	5
Ⅲ	3	4			

注　1. 永久性建筑物指枢纽工程运行期间使用的建筑物。
　　2. 主要建筑物指其失事后，将造成下游灾害或严重影响工程效益的建筑物，如拦河坝、水电站厂房等。
　　3. 次要建筑物指非主要建筑物，如护岸工程、普通的挡土墙等。

在确定建筑物级别中，遇下列情况时，对级别为2～5的水电工程，经过论证，可提高其主要建筑物的级别。

（1）综合利用的枢纽工程，如按库容和不同用途的分等指标：其中有两项接近同一等别的上限时，共用的主要建筑物可提高一级。

（2）水库的拦河坝，其坝高超过表2-5中所列的指标者可提高一级，但洪水标准不应提高。

表 2-5　　　　　　　　　　　　　　水库大坝提级的指标

坝的原级别		2	3	4	5
坝高/m	当地材料坝	90	70	50	30
	非当地材料坝	130	100	70	40

（3）当建筑物的工程地质条件特别复杂或采用实践经验较少的新坝型、新型结构时，可提高一级，但洪水标准不应提高。

（4）对于临时性建筑物，当失事将使下游工矿企业、城镇或其他国民经济部门造成严重灾害或严重影响工程施工时，视其重要性和影响程度，可提高一级或两级。

在确定建筑物的级别时，对于水头较低、其他条件较好、失事后不致造成重大损失的建筑物，则可适当降低其级别，详见规范。

（二）分等分级的意义

对于不同等级的枢纽和建筑物，采用不同的标准来进行勘测、规划、设计和施工，才能便于达到既安全又经济的目的。不同级别的建筑物，主要在以下几方面有不同的标准和要求。

（1）勘测、调查原始资料的深广度不同，各规划设计阶段的工作内容和要求不同。

（2）防御洪水的标准不同，参见表 2-6 和表 2-7。

（3）建筑物各部分尺寸裕度大小不同，对建筑物刚度、强度和稳定性的要求不同。

（4）对计算方法的完善、精确性的要求不同，对模型实验的要求也不同。

（5）对选用建筑材料的要求不同，对施工质量的要求不同，对运用的灵活可靠性要求不同，对管理和观测的要求也不同等。

表 2-6　　　　山区、丘陵区水库工程永久性水工建筑物洪水标准　　　单位：重现期（年）

建筑物级别		1级	2级	3级	4级	5级
设计		1000～500	500～100	100～50	50～30	30～20
校核洪水标准	土石坝	可能最大洪水（PMF）或10000～5000	5000～2000	2000～1000	1000～300	300～200
	混凝土坝、浆砌石坝	5000～2000	2000～1000	1000～500	500～200	200～100

表 2-7　　　　平原、滨海区水库工程永久性水工建筑物洪水标准　　　单位：重现期（年）

项目	永久性水工建筑物				
	1级	2级	3级	4级	5级
设计	300～100	100～50	50～20	20～10	10
校核洪水标准	2000～1000	1000～300	300～100	100～50	50～20

思 考 题

1. 按调节周期长短的不同，河川径流调节的类型可分为哪几种？分别是如何对径流进行调蓄的？
2. 水库的特征水位和特征库容有哪些？
3. 与兴利和防洪调节相关的分别是哪些特征水位和特征库容？
4. 水工建筑物一般包括哪几类？各有哪些用途？
5. 水利枢纽的建设对上游、下游分别有哪些具体的影响？
6. 利用辩证唯物论的观点，说明水利枢纽的建设对于周边环境有哪些正面和负面的影响？如何减缓或消除负面影响？
7. 水电枢纽工程和水工建筑物为什么要分等分级？如何进行划分？

第三章 水库枢纽工程

水库是由在河道中修建拦河坝截断水流、抬高水位而形成的。为了保证水库安全，充分发挥其效益，同时要修建其他一些必要的水工建筑物。将在河道上修建的、以拦河坝为主体的水工建筑物综合体称为水库枢纽工程。

水库的任务不同，组成水库的水工建筑物也就不同。一般水库枢纽工程由下列三种主要水工建筑物组成：

(1) 挡水建筑物。如各种形式的坝，它的主要作用是拦截水流，抬高水位，形成水库，是水库枢纽中的主体建筑物。

(2) 泄水建筑物。主要作用是宣泄水库中多余的洪水，保证水库安全，是水库的太平门，如溢洪道等。

(3) 取水（放水）建筑物。主要作用是引取水库蓄水，通过输水建筑物将水流送到用水部门，如隧洞、涵管等，有时也结合用以泄洪。

本章将分别论述以上三种水工建筑物。

第一节 挡水建筑物

水库的挡水建筑物，系指拦河坝。拦河坝按筑坝材料可分为土石坝、混凝土坝和浆砌石坝。混凝土坝和浆砌石坝按结构特点可分为重力坝、拱坝、支墩坝，按是否泄流可分为非溢流坝和溢流坝。本节着重叙述常见的重力坝、拱坝和土石坝。

一、重力坝

（一）重力坝的特点及类型

重力坝是用混凝土或浆砌石修筑的大体积挡水建筑物（图 3-1），工作时承受的主要荷载是上游面的水平推力、坝底面上的扬压力和坝体自重等。重力坝的形状一般近似为垂直的三角形，主要依靠坝体重量维持稳定。在任何截面上，特别是坝体和地基的接触面上，产生的抗剪强度或摩擦力，以达到稳定的要求；同时靠坝体自重产生的压应力，以抵消由于水平推力所引起坝体上游侧的拉应力，满足坝身强度的要求。所以重力是保证坝体安全的主要因素，重力坝由此得名。

重力坝不仅可以修成挡水坝，且能够修成从坝顶大量泄洪的溢流坝。用于发电、

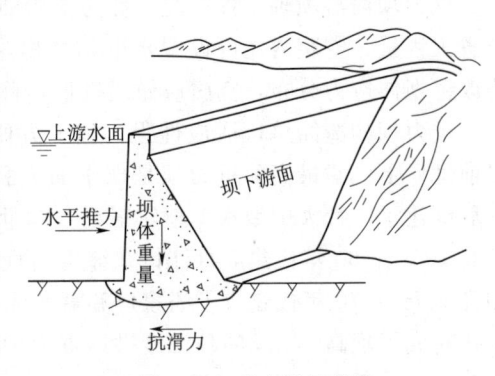

图 3-1 重力坝示意图

灌溉、工业引水、放空水库、冲沙、施工导流等时，可在坝体不同高程设置引水管道、底孔等泄水建筑物。

重力坝常修筑在岩石地基上，但低的溢流重力坝也可修建在非岩基上。要求地基有足够的强度，同时地基变形和沉陷要小，以免引起坝体内不利的应力。

重力坝易于通过较低的坝块或底孔宣泄施工水流，比土石坝的施工导流更为简单和安全。在多雨地区，重力坝的施工比修建土石坝受气候影响小。

坝体和地基在一定程度上都是透水的。水库蓄水以后，水体在上下游水位差的作用下，由上游通过坝体和坝基渗向下游。渗流对坝体产生的渗透压力，将减小坝体的有效重量和上游侧的垂直压应力，不利于坝体稳定。渗流对坝体材料和地基有侵蚀作用。因此，必须采取防渗和排水措施。

重力坝的主要缺点是体积大，坝体应力低且分布不均匀。因此，坝体材料强度不能充分发挥。

重力坝是大体积混凝土结构，施工时不易散热，常因温度应力和干缩应力而出现裂缝是另一缺点。所以重力坝施工时，要有一套比较复杂的温度控制措施。

重力坝的型式，除常用的实体重力坝以外，还有宽缝重力坝和空腹重力坝（图3-2）。重力坝常用垂直于坝轴线的横缝将坝体分割成互相独立的坝段。将坝体中横缝的中、下部加宽而形成宽缝，称为宽缝重力坝，见图3-2（b）。宽缝可以降低扬压力，节约坝体混凝土量。

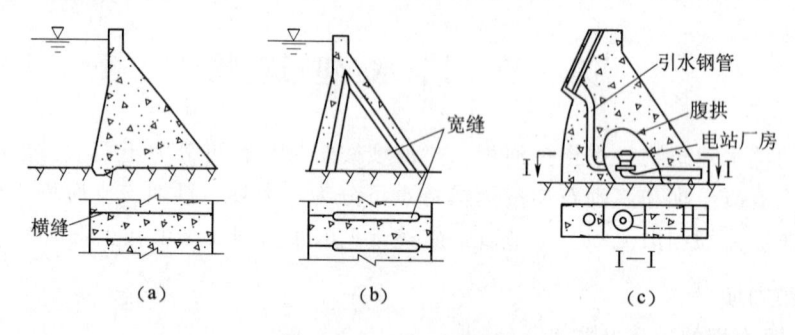

图3-2 重力坝的型式
(a) 实体重力坝；(b) 宽缝重力坝；(c) 腹拱式重力坝

重力坝内沿坝轴设置空腔，称为空腹重力坝。空腹可有效地降低坝底面扬压力，节省工程量，空腹内还可设置水电站厂房，有利于解决大坝泄洪与厂房布置的矛盾。为改善坝体应力分布，空腹应做成拱形，称腹拱式重力坝，见图3-2（c）。

重力坝构造简单，适应性强，施工方便，工作可靠，所以发展较早，应用广泛。目前世界上已建最高的重力坝是瑞士的大狄克桑斯坝，坝高285m。我国于新中国成立后修建了一批大中型水库枢纽工程。20世纪50年代，首先建成新安江宽缝重力坝，坝高105m；60年代建成丹江口宽缝重力坝、刘家峡混凝土整体重力坝，其中刘家峡坝高147m；70年代建成了潘家口和黄龙滩重力坝，其中潘家口重力坝坝高107m；80年代建成了坝高165m的乌江渡拱形重力坝；目前正在施工以及近期拟建的大、中型水利水电工程中，重力坝仍占有重大比例，最大坝高已突破300m。

（二）重力坝的荷载

作用于坝体上的荷载主要有以下几种：坝体自重、水压力、扬压力、泥沙压力、浪压力及地震荷载等。

（1）坝体自重。坝体自重由坝体体积和坝体材料容重确定。计算自重时应与稳定和应力分析方法相配合，常取1m坝长进行计算。但当不能按单宽考虑时，如宽缝重力坝等，应取单个坝段进行计算。

（2）静水压力。作用在坝面上的静水压力，如图3-3所示，分为水平向的静水压力和及垂直向的静水压力。

（3）动水压力。溢流重力坝泄水时，溢流面上有动水压力，如图3-4所示。在溢流堰顶ab段上，一般只有很小的正或负水压力，直线段bc的水压力较小，设计时可忽略不计。

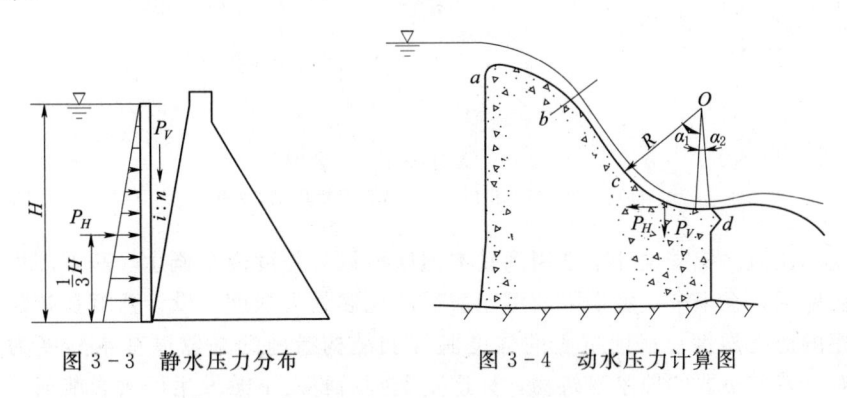

图3-3 静水压力分布　　图3-4 动水压力计算图

（4）扬压力。分坝底扬压力和坝体扬压力两类计算。

1）坝底扬压力，如图3-5（a）所示。坝上游水头为H_1，下游水头为H_2，则扬压力可分解为两种情况：①坝体承受上下游水头差$H=H_1-H_2$，将产生渗透压力，如图中三角形CDE部分；②上、下游均有水头H_2，此情况虽无渗流，但H_2高程以下的各点上仍承受饱和水压力，即浮托力（图中矩形$ABCD$部分）。坝底扬压力是渗透压力和浮托力两者之和。

2）坝体扬压力。渗入坝内的水流也产生扬压力。为了防渗和减小扬压力，常在上游坝面附近一定范围，加设混凝土防渗层，并在其后设置坝身排水管。

（5）泥沙压力。水库蓄水后，入库水流所挟带的泥沙逐渐淤积在坝前，对坝上游面产生泥沙压力。坝前淤沙逐年加高，逐渐固结，淤沙的容重和内摩擦角既随时间变化，又因层而异。因此，在设计中常规定水库设计淤积年限以估算淤积高程，参照一般经验数据，按土压力公式计算。

（6）浪压力。库水面在风的作用下形成波浪，波浪冲击坝面形成浪压力。浪压力的大小和分布与坝前水深和波浪要素有关。

（7）地震荷载。在地震区建坝，必须考虑地震荷载。地震荷载包括地震惯性力、地震动水压力和动土压力。

地震荷载的大小，主要决定于建筑物所在地区的地震烈度。一般用最大加速度来作为地震烈度标准，烈度指标用地震系数来表示。地震系数K是地面最大加速度和重

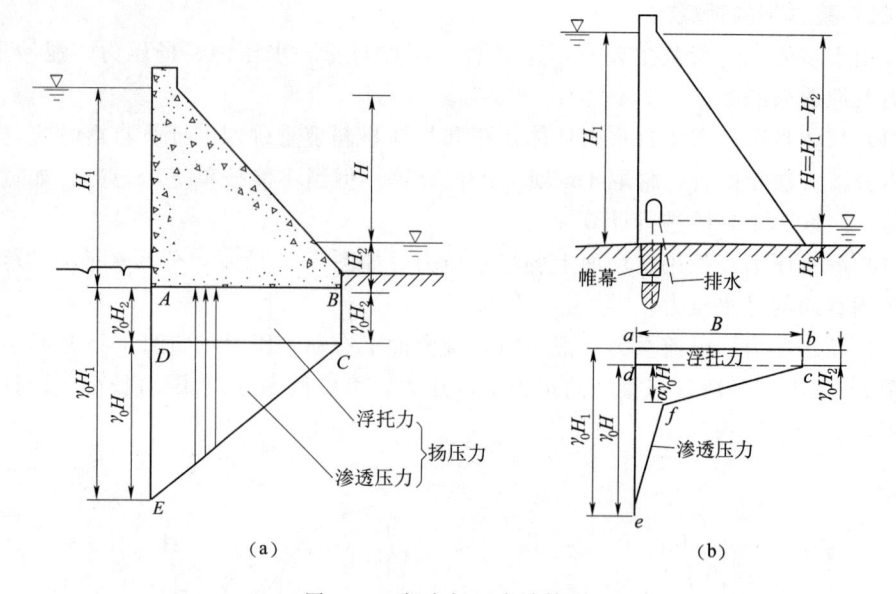

图 3-5 坝底扬压力计算图
(a) 无防渗排水措施；(b) 设防渗帷幕和排水孔

力加速度的比值。抗震设计中常用到基本烈度和设计烈度两个概念。基本烈度系指建筑物所在地区，在未来一定期限内可能遭遇的地震最大烈度。设计烈度指抗震设计时实际采用的地震烈度。目前抗震的强度验算和结构措施的采取以基本烈度为设计烈度。但对于特别重要的挡水建筑物，如遭受震害后将对下游发生巨大影响时，设计烈度可比基本烈度提高一度。地震烈度在 6 度以下时，可不考虑地震荷载。地震烈度在 7～9 度时，应对水工建筑物进行抗震设计。在 9 度以上的强震区修建重要的水工建筑物，应进行专门研究。地震力的计算方法，参阅《水工建筑物抗震设计标准》（GB 51247—2018）。

(8) 其他荷载。除以上荷载外，还有冰压力、风压力、雪压力、坝顶上的动荷载等，有的是地区性的，有的数值很小，可以忽略不计。需要计算时，可参阅有关规范。

（三）非溢流重力坝

1. 重力坝剖面拟定

重力坝剖面设计的主要原则是：①满足稳定和强度的要求，以保证大坝安全；②管理运用方便；③力求剖面较小，以节省工程量；④剖面外形轮廓简单，便于施工，在不增加工程投资条件下还应注意美观。

影响剖面设计的因素很多，如荷载、地基条件、运用要求、筑坝材料、施工条件等。设计时应综合考虑上述因素进行方案比案，从中选出最优方案。近年来开始采用优化设计方法，取得了良好的效果。

(1) 基本剖面。重力坝承受的主要水平推力是沿高度呈三角形分布的水压力，因此，靠自重维持稳定的坝体基本剖面也是三角形（图 3-6）。

图 3-6 中，W_1 为坝体自重，W_2 为水体自重，P 为静水压力，U 为扬压力，H

为大坝高度，B 为坝体宽度。

（2）实用剖面。定出重力坝基本剖面后，根据运用和交通要求，坝顶应有足够的宽度。无特殊要求时，坝顶宽度可采用坝高的 8%～10%，但不宜小于 2m，如图 3-7 所示。有交通要求时，应按道路要求布置。在坝顶布置移动式起重机时，坝顶宽度应满足起重机轨道及其他运用上的要求。

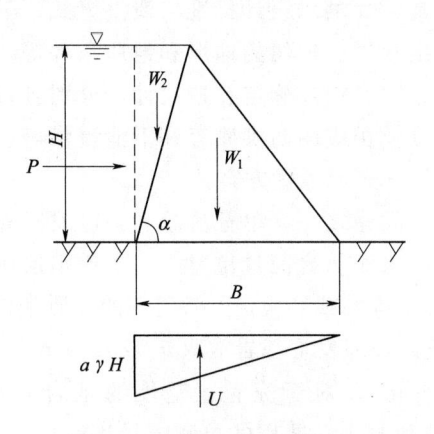

图 3-6　重力坝的基本剖面　　　　图 3-7　重力坝的实用剖面

表 3-1 为我国已建的一些重力坝的基本数据，供重力坝剖面设计时参考。

表 3-1　　　　　　　　我国一些重力坝的基本数据

工程名称	坝高/m	坝顶长/m	工程量/10⁴ m³	坝顶宽/m	上游坝坡	下游坝坡	坝底宽/m
刘家峡	147	204	76	16	1∶0.1	1∶0.65/1∶0.55	108
黄龙滩	107	371	98	16	1∶0.25	1∶0.7	96
三门峡	106	713	163	10	1∶0.15	1∶0.75	90
龚嘴	85.5	447	75	22	1∶0	1∶0.75	
安康	123	522	325	10～18	1∶0	1∶0.68	89
大化	80	993	116	8			63
故县	121	311	183	9	1∶0.2	1∶0.72	101
五强溪	104	790	320	36	1∶0.25	1∶0.65	88.5

2. 重力坝的抗滑稳定分析

重力坝承受巨大的上游水压力和泥沙压力等水平荷载，及作用于底面的扬压力，属于"悬臂式"结构，基本上依靠各水平截面上的抗剪强度维持稳定。由于重力坝各水平断面所承受总推力大致以坝高的平方递增，而各断面上的总抗滑力的增速较低；同时坝体与基岩接触面的结合一般较差，抗剪能力低，因此坝体失稳滑动往往是沿坝体与地基接触面发生的。在设计中，通常校核重力坝沿坝基面的抗滑稳定性。

（四）溢流重力坝

溢流重力坝既挡水又泄洪，其剖面在满足稳定和强度要求的同时，还应满足泄水的要求，即既要保证有较大的泄流能力，又要妥善解决下泄水流对建筑物可能产生的不利影响及对下游河床的冲刷问题。

1. 溢流孔口布置和尺寸选择

溢流坝通常布置在枢纽中靠深水河槽的范围内，使下泄水流平顺进入下游河道，不致冲刷两岸和影响其他建筑物的安全运行。

溢流坝的孔口尺寸和布置涉及很多因素，如洪水设计标准、泄洪方式、下游防洪要求、上游最高洪水位有无限制、洪水预报水平、枢纽的地形和地质条件等。设计时一般先选定泄水方式，拟定几个孔口布置方案，初步确定孔口尺寸，分别进行调洪演算，求出各方案的设计洪水位、校核洪水位及相应的防洪库容和下泄流量等，然后估算淹没损失和枢纽造价，进行技术经济比较，选出最优方案。

单宽流量的选择是溢流坝设计中的重要问题之一。单宽流量大，可缩短溢流坝的长度，有利于枢纽布置。但单宽流量越大，水流所含能量也愈大，下游消能困难，甚至形成不利的冲刷，应综合考虑。据国内外工程实践经验，下游河床的地质条件是选择单宽流量的主要依据。例如，对于软弱岩石或裂隙发育基岩常取 $q=20\sim 50\text{m}^3/(\text{s}\cdot\text{m})$，对中等坚硬的岩石取 $q=50\sim 80\text{m}^3/(\text{s}\cdot\text{m})$，对于完整、坚硬的基岩 $q=100\sim 130\text{m}^3/(\text{s}\cdot\text{m})$。近年来随着消能工的研究和改进，选用的单宽流量逐渐加大。例如，我国已建丹江口、龚嘴、安康、乌江渡等工程的单宽流量均超过 $200\text{m}^3/(\text{s}\cdot\text{m})$。

位于山区河道的中、小型工程的溢流坝，可不设闸门，其堰顶高程与正常蓄水位齐平。其优点是结构简单，管理方便，但泄洪时库水位壅高，因此仅适用于淹没损失不大的工程。通常的溢流坝多设有闸门，设闸门的溢流孔，闸门顶高程约等于正常蓄水位加 0.1～0.3m 的安全超高。堰顶高程较低，以调节库水位和下泄流量，减少上游淹没损失和坝体的工程量。

装设闸门的溢流坝，采用闸墩将溢流段分隔成若干个等宽的溢流孔口。孔口的数目和尺寸，决定于泄流量、单宽流量以及闸门型式、运用要求、坝段分缝等因素。

2. 溢流坝的剖面设计

溢流坝的基本剖面与挡水重力坝一样，呈三角形。上游面为铅直或折线形。为了顺利地宣泄流量，坝顶必须设计成合理的曲线形状，中间接有一定坡度的直线斜坡段，下部为具有半径为 R 的反弧段与消能工相连接，使水流平顺地进入下游河道，组成了溢流坝的实用剖面，如图 3-8 所示。

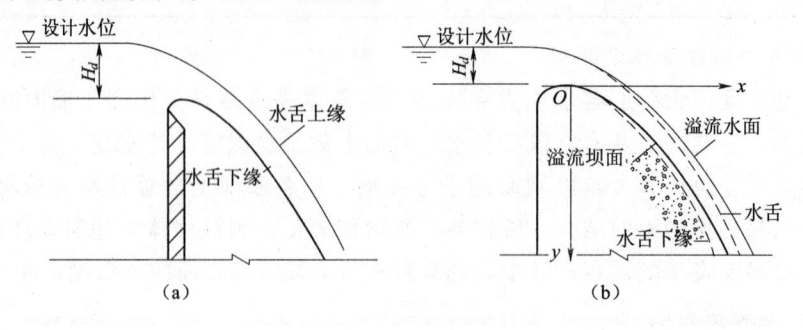

图 3-8 溢流坝顶曲线图

(1) 溢流曲线的选择。溢流坝坝顶是曲线型实用堰。理想的泄流曲线应具有较大的流量系数、水流平顺、避免空蚀等优点。因此理论上应采用如图3-8所示的薄壁锐缘堰上溢流水舌的下缘水面线为泄流曲线。为保证坝面不发生真空，溢流坝面应切入相应的薄壁堰的溢流水舌内，非真空实用断面堰如图3-8所示。堰顶曲线瘦于水舌下缘，形成真空剖面，真空断面堰泄流能力大，但坝面出现负压引起脉动和气蚀，一般较少采用。

对于非真空堰面曲线，目前广泛采用我国《混凝土重力坝设计规范》（DL 5108—2018）推荐的幂曲线，如图3-9所示。

(2) 溢流坝剖面布置。当堰面溢流线确定以后，根据基本剖面布置溢流坝剖面。当溢流剖面小于基本三角形时，取与基本三角形一致的上游坝坡值，见图3-10（a）。在较好岩石上，基本剖面较小，下游坝坡较陡，而溢流堰面曲线下游较胖，可将下游直线段与基本三角形剖面的坝坡重合布设。为使坝顶符合非真空剖面的形状，需将堰顶前坎向上游探出，向上游突出部分的垂直墙面高应大于 $0.6H_{max}$，对泄流能力基本无影响，见图3-10（b）。对于较低的溢流坝，如在坝高范围内，堰面曲线任一点的切线斜率始终小于基本三角形的下游坡度，此时堰面曲线可与反弧段直接连接，见图3-10（c）。

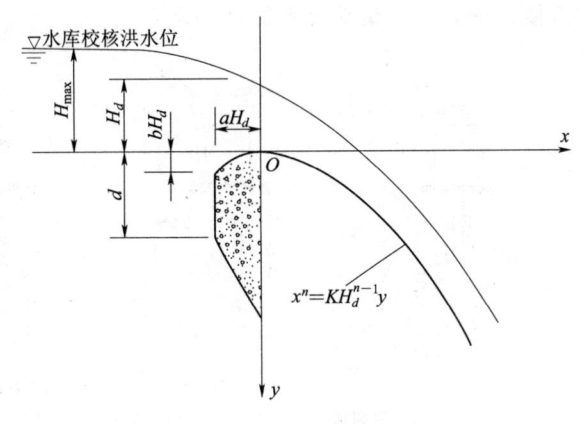

图3-9 堰面曲线

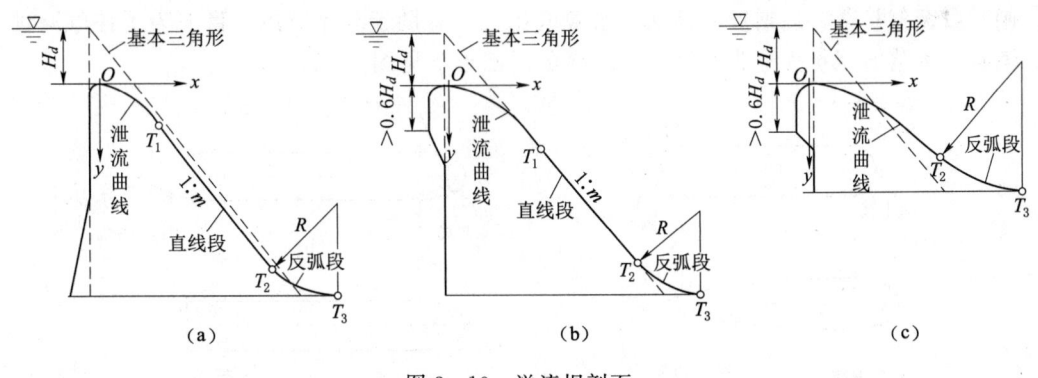

图3-10 溢流坝剖面

图3-10中，x、y 为原点在顶部最高点的堰面曲线坐标，H_d 为设计水头，R 为反弧段半径，m 为坡面比降。

反弧段的作用是将由溢流坝下泄的高速水流与下游消能设施连接，要求沿程水流平顺，不产生负压，不致引起有害的脉动。

中间的直线段与溢流堰顶曲线和下部反弧段相切。

（3）坝顶结构。溢流坝顶通常设有闸门、工作桥、交通桥和启闭设备。

闸门分为工作闸门和检修闸门。工作闸门调节下泄流量，需在动水中启闭，要求有较大的启闭力，常用的有平面闸门和弧形闸门。检修闸门用于短期挡水，以便对建筑物、工作闸门及机械设备进行检修，一般在静水中启闭，启门力较小。工作闸门一般设在溢流堰顶点，检修闸门位于工作闸门前，两闸门之间应留有1～3m的净距，以便进行检修。全部溢流孔通常只备有1～2个检修闸门，交替使用。

坝顶要有工作桥，以设置启闭机，工作桥的高度应考虑闸门启闭的需要。坝顶还应设交通桥，交通桥的高程应与非溢流坝顶相同，平面上应与两侧挡水坝顶的道路平顺连接。图3-11是常用的几种布置方式。

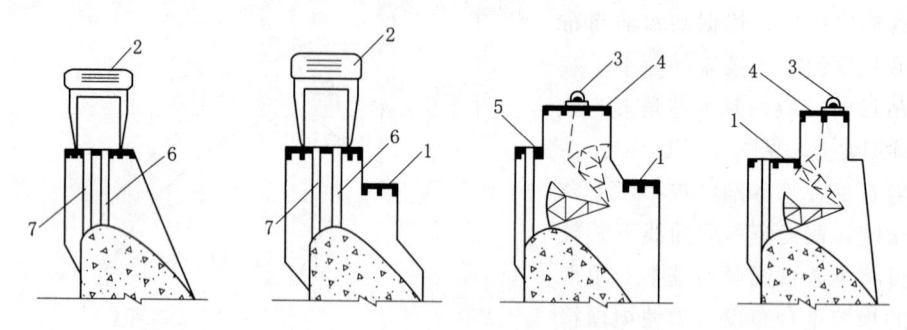

图3-11 溢流坝顶布置图
1—公路桥；2—门机；3—启闭机；4—工作桥；5—便桥；6、7—闸门槽

闸墩的作用是将溢流前缘分成若干孔口，便于安装闸门控制水流。同时也是闸门、工作桥、交通桥的支承结构。闸墩的断面形状应使水流平顺，减小孔口水流的侧收缩。闸墩上游端常采用半圆形或椭圆曲线，下游一般应逐渐收缩成流线形，可采用大半径的圆曲线或抛物线，以使水流平顺地下泄。有的闸墩尾部做成方形，使水流出闸墩后突然扩散，以增加溢流面上水股的掺气，有助于防止空蚀。目前为了掺气减蚀消能，可将墩尾扩大形成宽尾堰。闸墩的断面形状见图3-12。

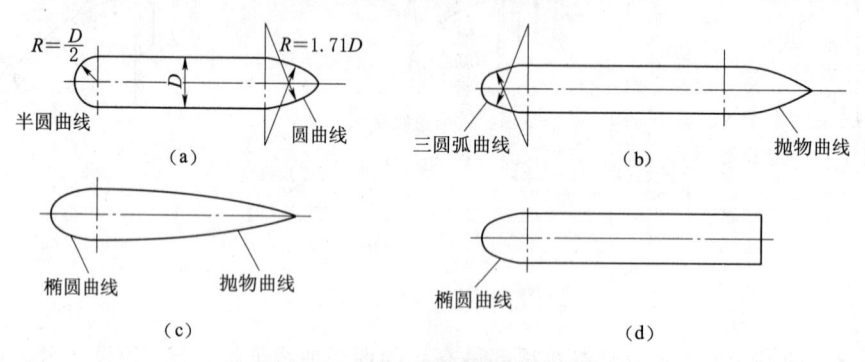

图3-12 溢流坝闸墩断面形状图

闸墩的厚度由强度条件确定。弧形闸门闸墩的最小厚度为1.5～2.0m；平面闸门闸墩上应设门槽，因此平面闸门闸墩的厚度为2.5～4.0m。在墩中分缝时，墩厚要增加0.5～1.0m。闸墩的长度和高度，应满足布置闸门、工作桥、交通桥和启闭机的

要求。

3. 溢流坝的下游消能

通过溢流坝下泄的水流，流速高动能大，如不采取妥善方法消除过大的能量及有效的防护措施，势必造成下游河床的剧烈冲刷，危及建筑物安全。实践证明：重力坝由于设计不妥、强度不足而破坏的情况是非常少见的，但由于消能不善、下游产生严重的冲刷、危及大坝、影响运行的例子屡见不鲜。所以，解决好重力坝下泄水流的消能防冲，是重力坝设计中的重要问题之一。

常用的消能方式有：底流消能、挑流消能、面流消能和消力戽消能等。

(1) 底流消能。从溢流坝下泄的水流，通过反弧段后总是处于急流状态。收缩断面水深 h_c 最小、v_c 流速最大，h_c 小于相应流量下的临界水深 h_k。由水力学原理可知，相应于任一急流，常存在高于临界值的共轭水深 h''，两种流态通过水跃衔接，而水流从急流状态通过水跃变为缓流时，能消耗大量能量。底流消能即在坝下游设置合理的条件，能使水流产生理想的水跃衔接，以消除能量，保护下游河床免受冲刷。

(2) 挑流消能。挑流消能是利用设在溢流坝末端的鼻坎，将下泄的高速水流向空中抛射，挑射水舌在空中扩散、掺气，然后坠落到下游河床水垫中，发生旋滚、摩擦以消耗能量。但剩余相当大的能量，必然冲刷下游河床，形成冲坑，当冲坑发展到一定的程度，足以消耗大部分能量时，冲坑逐渐趋于稳定。挑流消能因不需做护坦和消力池，所以结构简单、经济，但下游河床局部冲刷不可避免。因此，当岩基较好、下游冲坑不致危及大坝安全时，往往采用挑流消能（图 3-13）。挑流消能由于水舌空中扩散，坝址区雾气甚大。

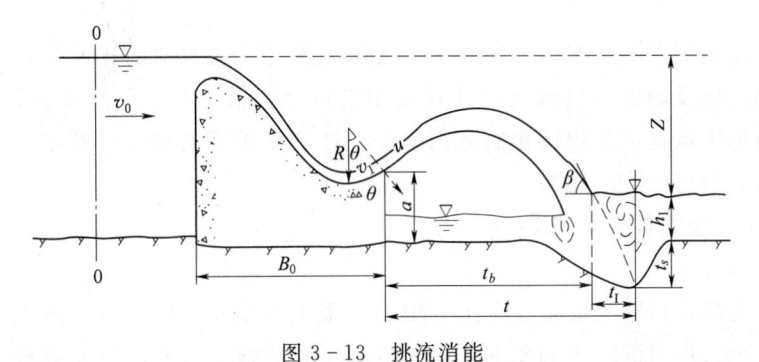

图 3-13 挑流消能

(3) 面流消能。面流消能是利用设置在溢流坝末端、低于下游水位的鼻坎，将溢流堰顶下泄的高速射流导致下游水流表面，并形成跃波，在表层主流与河床之间形成逆溯漩滚，逐渐扩散而消能。由于主流和大流速在一定距离内集中在水面，从而大大减轻了坝下河床的冲刷。面流消能如图 3-14 所示。

面流消能适用于下游尾水位较深，流量变化范围小，水位变幅不大，或有排冰、漂木的情况。我国富春江、龚嘴、大化等工程均采用面流消能。实践证明，面流消能不需设置护坦或其他加固河床的措施。但由于高速水流在表面，并伴有强烈的波动，使下游较长距离内水流不够平稳，不仅冲刷两岸，且可能影响电站运行和下游航运。

图 3-14 面流消能

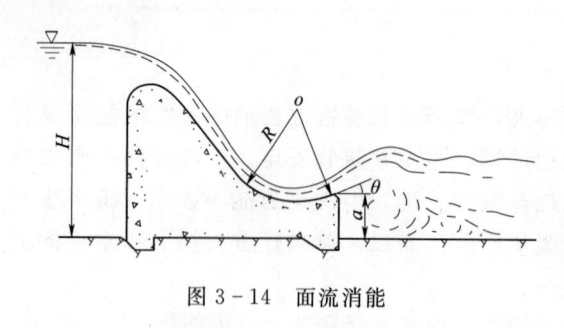

(4) 消力戽消能（戽流消能）。在溢流坝末端建造较大反弧半径和鼻坎挑角的戽斗，称为消力戽。戽底高一般与河床齐平，挑流鼻坎潜没在水下。当下游有足够水深时，从溢流坝下泄的高速水流受下游水体的顶托，在戽内形成剧烈的表面漩滚，主流则沿戽面挑起，形成涌浪；戽后主流与河床间产生一反向漩滚；在涌浪的下游出现较小的表面漩滚，形成了"三滚一浪"的典型消力戽流态（图 3-15）。

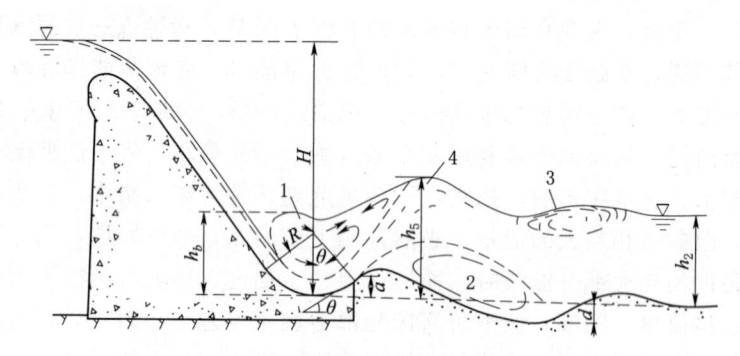

图 3-15 消力戽流态示意图
1—戽内漩滚；2—戽后底部漩滚；3—下游表面漩滚；4—戽后涌浪

戽流消能主要是利用戽内漩滚、戽后底部漩滚与主流水股的相互作用，产生强烈的紊动掺混，以及涌浪后主流的扩散过程中的能量耗散，减轻了对下游河床的冲刷。消力戽消能的优点是：工程量比底流消能小；冲刷比挑流消能浅；基本上没有雾化问题。其缺点大致与面流消能相似。

（五）重力坝的材料及构造

1. 水工混凝土

重力坝的建筑材料主要是混凝土。中、小型工程也采用浆砌石。由于水库枢纽的特殊条件，重力坝对混凝土的要求，除了应有足够的强度以外，还要求有一定的抗渗性、抗冻性、抗侵蚀性、抗磨性和低热性等。由于与一般混凝土不同，故称为水工混凝土。

(1) 水工混凝土的强度。混凝土的强度取决于水泥的标号和用量、骨料的性质和用水量等因素。混凝土的抗压强度标号，是指按标准立方体试件（20cm×20cm×20cm），在 28d 龄期时采用标准试验方法所得的极限抗压强度，以 Pa 计。水工混凝土标号分为：R75、R100、R150、R200、R250、R300、R400 等。其中常用的是 R100、R150、R200、R250 四种。

混凝土的强度随着龄期而增长，因此在规定设计标号时应根据建筑物的型式、地区的气候条件及开始承受荷载的时间，规定设计龄期。重力坝坝体混凝土的抗压设计龄期一般取 90d。此外，还规定 28d 龄期时的抗压强度不得低于 75 号，作为对早期强度的控制。抗拉设计龄期一般采用 28d。

（2）混凝土的抗冻性。混凝土的抗冻标号是表示混凝土抗冻性强弱的指标，即以 28d 龄期的标准试件在水饱和状态下所能承受的冻融循环（其抗压强度降低不超过 25%，质量损失率不超过 5%）次数表示。水工混凝土抗冻标号分为 D50、D100、D150、D200、D250、D300 六种。设计时按当地气候条件及混凝土所在部位的抗冻要求选用。

（3）混凝土的抗渗性。抗渗性是指混凝土抵抗压力水渗透作用的能力，其大小用抗渗标号来表示。抗渗性标号系按 28d 龄期的圆柱体标准试件，能够承受的水压力确定，分为 P_4、P_6、P_8、P_{10}、P_{12} 五个等级。大坝混凝土抗渗标号的选择，可根据渗透坡降（即作用水头与抗渗混凝土层厚度的比值）的大小，参照表 3-2 确定。

表 3-2　　　　　　　　　　混凝土抗渗标号的选择

渗透坡降	<5	5～10	10～30	30～50	>50
抗渗标号	P_4	P_6	P_8	P_{10}	P_{12}

（4）其他。水工混凝土根据建筑物的工作条件还规定有其他特殊要求。抗磨性是指抵抗高速水流或挟沙水流的冲刷、磨损的性能。对于抗磨性，目前尚未订出明确的技术标准。根据经验，使用高标号硅酸盐水泥或大坝水泥所拌制的高标号混凝土，其耐磨性较强。对有抗磨要求的部位，应采用高标号混凝土，骨料质地应坚硬，水灰比要小。当环境水有侵蚀性时，可提高混凝土的密实度和不透水性，以及选用抗侵蚀性水泥，以提高混凝土的抗侵蚀能力。

混凝土的干缩主要与用水量有关，因此要减小干缩体积变形，必须减小用水量。混凝土的极限拉伸值对防止裂缝有很大作用，为了提高重力坝的抗裂性能，28d 龄期混凝土的极限拉伸值不应小于 1×10^{-4}。为了防止温度裂缝，大体积混凝土结构应采用低热混凝土。低热混凝土采用发热量低的水泥，并尽量降低水泥用量。

2. 坝体混凝土分区

坝体各部位工作条件不同，为了节约和合理使用水泥，通常将坝体混凝土按不同部位和不同工作条件分区，各区采用不同标号的混凝土。一般可分为下列各区，如图 3-16 所示。

各分区对混凝土性能的要求见表 3-3。

表 3-3　　　　　　　　　　坝体各区对混凝土性能的要求

分区	强度	抗渗	抗冻	抗冲刷	抗侵蚀	低热	最大水灰比（严寒和寒冷地区）	最大水灰比（温和地区）	选择各区厚度的主要因素
Ⅰ	+	−	++	−	−	+	0.60	0.65	施工和冰冻深度
Ⅱ	+	+	++	−	+	+	0.50	0.55	冰冻深度、抗渗和施工
Ⅲ	++	++	+	−	+	+	0.55	0.60	抗渗、抗裂和施工

续表

分区	强度	抗渗	抗冻	抗冲刷	抗侵蚀	低热	最大水灰比 严寒和寒冷地区	最大水灰比 温和地区	选择各区厚度的主要因素
Ⅳ	++	+	+	-	+	++	0.55	0.60	抗裂
Ⅴ	++	+	+			++	0.70	0.70	
Ⅵ	++	-	++	++	++	+	0.50	0.50	抗冲耐磨

注 表中有"++"的项目为选择各区混凝土的主要控制因素；有"+"的项目为需要提出要求的；有"-"的项目为不需要提出要求的。

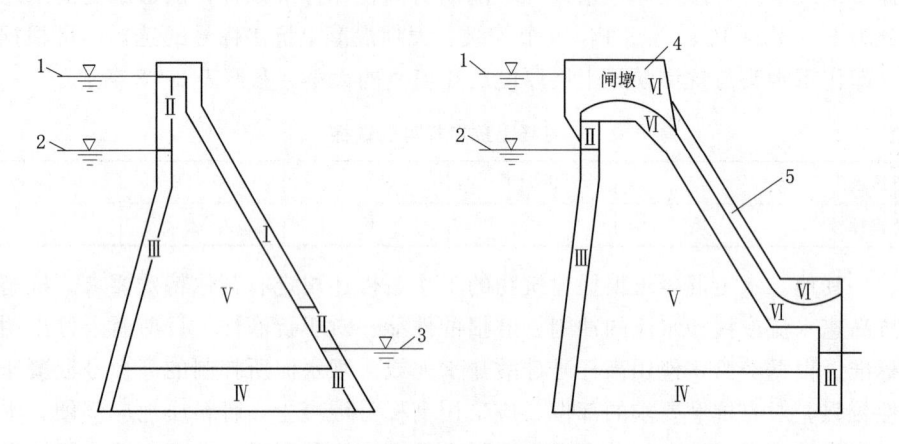

图 3-16 坝体混凝土分区图

1—上游最高水位；2—上游最低水位；3—下游最低水位；4—闸墩；5—导墙；
Ⅰ区——上、下游最高水位以上坝体外部表面混凝土；Ⅱ区——上、下游水位变化区的坝体外部表面混凝土；
Ⅲ区——上、下游最低水位以下坝体外部表面混凝土；Ⅳ区——基础混凝土；Ⅴ区——坝体内部混凝土；
Ⅵ区——抗冲刷部位的混凝土（例如溢流面、泄水孔、导墙和闸墩等）

为便于施工，应尽量减少混凝土标号的类别，相邻区的强度标号不宜超过两级，以免引起应力集中或产生裂缝。分区的厚度一般不得小于2m。

3. 重力坝的分缝和止水

重力坝是整体结构，为了适应温度变化、地基不均匀沉陷，坝体应设永久性温度缝和沉陷缝。沉陷缝是沿坝轴线将坝分成若干段，见图3-17（a）。当地基发生不均匀沉陷时，各坝段可独立移动、倾斜而不互相影响。因而沉陷缝的位置和间距决定于坝基的地质、地形条件，即在地质、地形条件发生变化的地方设置沉陷缝。温度缝则是为了避免坝体因温度变化产生裂缝而设置的，所以根据温度变化情况，可沿坝体全高设置，也可自坝顶向下延伸至一定的深度。一般温度缝的间距为15~20m。重力坝通常将温度缝和沉陷缝相结合。

温度缝和沉陷缝都是永久性横缝。为防止漏水在缝内离上游坝面、溢流面1~2m处应设置止水。此外在下游最高水位以下的下游坝面、坝体廊道和孔洞穿过缝处的周围，也应布设止水。止水有金属片、橡胶、塑料、沥青和钢筋混凝土等。

金属止水有紫铜片、不锈钢片，对于低坝亦可用镀锌铁片。止水片一般做成一字

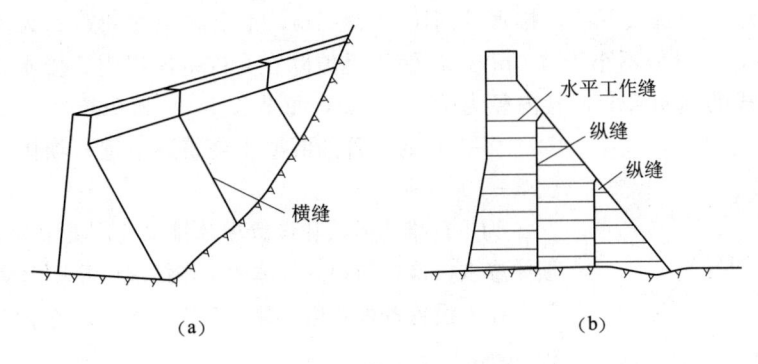

图 3-17 重力坝的分缝
(a) 横缝；(b) 纵缝

形或 Z 形，一字形适应变形能力强。片厚一般为 1.2～2.0m，两端插入深度为 20～25cm。

橡胶止水和塑料止水适应变形能力强，应用广泛。

沥青止水是在横缝内设方形或圆形沥青井，井内灌注沥青以止水，在沥青井中应装设蒸汽或电热设施，以加热沥青使其与混凝土接触良好。

一道止水效果较差，修理困难，为提高防渗效果，高坝应设两道止水片，中间设沥青井；对于低坝可适当简化。止水片或沥青井应深入基岩内 30～50cm。止水顶部必须延伸至最高水位以上，沥青井应延伸至坝顶，顶部加盖板。横缝止水后面宜设排水孔，必要时设检查井，检查井的断面尺寸一般为 0.8～1.2m，井内设爬梯、休息平台，与检查廊道相通。止水设备的典型构造（横缝止水）如图 3-18 所示。

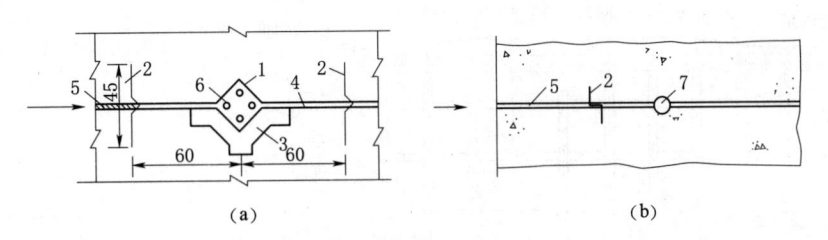

图 3-18 横缝止水（单位：cm）
1—沥青井；2—止水片；3—预制混凝土块；4—横缝；
5—沥青油毛毡填缝；6—加热钢筋；7—排水井

为适应混凝土浇筑能力，防止初期温度裂缝，施工时常将坝分成柱状块和水平层，逐块逐层浇筑混凝土。一般常设临时工作缝，包括纵缝和水平工作缝，见图 3-17 (b)。水平工作缝在施工过程中必须细致处理，以保证上下层结合良好。纵缝待坝体温度降至稳定温度后，采用灌浆封堵使坝段连成一体。

4. 坝体排水和廊道

坝体通常是要渗水的，为减小坝体渗透压力，可在坝体上游面浇筑一层抗渗性高的混凝土，此外，还应在靠近上游面设置排水管幕。将渗入坝内的水由排水管引入廊道，再分段集中排入下游。排水管间距为 2～3m，距上游坝面的距离为该截面上水头的 1/10～1/12（但不小于 2.0m），以使渗透坡降在允许范围以内。排水管通常用无砂混凝土制成的预制管节，管内径为 15～25cm，每节长 1.0～2.0m。

多孔混凝土管随混凝土浇筑逐节埋入坝体，其布置如图 3-19 所示。

为进行帷幕灌浆和设置坝基排水孔，集中和排除地基和坝体渗水，检查与观测坝体的工作情况以及坝内交通等需要，常在坝内设置各种廊道，并相互连通构成廊道系统，如图 3-20 所示。

基础灌浆廊道设在坝踵距坝基面约 4～5m 处。廊道尺寸应满足钻孔灌浆作业的要求，一般用底宽为 2.5～3.0m、高为 3.0～3.5m 的上圆下方的门洞形断面。灌浆廊道沿地形向两岸逐渐升高，坡度不宜大于 40°，以便进行钻孔、灌浆工作。

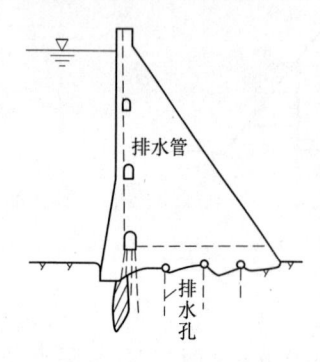

图 3-19 坝体排水管
（单位：cm）

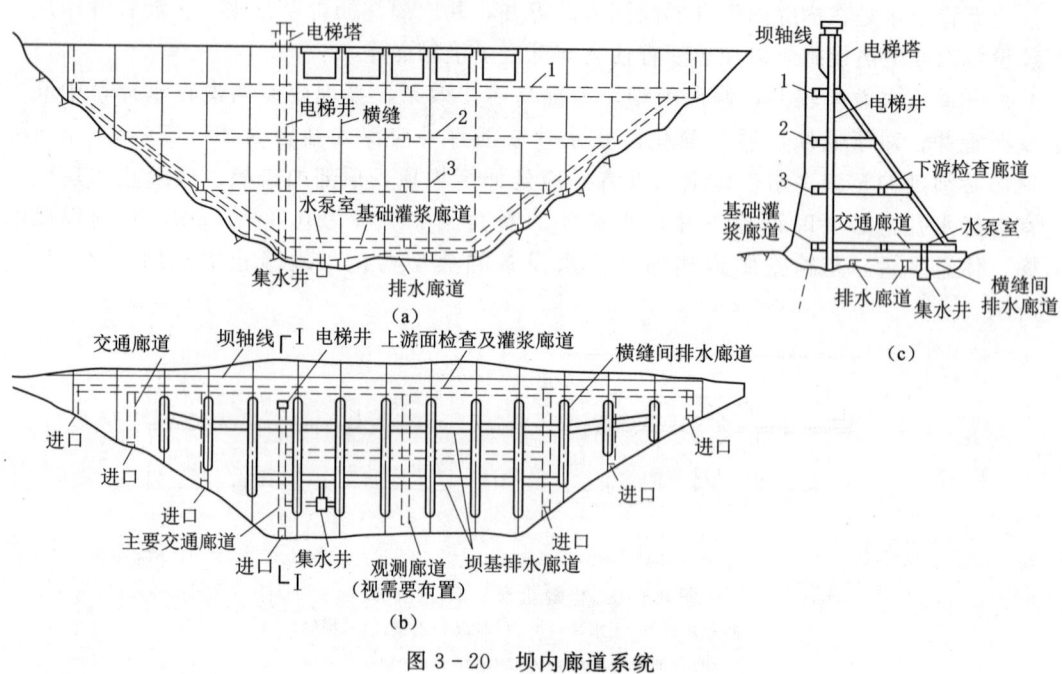

图 3-20 坝内廊道系统
1、2、3—不同高程的检查廊道
(a) 立面；(b) 平面；(c) 剖面Ⅰ—Ⅰ

检查、观测、排水、交通廊道，视工作需要，通常沿坝高每隔 15～30m 布置一道。一般为方圆形断面，尺寸为宽（1.5～2.5m）×高（2.0～3.0m）。廊道的上游边壁距上游坝面的距离约为水头的 0.05～0.07，且不小于 2m。各层廊道在左右两岸应各设出口，上下各层廊道应用竖井或电梯连通。

（六）重力坝的地基处理

重力坝要求地基有足够的强度、抗渗性和抗滑能力。完整、坚固而均匀的地基是最理想的，然而天然岩石地基受到地质构造运动的长期风化、冲刷、侵蚀等影响，总是存在风化、节理裂隙、断层、软弱夹层、空洞等缺陷。因此需要进行处理，以保证大坝安全。

1. 地基的加固处理

岩石地基加固的方法有地基的开挖与管理、固结灌浆和断层破碎带的处理。

（1）地基的开挖与管理。其目的是使坝体坐落在坚固的地基上。开挖深度应根据坝基应力、岩石强度及完整性，结合上部结构对地基的要求研究确定。我国重力坝设计规范要求，高坝可建在新鲜、微风化或弱风化下部基岩上；中坝可建在微风化至弱风化上部基岩上；同一工程两岸地形较高部位的坝段，其利用基岩的标准可比河床坝段适当放宽。

靠近坝基面的缓倾角软弱夹层应尽可能挖除。基岩开挖除满足地质上的要求外，还应满足水工上的某些特殊要求，如齿墙、消力池等需有足够的深度；在顺河流方向，为保持坝体抗滑稳定，不宜开挖成向下游倾斜的斜面，必要时可开挖成分级平台；基岩开挖面应平整，避免高低悬殊的突变，以免造成坝体应力集中。

为保证基岩的整体性，防止爆破开挖过程中震裂岩石，开挖应分层进行。不允许使用大爆破的方法，一次最大爆破深度不宜大于设计开挖深度的2/3，剩余的0.5～1.0m应采用手风钻钻孔、小药量爆破。如遇易风化的页岩、泥灰岩等岩石，应留0.2～0.3m的保护岩层，待到浇筑混凝土前再挖除。

基岩开挖后，在浇筑混凝土前，需进行彻底的清理和冲洗。基坑中原有的地质勘探钻孔、井、洞等均应回填封堵。

（2）固结灌浆。固结灌浆是将水泥浆或某种具有流动性和胶凝性的浆液，通过钻孔压入岩石缝隙中，硬化胶结而成为整体，以提高基岩的强度，改善其整体性和抗渗性。固结灌浆的范围视坝高和基岩裂隙分布情况而定。对于高坝或基岩裂隙发育，需在全部坝基灌浆，必要时还需向坝外上、下游方向适当延伸。如裂隙不很发育，且坝基应力不大，可不进行灌浆或在局部岩石破碎区，或只在坝踵及坝趾区进行固结灌浆。图3-21是高坝固结灌浆孔的布置。对断层破碎带及其两侧影响带部位，应适当加强固结灌浆。

固结灌浆孔在平面上呈梅花形或方格形布置。孔距和排距应根据地质条件并参照灌浆试验确定，一般为3～6m。孔深通常为5～8m，局部地区及坝基应力较大的高坝基础，必要时可适当加深。帷幕上游区宜配合帷幕深度确定，一般采用8～15m。固结灌浆为低压填充性质，在不致抬动岩石的情况下，灌浆压力应尽量加大，无盖重时为0.2～0.4MPa，有盖重时为0.4～0.8MPa。

（3）断层破碎带处理。在实际工程中，坝基经常遇到断层破碎带、软弱夹层或溶洞等地质缺陷，需专门研究处理。

对倾角较陡的断层破碎带，通常是将破碎岩

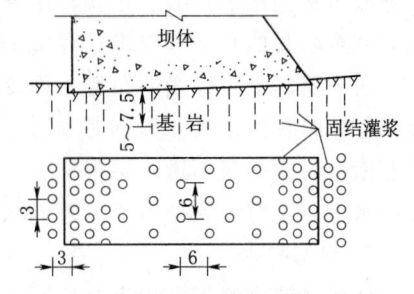

图3-21 高坝固结灌浆孔布置图（单位：m）

石和填充物在一定深度范围内全部挖除,并将两侧挖成斜坡,回填混凝土做成混凝土塞或混凝土拱(图3-22)。混凝土塞的高度可取断层破碎带宽度的1.0~1.5倍,如破碎带延伸至坝体上下游边界线以外,则混凝塞也应向外延伸,延伸长度取为1.5~2.0倍混凝土塞的高度。

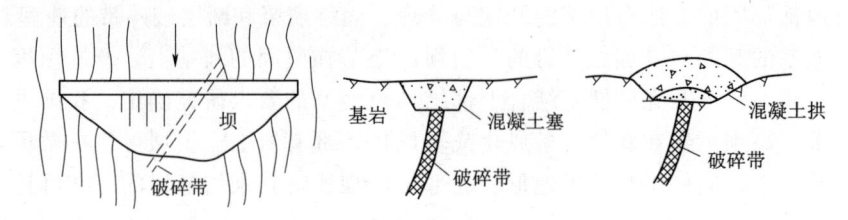

图3-22 断层破碎带处理

对倾角较缓的断层破碎带,埋藏较浅的则应尽量开挖回填混凝土;若埋藏较深明挖工程量很大,则可采用洞挖回填混凝土塞的办法。

2. 坝基防渗处理

坝基渗漏对坝体影响甚大,必须进行处理,其目的是:降低坝底渗透压力,防止坝基内产生机械或化学管涌,减少坝基渗漏量。岩基上的重力坝防渗处理多采用帷幕灌浆的方法。防渗帷幕是在靠近坝体上游面基岩内,钻设一排或数排钻孔,用高压将水泥浆通过钻孔压入周围岩石的裂隙内,胶结后形成一道防渗幕。帷幕深度应根据岩石的渗水性和坝体承受的水头确定。当相对不透水层较浅时,帷幕可穿过透水层深入不透水层内3~5m;当相对不透水层很深时,帷幕深度可按设计要求确定,一般可在坝高的0.3~0.7范围内选择。不同坝高相对不透水层的单位吸水量(ω)标准,见表3-4。帷幕范围内的单位吸水量应降低到同样的数值。

表3-4　　　　　相对不透水层和帷幕的抗渗标准

坝高/m	相对不透水层的单位吸水量ω/[L/(min·m)]	帷幕允许渗透坡降
>70	<0.01	20
30~70	0.01~0.03	15
<30	0.03~0.05	10

帷幕灌浆的排数,一般情况下,高坝可设两排,中低坝设一排。对地质条件较差的地段可适当增加排数。当帷幕由几排灌浆孔组成时,一般仅将其中一排灌至设计深度,其余各排的孔深可取设计深度的1/3~1/2。

防渗帷幕沿坝轴线的布置见图3-23(a)。帷幕应伸入岸坡一定的范围,并与河床部位帷幕保持连续。当相对不透水层距地面不远时,帷幕可伸入岸坡与相对不透水层相衔接;当相对不透水层很深时,可伸至原地下水位线与最高库水位的交点B。最高库水位以上可设置排水,以降低水库蓄水后库岸的地下水位。

3. 坝基排水

任何防渗措施都不能完全截断渗流,为进一步降低坝底面的渗透压力,应在防渗帷幕下游设置排水孔幕(图3-24)。排水孔幕距防渗帷幕下游面约为帷幕孔距的

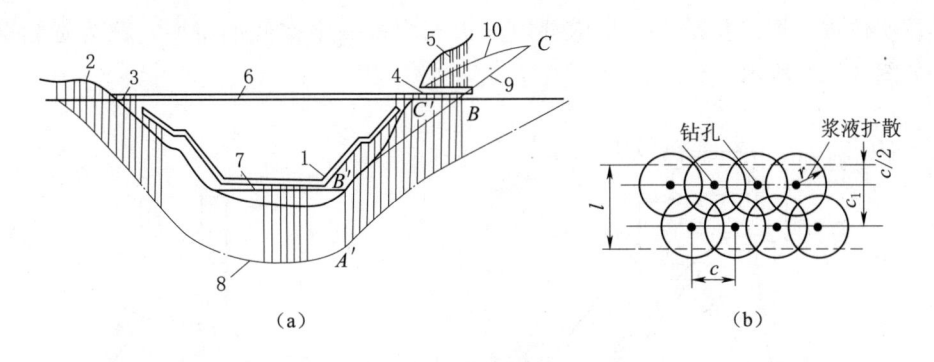

图3-23 防渗帷幕布置
1—灌浆廊道；2—山坡钻孔；3—坝顶钻孔；4—灌浆平洞；5—排水孔；6—最高库水位；
7—原河水位；8—防渗帷幕底线；9—原地下水位线；10—蓄水后地下水位线

0.5～1.0，且在坝基面上不得小于2m。排水孔一般略向下游倾斜，与帷幕成10°～15°交角。除主排水孔外，高坝可设辅助排水孔2～3排，中坝可设1～2排。主排水孔的孔距为2～3m，辅助排水孔的孔距一般3～5m。排水孔的深度应根据防渗帷幕和固结灌浆深度及地质条件确定。主排水孔深度一般为防渗帷幕深度的0.4～0.6，高、中坝主排水孔的深度，不应小于10m，辅助排水孔的深度一般为6～12m。

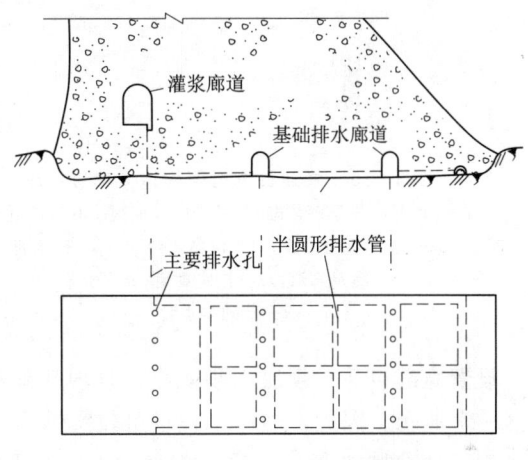

图3-24 坝基排水系统

对于重要工程，当基岩裂隙发育，单靠排水孔幕尚不足以减少坝基渗透压力时，可在坝基面设置排水廊道或排水管（沟）及浅孔排水。纵向廊道间按一定距离设横向廊道。渗水汇入集水井后，由水泵提出排向下游。

（七）其他型式的重力坝

1. 浆砌石重力坝

浆砌石重力坝是一种古老的坝型，与混凝土重力坝相比较，它具有一些突出的优点：就地取材，节省水泥、钢材和木材，减少投资，充分利用劳力和简单的机械，可简化施工及设备上的要求等，是一种因地制宜的坝型，在我国得到广泛的采用，尤其适用于地方上的中、小型工程。浆砌石坝的缺点有：人工施工，坝体质量不易均匀；不易实行大规模机械化施工；砌石体本身防渗性能低，需另作防渗设施。砌石重力坝的设计和混凝土重力坝有相同的地方，也有其差异处，目前大多仍仿照混凝土重力坝的分析和设计方法。图3-25展示了浆砌石重力坝的构造。

2. 宽缝重力坝

在实体重力坝的基础上，将横缝中段扩宽为占一定空间的空腔，称为宽缝重力坝，如图3-26所示。

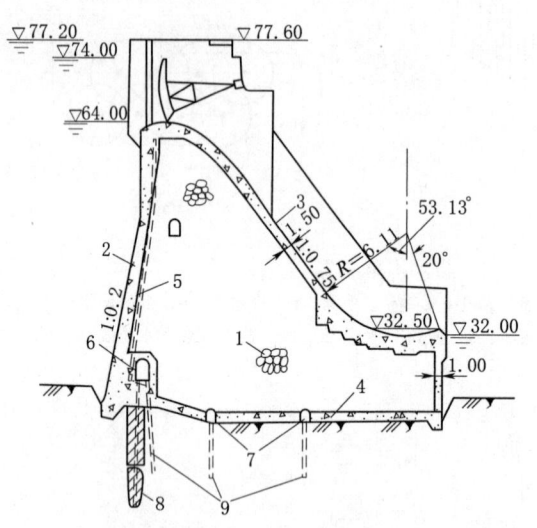

图3-25 浆砌石重力坝构造（单位：m）
1—100号小石子砂浆砌石；2—防渗面板100号混凝土；
3—200号混凝护面；4—混凝土垫层；5—排水管；
6—灌浆廊道；7—排水廊道；8—帷幕；
9—基础排水管

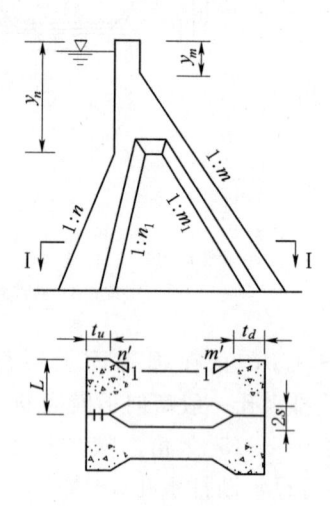

图3-26 宽缝重力坝

设置宽缝以后，坝底面积减小，且坝基渗水可自宽缝排出，显著降低扬压力，如图3-27所示。因此，坝体工程量可较实体重力坝节省约10%～20%。此外，宽缝增加了坝块侧向散热面，加快了坝体混凝土的散热过程，但也增加了表面防护的工作量；从结构角度看坝体内部应力低，在该处将坝体减薄也是合理的。宽缝重力坝的主要缺点是：增加了模板的用量和施工的复杂性，混凝土单价高等。

3. 空腹重力坝

空腹重力坝是在实体重力坝内布设大型纵向空腔，如图3-28所示。空腔下面一般不设底板，坝体所受的荷载由空腔的前后腿传到地基上。

空腹重力坝的优点有：坝体空腔减小了扬压力，比重力坝节省混凝土方量；坝剖面按拱形结构承受荷载，因而使坝体应力分布有很大的改善，材料强度能比较充分发挥作用；散热面宽，有利于大坝温度控制；在腹腔内可布置电站厂房，有利于枢纽布置，此时空腔底部应设地板。其缺点是：施工复杂，钢筋用量大，腹拱的设计需经大量试验和计算。

二、拱坝

拱坝在平面上是凸向上游的拱形，拱的两端支承于两岸的山体上，立面上有时也呈凸向上游的曲线形。整个拱坝是空间壳体结构（如图3-29所示），作用于坝上

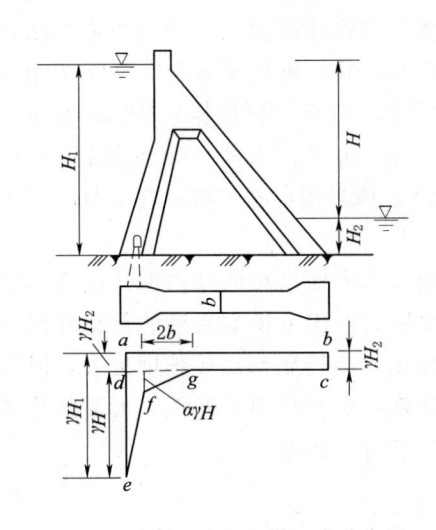

图 3-27　宽缝重力坝扬压力分布图

图 3-28　石泉空腹重力坝剖面图（单位：m）
1—下腹孔；2—廊道；3—消力戽；4—戽端浆孔；
5—排水孔；6—防渗帷幕；7—弧形闸门

的水平外荷载，部分将通过水平拱的作用传至两岸岩体，另一部分将通过垂直梁的作用传至坝底河床基岩。拱的传力特点主要依靠轴力，如设计得当则拱圈截面上弯矩较小，应力分布较均匀。因此，拱坝可充分利用混凝土或浆砌石材料的抗压强度，坝体厚度较薄，节省工程量。与同样高度重力坝相比，拱坝工程量较重力坝可减少30%～50%。拱坝的稳定主要依靠两岸拱端的反力作用，坝肩岩体的稳定是拱坝安全的前提。

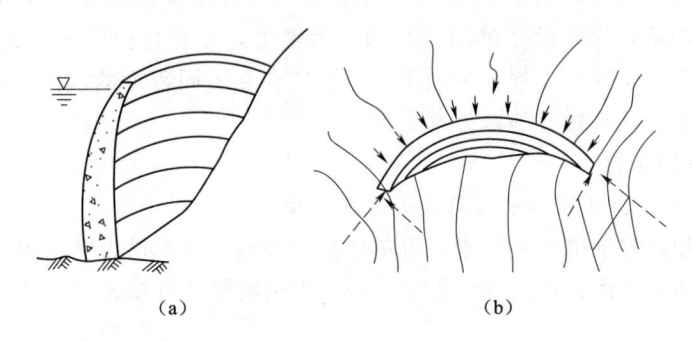

图 3-29　拱坝示意图
(a) 垂直剖面；(b) 水平剖面

拱坝是固结于基岩的超静定结构，超载能力大，地基变形和温度变化对坝体应力影响较大，因此拱坝对地形、地质条件及基础处理要求较高。设计时，温度荷载是主要荷载之一。

(一) 拱坝对地形、地质的要求

拱坝的结构型式、工程布置和经济性在很大程度上取决于地形条件。通常以坝顶

55

处河谷宽度 L 和最大坝高 H 的比值 n（即宽高比 L/H）表示河谷的形状特性和河谷适宜修建拱坝的程度。当宽高比小时，拱的作用大，可修建较薄的拱坝。当宽高比较大时，拱的作用减小，坝体剖面随之加大。根据工程经验，拱坝坝底最大厚度 T 和 n 的关系如下：在 $n<1.5$ 的深窄河谷可以修建薄拱坝，T/H（厚度比）<0.2；在 $n=1.5\sim3.0$ 的稍宽河谷可以修建一般拱坝，$T/H=0.2\sim0.35$；当 $n=3.0\sim4.5$ 时，可修建重力拱坝，$T/H>0.35$。随着科学技术的发展，该界限已被突破，在 $L/H=7\sim11$ 的河谷也成功地修建了拱坝。

河谷的宽高比相同，其断面形状也可能相差很大，因而拱坝的结构型式也各不相同。图 3-30 代表两种不同类型的河谷形状，在水压力作用下拱梁系统的荷载分配以及对坝体剖面的影响。V 形河谷最适于发挥拱的作用，靠近底部水压强度最大，但拱跨最短，因而底拱厚度仍可较薄；U 形河谷靠近底部拱的作用显著降低，大部分荷载由梁来承担，拱坝的剖面相应增厚；梯形河谷则介于两者之间。

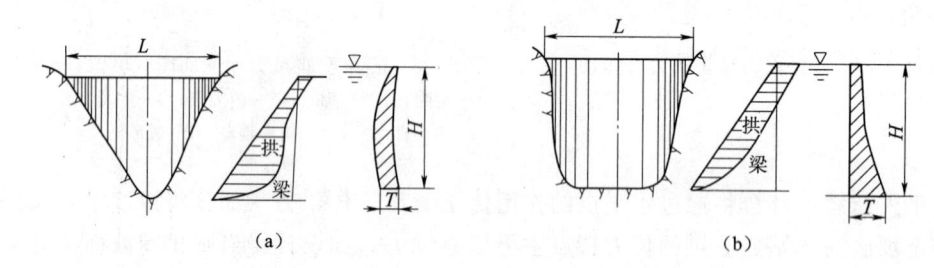

图 3-30 河谷形状对荷载分配和坝体剖面的影响
(a) V 形河谷；(b) U 形河谷

在平面上成漏斗状的地形最好，它是拱座的天然支承。

拱坝一般要求坝基岩石坚硬致密，质地均匀，有足够的强度、不透水性和耐久性，河谷两岸的基岩应能承受拱端传来的巨大推力，要在任何情况下都能保持稳定，以保证坝体安全。实际上，坝址的地质条件往往存在不同程度的缺陷，必须在查明地质情况的基础上，认真做好地基处理工作。

（二）拱坝的布置

1. 拱坝的厚度、半径和中心角的关系及选择

为了分析坝体厚度的影响因素，取单位高度等截面圆弧拱为例（图 3-31）。沿外弧受均布荷载 p，坝体材料允许应力为 $[\sigma]$，则拱圈厚度可按式（3-1）估算：

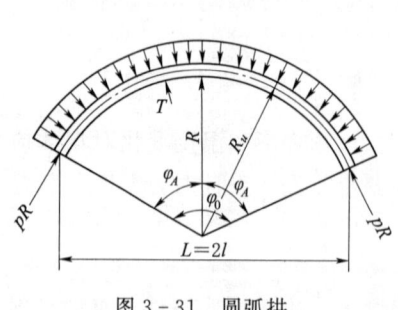

$$T=\frac{pR_u}{[\sigma]} \quad (3-1)$$

式中 $R_u=R+\dfrac{T}{2}$；$R=\dfrac{l}{\sin\dfrac{\varphi_0}{2}}$。

故式（3-1）可表示为

$$T=\frac{2lp}{(2[\sigma]-p)\sin\dfrac{\varphi_0}{2}} \quad (3-2)$$

图 3-31 圆弧拱

式 (3-2) 表明，拱圈厚度取决于拱圈上的荷载强度和拱圈半径。在一定的作用荷载下，拱圈半径越大，拱的厚度也越大。当坝轴线确定以后，拱圈的跨度也就相应而定。拱圈的中心角越大，拱的厚度相应减小，反之拱圈中心角越小，半径就越大，拱的作用减弱，拱圈厚度加大。因此，适当加大中心角是有利的。但中心角过大将使拱圈与河岸可利用基岩面等高线的交角过小，对坝肩稳定不利。同时，中心角的加大将使拱圈弧长增加，可抵消由拱圈厚度减小而节省的工程量。在实际工程中，坝顶拱圈中心角多为 90°～110°。随着高程的降低，河谷宽度逐渐减小。拱圈中心角也逐渐减小。

2. 拱坝的平面形式

河谷地形对拱坝的几何形状有很大影响。按照坝体的拱弧半径和中心角，通常拱坝可分为定圆心、等半径拱坝 [图 3-32 (a)]、等中心角拱坝 [图 3-32 (b)] 和变中心角、变半径坝拱三类。

3. 拱坝布置的原则和步骤

合理而经济的拱坝布置方案，应该是在满足枢纽布置、建筑物运用和坝肩稳定的前提下，通过调整其外形尺寸，使坝体材料强度得到充分发挥，控制应力在允许范围以内，且坝体工程量最省，同时坝体轮廓应力求简单，坝面变化力求平顺，避免任何突变，以此作为拱坝布置的总要求和基本原则。由于拱坝型式比较复杂，断面形状又随地形、地质情况而变化，拱坝的布置并无一成不变的程序。根据经验，拱坝布置大致按以下步骤进行。

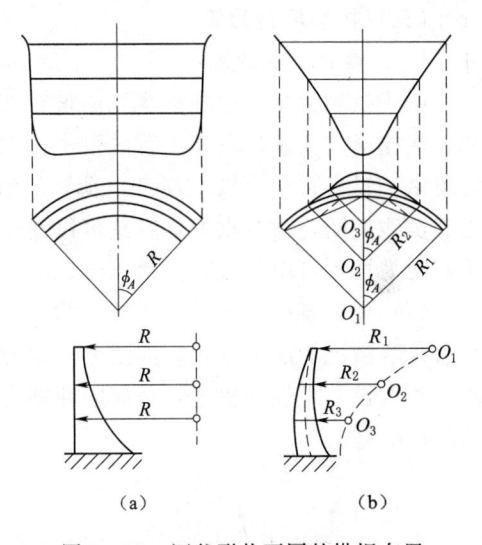

图 3-32 河谷形状不同的拱坝布置

(1) 根据地形图、地质图和地质勘探资料，确定开挖深度，绘制可利用基岩面地形图。

(2) 在可利用基岩面地形图上，试定坝轴线的位置，选取适当的中心角及坝顶厚度，绘出顶拱内外缘拱圈弧线。

(3) 初步拟定拱冠梁剖面尺寸，定出各高程的拱圈厚度。自坝顶向下，一般选取 5～10 层拱圈，绘制各层拱圈平面图，尽量使拱轴线与两岸等高线的夹角不小于 35°，并使两夹角大致相近。各层拱圈圆心的连线，在平面上最好能在对称线上，在垂直面上应能形成光滑的曲线。

(4) 沿坝轴线切取若干垂直剖面，检查其轮廓是否光滑连续、是否有过大的倒悬，如有不符合要求处，应适当修改拱圈及梁的形状尺寸。

(5) 进行坝体应力计算和坝肩稳定分析。如不满足要求，应修改坝体尺寸和布置方案，重复以上工作程序，直至满足设计要求为止。

以上传统的拱坝设计方法，需反复修改，工作量很大，且只能得到相对的较好方案。结构优化设计是利用电子计算机和数学规划的方法，自动选择最优结构方案。在优化设计中，首先引进一系列设计变量，对坝体形状、目标函数和约束条件给予数学描述，即建立数学模型。利用非线性规划的优化方法，即可求出最优方案。全部计算、分析、判断、抉择皆由电子计算机来完成，速度快，效率高。目前拱坝优化设计已在部分工程中应用，并取得良好的效果。此外，也有利用计算机辅助设计，即根据地形地质条件，由设计人员初步绘出拱坝轮廓，由计算机计算控制点坐标，绘出坝体透视图、展开图。设计人员在展开图上画出二维网格后，自动形成三维网格，采用有限元法计算坝体应力。设计人员根据应力状态修改坝体形状，再由计算机计算应力，重复几次即可。该方法比较直观，坝体形状不用数学方程表示，而是以坐标定点，改变坝体形状方便，适应于任何复杂形状的拱坝。

（三）拱坝坝身泄流

1. 拱坝的泄水方式

由于拱坝大多修建在狭窄且岸坡较陡的河谷，开挖河岸式溢洪道或隧洞的泄水方式，往往会增大水库枢纽工程的投资。因此应尽可能通过坝身来泄洪，枢纽布置也比较集中。过去常认为拱坝坝身单薄，不宜通过坝身来宣泄很大的流量。近20年来的工程实践证明，通过拱坝坝身是可以安全泄洪的。目前国内外拱坝的泄水方式，大致可归纳为坝顶自由跌流、鼻坎挑流、滑雪道及坝身孔口泄流等类型。

（1）坝顶自由跌流。对于较薄的拱坝或小拱坝，当下游尾水较深时，常采用坝顶自由跌落溢流的泄洪方式，如图3-33所示。溢流头部常采用非真空标准堰型，自由跌落的水舌，距坝脚较近，对河床冲刷力较大，须有坚硬的基岩、较深的水垫和可靠的防护措施。

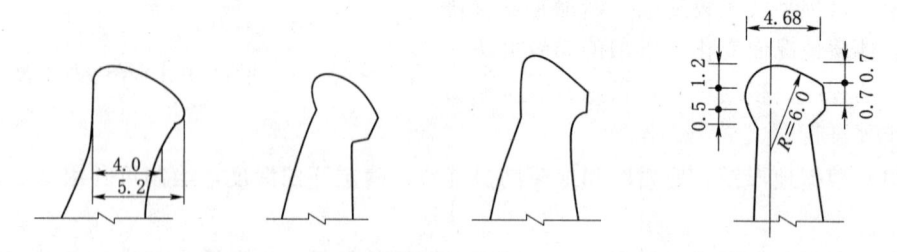

图3-33 自由跌流式拱坝头部形式（单位：m）

（2）鼻坎挑流。为了使泄水跌落点远离坝脚，常在溢流堰面曲线末端以反弧连接形成鼻坎挑流，如图3-34所示。挑坎末端与堰顶之间的高差常不大于6m，大致为设计水头的1.5倍左右；鼻坎挑角$\alpha=10°\sim25°$；反弧半径R与堰顶设计水头大致接近。

对重力拱坝，水流可沿坝面下泄，鼻坎可以设置低些。对于单宽流量大的重力拱坝，往往采用该种挑流形式。

（3）滑雪道式泄流。拱坝特有的一种泄洪方式。其溢流面是由溢流坝顶和与之相连的滑槽组成。滑槽可设计成实体式的，也可设计成溢流面板式的（图3-35）。滑雪道末端设置挑流坎，下泄水流经鼻坎挑射，远离坝脚，不致影响坝的安全，面板式滑

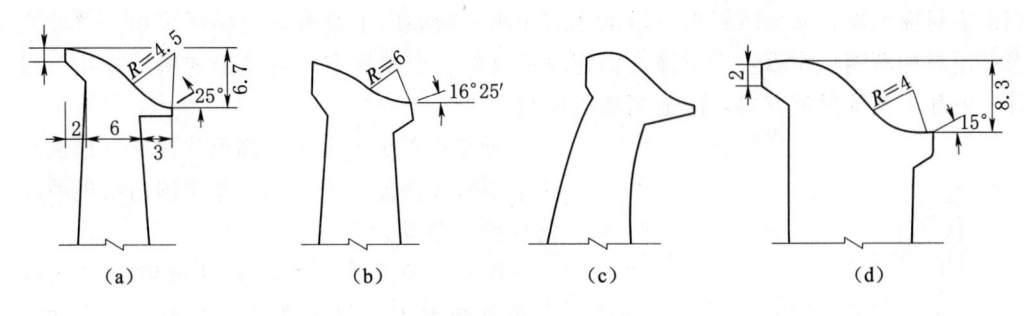

图 3-34　鼻坎挑流式拱坝头部形式（单位：m）
(a) 四川长沙坝；(b) 湖南花木桥；(c) 苏联拉章乌尔；(d) 贵州水车田

槽的底板可设置于水电站厂房顶部或专门的支承结构上，布置紧凑，节省投资。贵州猫跳河三级修文拱坝采用了厂房顶滑雪道式泄洪，见图 3-35 (b)。

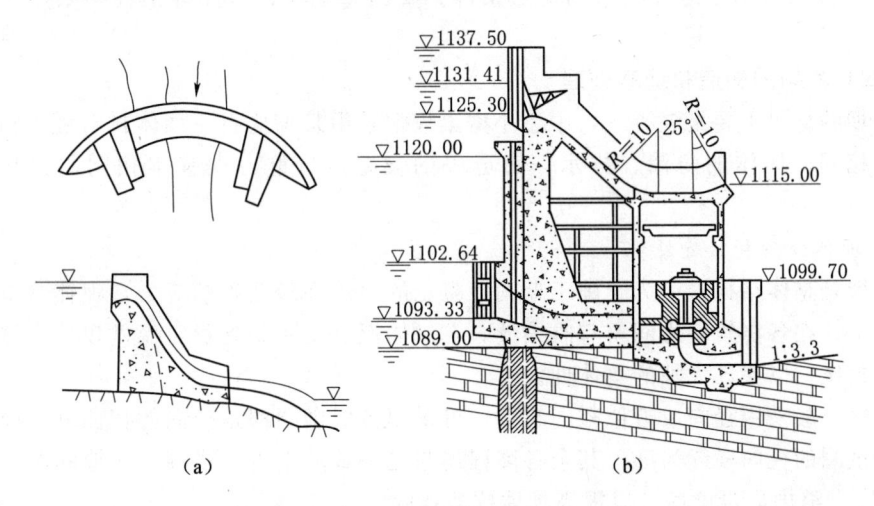

图 3-35　滑雪道式泄洪拱坝（单位：m）
(a) 岸坡实体式；(b) 溢流面板式（修文拱坝）

（4）坝身孔口泄流。坝身设置大型孔口，是近年来发展的趋势。坝身泄水孔是位于水面以下一定深度的中孔或底孔，多为有压流。其工作特点是水头高、流速大、射程远。由于拱坝较薄，孔口多采用矩形断面。底孔处于水下更深处，限于高压闸门的制造和操作条件，孔口尺寸不能太大。进出口体形及闸门设置与隧洞类似。

2. 拱坝的消能和防冲

（1）水垫消能。利用下游水深形成的水垫消能，是一种最简单的消能方式。如水深较浅，可在坝下游设置二道坝或人工开挖形成消能塘，也可对河床基岩和两岸岸坡一定高度范围内进行混凝土护砌。

（2）挑流消能。一般在坝顶、大孔口出口处或滑雪道末端设置不同形式的挑坎，使水流扩散或改变方向，在空中消减部分能量后再跌入下游河流。拱坝泄洪建筑物多为径向布置，下泄水流过坝后向心集中，入水单宽流量增大，加剧下游冲刷。因此，对中、高拱坝，可利用该特点，在拱冠两侧各布置一组泄水建筑物，使两侧挑射水流在空中对撞消能，从而减轻对下游河床的冲刷。例如广东泉水双曲拱坝采用了岸坡式滑雪道对冲消能，水舌空中对撞，消能效果良好。但水流空中对撞造成的"雾化"程度，更甚于其他挑流方式，应适当加以控制。

近年来不少工程采用高低坎挑流，形成水舌上下对撞消能。图3-36是我国白山拱坝高低坝挑流布置。

（3）窄缝式消能。将溢洪道或泄水孔口末端急剧收缩，使下泄水流竖向充分扩散，纵向沿河流方向拉开，水舌掺气充分，入水面积大，从而减轻下泄水流对下游河床的冲刷，消能效果良好，为消能防冲开辟了一条新途径，特别适用于河谷狭窄的地形条件。我国龙羊峡、东江等工程均采用了此种消能工。

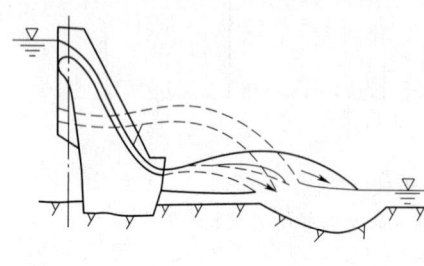

图3-36 白山拱坝高低坝挑流示意图

（四）拱坝的构造和地基处理

拱坝的材料主要是混凝土，中、小型工程常采用浆砌块石。坝体材料性能指标和重力坝相同。坝体的防渗、排水、廊道等的设置，与重力坝基本相同，在此不再列举。

1. 坝体分缝和接缝处理

拱坝是整体结构，但为了施工期间混凝土的散热和降低收缩应力，坝体常采用柱状块施工，在各浇筑块之间留有收缩缝。在坝体混凝土冷却到稳定温度以后，进行水泥灌浆封拱，以保证大坝的整体性。

横缝一般采用径向或近似径向布置，可采用各层拱圈都是径向的扭曲缝，或以某一高程拱圈的径向横缝为准，其余各高程均与之一致的垂直面横缝。横缝间距一般为15~20m。缝内应设键槽，以提高坝体抗剪强度。

拱坝一般断面较薄可不设纵缝。对于厚度较大的重力拱坝，也考虑设置纵缝，相邻坝块纵缝应错开。

收缩缝按填灌方式不同，有两种结构形式：一种是窄缝，是两个相邻坝段冷却收缩后自然形成的冷缝，缝内预埋灌浆管及出浆盒，在坝体充分冷却之后进行灌浆封堵，较高拱坝多采用窄缝；另一种是宽缝，缝宽为0.7~1.2m，上游面设钢筋混凝土塞，坝体冷却后用密实的膨胀混凝土填塞，仅适用于较小的工程。收缩缝的填灌方法见图3-37。

2. 拱坝与岩基的连接

一般要求将拱坝坐落在新鲜或微风化的岩石上，周边地基轮廓要平顺，并尽可能对称，因此往往开挖较深。对于地形极不规则的河谷或局部有深槽时，可设置拱坝座垫（图3-38），形成周边缝。拱坝座垫既可改善河谷断面，又能改善坝体应力。

为了保证坝肩稳定，较好地传递拱端推力，基岩面应开挖成径向，见图3-39（a）；对于较厚的拱坝或基岩等高线与坝体对称中心线大致平行时，沿径向开挖工

(a)

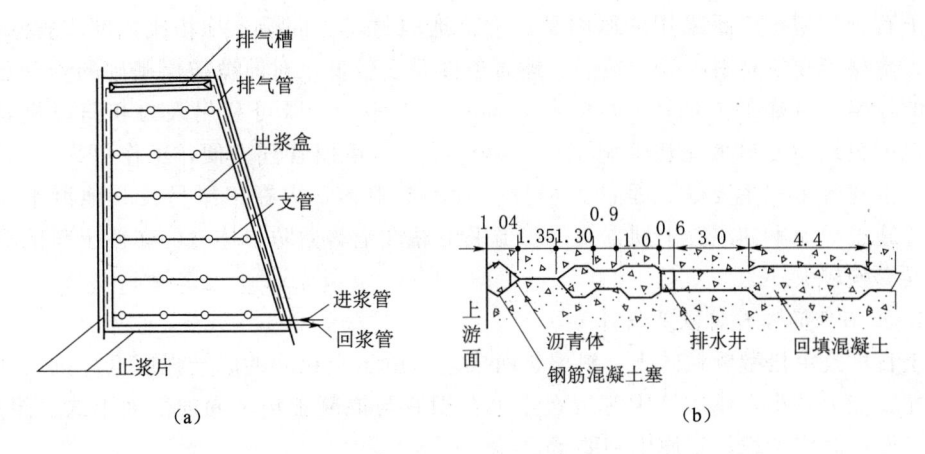

(b)

图 3-37 收缩缝填灌简图（单位：m）
(a) 窄缝灌浆；(b) 宽缝回填混凝土

程量过大，此时可开挖成折线形或阶梯状，见图 3-39（b）、(c)；当岩石强度较低时，可将基岩扩宽，使拱端局部加厚以加大受力面，见图 3-39（d）；如两岸岩体单薄，可将拱端嵌入岩体内，见图 3-39（e）。

3. 地基处理

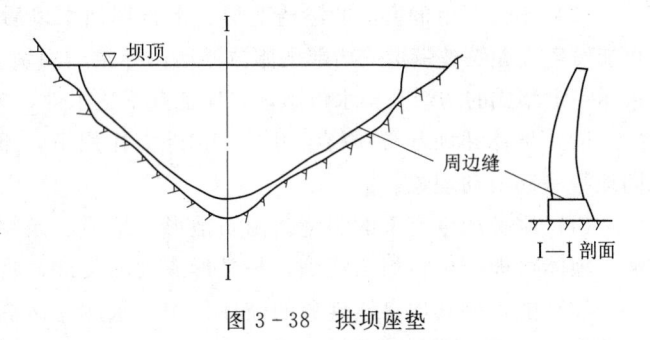

拱坝地基处理和岩基上的重力坝基本相同，但要求更为严格。对两岸坝肩的稳定处理尤为重要，此处不再赘述。

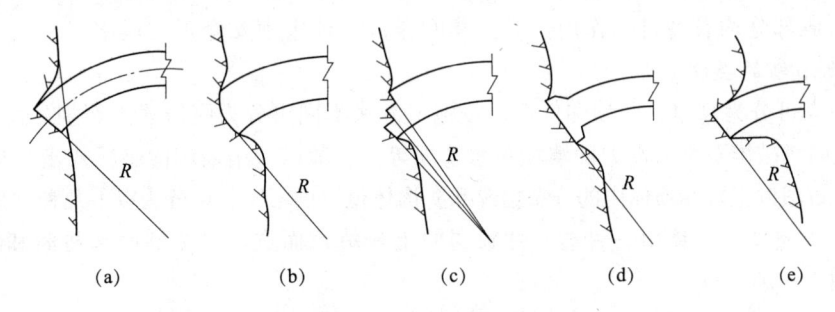

图 3-38 拱坝座垫

(a) (b) (c) (d) (e)

图 3-39 拱坝坝头开挖型式

三、土石坝

(一) 概述

土石坝是利用当地土料、石料或土石混合料堆筑而成的最古老的一种坝型，也是当代世界各国最常用的一种坝型。当坝体材料以土和砂砾料为主时称为土坝；以石料为主时称为堆石坝；两种材料均占相当比例时，称为土石混合坝。

土石坝坝型被广泛采用的原因是：①就地取材，与混凝土坝相比，可节省水泥、钢材、木材等建筑材料；②对地形、地质条件要求较低，对厚覆盖层基础的处理已有成熟的经验和可靠的方法；③施工技术简单，工序少，既可利用人力和简单机具施工，也可组织高度机械化快速施工；④结构简单，运用管理方便，工作可靠，维修、加高、扩建容易。主要缺点是：①坝身一般不能泄流，需在河岸另设其他泄水建筑物；②施工导流不如混凝土坝方便；③当采用黏性土料做防渗体时，黏性土料的填筑受气候影响较大。

1. 土石坝的工作特点及设计要求

土石坝是由松散颗粒的土石料填筑而成的，由于土粒间的联结强度低，抗剪能力和抗冲刷能力较小，渗透性大等特点，土石坝有与混凝土坝不同的剖面形式、组成、构造，设计时应考虑以下原则和要求。

(1) 水流不得漫顶。为此坝顶应有一定的安全超高，且应有足够泄洪能力的泄水建筑物。对可能发生的特殊洪水，应有应急的泄洪保坝措施。

(2) 不得产生危害性的渗透变形。土石坝挡水以后，如坝体或坝基渗透坡降过大，可能发生细颗粒被带走或局部土体被浮动，导致土坝坍塌失事。因而土坝设计时，必须采用一定型式的防渗和排水设施，以保证其不透水性，并防止产生渗透破坏。

(3) 坝体和坝基必须稳定可靠。在外力作用下，不得产生上、下游坝坡或坝坡连同地基一起滑动现象。

(4) 避免产生有害的裂缝。由于地形、地质、筑坝材料类别及施工质量等因素影响，坝体可能产生不均匀沉陷，一旦形成大的裂缝，将危及坝体安全。

(5) 能抵御其他自然现象的破坏作用。水库库区内的风浪可能淘刷水位变化区的上游坝坡；雨水可能冲刷上下游坝坡；黏性土料易受自然环境变化出现冻胀和龟裂等。为了防止此类现象的发生，应采取有效的防护措施。

由于上述特点和要求，土石坝一般由坝身、防渗设施、排水设施和护坡等部分组成。各组成部分均有各自的作用，并互相配合以保证大坝安全正常运用。

2. 土石坝的类型

按坝高可分为高坝、中坝和低坝；按施工方法不同可分为碾压式土石坝、抛填式堆石坝、定向爆破堆石坝、水力冲填坝和水坠坝等。本节以应用最广的碾压式土石坝为主。碾压式土石坝以土料在坝体内的分布情况和防渗体位置的不同，可分为以下几种坝型。

(1) 均质坝。坝体由一种透水性较弱的土料填筑而成，整个剖面起防渗和稳定作用，见图3-40 (a)。

(2) 心墙坝。在坝体中央使用抗渗性较好的土料或其他人工材料填筑防渗体，采用透水性较好和抗剪强度较高的砂石料作为坝壳，见图3-40 (b)、(c)。

(3) 斜墙坝。坝身主体由透水性强的砂石料筑成，在靠近坝体上游面用弱透水性材料筑成防渗体，见图3-40 (d)、(e)。

(4) 多种土质坝。坝身由几种不同材料所构成，见图3-40 (f)、(g)。将坝体某些部位以石料代替，即成为土石混合坝。为改善坝体应力状态，避免裂缝，近代修建的高土石坝常将心墙略向上游倾斜做成斜心墙土石混合坝，见图3-40 (h)。

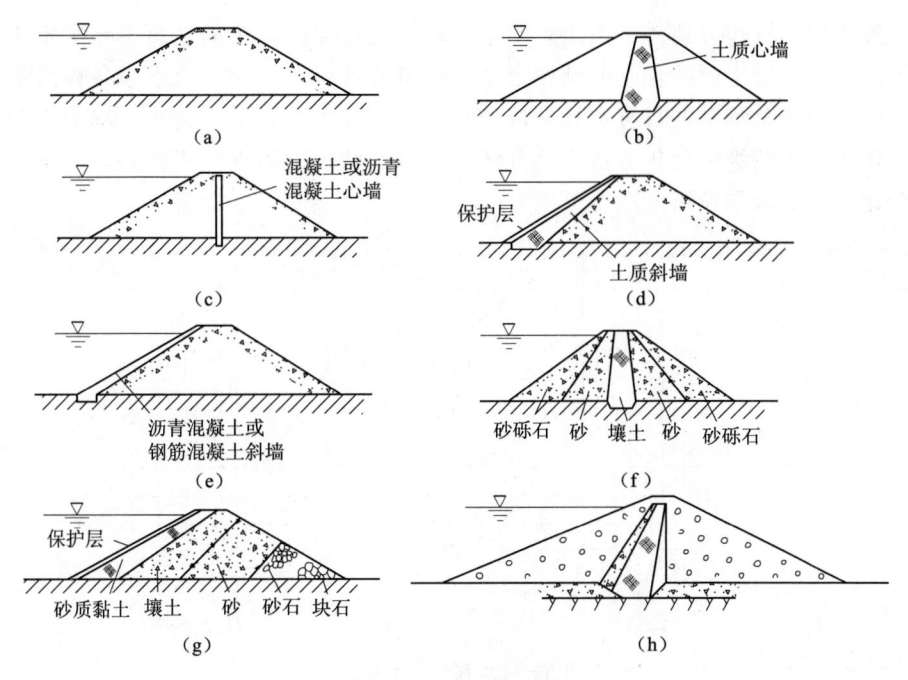

图 3-40 土石坝类型

上述各种坝型，除均质坝以外都是将弱透水材料布置在坝体上游或中央，以达到防渗的目的，而将透水性强的材料布置在两侧或下游，以维持稳定。土石坝的坝型不断地发展变化，但材料的分布均遵从上堵下排的原则。

（二）筑坝土料

土石坝从总体上讲，应该尽量做到渗透少、变形小、稳定安全。但是，土料对渗透、压缩、抗剪等各方面所表现出的特性与其本身物性有关。

1. 土料的基本性质

（1）土料的颗粒级配。组成土的颗粒粗细相差很大，可将组成土的性质有显著差别的某颗粒大小作为界限，将颗粒按其大小划分为性质不同的若干组，称为粒组。表3-5列出各种粒组的范围和其相应的主要特性。

表 3-5　　　　　　　　　　土的粒组及其主要特性

粒组名称	分界粒径/mm	主要特性
漂石及块石	200	透水性大，无粒性，不能保持水分
卵石及碎石	20	
砾石		
砂粒	2	易透水，无黏性，遇水不膨胀，干燥、松散不收缩，不可塑，压缩性甚微
粉粒	0.05	透水性小，黏性小，遇水膨胀，干燥时收缩不大，毛细水上升高度较大
黏粒	0.005	几乎不透水，黏性大，湿时呈可塑性，遇水膨胀大，干时收缩大，压缩性大

一般土中不只包含单一的粒组，当某一粒组比较大时，土的性质主要决定于该粒组。因此，要了解土的特性，必须测定土的粒组及其分布。一般以土中各粒组的相对含量（以占土体总重量的百分数计）以表示土中的粒组及其分布情况，称为土的颗粒级配。常用的颗粒级配分析方法有筛分法和比重法两种。根据分析结果，求出各粒组所百分比，并绘制颗粒级配曲线（图3-41）。

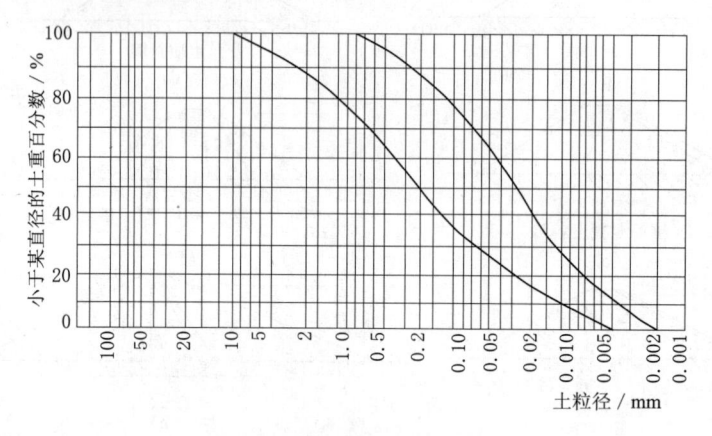

图3-41 颗粒级配曲线

土的颗粒级配曲线用途广泛，表现在：①了解土中含有哪些粒组及其相对含的百分数，以进行土的分类；②由曲线可知土体中各特征粒径（d_{60}、d_{50}、d_{10} 等）的大小，d_{60} 代表小于此粒径的土重占总土重的60%，以此类推；③土料的不均匀系数以 $\eta = d_{60}/d_{10}$ 表示，作为选择筑坝土料和反滤料的依据。

(2) 土的密度。土料的密实程度是影响土性的重要因素之一。一定体积土中，孔隙体积愈小，或者土粒重量愈大，土的密度也最大。因此土的密度可以孔隙率 n、孔隙比 e 和干容重 γ_d 表示。

(3) 土的湿度。土中水的存在状态及水量大小，极大地影响着土的性质，尤其是黏性土，对湿度的变化更为敏感。通常以土中水的重量对土粒重量之比（称为含水量 ω，以百分数表示）表征土的湿度状态。黏性土随着含水量的增加，土从坚硬的固态、半固态逐渐变为可塑状态，乃至流动状态。通常将由固态到塑态和由塑态到流态的分界含水量分别称为塑限 ω_p 和液限 ω_l。

黏土的塑性状态只有当含水量在塑限和液限之间时才能显现。液限和塑限之差愈大，土的可塑性愈强。将液限、塑限含水量之差，作为反映土可塑性的一项指标，称为塑性指数 I_p，即

$$I_p = \omega_l - \omega_p \tag{3-3}$$

相对稠度（或称液性指数）I_l 可表示土的稠度状态，即

$$I_l = \frac{\omega - \omega_p}{\omega_l - \omega_p} \tag{3-4}$$

2. 坝体不同部位对土石料的要求

总的来说，任何不含有机腐殖质和水溶性盐类的土料均可筑坝，具体要求分述如下。

(1) 坝身对土料的要求。均质坝的土料应具有一定的抗渗性和强度；黏粒含量为 10%~30%，塑性指数 $I_p=8$~10 的壤土为宜；渗透系数不大于 $1.0×10^{-4}$ cm/s；有机质含量不超过 5%（按重量计），易溶盐含量应小于 5%。

对于心墙坝、斜墙坝坝壳土料的要求：排水性能好，抗剪强度高。凡颗粒级配好的沙、粗沙、砂砾石及其混合料，均可作为筑坝材料。一般认为不均匀系数 $\eta=30$~100 较易压实，$\eta=5$~10 压实性能不好，$\eta<5$ 的均匀细沙，孔隙率大，浸水后抗剪强度低、易液化。

(2) 防渗体对土料的要求。心墙或斜墙的土料应具有较好的塑性和抗渗性，渗透系数应小于 $1×10^{-5}$ cm/s；含黏量 15%~30% 或塑性指数 $I_p=10$%~17% 的中壤土、重壤土及含黏量为 30%~40% 或塑性指标 $I_p=17$%~20% 的黏土都可作为防渗材料；有机质含量不大于 2%，水溶盐含量不大于 3%。

随着筑坝经验的日益丰富、试验研究工作的开展，筑坝土料的范围越来越广，风化料、砾石土，我国南方的红色残积、坡积土，西北地区的黄土等皆可用来填筑均质坝和分区坝的防渗体，但其压实后的级配及各项性质，应满足前述要求。

3. 土料填筑标准的确定

土石料的填筑标准是指土料的压实程度。土石料压密后空隙减小，使填土具有足够的抗剪强度、一定的不透水性、较小的压缩性，以保证坝体稳定，并满足变形和抗渗要求，节省工程量。一般情况下土料压得越密实，其抗剪强度、抗渗性、抗压缩性等性能也越好，但需耗费较大的人力、物力，提高了工程投资。因此，应根据工程实际情况，综合研究分析，合理地确定其填筑标准。

(三) 土石坝的剖面布置与构造

1. 坝顶

(1) 坝顶高程。为防止库水漫溢坝顶，坝顶高程在水库静水位以上应有足够的超高，其值可按式 (3-5) 计算 (图 3-42)：

$$D=h_B+e+a \tag{3-5}$$

式中 h_B——波浪在坝坡上的爬高，m；

e——最大风壅水面高度，m；

a——安全超高，m，由表 3-6 采用。

$$e=\frac{Kv^2 D}{2gH}\cos\beta \tag{3-6}$$

$$h_B=3.2K_\Delta(2h_l)\tan\alpha \tag{3-7}$$

式中 β——风向与坝轴线法线方向的夹角；

H——坝前水深，m；

K——综合摩阻系数，其值变化在 $(1.5$~$5.0)×10^{-3}$，一般取 $3.6×10^{-3}$；

v——风速，m/s；

D——吹程，km；

K_Δ——坝坡护面粗糙系数，一般块石护坡为 0.75~0.80；混凝土护坡为 0.9~1.0；

$2h_l$——波浪高度，m；

α——坝的上游坡角。

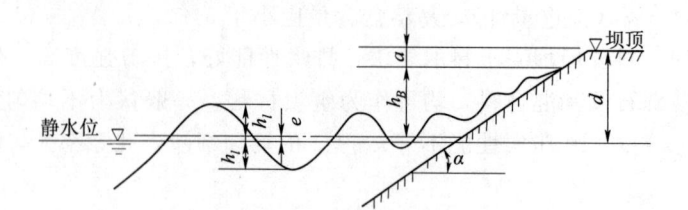

图 3-42 坝顶超高示意图

表 3-6　　　　　　　　　土石坝安全超高 a 值　　　　　　　　　单位：m

运用情况	坝 的 等 级			
	Ⅰ	Ⅱ	Ⅲ	Ⅳ、Ⅴ
正常	1.5	1.0	0.7	0.5
非常	0.7	0.5	0.4	0.3

坝顶高程分别按非常情况和正常情况计算，取其较大值。

(2) 坝顶宽度及构造。坝顶宽度根据坝高、施工、构造、运行等要求确定。一般坝顶宽度必须满足心墙和斜墙顶部及反滤层的布置需要。如无特殊要求，坝顶最小宽度，对高坝可选 10~15m，低坝可选 5~10m。为防雨水冲刷，坝顶可用砌石、碎石或草皮加以衬护，坝顶应向两侧或一侧做成 2%~3%的横坡，以便排除雨水。

通常在坝顶上游侧设防浪墙，下游侧设路边石或栏杆。防浪墙可用浆砌石或钢筋混凝土建造，一般墙高 1.2m。墙底要牢固地埋入坝内，同时要和防渗体紧密连接（图 3-43）。

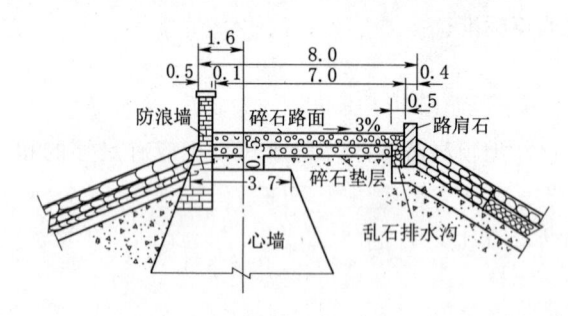

图 3-43 坝顶构造（单位：m）

2. 坝坡坡度

土坝的坝坡与坝型、坝高、坝体土料性质、地基条件、施工方法和运用条件等因素有关。一般可参照已建的类似工程经验初步拟定坝坡，再经过渗透和稳定分析，进一步修正确定。碾压式土坝的平均坝坡为 1:2~1:4。在拟定坝坡时应考虑到，上游坝坡长期浸水，库水位又有可能迅速下降，所以上游坝坡常比下游坝坡缓。黏土斜墙坝的上游坝坡比心墙坝缓，而下游坝坡可比心墙坝为陡。通常土石坝都做成变坡的，上陡下缓。一般沿高程每隔 20~30m 变坡一次。在下游坝面变坡处设置宽度不小于 1.5m 的马道，以便拦截排除坝坡雨水，同时也可兼作交通、检修、观测之用。上游坝面一般有较好的防护，一般只设 1~2 层马道。

3. 护坡

土石坝上游面经受风浪的淘刷、顺坡水流的冲刷、冰层和漂浮物的损害；下游受雨水、风以及冻胀、干裂等破坏作用。因此，上下游坝坡必须设置护坡。对护坡的要求是：坚固耐久，能抵御风浪的冲击和冰层的移动，并能保证坝脚不被淘刷；尽可能就地取材；施工简单，维修方便；外形美观。

常用的护坡型式有砌石护坡、堆石护坡、混凝土及钢筋混凝土护坡和沥青混凝土护坡等。

(1) 砌石护坡。我国土石坝上游坝面多采用干砌石护坡，是用人工将块石铺砌于碎石或砾石垫层上而成。砌石所用块石大小应根据风浪大小，经计算确定。砌石护坡（图3-44）可以是单层的或双层的，单层厚为0.30～0.35m，双层厚为0.4～0.6m。垫层厚一般为0.15～0.25m，按反滤原则设计。经验表明，砌石护坡适用于浪高小于2m的情况，当浪高较大时，可用水泥砂浆或细石混凝土浆砌块石护坡，但要留一定缝隙，以保证排水畅通。

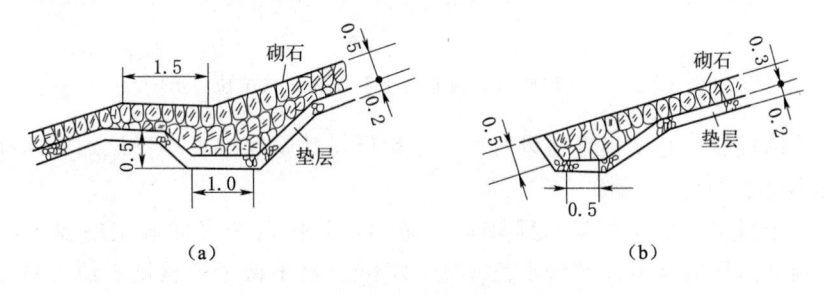

图3-44 砌石护坡构造（单位：m）
(a) 双层护坡；(b) 单层护坡

(2) 混凝土及钢筋混凝土护坡。当坝区附近缺乏良好的石料或风浪过大时，可采用混凝土或钢筋混凝土板护坡，混凝土板的形状为方形或六角形，板可以是预制的，也可以是就地浇筑的，板厚为0.15～0.5m，板下铺设0.15～0.25m厚的砾石垫层。

(3) 其他型式护坡。用适当级配的块石堆筑在垫层上，称为堆石护坡。该方式既可大大节省人力，又可加快施工速度，但其抵抗风浪的能力低于砌石，在气候适宜地区，黏性土均质坝下游坝面也可采用草皮护坡，草皮厚0.05～0.10m。若坝坡为砂性土，则在草皮下应先铺一层厚0.2～0.30m的腐殖土，再铺草皮。

护坡范围，上游坝坡由坝顶护至死水位以下1.5～2.5m，也有为增加坝坡稳定而护到坝底的。护坡脚应设基脚以增加护坡的稳定性，见图3-44(b)。下游坝坡需全部护砌，为防止雨水冲刷，护坡上应设置纵横连接的排水沟，纵向排水沟沿马道内侧设置，沿土坝与岸坡接合处应设置岸坡排水沟，以排泄两岸山坡上的雨水。

4. 防渗设施

坝体防渗设施型式的选择与坝型选择同时进行。除均质坝因坝体本身可直接起防渗作用外，坝体一般均应设专门防渗设施，其尺寸应满足防渗、构造、施工等方面的要求。

(1) 黏土心墙。心墙位于坝体中央或稍偏上游，由透水性小的黏性土料筑成。心墙顶部在设计洪水位以上的超高不小于0.3m，且不得低于校核洪水位。顶宽按构造和施工要求一般不小于3m。底部厚度根据防渗要求及允许坡度而定。允许坡降与土料性质和质量有关，当采用黏土、重壤土时，底厚应不小于$H/8$；采用中壤土、砂壤土时，不小于$H/4$，且均不得小于3m。心墙过于肥厚对坝的稳定和施工不利，但过薄也不利于防裂和抗震。心墙呈梯形断面，两侧边坡常用1∶0.15～1∶0.25，厚心墙有达1∶0.4～1∶0.5的。图3-45是陕西石头河心墙土石坝剖面图。

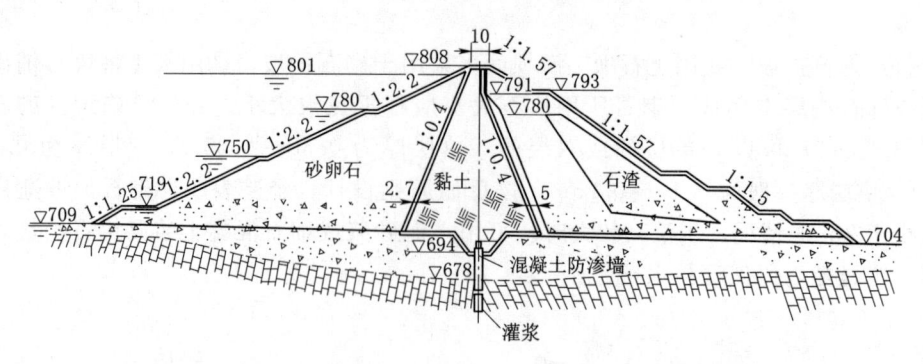

图3-45 陕西石头河心墙土石坝剖面（单位：m）

为了防冻抗裂，心墙顶部需设置砂土保护层，其厚度应不小于该地区冰冻或干燥深度，且不小于1m。

（2）黏土斜墙。黏土斜墙位于坝体上游面，其构造和尺寸确定的原则与心墙相同。斜墙顶部高程应高出设计洪水位0.6～0.8m，且不低于校核洪水位。斜墙厚度顶部不小于3.0m；底部当采用黏土时，应不小于$H/10$；如为壤土，则不小于$H/5$，其中H为作用水头。

斜墙应设置保护层，以防冲刷、冰冻、干裂或机械破坏。保护层材料常用沙、砾石、卵石和碎石，其厚度不得小于当地冰冻深度和干燥深度。斜墙和保护层的坡度应按稳定计算确定，其内坡不宜陡于1∶2，以利于铺填墙下的反滤层。黏土斜墙坝构造见图3-46。

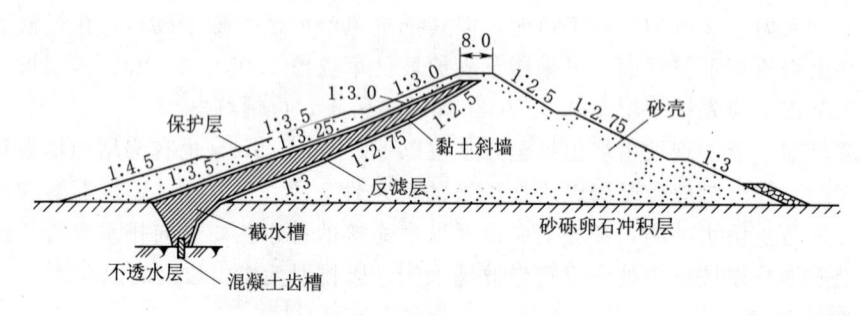

图3-46 黏土斜墙坝（单位：m）

黏土心墙和斜墙坝是土石坝中最常用的两种坝型。沥青及混凝土面板作防渗体，多用于堆石坝，详见本节堆石坝部分。

5．排水设施

土坝总是有一定的水量渗入坝内，为了降低坝体浸润线，有利于下游坝坡的稳定，防止下游坝坡及地基土壤发生可能的渗透破坏，必须在下游坝趾附近设置排水设施，将坝身及坝基内的渗水顺利地排向下游。排水设施应有充分的排水能力，并保证细粒土料不被渗水带走。常见的排水设施有以下几种。

(1) 贴坡排水。它是由一层或两层堆石或砌石和反滤料直接铺砌在下游坝坡上而成，见图 3-47 (a)。排水顶部应高出下游最高水位 1.5～2.0m，比浸润线逸出点高 0.5～1.0m，其优点是构造简单、省料、易于检修。缺点是不能降低浸润线，且防冻性较差。常用于低坝和浸润线较低的中型坝。

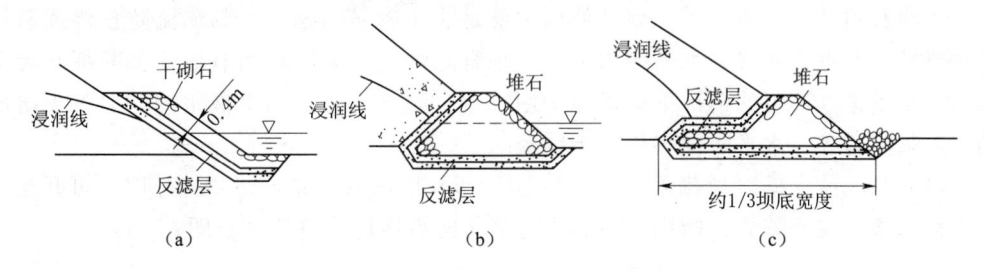

图 3-47 坝体排水
(a) 贴坡排水；(b) 堆石棱体排水；(c) 褥垫式排水

(2) 堆石棱体排水。它是在下游坝脚处，用块石堆筑成的棱体，见图 3-47 (b)。堆石棱体顶部应高出下游最高水位 0.5～1.0m，应使浸润线距坝坡面的距离大于冰冻深度。堆石体内坡为 1:1～1:1.5，外坡为 1:1.5～1:2.0 或更缓，顶宽根据施工条件而定，但不得小于 1.0m。

堆石棱体排水可以降低浸润线，保护下游坝脚不受尾水冲刷，有增加坝身稳定的作用，是一种可靠的、被广泛采用的排水型式。但石料用量大，造价较高，施工干扰大，适用于高坝和石料丰富的地区。

(3) 褥垫式排水。将块石平铺在坝体靠下游部分的地基上，周围设反滤层，形成褥垫，见图 3-47 (c)。伸入坝体的长度一般不超过 1/3～1/4 坝底宽，褥垫厚度为 0.4～0.5m。当下游无水时或水位较低时，能有效地降低浸润线，有助于坝基的排水固结。其缺点是对地基不均匀沉陷适应性差，易断裂，且难于检修，施工干扰大。

(4) 综合式排水。在实际工程中常将上述几种型式的排水组合成为综合式排水，兼取各种型式的优点。

6. 反滤层

为了防止土体在渗流作用下发生管涌，在土质防渗体与坝身或与基础透水层相邻处，以及渗流出口处、渗流进入排水处，必须设置反滤层。反滤层一般由 2～4 层不同粒径的砂石料组成，层次大致与水流方向正交，粒径顺水流方向而增大（图 3-48）。反滤层的作用是滤土排水，防止发生渗透破坏。因此，反滤层必须满足下列基本要求：①被保护的土层颗粒不得穿过反滤层被渗流带走；②反滤层粒径较小一层的颗粒不得穿过相邻较大一层颗粒的空隙；③各层内的颗粒不得发生移动；④允许小颗粒通过反滤层被带走，但不得堵塞反滤层。

(四) 地基处理

土石坝对地基的要求比混凝土坝低，但

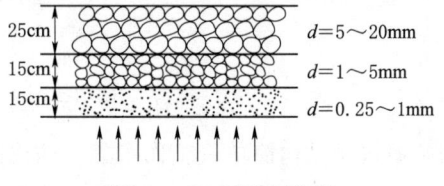

图 3-48 反滤层构造

为了解决地基渗漏、承载能力低、压缩性大、抗剪强度低以及振动液化等问题，通常需要对地基采取不同的处理措施，以达到既安全可靠又经济合理的目的。

无论何种地基，筑坝前都必须进行清理。清除表层腐殖土以及可能造成集中渗漏和滑动的细沙层、乱石和松动的岩块等。一般清除深度为 0.3～1.0m。

1. **砂卵石地基处理**

砂卵石地基承载能力大，地基处理主要是防止渗漏问题。控制渗流防止渗透破坏的主要措施有垂直防渗和水平防渗两类。垂直防渗设施能可靠而有效地截断坝基渗透水流，技术条件许可的情况下应优先采用，垂直防渗主要有黏土截水槽、混凝土防渗墙、灌浆帷幕等。水平防渗多用黏土铺盖。

(1) 黏土截水槽。当覆盖层深度在 10～15m 以内（有时可达 20m）时，可开挖深槽直达不透水层或基岩，槽内回填黏土与坝体防渗体连成整体，见图 3-49。

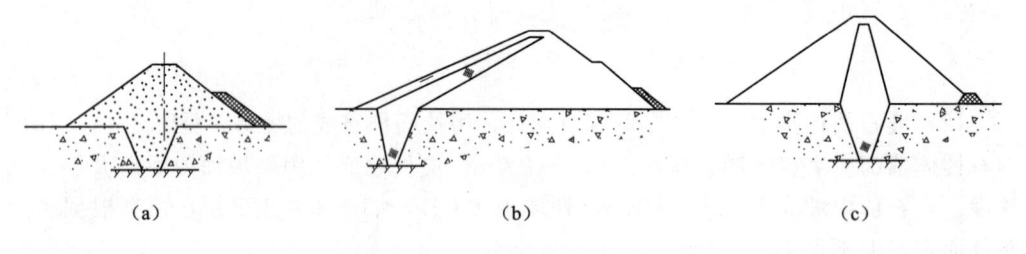

图 3-49　黏土截水槽的位置
(a) 均质坝；(b) 黏土斜槽；(c) 黏土心槽

截水槽底宽根据所填土料的允许坡降和施工要求而定，最小宽度不应小于 3.0m。截水槽的边坡应根据开挖后边坡的稳定条件而定，一般不陡于 1:1。截水槽内回填的土料一般与坝体防渗实施的土料相同，两侧根据实际情况可设置过滤层或反滤层。

对于均质坝，可将截水槽设于距上游坝脚 1/3～1/2 坝底宽度处。

截水槽底部与不透水层接触面是防渗的薄弱环节（图 3-50）。若不透水层为岩基时，为了防止接触面发生集中渗流，常于接触面上修建混凝土齿墙。若不透层为土基时，则可将截水槽底部嵌入不透水层 0.5～1.0m 即可。

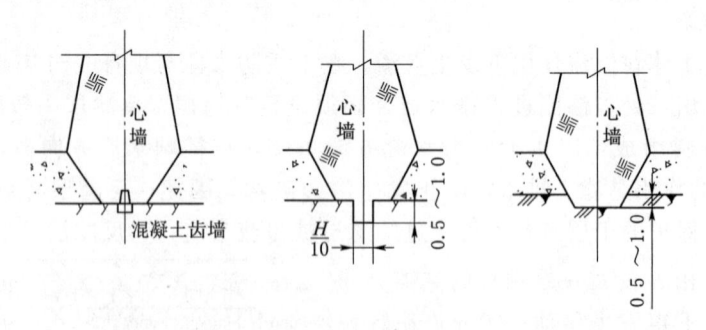

图 3-50　截水槽与不透水层的结合方式（单位：m）

截水槽结构简单，工作可靠，防渗效果好，在我国被广泛采用。

(2) 混凝土防渗墙。当坝基透水层较厚、采用黏土截水槽施工有困难时，可考虑采用混凝土防渗墙。采用冲击钻在砂卵石地基中造孔，在孔中浇筑混凝土，分段施工，最后连成整体，形成平行坝轴线的一道混凝土地下墙，称为防渗墙。图 3-51 为某具有混凝土防渗墙的土坝。

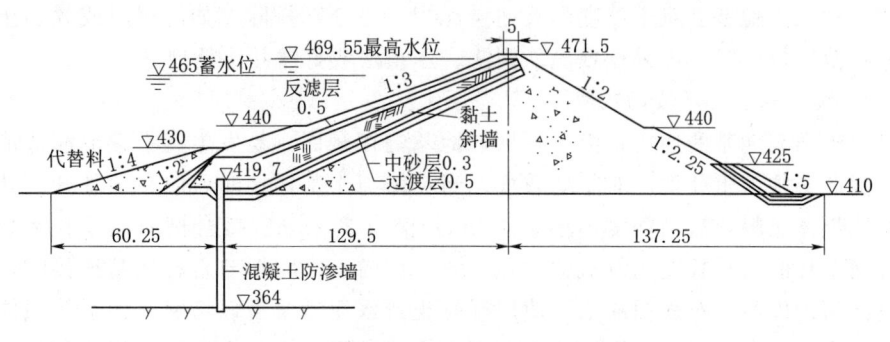

图 3-51 具有混凝土防渗墙的土坝（单位：m）

混凝土防渗墙的厚度应根据抗渗要求和强度验算确定。强度计算由于涉及的因素多且较复杂，有待进一步研究。已建的防渗墙厚度多为 0.6～0.9m。我国碧口土石坝防渗墙厚度达 1.3m。混凝土防渗墙的允许坡降为 40～80。根据已建成的防渗墙统计资料，实际承受的坡降达 100。墙底应嵌入半风化岩石内 0.5～1.0m。顶部应插入防渗体内，周围填筑高塑黏土。为了增加防渗墙的柔性，使之能适应较大变形，墙身常采用黏土水泥混凝土。

（3）灌浆帷幕。在砂卵石地基上，采用钻孔灌浆的办法，将水泥浆或水泥黏土浆压入砂卵石透水层的孔隙中，待浆液凝固后，形成防渗帷幕。灌浆帷幕的厚度按帷幕的允许渗透坡降确定，其值一般为 3～4。对于深度较大的多排帷幕，可以沿深度采用不同厚度，通常是顶部厚，愈往深处愈薄。多排灌浆帷幕的灌浆孔一般是梅花形排列，孔距和排距需通过现场试验确定，一般为 2～3m。

砂砾石地基是否适于灌浆，主要根据地基砂砾料的不均匀系数、渗透系数及可灌性指标等因素综合考虑。可灌性指标为 $M = D_{15}/d_{85}$（D_{15} 为受灌地层中小于此粒径的土重占总土重的 15%，d_{85} 为灌浆材料中小于此粒径的重量占总重量的 85%）。一般认为 $M > 15$、$K > 80 \text{m/d}$ 时，可灌水泥浆；$M > 10$、$K > 40 \text{m/d}$ 时，可灌水泥黏土浆；$M \leq 10$ 时，可灌性差。坝基土料颗粒级配也会影响灌浆材料的选用。

在地基表层约 5～8m 的范围内，由于不能施加较大的灌浆压力，不易灌好，故需将表层挖除，形成黏土截水槽或混凝土防渗墙，并与坝体防渗体相连接。

（4）铺盖。当地基透水层较深，受施工条件限制，采用垂直防渗有困难时，可选用水平铺盖防渗。铺盖是坝身防渗体或均质坝体沿库底向上游的延伸部分，它不能完全截断渗流，但可增长渗径，降低渗透坡降，减小渗流量。

铺盖长度应根据地基特性和防渗要求而定，经验表明，如果长度超过 6～8 倍水头，则防渗效果增长较慢。铺盖厚度从上游向坝体逐渐加厚，上游端最小厚度不小于 0.5m。下端与防渗体连接处要适当加厚，以免由于不均匀沉陷而导致铺盖断裂。

2. 细沙及软弱土基的处理

（1）细沙地基。细沙和可能产生液化地基的处理可采用下列措施：对表层或较浅的细沙层，可采用挖除的方法；当砂层较厚挖除有困难时，应进行人工加密，人工加密的方法主要有爆炸压实、表层振动或夯击压实、振动水冲法等，也有采用板桩、截水墙或沉箱等截断液化土去路的围封处理，但造价高，应用较少。

（2）软黏土地基。对于厚度不大的淤泥层，可全部挖除。如淤泥层或软弱土层较厚，分布范围较广时，可采用预压加固法、压重法或打沙井法处理。

3. 土坝与地基、岸坡的连接

（1）土坝与地基的连接。沿土石坝与地基的接触面，易发生集中渗流而造成渗透破坏，因此必须慎重处理。对于均质坝，当坝体与土基连接时，应在坝基开挖几道齿槽，回填坝体土料，齿槽深度不小于1.0m，槽宽2～3m。接合槽的尺寸和条数应使沿接触面增加的渗径长度为坝底总宽的5%～10%。均质坝与岩石地基连接时，应在岩石表面清理以后，对表面缺陷可使用混凝土或水泥砂浆予以堵塞。为了使坝体与基岩紧密结合，可在接合面处设置几道混凝土齿墙。图3-52为均质坝与地基的连接示意图。

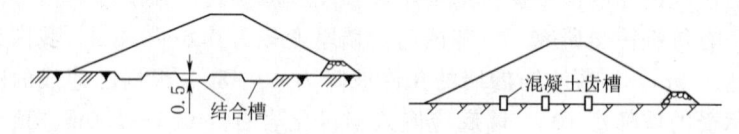

图3-52 均质坝与地基的连接

对有防渗体的土石坝，其结合方式见图3-50。

（2）土石坝与岸坡的连接。为了防止不均匀沉陷，避免产生裂缝，应将与坝体连接的岸坡削成缓变的倾斜面，不得开挖成台阶形，更不能存在倒坡。坡度不宜太陡，对于岩石岸坡应不陡于1∶0.5～1∶0.75；土质岸坡不陡于1∶1.5。

土质防渗体在与岸坡连接处的断面应适当加宽，以延长渗径，防止接触冲刷。心墙断面一般扩大1/4～1/3，斜墙断面应扩大一倍以上。由于坝体不均匀沉陷可能使斜墙与岸坡脱开，有时在靠近岸边处将斜墙转变为心墙。

当两岸山坡盖有残积土或强风化层时，可开挖截水槽伸入到岩层或弱风化层内。

（五）堆石坝

堆石坝亦是古老的当地材料坝型之一。堆石体的施工受季节和气候影响小，可全年施工，但由于堆石体容易沉陷变形，常引起防渗设施损坏，加之石料的开采、运输、填筑，压实都不如土料方便，因而堆石坝修建的数目远少于土坝。20世纪60年代以来大型施工机械的发展和筑坝技术的提高，特别是重型振动碾的出现，在大型堆石坝中，运用碾压式施工方法，可保证坝体的密实度，减小堆石体的沉陷量，因而堆石坝的建坝数目和高度在逐年提高，如加拿大哥伦比亚河上的米卡堆石坝，高达242m。

堆石坝由堆石支承体、防渗体和过渡层组成，其主要类型有土质心墙坝、土质斜墙坝和人工防渗材料坝。堆石坝的断面形状和尺寸、地基处理、坝身构造与土石坝相似，现就人工防渗材料坝的特点作一概述。

1. 沥青混凝土斜墙坝

沥青混凝土的防渗和抗震性能好，适应变形能力强，施工受气候影响也小，适于作堆石坝防渗体材料。沥青混凝土斜墙的断面构造目前主要采用两种形式：①有中间排水层的复式结构，见图3-53（a），该形式的斜墙结构可将进入排水层中的渗水导入上游坝脚的廊道中，然后排出坝外；②无中间排水层的简式结构，见图3-53（b）。不论有无排水层，斜墙均铺筑在过渡垫层上，垫层厚约为1～3m，由碎石或砾石分层填筑压实，其作用是过渡、平整、排水和支承。斜墙坡度根据施工要求，一般不陡于1:1.6～1:1.7。早期修建的沥青混凝土斜墙，大多采用有排水层的结构。但运用实践表明沥青混凝土防渗层几乎不漏水，因此近期多采用无排水层的简式结构。

斜墙与岸边和地基防渗结构连接的周边，要做成能适应变形和错动的柔性接头。

2. 沥青混凝土心墙坝

沥青混凝土心墙坝，一般采用底部厚顶部窄的变断面型式，厚度为40～140cm。心墙两侧各设有过渡层，厚度一般不小于50cm。沥青混凝土心墙的建造有碾压式和浇注式两种方法。浇注式心墙两侧多用浆砌块石副墙兼做模板用。图3-54为我国某沥青混凝土心墙堆石坝剖面图。

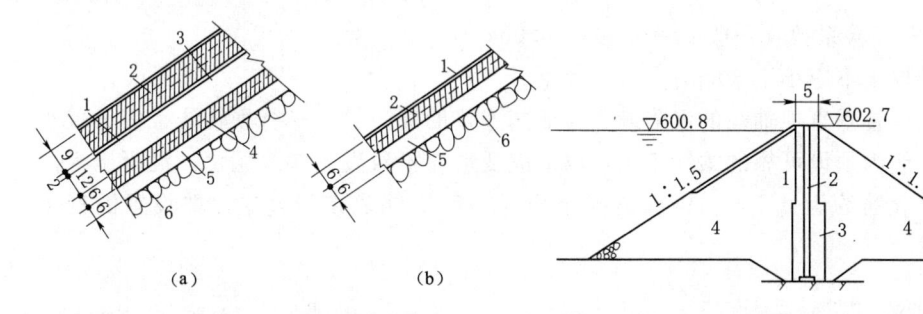

图3-53 沥青混凝土斜墙断面构造（单位：cm）
（a）复式结构；（b）简式结构
1—沥青砂胶涂层；2—防渗层；3—排水层；
4—防渗底层；5—胶结填平层；6—碎石垫层

图3-54 沥青混凝土心墙堆石坝（单位：m）
1—渣油沥青混凝土心墙；2—渣油砂浆砌块石；
3—干砌石过渡层；4—堆石体；
5—混凝土座垫

3. 钢筋混凝土斜墙堆石坝（面板坝）

钢筋混凝土斜墙堆石坝近20年来发展很快，国外建成的面板坝高度已达160m。近几年来面板坝在我国也受到相当的重视。

钢筋混凝土斜墙修筑在碎石或干砌石垫层上（图3-55）。垫层顶部厚度1.5～3.0m，向下逐渐加厚。钢筋混凝土面板与垫层的连接方式有整体式和滑动式两种。整体式是将混凝土直接浇注在垫层上而成，面板与砌石垫层连成整体。滑动式是先在干砌石垫层上浇筑一层混凝土垫层，在其上涂刷沥青等涂料，再将钢筋混凝土板置于其上，它比整体式斜墙有更大的柔性。

钢筋混凝土面板应保证其不透水性、强度和耐久性，其底部厚度可参照式（3-8）选定：

$$d = 0.3 + mH \qquad (3-8)$$

式中 d——面板厚度，m；

H——正常运用条件下的最大水头，m；

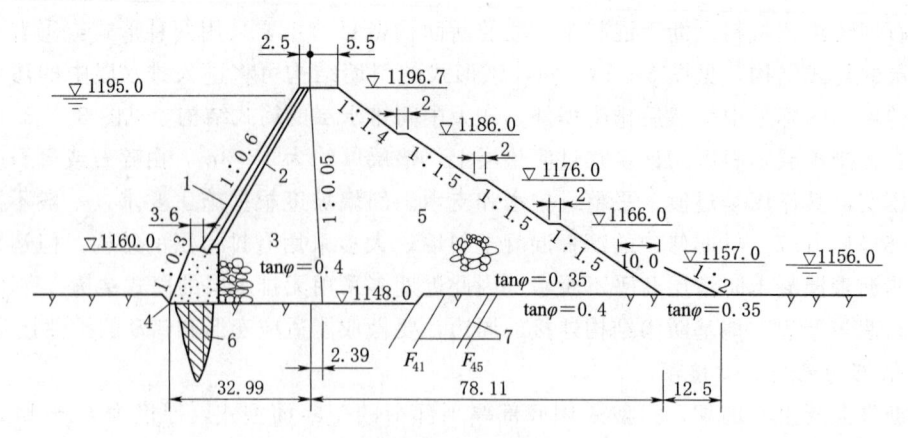

图 3-55 钢筋混凝土斜墙堆石坝（单位：m）
1—钢筋混凝土斜墙；2—混凝土垫层；3—干砌石体；
4—混凝土座垫；5—堆石体；6—灌浆帷幕；7—断层

m——经验系数，一般 $m=0.003\sim0.004$。

其顶部厚度不应小于 30cm。

面板应设置垂直坝轴线的沉陷缝和与地基连接的周边缝。平行坝轴线也需设置水平变形缝，缝内须设可靠的柔性止水，以适应变形而不致发生裂缝漏水。混凝土板内双向配筋，含筋约为 0.5%。钢筋混凝土面板一般应修建在岩基上，并设置混凝土底座。

第二节 泄 水 建 筑 物

泄水建筑物是水库枢纽中的一项主要建筑物，用以宣泄超过水库拦蓄能力的洪水。在必要时，可迅速降低水库水位，甚至放空水库，以保证大坝安全或满足其他要求。

泄水建筑物的型式，按其在水库枢纽中的位置，可分为位于拦水坝体的坝身泄水道和位于河岸的岸式泄水道。按进口的水流特点，可分为表孔溢水道和深式泄水道两大类。作为坝身泄水道的有溢流坝和泄水底孔。坝外表孔溢洪道有采用开敞式明槽泄流的正槽式溢洪道和侧槽溢洪道，也有采用封闭式隧洞和虹吸管式溢洪道。坝外深式泄水道有泄水隧洞、涵管等。本节只介绍河岸溢洪道，隧洞和涵管将在下一节论述。

一、溢洪道

开敞式溢洪道的特点是溢洪道泄洪时水流具有自由表面，它的泄流量随水库水位的增高而增大较快，运用也安全可靠。开敞式溢洪道根据溢流堰与泄槽的相对位置不同，分为正槽溢洪道和侧槽溢洪道。

（一）正槽溢洪道

正槽溢洪道的泄槽与溢流堰轴线正交，过堰水流与泄槽轴线方向一致；侧槽溢洪道水流从溢流堰泄入与堰轴大致平行的侧槽后，约转 90°经泄槽流向下游。正槽溢洪道通常由进水段、控制段、泄水槽、消能段和尾水渠等五部分组成（图3-56）。控制段、泄水槽和消能段三部分是溢洪道的主体，进水段和尾水渠则分别是主体部分同上游水库及下游河道的连接段。

影响溢洪道布置的因素较多，通常从安全、经济与施工和运用管理等方面考虑。

（1）从安全方面考虑。溢洪道最好修建在坚固的岩石地基上；溢洪道两侧山坡必须稳定，避免在运用期间发生塌滑堵塞事故；溢洪道的进口不宜距土坝太近以免冲刷坝体，出口尽可能远离坝脚，防止下泄水流直冲坝脚。

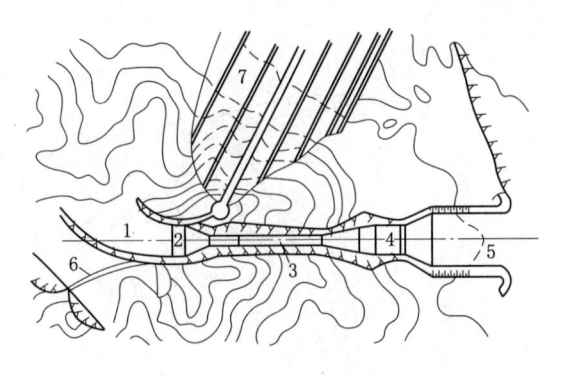

图3-56 正槽溢洪道布置图
1—进水段；2—控制段；3—泄水槽；4—消能段；
5—尾水渠；6—非常溢洪道；7—土坝

（2）从经济方面考虑。应将溢洪道布置在开挖方量少、衬砌简单的位置。因此，高程适宜和地质条件良好的马鞍形垭口，是布设溢洪道的理想地方。但必须注意，选择溢洪道位置时，不仅要考虑溢洪道本身的工程量，还应考虑由它引起的其他费用以及开挖溢洪道土石方的有效利用问题。例如，垭口距坝较远时，则应考虑洪水下泄归河问题，是否有冲毁农田或其他善后工作，还应考虑修建道路、通信等工程。若垭口距坝过近时，则需考虑为防冲和防渗增加设施的费用。

（3）从施工和运用管理方面考虑。应当便于布置出渣路线及堆渣场所，避免与其他建筑物施工干扰。为了管理方便，溢洪道不宜离坝太远。

1. 进水段

进水段的作用是将水流平顺地由水库引入控制段。为提高溢洪道的泄洪能力，要求进水段尽量减小水头损失。因此，进水段应短而直，断面要足够大，流速不宜超过3m/s。当控制段已靠近水库时，进水段呈现喇叭口，如图3-57（a）所示；当控制段的位置由于地形、地质条件的限制距水库较远时，则进水段为一段渠道，如图3-57（b）所示。

进水段在平面布置上应力求平顺，避免断面的突然收缩和水流方向的急剧转变，在控制段前3~6倍堰顶水头范围内设导水墙或渐变段，将水流平顺地导向控制段。当受地形、地质条件限制进水渠必须转弯时，其弯曲半径不应小于4~6倍渠底宽，并力求在控制段前有一直线段。进水渠渠底根据地形可以是平底或不大的反坡。当控制段为实用堰时，堰前渠底应低于堰顶，其值不小于堰顶水头的1/2。

进水渠的断面根据地质条件确定，通常在岩基上接近矩形，在土基上为梯形。在较好岩基开挖得平整时，可不衬砌或采用水泥砂浆抹面以减小水头损失，在较差的岩基或土基上，应铺设混凝土或砌石护面。

2. 控制段

控制段由溢流堰和控制闸门组成，它控制着溢洪道的过流能力。堰通常是指较低的溢流坝，流过堰顶自由下泄的水流称为堰流，它是水利工程中常见的水流现象之一。溢

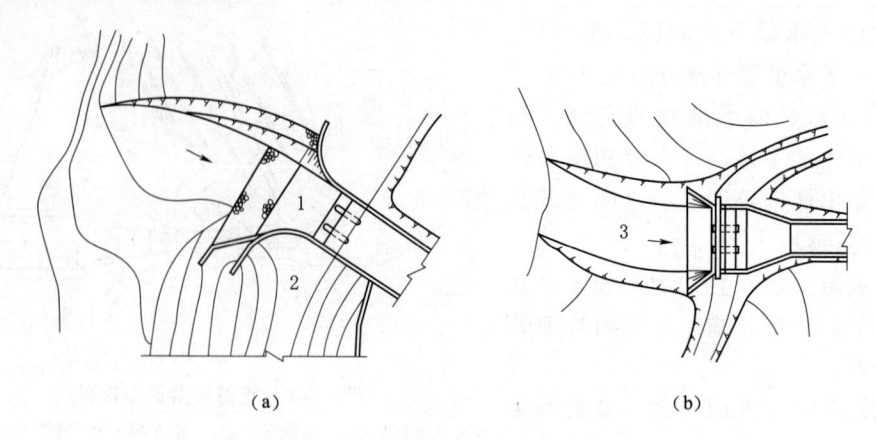

图 3-57 溢洪遁进水段的形式
1—喇叭口；2—土坝；3—进水渠

流堰是溢洪道纵剖图的最高点，其位置根据地形、地质、运行和经济条件来确定。

溢洪道上多采用实用堰和宽顶堰，有时也采用驼峰堰。

宽顶堰的特点是结构简单，施工方便，但过流能力较差，一般多用于泄洪量不大或附近地形比较平缓的中小型工程，见图 3-58（a）。

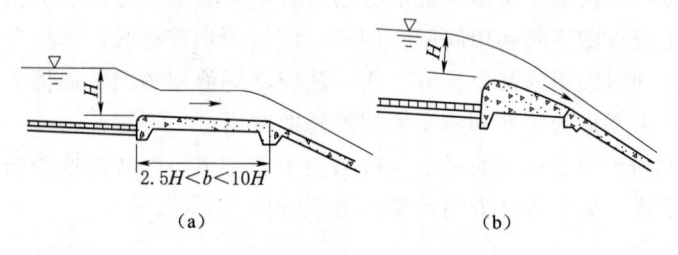

图 3-58 溢流堰的型式
（a）宽顶堰；（b）实用堰

实用堰的断面形状为曲线形，如图 3-58（b）所示。其过流能力比宽顶堰强，在相同的泄洪量条件下，需要的泄流前缘较短，但施工较复杂。一般在岩坡较陡的大中型工程，多采用此种型式，以减少工程量。

溢流堰顶可设置闸门，也可不设闸门。控制段设计，除了确定溢流堰的位置、堰型外，还应进行孔口尺寸、闸墩、堰体、防渗排水等设计，其设计原则和方法与溢流坝及水闸相同或类似，可参阅有关章节。

3. 泄水槽

泄水槽相当于一段缩短了的河道，其特点是坡陡、流急。槽内水流的流速高、紊动剧烈、惯性力大、对边界条件改变非常敏感。设计时必须考虑明渠高速水流的冲击波、掺气、空蚀问题。

（1）平面布置。泄水槽在平面上应尽可能采取直线、等宽、对称布置，力求避免转弯或变断面，以使水流顺畅。但实际工程中，往往由于地形或地质，或从减少开挖、处理洪水归河、有利消能等多方面考虑，有时需要布置收缩段、弯曲段和扩散段。泄槽因水流流速高，一般应设在挖方中，以保证工程安全。

收缩段的收缩角越小、冲击波也越小，一般总收缩角不宜大于 22.5°。收缩段的长度应根据收缩段后泄槽的流速要求和总体布置而定，一般采用等于冲击波一倍的长度。边墙宜采用直线形，但在转角处可局部修圆。

扩散段的扩散角应不大于高速水流的自然扩散角，以免水流与墙壁脱离产生立轴漩涡影响扩散效果。

(2) 泄水槽的断面。泄水槽的纵坡较陡，常用 1%～5%，有时可达 10%～15%，在坚硬的岩石地基上更大（实际工程中有用到 1:1 的）。纵坡应尽可能随地形、地质条件的变化而改变，以减少开挖量。但为了水流平顺和便于施工，坡度变化不宜太多，变坡处采用适当曲线连接。泄水槽的横断面，在坚硬的岩基上，一般接近矩形，在地质条件较差的岩基或土基上，通常采用梯形。泄水槽的边墙或衬砌高度，应按掺气后的水深加安全超高确定。

(3) 受地形、地质条件的影响或布置上的需要，泄水槽也有布置成弯曲段的情况。在转弯处由于离心力的作用，水流向外侧集中，造成断面内流量分配不均，同时急流受边墙转折的影响，产生冲击波。冲击波横过槽身，左右反射，使得沿外墙和内墙上的水面形成一系列的最高水位点和最低水位点，不利于泄槽的工作和下游消能，为了消除弯道段的水面干扰，降低边墙高度，可采取以下措施。

1) 采用较大的曲率半径。弯道水流离心力的大小取决于转弯半径和水流速度。因此，弯道布置应尽量平缓，一般泄槽中线的转弯半径应大于 10 倍槽宽，并尽可能将弯道布置在较缓的坡段中。

2) 设置缓和曲线过渡段，即在单圆弧曲线的首、尾处加设缓和曲线。缓和曲线的形状可以是圆弧或螺旋曲线。圆弧形缓和曲线的半径常为急流弯道中心线半径的两倍。

3) 使槽底横向倾斜，即将弯道外侧渠底抬高，如图 3-59 (b) (c) 所示。由于渠底外侧抬高，产生横向的重力分力，与弯道水体的离心力相平衡，从而减小了边墙对水流的影响，使断面内流量分配趋近均匀，有可能抑制或消除冲击波的产生。

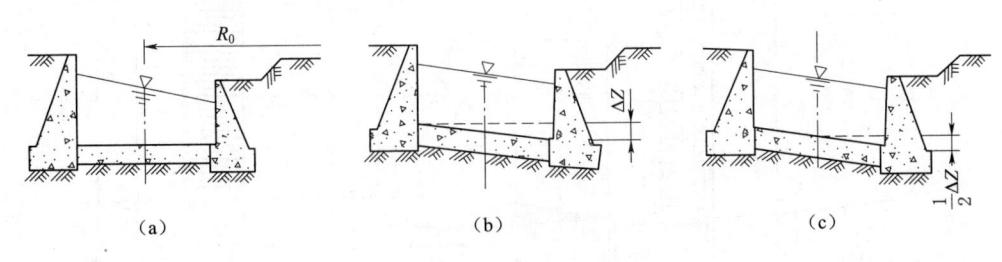

图 3-59 弯道上的泄槽
(a) 形式一；(b) 形式二；(c) 形式三

(4) 泄水槽的构造。为了保护地基不受冲刷，保护岩石不受风化，不受高速水流的破坏，泄水槽一般均须衬砌。衬砌材料应能抵抗冲刷，同时衬砌应平整光滑，以免引起空蚀。

因平时溢洪道不过水，故衬砌还要承受温度变化和风化剥蚀的作用。寒冷地区，衬砌材料还应有抗冻要求，同时要做好防渗和排水，以减小泄槽底板的扬压力，避免衬砌失去稳定而破坏。对于大中型工程，一般多用混凝土衬砌，岩基上混凝土衬砌厚度通常为30~60cm，为了控制温度裂缝的发生，衬砌需用纵横向收缩缝分开（图3-60），分缝间距一般为6~12m。为了防止裂缝扩展，在靠近衬砌表面应配置温度钢筋网。岩基上泄槽构造见图3-60。

4. 出口消能及尾水渠

溢洪道出口消能方式主要有两种：一种是底流消能，适用于地质条件较差或溢洪道出口距坝较近的情况；另一种是挑流消能，适于较好的岩基或在挑流冲刷坑不影响建筑物安全时使用，是溢洪道中应用较多的一种型式。为了保持挑坎稳定，常在挑坎末端设置一道深齿墙（图3-61），齿槽深度应根据冲刷范围而定。挑坎下游常设置一段短护坦，以保护小流量时产生贴流而不冲刷地基。挑坎上还常设通气孔和排水孔，如图3-61所示。通气孔向水舌下面补充空气，以免形成真空影响挑距和造成结构空蚀。坎上排水孔排除反弧积水。

尾水渠一般利用天然的山冲或河沟，必要时加以适当的修整。当地形条件良好时，尾水渠可能很短，甚至在消能后直接进入原河道。尾水渠要求短、直、平顺，底坡尽量接近原河道的平均坡降，以使出口水流能顺畅平稳地归入原河道。尾水渠与原河道相交处，两者流向间的夹角应小些，以减小交汇处的冲刷和护岸工程量。

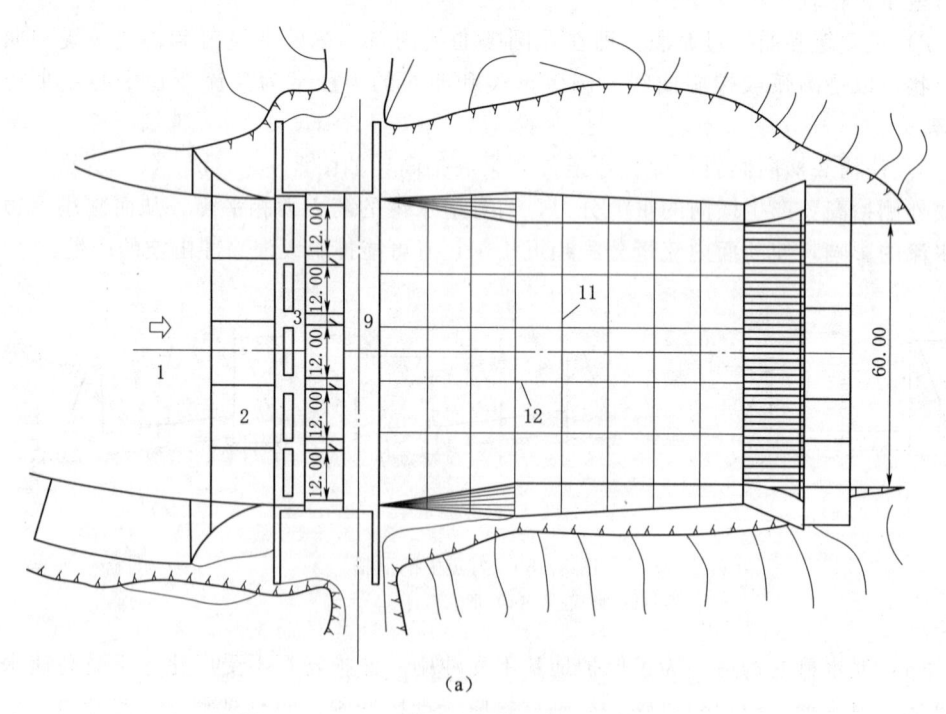

(a)

图3-60（一） 岩基上泄槽的构造（单位：m）

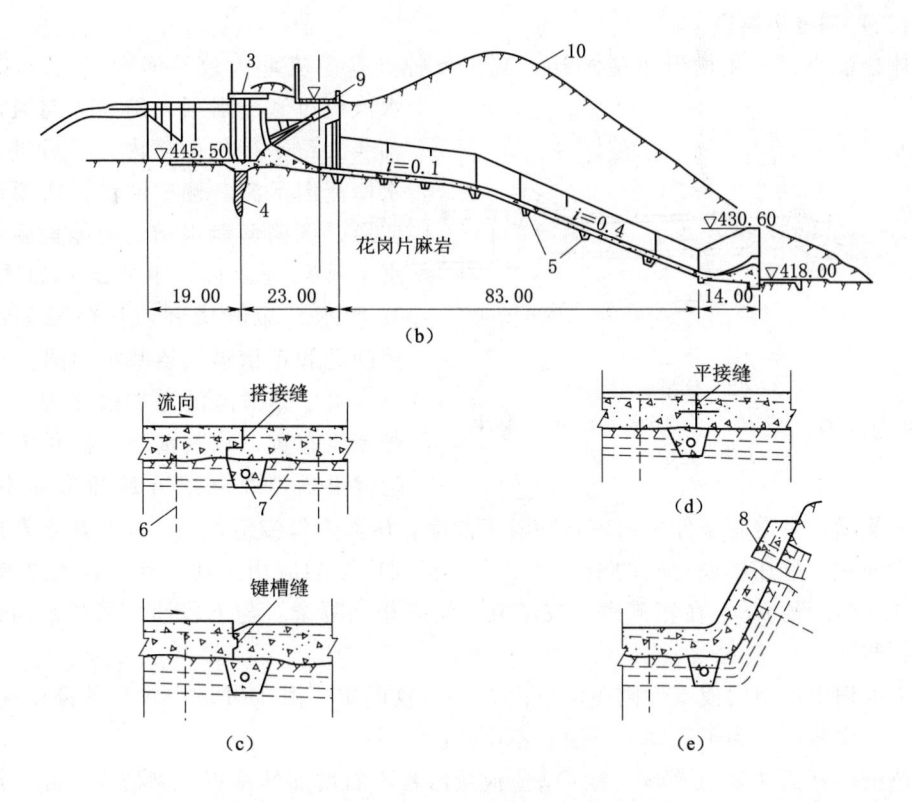

图 3-60（二） 岩基上泄槽的构造（单位：m）
(a) 平面图；(b) 纵剖面图；(c) 横缝构造图；(d) 纵缝构造；(e) 边墙缝
1—引水渠；2—混凝土护底；3—工作桥；4—帷幕；5—横向排水沟；6—锚筋；7—排水管；
8—通气孔；9—交通桥；10—开挖线；11—横向收缩缝；12—纵向收缩缝

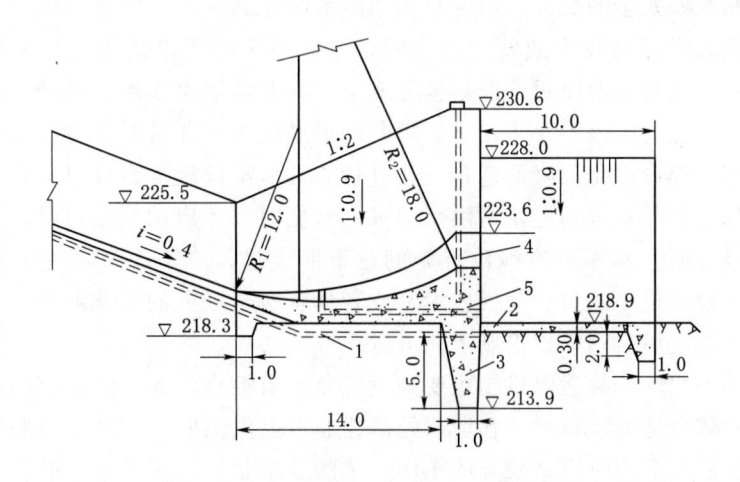

图 3-61 溢洪道挑坎布置图（单位：m）
1—纵向排水；2—护坦；3—混凝土齿墙；4—通气孔；5—排水管

（二）侧槽溢洪道

侧槽溢洪道与正槽溢洪道相比，其主要特点是溢流堰大致沿河岸等高线布置，水流经过溢流堰后，即泄入与溢流堰轴线大致平行的侧槽内，然后进入泄水槽流向下游。侧槽溢洪道主要由溢流堰、侧槽、泄水槽、消能设施和尾水渠等部分组成，主要组成如图3-62所示。除侧槽外，其余部分的有关问题和正槽溢洪道基本相同。

由于侧槽溢洪道的溢流堰大致沿等高线布置，故其前缘长度可沿河岸延伸很长，而开挖方量却增加不多。

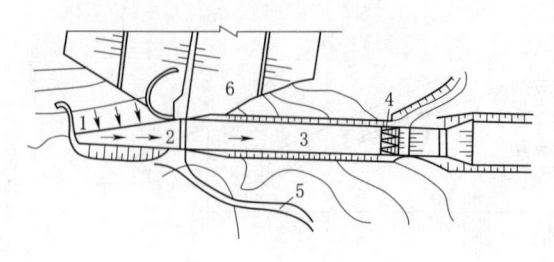

图3-62 侧槽式溢洪道
1—溢流堰；2—侧槽；3—泄水槽；4—出口消能段；
5—上坝公路；6—土坝

因此，侧槽溢洪道有条件采用较长的溢流前缘，从而降低溢流水头，减少洪水期库区的淹没面积，故在岸坡陡峻的中小型水库中得到广泛的应用。其缺点是水流过堰后，流向立即转弯约90°，在侧槽中形成漩流，流态相当复杂，与下段泄水槽的水面衔接不易控制。

溢流堰上设闸门或不设闸门，应由方案比较确定。由于可采用较长的溢流前缘，在中小型水库中，为了管理方便通常不设闸门。

侧槽横断面常采用梯形。为了适应流量沿程不断增加的特点，侧槽底宽亦应沿水流方向逐渐加大，即采用扩散式的非棱柱体侧槽。对于非棱柱体侧槽，末端底宽B_0与始端底宽B_u的比值B_0/B_u，可根据沿程增加流量的大小，在1.5~4.0的范围内选取。

（三）非常溢洪道

溢洪道是水库安全的保证，但它只在遇洪水时才启用。一般常遇洪水只需启用部分溢洪道，只有在遭遇较大或特大洪水时，才启用全部泄洪措施。为了确保水库安全，又考虑减少投资，泄洪设施应尽量分成正常和非常泄洪设施两部分。其中，正常泄洪设施的泄洪能力应该不小于正常运用时的泄洪要求。非常泄洪措施根据工程具体情况，可全部或部分简化以降低造价。在进行非常泄洪设施的设计时，首先要确定启用条件。即确定水库水位超过正常洪水的某一水位时，才启用非常泄洪设施。非常泄洪设施投入运行时，水库所有泄洪设施的总下泄流量，应不超过坝址天然最大来水量。如果非常泄洪设施的工程规模较大，或者具有两个以上的非常泄洪设施时，则应考虑分段启用或先后启用，以控制下泄流量。

国内目前采用的非常泄洪设施主要是设置非常溢洪道。非常溢洪道的位置可选在高程和位置比较合适的垭口处。在垭口处修建非常溢洪道时，需在进口底坎上设置既能保证挡水又能在启用时迅速破开的土坝。总的要求是：在正常泄洪时，能够安全挡水；在非常情况下使用时，又能迅速破坝和泄洪，确保大坝安全。目前国内采用的破坝溢洪方式主要有自溃破坝法及爆破引溃法两种。

（1）自溃破坝法。挡水坝是用黏土心墙或斜墙做防渗体，外壳用砂砾料筑成的土坝。当库水位达到启用水位时，坝顶开始溢流，下游坝壳开始被冲刷；随着库水位的升高，下泄流量逐渐加大，坝体全部溃决。该溃坝方式虽然简单，但由于下泄流量骤增，给下游的防护造成一定的困难。为了减小骤增下泄量，当坝较长时可用隔墩分成若干段，各段采取不同坝高，当水库水位逐渐升高，洪水逐级漫过各段坝顶，冲开自溃坝，下泄流量随之增大。为便于引水自溃，在坝顶可预留引冲槽。如有条件，在坝下游建好泄水槽，使洪水顺利泄入河道。

（2）爆破引溃法。利用爆破的方法将非常溢洪道进口的挡水土坝坝体炸成一定尺寸的可见爆破漏斗，起引冲槽作用，以后通过坝体引冲槽水流的作用使其溃决，从而达到泄洪的目的。

在修筑挡水坝时，应布置好药包室和导洞。该布置不应影响坝体的挡水作用，同时还须注意药室本身的防渗问题。通向药室的导洞目前国内主要采用的是廊道和竖井。

爆破破坝法的优点是：爆破的准备工作，一般是在安全和从容的条件下进行的，当出现异常情况时，根据溢洪的要求迅速破坝，且比较可靠。因此，在我国一些大中型水库工程中常采用爆破法修建溢洪道。

二、水闸

水闸是一种低水头水工建筑物。它具有挡水和泄水的双重作用，并可通过闸门控制流量和调节水位。水闸的设计是先由水力计算确定其闸孔尺寸和下游消能防冲设施，再由防渗设计确定防渗排水设施，根据水闸的水头及地基条件确定地下轮廓的形状和尺寸，拟定闸室布置方案及各部分构件的型式和尺寸，最后进行闸室的稳定计算和结构计算。

（一）概述

1. 水闸的工作特点

水闸既是挡水建筑物，又是泄水建筑物，且一般兴建在土基或软土地基上。一般情况下，水头不高，但流量较大，是一种低水头大流量的水工建筑物。因此，它具有其他水工建筑物不同的工作特点。

水闸靠闸门挡水。在闸上下游形成的水头差作用下会产生通过闸基及两岸的渗流，对水闸底部产生渗透压力，抵消水闸的有效重量，对闸室及两岸连接建筑物的稳定不利，并可能产生有害的渗透变形而危及水闸的安全。渗流量如果很大时，将会影响水闸的挡水效果，甚至挡不住水。因此，水闸的渗流问题是水闸设计中需要解决的重要问题。

水闸大多修建在平原地区，平原地区的覆盖层很厚，因而水闸常建在土基或细沙地基上。由于地基的压缩性很大，抗滑能力差，承载能力低，所以闸的稳定设计至关重要。

水闸开闸泄水时，闸下无水或水很浅，在上下游水头差作用下往往有很大的流速，过闸水流携带的能量将引起下游的冲刷，给闸下消能带来了困难。因水闸上下游水位差较小，容易产生波状水跃，消能效率低，水面波动向下游延伸很长，对下游河床及两岸产生冲刷，也可能会危及水闸的稳定和安全。因此，低水头大流量的消能问题是水闸设计中的普遍性问题，应采取妥善的消能防冲措施，以确保水闸的稳定和安全。

2. 水闸的类型

水闸的种类很多，分类方法也不尽相同，通常可按水闸担负的任务来进行分类，主要可分为以下五种。

（1）进水闸（取水闸）。为了满足农田灌溉、水力发电及其他水利事业的需要，在河道、水库、湖泊的岸边或渠道的渠首修建进水闸。进水闸的作用是引进所需流量并可控制引进流量。因其通常修建在渠道的首部，故又称为渠首闸。

（2）节制闸。节制闸主要用以调节水位和流量。因其一般拦河修建，故又称为拦河闸。在灌溉渠系上位于干、支渠分水口附近的水闸，也称节制闸。

（3）排水闸。排水闸常建于江河沿岸。当汛期外河水位上涨时可以关闸以防江河洪水倒灌；河水退落时即可开闸排水。由于排水闸具有双向挡水的作用，其特点是闸底板高程较低而闸身较高。

（4）挡潮闸。滨海地区受潮水的影响，潮水倒灌入河，沿河两岸土地卤化，造成危害；在汛期河水受潮水顶托，排洪能力降低，造成内涝。为了挡潮、御卤和排洪的需要，在入海河口附近所建的水闸称为挡潮闸。挡潮闸的特点也是具有双向挡水的作用。为了沟通内河与近海的交通，挡潮闸通常设有通航孔或船闸。

（5）分洪闸。在江河的一侧修建分洪闸，以宣泄天然河道所不能容纳的多余洪水进入湖泊、洼地等蓄洪区或滞洪区，以达到削减洪峰、保证下游河道安全的目的。待外河水位降落时，蓄洪区的水再由排洪闸泄出，泄回原河道。如著名的湖北省荆江分洪闸，即是防止长江水患、保障江汉平原安全的分洪闸。

3. 水闸的组成部分及其作用

水闸一般由上游连接段、闸室段及下游连接段所组成。如图3-63所示。

（1）上游连接段。上游连接段的主要作用是引导水流平稳地进入闸室，保护上游河床及河岸免于冲刷破坏及防渗。上游连接段一般包括铺盖、上游防冲槽及两岸的翼墙和护坡等。铺盖主要起防渗作用。上游防冲槽主要是保护铺盖头部不致被损坏。两岸翼墙的作用是使水流平顺地进入闸孔，并可起侧向防渗的作用。

（2）闸室段。闸室是水闸的主体部分，主要包括底板、闸墩、闸门、胸墙、工作桥及交通桥等。底板是水闸的基础，承受闸室全部荷载并将荷载传给地基。闸墩的作用是分隔闸孔、支承闸门和工作桥、交通桥等。闸门的作用是控制水流。底板、闸墩、闸门是闸室段的三个主要部分。闸室段一般为混凝土或钢筋混凝土结构，小型水闸也可用浆砌料石结构。

（3）下游连接段。下游连接段的作用主要是消能和扩散水流，防止闸后发生危害性冲刷，包括消力池、海漫、防冲槽以及翼墙、护坡等。消力池紧接闸室，具有消能防冲的作用。海漫紧接消力池，其作用是继续消除水流余能，防止水流冲刷河床。防冲槽的作用主要是防止海漫末端受冲刷，避免冲刷向上游方向发展。翼墙的作用是引导过闸水流均匀扩散，并保护两岸免受冲刷。护坡的作用主要是保护河岸不受冲刷。

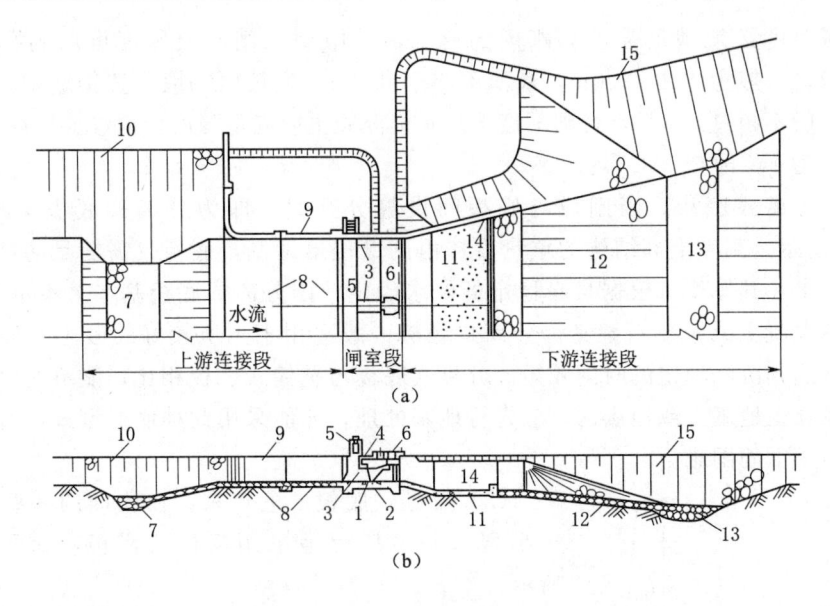

图 3-63 水闸的组成部分
1—闸门；2—底板；3—闸墩；4—胸墙；5—工作桥；6—交通桥；7—上游防冲槽；
8—上游防冲段（铺盖）；9—上游翼墙；10—上游两岸护坡；11—护坦（消力池）；
12—海漫；13—下游防冲槽；14—下游翼墙；15—下游两岸护坡

（二）闸室的布置和构造

水闸闸室是挡水和控制泄流的主体部分，由底板、闸墩、闸门、工作桥和交通桥等组成。当上游水位变幅较大时，闸门顶以上可设置胸墙，以降低闸门高度。

合理选择闸室各部分结构型式、布置和构造，使作用在地基上的单位面积荷载尽量减小、尽量均匀分布，使闸室能适应地基可能的沉陷变形，是水闸设计的关键问题之一。由于水闸所承担的任务多种多样，故在进行闸室布置和选定构造尺寸时，应具体情况具体分析。

1. 底板

底板是闸室的主要组成部分，水闸上部结构的重量以及闸室所受水平水压力均通过它传给地基。按照闸墩与底板的连接方式，闸底板可分为整体式和分离式两种，如图 3-64 所示。按照底板的结构形状，闸底板可分为平底板和反拱底板两类。

（1）整体式底板。当闸墩与底板浇筑成整体时，即为整体式底板，如图 3-64（a）所示。底板顺水流方向的长度可根据闸身稳定和地基应力分布均匀等条件决定，同时应满足上层结构布置的要求。水头愈高，地基条件愈差，则底板愈长。初拟底板长度时，对于砂砾石地基可取 $(2\sim3)H$（H 为闸上下游水位差），对于砂土或砂壤土地基可取 $(3\sim4)H$，对于壤土或黏性土可取 $(3.5\sim4.5)H$，对于黏土可取 $(4\sim5)H$。

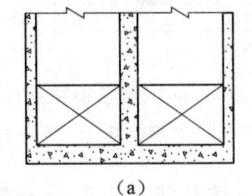

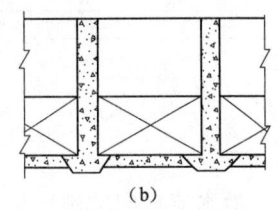

图 3-64 平底板闸室
(a) 整体式；(b) 分离式

底板厚度必须满足强度和刚度的要求，大中型水闸底板厚度可取闸孔净宽的 1/5~1/7，一般为 1.2~2.0m，最薄不小于 0.7m。底板内一般布置钢筋网，但最大含钢率一般不超过 0.3%，否则不经济。底板混凝土应满足强度、抗渗、抗冲等要求，常用标号为 150 号或 200 号。

（2）分离式底板。当闸墩与底板间设缝分开时，即为分离式底板，如图 3-64（b）所示。闸室上部结构的重量直接由闸墩传给地基，底板仅需满足防冲、防渗和稳定要求，其厚度可根据自身稳定的要求确定。因分离式底板基本上不承受弯矩，故可用纯混凝土或浆砌石建造。分离式底板一般适用于土质较好的砂土及砂壤土地基，因其达到沉陷稳定的时间较短。分离式底板与整体式底板相比，能节约钢筋和水泥，但在软土地基上或地震区，应先行地基处理，才能采用此种底板型式，否则可能会造成运用上的困难。

（3）反拱式底板。近年来，在我国的一些地区的中小型水闸上广泛地采用反拱式底板，如图 3-65 所示。

反拱式底板在承受地基反力时，底板内力主要为拱结构的轴向力，故厚度较薄，能充分利用混凝土的抗压性能，从而可不用或少用钢筋。但其主要缺点是对地基及基础开挖要求较高，施工麻烦；闸室内单宽流量不均，水力条件较差；对两岸连接建筑物要求较

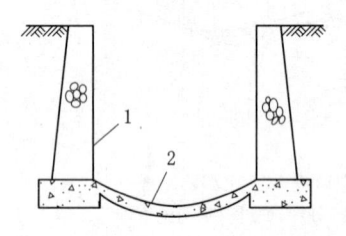

图 3-65 反拱式底板
1—闸墩；2—反拱

高；设计理论上目前还不够成熟。

反拱的形状，一般采用等截面圆弧拱，拱的厚度常取为净跨的 1/10~1/15，最小厚不小于 0.3m，常用 150 号或 200 号混凝土浇筑。

2. 闸墩

闸墩的外形轮廓应使水流平顺，减少侧向收缩，以保证足够的过水能力。闸墩的墩头和墩尾形状多采用流线形或半圆形，如图 3-66 所示。

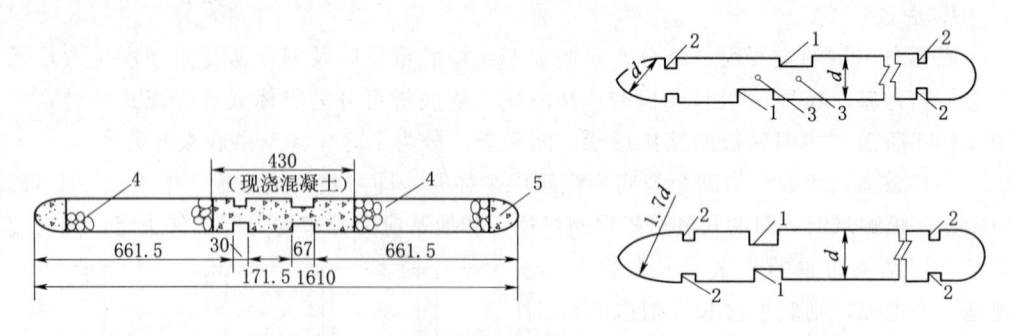

图 3-66 闸墩布置示意图（单位：cm）
1—门槽；2—修理门槽；3—油缸；4—浆砌石；5—混凝土

沿水流方向的闸墩长度取决于上部结构布置和闸门型式，一般与底板长度相等或稍短些。大中型水闸的闸墩长度为 10~17m，小型水闸则为 3~5m。

闸墩上游部分应高出上游最高水位,并有一定超高,应使支承于闸墩上的桥梁,既不妨碍泄水,也不受波浪的影响。

闸墩厚度必须满足稳定和强度要求,一般浆砌料石墩厚0.8~1.5m;混凝土墩厚1.0~1.6m;少筋混凝土墩厚0.9~1.4m;钢筋混凝土墩厚0.7~1.2m。门槽处的闸墩厚0.4~0.8m。有时为了不增加墩厚,可将左右门槽前后错开布置,如图3-66所示。

3. 胸墙

当水闸挡水高度较大,闸孔尺寸超过泄流要求时,可设置胸墙挡水。

胸墙顶部高程可按挡水要求确定,一般与闸墩同高,底部高程应保证水闸有预定的过水能力。

胸墙位置取决于闸门型式和闸室稳定的要求。如采用弧形闸门,则胸墙一般布置在靠上游一侧,因为弧形闸门的长支臂要占闸墩长度的很大一部分。如采用平面闸门,胸墙可布置在靠上游一侧或靠下游一侧,当地基摩擦系数较小而对闸室稳定不利时,胸墙可布置在靠下游一侧,可充分利用闸门前的水重来维持闸室稳定。

胸墙与闸门的相对位置,也要合理安排。如采用弧形闸门,胸墙设在闸门上游。如采用平面闸门,胸墙可设在闸门下游,见图3-67(a),也可设在闸门上游,见图3-67(b)。如设在闸门上游,则止水布置在闸门前面。前止水结构复杂,且易磨损。如设在闸门下游,则止水布置在闸门后面,后止水可利用水压力将闸门压紧在胸墙上,止水效果较好。

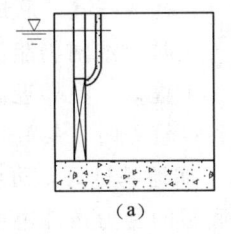

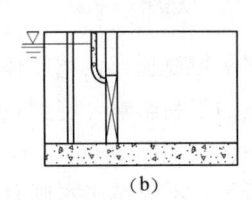

图3-67 胸墙
(a)胸墙在闸门下游;(b)胸墙在闸门上游

4. 工作桥

工作桥是为安置闸门启闭设备和供工作人员操作而设置于闸墩上的桥。为了保证闸门和启闭设备的正常工作,工作桥应有足够的强度和刚度及高度。

小型水闸的工作桥一般采用板式结构。大中型水闸则常采用装配式板梁结构。图3-68为一工作桥横断面及梁格布置图。

工作桥桥面宽度,除满足安置启闭设备的要求外,两侧各应留有0.6~1.2m宽的富余宽度,以供操作和设置栏杆之用,桥面宽度一般采用3~5m。

工作桥的高程应使开启后的闸门底部高于最高上游水位,以免妨碍泄流。平面闸门的工作桥的高度是两倍闸门高度再加1m左右的超高;弧形闸门的工作桥桥面高程决定于工作桥和闸门吊点的位置。

当闸墩高度能满足工作桥的高程要求时,工作桥可建在闸墩上;不能满足时,可在闸墩上修建支墩或排架,安装工作桥。支墩一般用混凝土或浆砌料石修建,适用于工作桥面较窄且高度不大的情况;排架用钢筋混凝土建造,适用于桥面较宽、高度较大的情况。

5. 交通桥

当水闸与公路连接时应设公路桥；如不与公路连接，也应设有供行人或车马通过的交通桥。公路桥的位置应满足闸室稳定和两岸公路连接的要求，一般布置在闸墩的下游侧。供行人车马通过的交通桥宽度不得小于3m。

6. 分缝方式及止水设备

水闸在顺水流方向每隔一定距离必须设缝分开，以免水闸因温度变化及地基不均匀沉陷而产生裂缝。为使在温度变化情况下能自由伸缩而设的缝叫伸缩缝，缝的间距一般为15～20m，缝宽4mm左右。为适应地基不均匀沉陷而设的缝叫沉陷缝，缝的间距为15～30m，缝宽一般为2～2.5cm，应使相邻建筑物沉陷互不影响。沉陷缝同时具有伸缩缝的作用。

整体式底板闸室沉陷缝设在闸墩中间，一孔、两孔或三孔一联成为独立单元，保证在发生不均匀沉陷时，水闸仍能正常工作。分缝不宜过多，因为分缝处闸墩需要加厚，相应地增加了工程量。在靠近岸墙处，为了减轻岸墙及墙后填土对闸室的不利影响，特别在地质条件较差时，最好一孔一缝或两孔一缝，然后再接以三孔一缝，如图3-69（a）所示。如地基良好，可将缝分在闸底板跨中，如图3-69（b）所示，不仅减小水闸总宽，底板的受力条件也可改善，但必须确保闸室工作不受不均匀沉陷的影响。

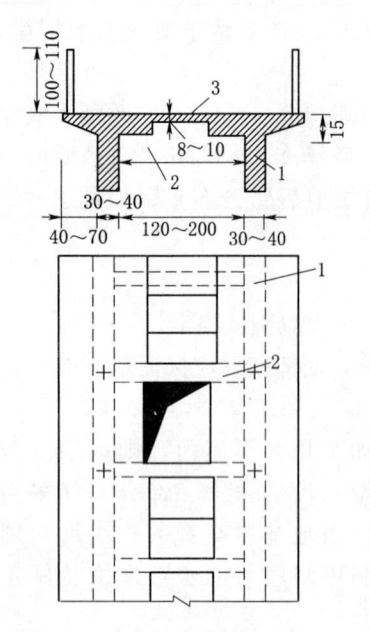

图3-68 工作桥横断面及梁格布置
（单位：cm）
1—纵梁；2—横梁；3—活动铺板

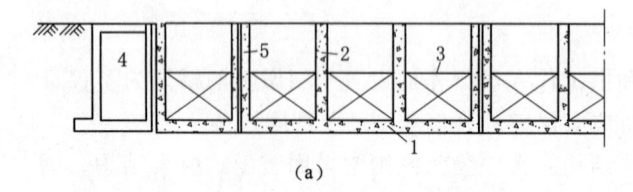

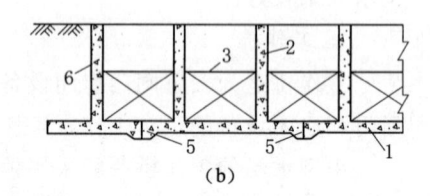

图3-69 闸室沉陷缝布置图
（a）闸墩分缝；（b）底板分缝
1—底板；2—闸墩；3—闸门；4—岸墙；5—沉陷缝；6—边墩

软基上的水闸，不仅闸墩间或闸墩与底板间要分缝，凡相邻结构荷载相差悬殊的部分均须设缝分开，如铺盖与底板相连处、消力池与底板相连处都应设缝。此外，混凝土铺盖及消力池本身也须设缝分块。

凡具有防渗要求的缝，都应设置能防渗和适应变形的止水设备。止水有铅直止水和水平止水两种。铅直止水设在闸墩与闸墩、闸墩与岸墙以及岸墙与翼墙间等的铅直沉陷缝内；水平止水设在铺盖、闸墩、消力池与底板连接处的水平沉陷缝内，以及它们与岸墙、翼墙相连处等的水平沉陷缝内。图3-70和图3-71分别为水闸铅直止水构造和水平止水构造的示意图。

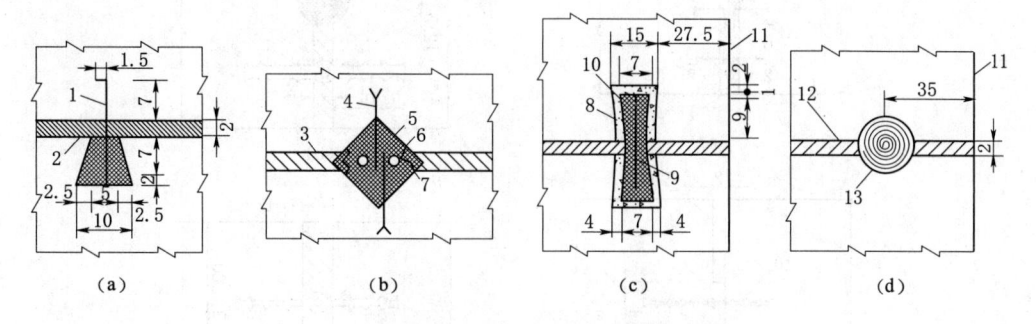

图3-70 铅直止水构造图（单位：cm）
1—紫铜片；2—柏油毛毡；3—沥青油毛毡；4—金属止水片；5—沥青填料；6—加热设备；7—镀锌铁片；8—预制混凝土板；9—铅直止水，宽18cm；10—柏油；11—临水面；12—伸缩缝；13—油毛毡

(三) 闸门及启闭机

闸门安装于水闸、溢流坝、溢洪道、泄水孔、水工隧洞和水电站等建筑物的孔口上，以调节流量、宣泄洪水和控制上下游水位等。闸门是水工建筑物的重要组成部分，在水闸工程中，它是主体部分，常占挡水面积的大部分。

1. 闸门的类型

按工作性质闸门可分为工作闸门、事故闸门和检修闸门等。

工作闸门是指承担调节流量、控制水位、宣泄洪水等主要工作任务的闸门。其特点是能在动水中启闭，有时还要求能部分开启。

事故闸门是指用在建筑物或其他设施出现事故时，为了防止事故扩大而关闭孔口截断水流的闸门。其特点是能在动水中关闭；在事故排除后，用平压设施向门后充水平压，在静水中开启。

检修闸门是指用以短期挡水，以便检修建筑物、工作闸门及其他设施的闸门。其特点是在静水中启闭。

按门叶的材料，闸门可分为钢闸门、钢筋混凝土闸门、钢丝网水泥闸门、木闸门、钢木闸门及铸铁闸门等。钢闸门工作可靠，是深孔闸门和大、中型工程所普遍采用的闸门；钢筋混凝土闸门或钢丝网水泥闸门能节省钢材，但门体较重，一般用于低水头的中小型水闸工程；木闸门、钢木闸门及铸铁闸门只用在小型工程上或作简易闸门之用。

按闸门自身所处的位置，闸门可分为露顶式闸门、潜孔闸门和深孔闸门。闸门关闭时，门顶高于正常挡水位的闸门称为露顶式闸门；门顶低于正常挡水位但淹没较浅的闸门称为潜孔闸门；门顶淹没较深的闸门称为深孔闸门。

按闸门的提升特征形式，闸门可分为叠梁闸门、平面闸门、弧形闸门、水力自动翻板闸门等。叠梁闸门是将单根梁逐根放入门槽内挡水，只在小型涵闸上作为检修闸门之用（图3-72）。水力自动翻板闸门不需要启闭机和工作桥，依靠水位涨落时，水

87

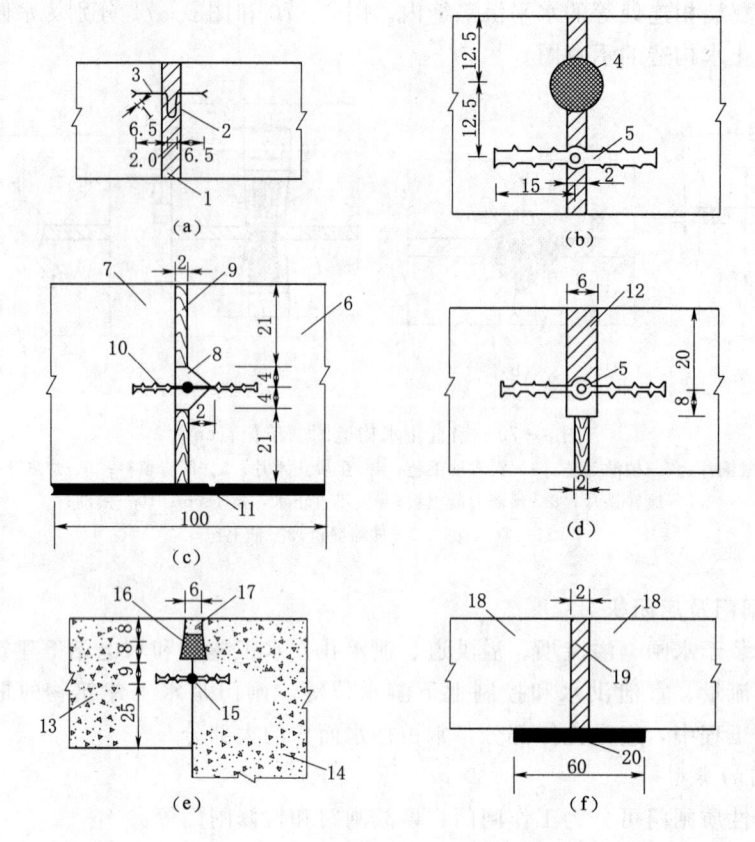

图 3-71 水平止水构造图（单位：cm）

1—油毛毡伸缩缝；2—灌柏油；3—紫铜片；4—柏油麻绳；5—止水片；6—先浇铺盖；
7—后浇铺盖；8—沉陷槽；9—沥青杉板；10—塑料止水片；11—沥青麻袋；
12—沥青沙；13—小底板；14—大底板；15—止水橡片；16—沥青；
17—二期混凝土；18—护坦；19—柏油毛毡；20—沥青麻袋

压力与门重对闸门水平支承轴所产生的力矩差值变化而自动启闭（图 3-73）。平面闸门和弧形闸门是应用最广泛的闸门。

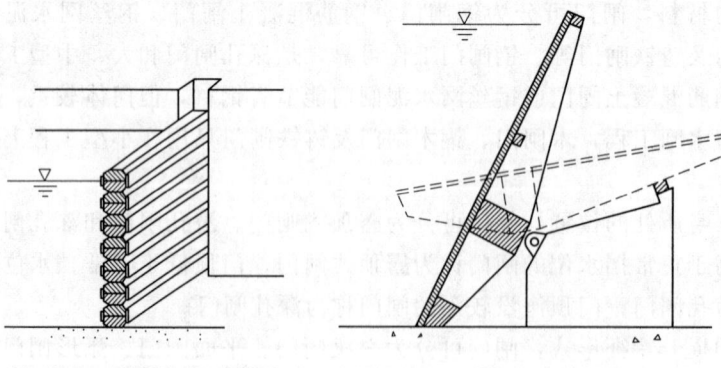

图 3-72 叠梁闸门示意图　　图 3-73 水力自动翻倒闸门示意图

2. 平面闸门

平面闸门的挡水面板是平面板，门叶两侧支承在闸墩的门槽内。挡水时水压力通过面板、次梁、主梁、支承边梁（边柱）、行走支承（滚轮或滑块）而传至闸墩上。常见的平面闸门有以下几种。

(1) 直升式平面闸门。直升式平面闸门是一种最常见的平面闸门（图3-74）。启闭时，它的门体是沿铅直方向升降的。

直升式平面闸门的主要优点是：门叶结构比较简单，便于制造、安装和运输；门叶可以吊出孔口，便于维护和检修；门叶可在各孔间互换，工作闸门、事故闸门、检修闸门的门叶也可互换；布置紧凑，所需闸墩长度较短，闸墩受力条件较好；启闭设备构造简单。其缺点是：所需启闭力比弧形闸门大，需容量较大的启闭机；需要门槽，门槽的存在不仅影响泄流能力，且易引起振动及空蚀破坏，特别水流是高速流时；由于泄洪时门底须高于最高洪水位，故工作桥的排架较高。

(2) 升卧式平面闸门。当地基承载力较低、工程所在地区地震烈度较高时，为了提高抗震性能、降低工作桥排架的高度，可以采用升卧式平面闸门（图3-75）。

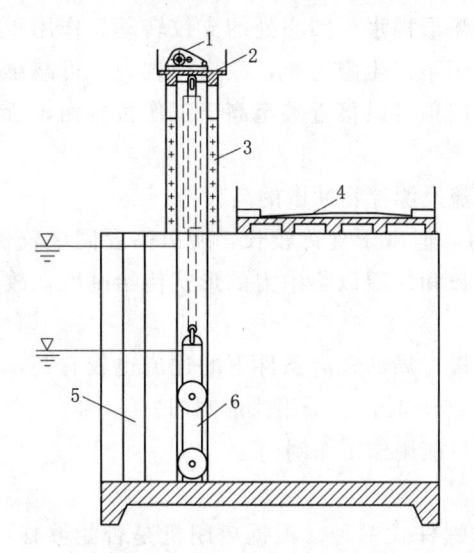

图3-74 直升式平面闸门示意图
1—启闭机；2—工作桥；3—活动门槽；
4—公路桥；5—检修门槽；6—平面闸门

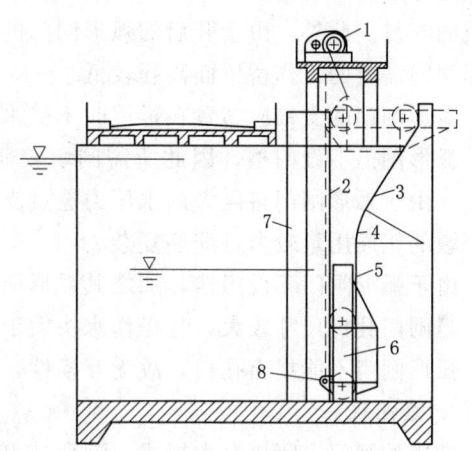

图3-75 升卧式平面闸门示意图
1—卷扬式启闭机；2—反轨；3—斜轨；4—弧轨；
5—直轨；6—升卧门；7—检修门槽；8—吊耳

升卧式平面闸门的特点是：承受水压的主轨自下而上分成直轨、弧轨和斜轨三段，而位于门叶上游侧的反轨全部为直轨；闸门的吊点位于门底靠近下主梁的上游面板处。当闸门开启时，闸门向上提升到一定高度后，上、下主轮即分别沿弧轨和反轨滚动，闸门继续升高，最终平卧在斜轨上。

升卧式平面闸门的主要缺点是：吊点位于上游水体内，起吊钢丝绳及动滑轮组长期浸于水中，易于锈蚀。

3. 弧形闸门

弧形闸门的挡水面板是一圆柱面。挡水时水压力通过面板、次梁、主梁（或桁架)、支臂、支铰、牛腿或联系二闸墩的横梁而传至闸墩（图3-76）。

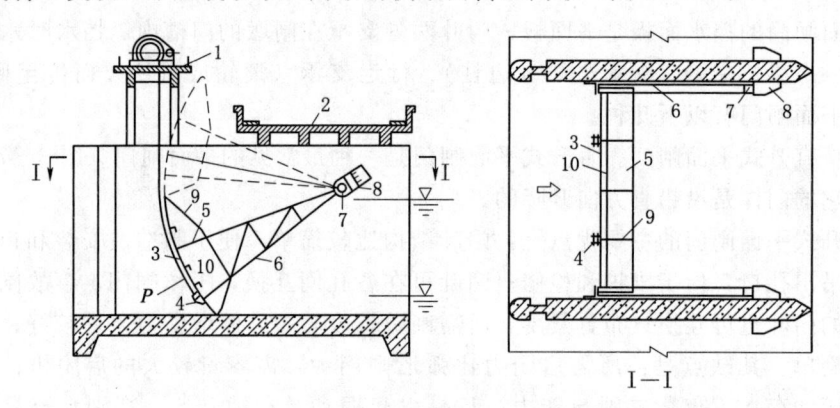

图3-76 弧形闸门示意图
1—工作桥；2—公路桥；3—面板；4—吊耳；5—主梁；6—支臂；
7—支铰；8—牛腿；9—竖隔板；10—水平次梁

弧形闸门启闭时，其挡水面板能绕位于弧形挡水面圆心处的支铰转动。作用于闸门上的总水压力通过转动中心，对闸门的启闭不产生阻力矩，故启门省力，可减小启闭机的容量。此外，由于开启的弧形闸门的门顶可以接近甚至高于工作桥桥面，所以弧形闸门需要的工作桥桥面高程较低。

弧形闸门的支铰应布置在过流时不受水流及漂浮物冲击的高程上。

弧形闸门不设门槽，因此所需闸墩较薄，但由于支臂较长，所以需要闸墩较长。此外，由于弧形闸门将巨大的水压力通过支铰和牛腿以集中力的形式传给闸墩，故使得闸墩的钢筋用量较多且配筋复杂。

由于弧形闸门不设门槽，加之其弧形面板对局部开启条件下的过流也较有利，因此，当闸门孔口尺寸较大，且操作水头大于50m时，多采用弧形闸门。

弧形闸门不能提出孔口，故无互换性，只能用作工作闸门。

4. 启闭机

常用的闸门启闭机有卷扬式、液压式和螺杆式三种。根据启闭机是否能够移动，又可分为固定式及移动式两种。常见的移动式启闭机为门式起重机和台车式起重机，多用于操作孔数多又不必分步均匀开启的闸门。对要求在短时间内全部开启或需施加闭门力的闸门，一般要每孔闸门都配置启闭机。

(1) 卷扬式启闭机。平面闸门使用的固定式卷扬启闭机，我国已有定型产品。它是由电动机1通过减速箱2及开放式减速机构3，带动装在轴承座5上的滚筒4，使卷在滚筒上的钢丝绳收紧或放松，以升降闸门（图3-77）。

平面闸门所需启闭力大，通过滑轮组（定滑轮6、动滑轮7）以提高力比，可减小启闭机的容量，使之经济。

(2) 液压式启闭机。液压启闭机是一种借助油泵来比较小的动力获得较大启闭力的启闭机械。它的优点是：动力小、启闭力大、机体小、重量轻，并能集中操纵，易于实现遥控和自动化，操作平稳、安全，并对闸门有减震效用等。因此，它是一种很有发展前途的启闭机。

液压式启闭机的构造如图3-78所示。油泵通过电动机或柴油机带动，一方面从油箱中吸入油液充满于整个工作系统，另一方面对油液施加压力，通过输油管传递到启门的油缸，油缸中的活塞在液压作用下产生推力，带动闸门向上提升。

（3）螺杆式启闭机。在小型工程中，闸门的尺寸和启闭力都很小，常采用简便、单吊点螺杆式启闭机，如图3-79所示。螺杆的下端同闸门顶部的吊耳相铰接，上端支承在承重螺母内，通过蜗轮蜗杆或伞形齿轮等减速机构转动螺母，而使螺杆连同闸门上升或下降。当水压力较大，闸门的自重不足以使闸门关闭到底时，可通过螺杆对闸门施加闭门力。

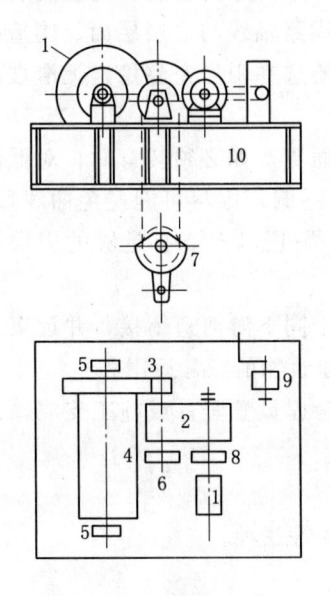

图3-77 卷扬式启闭机
1—电动机；2—减速箱；3—减速机构；
4—滚筒；5—轴承座；6—定滑轮；
7—动滑轮；8—制动器；
9—手摇装置；10—机架

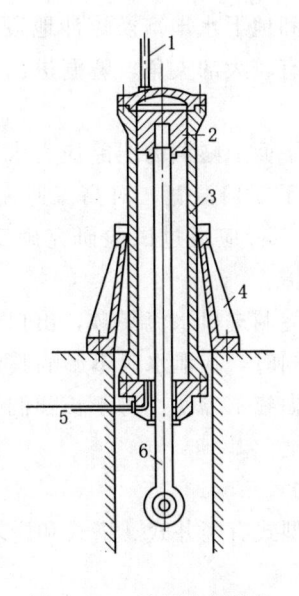

图3-78 液压启闭机构造示意图
1—通油泵油管；2—活塞；
3—活塞筒；4—支座；
5—油箱；6—连杆

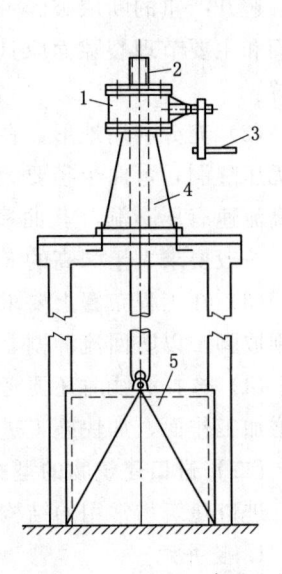

图3-79 螺杆式启闭机示意图
1—齿轮箱；2—螺杆；
3—摇把；4—机座；
5—闸门

螺杆式启闭机的起重量一般为0.3～10t。

第三节 输水建筑物

自水库引水以供灌溉、发电、给水等需要的水工建筑物，称为输水建筑物，其型式有水工隧洞、坝下涵管和坝体放水孔等。前两种多用于土石坝枢纽，后一种在混凝土坝内使用。本节主要论述水工隧洞和坝下涵管。

一、水工隧洞

隧洞是开挖在岩石或土层中的地下建筑物。水工隧洞按其功用可分为引水、输水、泄洪、排沙、施工导流等类型。按水力条件又可分为有压隧洞和无压隧洞。对于由水库内引水发电的隧洞一般是有压的；为泄洪、排沙、供水等目的而设的隧洞，可以是有压的，也可以是无压的；施工导流隧洞一般是无压的。

在设计水工隧洞时，应根据枢纽的规划任务，考虑一洞多用。例如，导流、泄洪、排沙、放空水库等隧洞可根据实际情况相结合。

（一）洞线选择

隧洞的线路选择是设计中的重要一环，关系到隧洞的造价、施工难易、运用可靠性等。因此必须充分研究地质、地形资料，结合枢纽布置总体规划，拟定不同方案，进行技术经济比较决定。选线时应注意的一般原则和要求概述如下。

（1）地质条件是隧洞线路选择的决定因素。隧洞应尽可能布置在坚硬完整的岩层中，避开严重的断层破碎带和地下水丰富及流沙地段；线路轴线与岩层层面、构造断裂面和主要节理裂隙面应具有较大的夹角；隧洞进出口要选在山岩完整稳定无滑坡的位置。

（2）充分利用地形，在平面上隧洞的线路应力求短而直。如必须转弯时，对低流速无压隧洞，弯曲半径要大于5倍洞宽；对高流速无压隧洞，则尽可能避免曲线段；对高流速有压隧洞，其曲率半径应通过试验研究确定。洞顶以上要有足够的岩层厚度，一般要求大于洞高的3倍。

（3）在工程布置上要求隧洞进口水流平顺，出口便于同下游河道衔接，并远离土石坝坡脚，以防回流冲刷。同时，在泄水时不影响其他建筑物的正常运用。

（4）选择洞线时还要考虑施工方便。对于长隧洞要考虑设置竖井或施工支洞，以便增加工作面，加快施工进度。

（二）进口建筑物的型式

进口建筑物常用的结构型式有竖井式、塔式和岸塔式等三种。

1. 竖井式

在隧洞进口附近的岩体中开挖竖井，井壁采用钢筋混凝土衬砌，闸门设在井的底部，顶部布置启闭机室（图3-80）。竖井上游的进口部分呈喇叭口状，当竖井处闸门孔口与其前后断面形状、尺寸不同时，为使水流平顺，还应设置渐变段。

竖井的优点是结构比较简单，不受风浪影响，受地震影响也小，比较安全可靠。当隧洞进口段岩石坚硬完整，且地形条件合适时，常采用竖井式。缺点是施工开挖较困难，闸之前的隧洞段不便检修。

2. 塔式

塔式进口是位于隧洞首部而不依靠山坡而修建的钢筋混凝土塔，如图3-81所示。塔底设置闸门，塔顶设操纵平台和启闭机室，塔用工作桥与岸连接。塔式进口常用于岸坡低缓、岩石条件差、覆盖层较厚的情况。塔式进口可以设置几个不同高程的进水口，分层取水，对农田灌溉是很有利的。其缺点是结构受风浪、冰、地震的影响大。

3. 岸塔式

岸塔式进口是靠在开挖后洞脸岩坡上的进水塔。根据岩坡稳定条件，塔可以是直立的或倾斜的。图3-82是我国某水库泄水隧洞岸塔式进口布置简图。岸塔式适用于

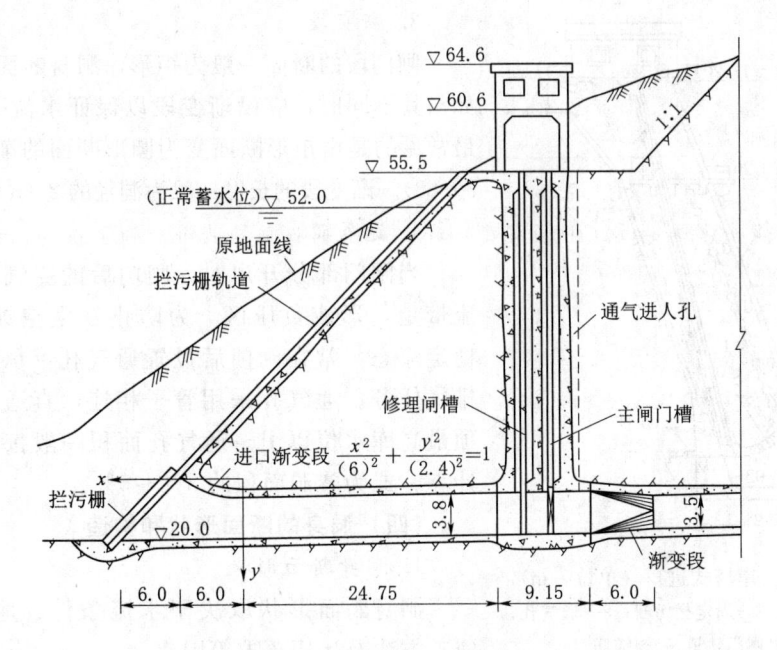

图 3-80 竖井式进口（单位：m）

岩坡较陡、岩石坚硬稳定的情况。其优点是稳定性较塔式为好；施工、安装工作比较方便；需接岸桥梁。

以上是几种基本的进水口型式。实际工程中常根据地形、地质、施工和运用等条件选用，亦可采用组合式的进口。例如，可采用下部为竖井、上部为塔的进口型式。

（三）进口段各组成部分的构造

隧洞进口段包括喇叭口、闸门室、渐变段、通气孔等几个部分。

图 3-81 塔式进口
1—原地面线；2—弱风化岩石线；3—通气孔；
4—工作桥；5—清污台

1. 喇叭口

为使水流平顺、减少水头损失，增加泄水能力，避免孔壁空蚀，进口形状应尽可能符合流线变化规律。隧洞进水口一般为矩形断面，顺水流方向做成曲线收缩的喇叭口形，工程中常采用 1/4 椭圆曲线（图 3-80）。

当流速不大时，进口曲线可以采用圆弧形（图 3-82），圆弧半径应大于 2m。重要工程的进口曲线应通过水工模型试验确定。

2. 闸门室

闸室中通常设两道闸门，一道是工作闸门，用以调节流量；另一道为检修闸门；设在工作闸门上游，在工作闸门或洞身检修时用以挡水。闸门启闭机室设在进水塔或竖井顶部（图 3-80）。

3. 渐变段

闸门段的断面一般为矩形，洞身断面形状尺寸如与其不同时，应设渐变段以保证水流平顺衔接。最常见的是由矩形断面变为圆形断面的渐变段（图3-83）。渐变段的长度一般为洞径的2~3倍。

4. 通气孔

当闸门部分开启时，闸门后的空气逐渐被水流带走，形成负压区。为防止发生空蚀和振动、稳定流态，常在闸门后设置通气孔，承担补气和排气任务。通气孔采用管子相连，直通至进水塔顶最高库水位以上。通气孔面积一般按经验公式计算，或为隧洞面积的3‰~5‰。

（四）洞身的断面形状和构造

1. 洞身断面形状

洞身断面形状取决于水流条件、地质条件、施工方法及运用要求等因素。

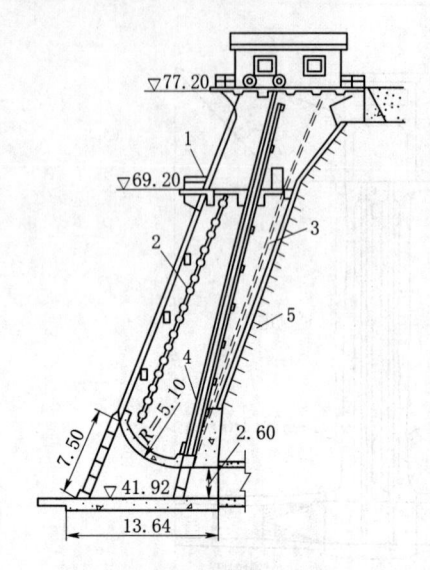

图3-82 岸塔式进口（单位：m）
1—清污台；2—固定拦污栅；3—通气孔；4—闸门轨道；5—锚筋

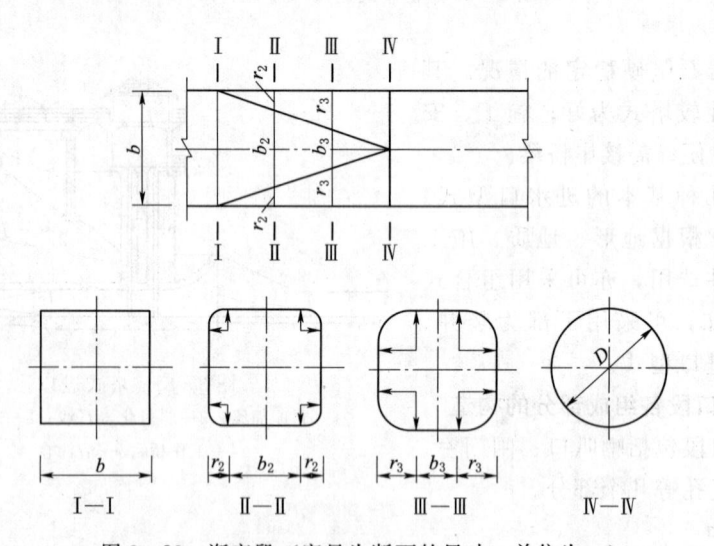

图3-83 渐变段（字母为断面的尺寸，单位为m）

有压隧洞多采用圆形断面，因为圆形断面是最佳水力断面，适于承受均匀内水压力。无压隧洞可采用圆拱直墙形、马蹄形或蛋形。此种构造下部过水面积大，承受外部较大山岩压力受力条件好，且结构简单，便于施工。隧洞洞身断面型式如图3-84所示。

无压隧洞为了保证洞内水流为明流，应保持水面至洞顶存在净空，净空面积应不小于隧洞断面积的15%，净空高度且不小于40cm。按照施工要求，隧洞的最小尺寸是宽1.5m，高1.8m。

有压隧洞的纵坡一般为0.002~0.005，无压隧洞的纵坡应大于临界坡度。

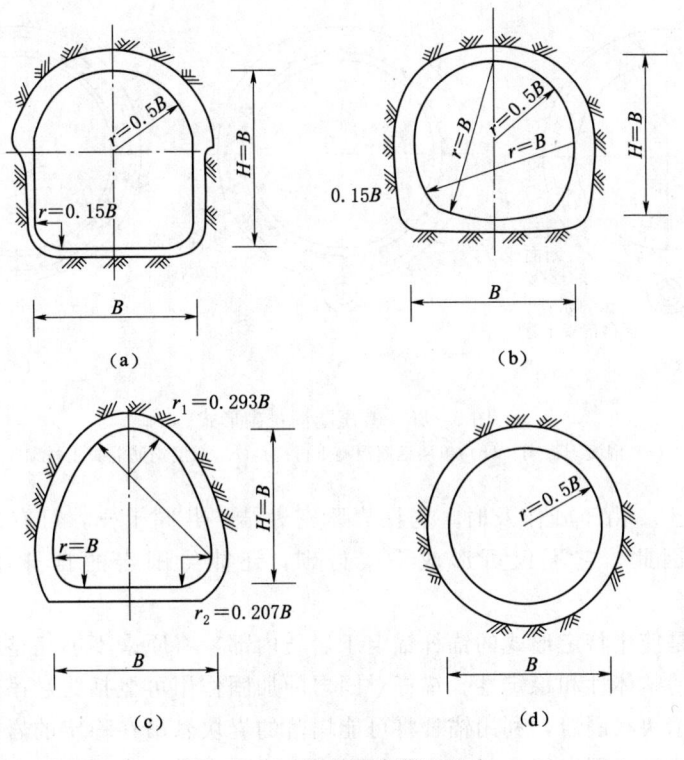

图 3-84 隧洞洞身断面型式

2. 隧洞衬砌

水工隧洞一般需要衬砌，衬砌的作用是：承受山岩压力、内水压力和其他荷载；减小表面糙率，改善水流条件；防止渗漏；保护围岩免受冲刷、风化、浸蚀等破坏作用。

(1) 衬砌的类型。按目的可分为平整衬砌和受力衬砌。按所用材料分为混凝土衬砌、钢筋混凝土衬砌和浆砌石衬砌。除此之外，还有组合式衬砌和喷锚支护等。

平整衬砌是一种护面式衬砌，它不承受荷载，目的是减小糙率、防止漏水、抵抗冲蚀和防止岩石风化等。当岩石坚固，内水压力不大时，可使用混凝土、喷浆、浆砌石等材料形成平整的护面。

混凝土、钢筋混凝土衬砌是我国应用最广的一种受力衬砌形式。当岩石坚硬、内水压力不大时，可采用纯混凝土衬砌；当采用混凝土衬砌不能满足要求时，则应在混凝土衬砌层中配置环向钢筋，形成钢筋混凝土衬砌。环向钢筋可采用单层或双层布置，视荷载大小而定，并需布置纵向构造钢筋。衬砌厚度应根据强度计算、构造要求和施工方法而定。衬砌最小厚度，对于混凝土或单筋混凝土衬砌不宜小于 25cm；对于双层钢筋混凝土衬砌不宜小于 30cm。有压隧洞衬砌形式如图 3-85 所示。

喷锚衬护是利用锚杆和喷混凝土加固围岩措施的总称。根据不同的工程和地质条件，可单独使用也可联合使用。喷混凝土支护是在洞室开挖后，适时向围岩表面

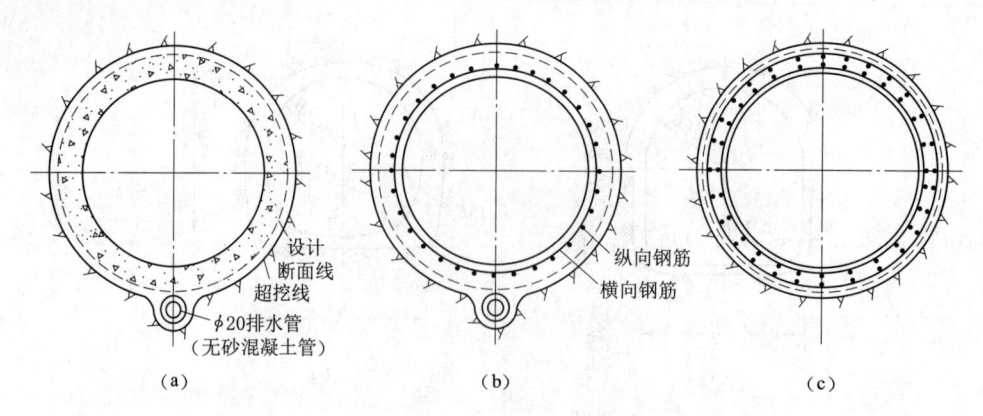

图 3-85 有压隧洞衬砌形式
(a) 混凝土衬砌；(b) 单层钢筋混凝土衬砌；(c) 双层钢筋混凝土衬砌

喷射薄层混凝土。由于施作及时，与围岩紧密黏结，共同工作，可有效地限制其变形自由发展。因此，它不仅可形成平整衬砌，还能给围岩的自身稳定创造有利条件。

锚杆支护是使用特定形式的锚杆锚定于岩石内部，将原来不够完整的岩石固结起来，增加围岩的整体性和稳定性。锚杆对围岩的加固作用可概括为悬吊、组合和固结三个方面。对于块状围岩，利用锚杆将可能塌落的岩块悬吊在稳定的岩体上；对于层状岩层，利用锚杆将围岩组合起来，形成组合梁或组合拱；对于软弱岩体，通过锚杆的加固作用，使其形成整体（图 3-86）。

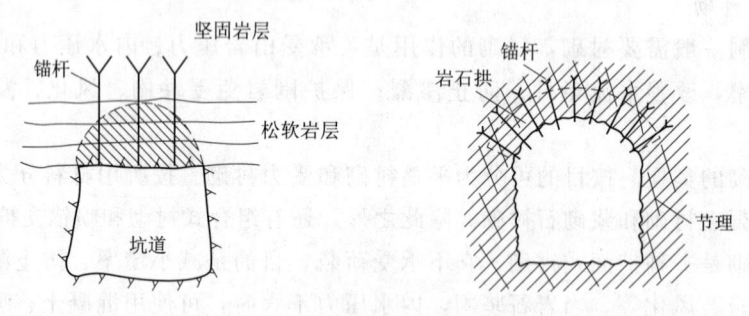

图 3-86 喷锚加固围岩示意图

喷混凝土与锚杆加固二者兼施，可使支护结构与围岩形成共同工作的整体。支护本身既有一定的刚度，又有一定的柔性，既让围岩变形，又限制其变形的自由发展，使围岩在与喷锚支护共同变形过程中取得自身的稳定。对于较软弱的不良地质岩层，在喷锚支护中常设置钢筋网以提高喷混凝土的强度并减少温度裂缝。

喷锚支护是 20 世纪 50 年代发展起来的一项新技术，在我国水利水电工程中，利用喷锚作为永久性衬砌是在 70 年代才逐步得到推广使用。尽管对它的工作机理和设计方法还有不同认识，但大量的工程实践和实验研究成果证明，喷锚支护是一种行之有效的衬砌形式。

（2）衬砌的分缝和止水。为防止混凝土干缩和温度应力而产生裂缝，沿洞轴线应设横向伸缩缝。缝的间距,根据工程资料统计,为6~12m,缝内设止水,如图3-87所示。

变形缝是为防止不均匀沉陷而设置的,其位置应设于荷载大小、断面尺寸、地质条件发生变化而易产生不均匀沉陷之处。例如洞身与进口、渐变段等接头处以及断层、破碎带的变化处,均需设置伸缩缝,其结构如图3-87所示。

钢筋混凝土及混凝土衬砌浇筑时是分段分块施工的,所以必须设置横向及纵向临时施工缝。横向施工缝间距应根据浇筑能力确定;纵向施工缝的位置及数目则应根据结构型式及施工条件确定,一般应设在顶拱、边墙及底板间的分界处或内力较小的部位。

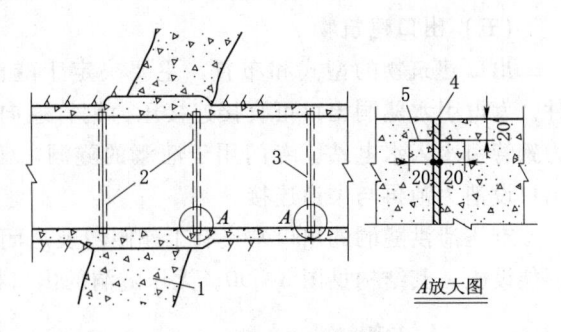

图3-87 伸缩沉陷缝(单位:cm)
1—断层破碎带;2—伸缩沉陷缝;
3—伸缩缝;4—沥青油毡;
5—止水片

(3)灌浆。隧洞灌浆分为回填灌浆和固结灌浆两种。回填灌浆的目的是将衬砌与围岩间的空隙填充密实,使之紧密结合,共同工作,改善传力条件。做法是当衬砌施工时在灌浆孔部位预留灌浆管,待衬砌完成后,通过预埋的灌浆管进行灌浆。回填灌浆的范围,一般在顶拱中心角90°~120°范围以内(图3-88)。孔距和排距一般为2~6m,灌浆压力为0.2~0.3MPa。

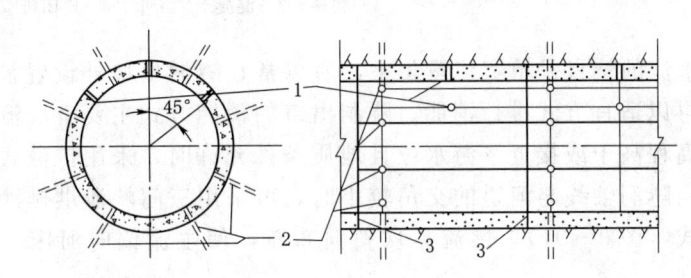

图3-88 灌浆孔布置图
1—回填灌浆孔;2—固结灌浆孔;3—伸缩缝

固结灌浆的目的在于加固围岩,提高围岩的整体性和承载能力,减小地下水对衬砌的压力。固结灌浆孔深入岩层2~5m,有时可达6~10m,根据对围岩的加固和防渗要求而定。灌浆孔常布置成梅花形,相邻断面错开排列。一般排距为2~4m。固结灌浆压力,一般为0.4~1.0MPa。对压力洞则用1.5~2.0倍的内水压力。

(4)排水。设置排水的目的是降低作用在衬砌上的外水压力。对于无压隧洞,可在洞内水面线以上通过衬砌设置排水孔,将地下水直接引入洞内(图3-89)。排水孔的排距、间距和深入岩石的深度一般为2~4m。且在洞底衬砌下埋设纵向排水管。

在有压隧洞中,除在底部衬砌外埋设纵向排水管外,还需设置环向排水槽,间距为 4～10m。环向排水槽先在岩石内开挖 0.3m×0.3m 的小沟槽，槽中填卵石，外边用木板盖好。环向排水槽应与纵向排水槽相连通。

（五）出口建筑物

出口建筑物的型式和布置，主要决定于隧洞的功用及出口附近的地形、地质条件。发电引水隧洞出口可直接连接压力钢管通向水电站，亦可连接压力前池，再由压力钢管引水入水电站。专门用于灌溉的隧洞，工作闸门设在进口段，洞身为无压流，出口设消力池再与渠道连接。

有压泄洪隧洞的出口常设有工作闸门及启闭机室，闸门前设渐变段，闸门后设有消能设施，其结构见图 3-90。无压隧洞的出口构造主要是消能设施。

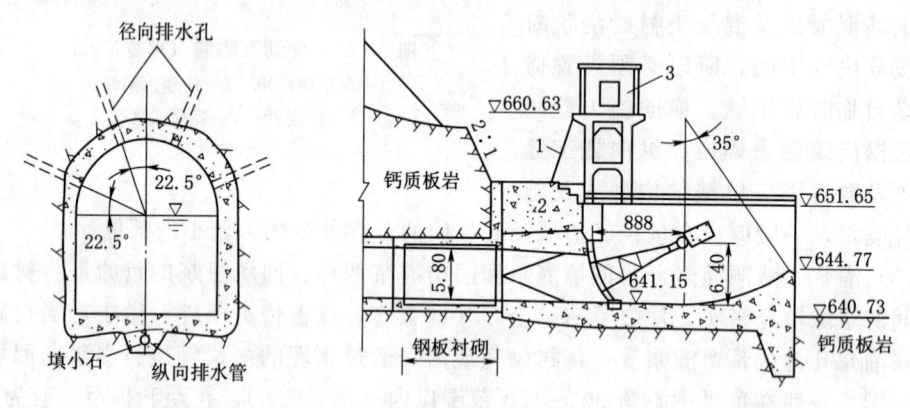

图 3-89　无压隧洞排水布置图

图 3-90　有压隧洞出口结构（单位：m）
1—爬梯；2—混凝土块压重；3—启闭机室

隧洞出口水流的特点是单宽流量集中，所以常在隧洞出口外设置扩散段，以减小单宽流量，再以适宜方式进行消能。隧洞出口的消能方式主要有底流消能和挑流消能。当出口高程高于或接近下游水位且地质条件允许时，采用扩散式挑流消能最为经济合理。当隧洞轴线与河道的交角较小时，可采用三门峡泄洪排沙洞出口挑流消能的布置形式（图 3-91）。挑流鼻坎斜向布置，使主流偏向河床，以减小岸边冲刷。

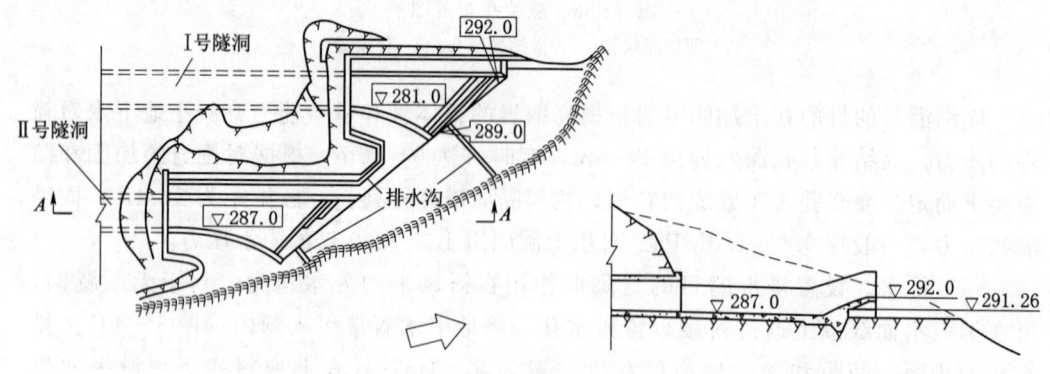

图 3-91　挑流消能布置图（单位：m）

当隧洞出口较低时，常采用底流式水跃消能，图 3-92 所示为隧洞出口底流消能的典型布置。水流出洞后经水平扩散段横向扩散，再经曲线扩散段及陡坡段继续扩散，最后进入消力池。由于水流扩散，单宽流量减小，相应也减小了消力池的长度和深度。底流消能比较充分、可靠，对下游水面波动影响范围也小。但开挖工程量大，造价也较高。

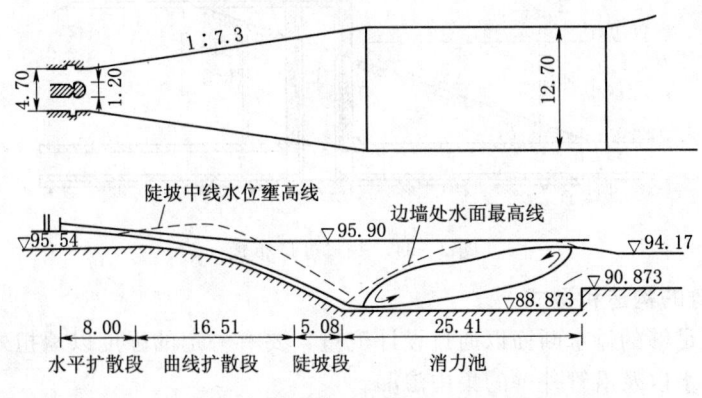

图 3-92 隧洞出口底流消能的典型布置图（单位：m）

二、坝下涵管

在土石坝水库枢纽中，如条件允许，亦采用坝下埋设涵管的方法满足泄、放水的要求。坝下涵管结构简单、施工方便、造价较低，故在中小型水库中应用较多。其主要缺点是：沿管壁容易产生集中渗漏；坝基不均匀沉陷或连接结构不当，可能导致涵管发生断裂、漏水等情况，严重影响土石坝的安全。但若涵管置于较好岩基上，且精心设计施工，足以保证涵管及土石坝安全的。

（一）涵管进口建筑物型式

1. 分级卧管式

分级卧管式是沿山坡修筑台阶式斜卧管，在每个台阶上设进水口，孔径为20～40cm，采用木塞或平板门控制输水。卧管下端与消力池或消力井相连。使水流在消力池（井）内充分消能并平稳水流，再经坝下涵管流向下游（图3-93）。该进口建筑物优点是结构简单、施工方便，能引取温度较高的表层水灌溉，有利于作物生长；缺点是孔口较多，若管理不善则易于漏水，木塞闸门运用管理不便。

2. 塔式和井式

对于水头高、流量大、水量控制要求严的涵管，采用塔式或井式进口比较适宜。塔式进口的构造和特点与隧洞的塔式进口基本相同。井式进口是将竖井设在坝体内部。其位置以图3-94所示的Ⅱ处为宜。Ⅰ位置竖井靠近坝顶，工作桥短，受冰冻、风浪的影响小，但如涵管和竖井的接合处漏水，将使坝体浸润线抬高，竖井上游段涵管不易检修，下游段短，接

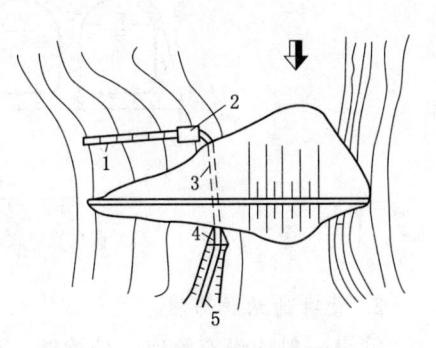

图 3-93 卧管式进口建筑物
1—卧管；2—调压井或通气孔；
3—坝下涵管；4—消力井；5—渠道

触渗径可能不足。位置Ⅲ的缺点是工作桥长、竖井稳定性差，实际已成为塔式结构。

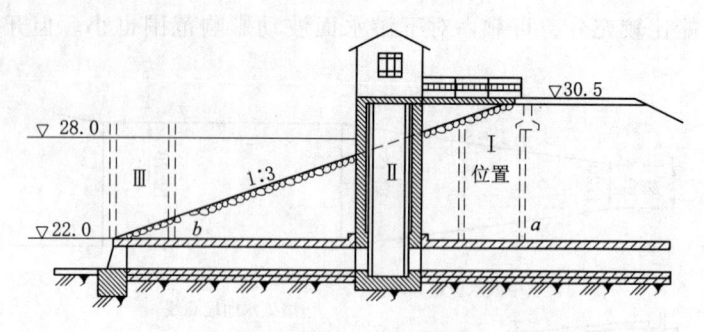

图 3-94 井式进口布置

(二) 管身的构造和型式

管身应有足够的过水断面以通过设计流量，要有一定的强度以承担外部荷载，还要防止管身漏水以及沿管外壁的集中渗漏。

1. 管身断面型式

坝下涵管分为有压和无压两类。有压涵管常采用预制或就地现浇的钢筋混凝土圆形管。

小型水库的无压涵管，常用浆砌石筑成圆拱直墙式或盖板式，如图 3-95 所示。对于重要的工程应采用钢筋混凝土矩形或圆拱直墙形涵管。当要求的过流量较大时，可采用双箱或多箱的型式，见图 3-95 (c)。

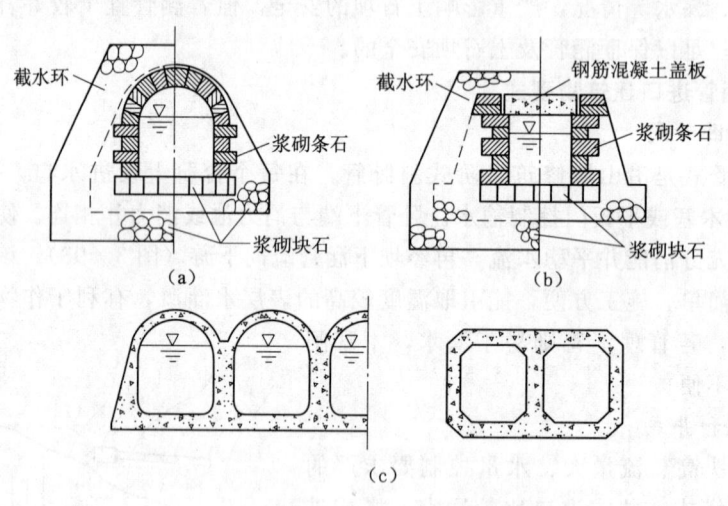

图 3-95 无压管身断面型式
(a) 圆拱直墙式；(b) 矩形；(c) 双箱及多箱式

2. 管身的结构布置

管身一般均设有管座、伸缩缝、截水环、涵衣等结构设施。管座和伸缩缝是防止管身因不均匀沉陷而断裂的措施，而截水环和涵衣则是防止集中渗流的方法。

(1) 管座。管座可以用浆砌石或低标号混凝土筑成，也可用碎石或三合土做座垫，视管径大小、竖向荷载及地基条件而选用。管座和管身接触面呈 90°～180°的包角，接触面涂以沥青或油毛毡垫层，以减少管身受管座的约束。

（2）伸缩缝。土基上的涵管，应根据填土高度的变化设置沉陷缝，以适应地基的变形。良好的岩基不均匀沉陷小，可设温度伸缩缝。一般将温度伸缩缝和沉陷缝统一考虑。伸缩缝间距：对于现浇钢筋混凝土管，一般不大于 3～4 倍的管径，且不大于15m；砌石涵管可达 20～25m。

（3）截水环。为了防止沿管道外壁与填土接合处产生集中渗流，在管壁外围可设置截水环（图 3-95），以增长渗径，减小渗透坡降，消除集中渗流的破坏作用。截水环所用材料及管身相同，凸出管壁的高度为 0.5～1.5m，厚 0.3～0.6m。截水环设在涵管与坝内防渗体相交处及均质坝坝轴线以上部分。

（4）涵衣。为了更有效地防止集中渗流，在整个涵管周围铺一层 1～2m 厚的黏土作为防渗层，称为涵衣。

（三）涵管的出口布置

涵管通常流量不大，水头较低，下游出口多用消力池消能。

思 考 题

1. 什么是水库枢纽工程？一般水库枢纽工程由哪几种水工建筑物组成？
2. 重力坝的受力特点是什么？重力坝有哪些优点和缺点？
3. 重力坝失稳形式有哪些？提高重力坝抗滑稳定的工程措施有哪些？
4. 重力坝的基本剖面是什么？主要荷载有哪些？
5. 什么是重力坝的横缝？设置的目的是什么？
6. 混凝土重力坝设计中进行混凝土标号分区的意义是什么？
7. 常见的消能方式有哪些？哪种消能方式最好？
8. 简述底流消能的原理、优缺点和适用条件。
9. 简述挑流消能的优缺点和使用条件。
10. 简述拱坝形状的特点、优点和缺点和适用范围。
11. 适宜修建拱坝的地形条件有何要求？拱坝的主要荷载有哪些？
12. 试从稳定、结构、荷载三方面论述拱坝的工作特点。
13. 拱坝坝身的泄水方式有哪些类型？各适用条件是什么？
14. 拱坝横缝为什么要灌浆？灌浆应该在什么时间进行？
15. 拱坝的地基处理方法有哪几种？
16. 什么是土石坝？简述土石坝的优缺点及适用条件。
17. 为什么说土石坝是世界坝工建设中应用最广泛的和发展最快的一种坝型？
18. 土石坝由哪几部分组成？各组成部分的作用是什么？
19. 防渗体的主要作用是什么？土石坝常见的防渗体形式有哪些？
20. 土石坝的基本剖面是什么？主要荷载有哪些？
21. 按成因分，土石坝中常见的裂缝有哪些？

22. 土石坝的上下游坝坡为什么要设置护坡？
23. 土石坝的工作特点及设计要点有哪些？
24. 土石坝设置马道（戗台）的作用是什么？通常如何设置？
25. 溢洪道布置原则是什么？
26. 正槽溢洪道通常由哪几部分组成？各部分的主要作用是什么？
27. 溢洪道的泄槽为什么要进行衬砌？对衬砌有何要求？
28. 正槽溢洪道控制段有哪几种堰型？各种堰型有什么优缺点和适用条件？
29. 水闸有哪些类型？它们有什么作用？
30. 简述水闸的组成及其各自作用。
31. 简述水闸上游连接段、闸室段、下游连接段的组成及各段作用？
32. 溢洪道的泄槽为什么要进行衬砌？
33. 水闸的下游连接段由哪几部分组成？各有什么作用？
34. 水闸的海漫在运行中起什么作用？
35. 经过水闸的水流有哪些特点？
36. 水工隧洞中进口建筑物的类型包括哪些？简述其优缺点及适用条件。
37. 水工隧洞洞身衬砌的作用是什么？
38. 水工隧洞的水力特点是什么？
39. 水工隧洞中闸门包括哪些？各闸门的布置要求是什么？
40. 隧洞进口形状为什么要设计成喇叭口？
41. 简述压力钢管的供水方式及各自的优缺点。

第四章 水力发电工程

天然河道中的水流从高处向低处流动时，伴随着自身携带能量的消耗与转换。如果利用水体的势能和功能发电，可将水能转换为电能，供人们使用。利用水能发电的工程，称为水力发电工程。

第一节 水能的利用和开发方式

一、水能及其计算

流动的水所蕴藏的能量称为水能。水能主要蕴藏于河流、海洋之中。水能的大小取决于水流的流量 $Q(\mathrm{m^3/s})$ 及其落差 $H(\mathrm{m})$。落差（水头）即两个断面的水面高差，如图 4-1 中的 H。

水流所做的功等于水的重量和落差的乘积。在单位时间内所做的功称为功率。计算功率的公式为

$$N = \gamma Q H \quad (4-1)$$

式中 N——功率，$10\mathrm{N \cdot m/s}$；

γ——水的容重，$9.81 \times 10^3 \mathrm{N/m^3}$；

Q——河道流量，$\mathrm{m^3/s}$；

H——落差，m。

图 4-1 河段的落差

功率的单位是 $10\mathrm{N \cdot m/s}$，在工程上并不直接使用该单位，通常用"千瓦（kW）"作为功率的单位。

因此，在计算水流功率时，如用 kW 作为单位，可直接采用如下公式：

$$N = \frac{1000QH}{102} = 9.804QH \,(\mathrm{kW}) \quad (4-2)$$

式（4-2）计算出来的水流功率，是水流具有的理论功率。水流经过水电站引水建筑物及水轮机，再由水轮机带动发电机发出电能的过程中，有一定的能量损失，因此，水电站实际发出的功率为

$$N = 9.804 \eta Q H_{净} \,(\mathrm{kW}) \quad (4-3)$$

式中 η 是小于 1 的功率系数，即考虑到水轮机、传动装置、发电设备能量损失的折减系数。$H_{净}$ 为净水头。在水流通过拦污栅、进水口、引水管道流至水轮机，并经尾水管排至下游河道的整个过程中，水流必定会产生一定的水头损失 Δh，即 $H_{净} = H - \Delta h$。水头损失与引水建筑物的条件、形状、水流流速及引水路径长度等因素有关，可由相关的水力学公式计算。

在水电工程中,水电站实际发出的功率叫作水电站的出力。将 9.804η 表示为 A,则水电站出力为

$$N = AQH_{净}(\text{kW}) \tag{4-4}$$

式(4-4)是水能计算的基本公式,式中 A 称为综合出力系数,它与机组类型以及水轮机和发电机传动型式等有关。一般小型水电站的 A 值大致可取为 6.5~7.5。

水电站在某一时段内发出的电能,即为水电站在该时段的发电量,以"千瓦小时(kW·h)"为单位,习惯上称为"度"。

例如某水电站的年平均出力为 1000kW,则该水电站的年发电量为
$$1000 \times 24 \times 365 = 876 \times 10^4 (\text{kW} \cdot \text{h 或度}) = 876(万 \text{kW} \cdot \text{h 或万度})$$

水电站年发电量的多年平均值称为多年平均发电量。

二、水能的开发方式

天然河道的流量在时间上的分配是不均匀的,河段的落差一般也是分散的。因此,开发河道的水能必须调节流量和集中落差。

按调节流量和集中落差的不同方法,水能有不同的开发方式。

如按调节流量的方式来分,水能的开发方式可分为蓄水式和径流式。

蓄水式是在天然河道上筑坝形成水库以调节径流发电。按水库库容的大小及调节性能可分为日调节、月调节、年调节和多年调节等。蓄水方式除河道上的天然来水外,还有抽水蓄能式。该蓄水方式是利用电力系统低负荷时其他电站多生产的电能,通过抽水机将下游水库的水抽蓄至上水库,待到电力系统高负荷时将此部分存蓄的水发电,满足电力系统负荷的需要。

径流式是利用河流的天然径流发电。由于没有库容,故无径流调节性能。

根据河道的水流条件、地质地形条件以及集中水头的不同方法,水电站可分为坝式水电站、河床式水电站和引水式水电站三种基本类型。

(一) 坝式水电站

坝式水电站的水头是由坝所形成,即在河道上修筑坝,以抬高水位,形成落差。当厂房紧靠着坝体布置在坝体的下游时,称坝后式水电站,如图 4-2 及图 4-3 所示。如河谷狭窄且水电站的机组较多,泄洪建筑物与电站厂房的布置有矛盾时,可将厂房置于泄洪建筑物之下而构成厂房顶溢流式水电站,如图 4-3 所示。当坝址河谷狭窄泄洪量大时,为了解决枢纽布置的困难,挡水建筑物可采用空腹混凝土坝的型式,将厂房布置在坝体的空腹内,构成坝内式水电站,如图 4-4 所示。

(二) 河床式水电站

河床式水电站的特点是水电站水头较低,厂房本身也起挡水的作用,是挡水建筑物的一部分,坝轴线与厂房并列,见图 4-5 及图 4-6。

(三) 引水式水电站

引水式水电站的特点是引水道较长,水电站的水头全部或相当大的一部分由引水道所集中。按照引水道的型式可将引水式水电站分为有压引水式和无压引水式。

图 4-7 为有压引水式水电站示意图。引水式水电站的建筑物可分为三部分。

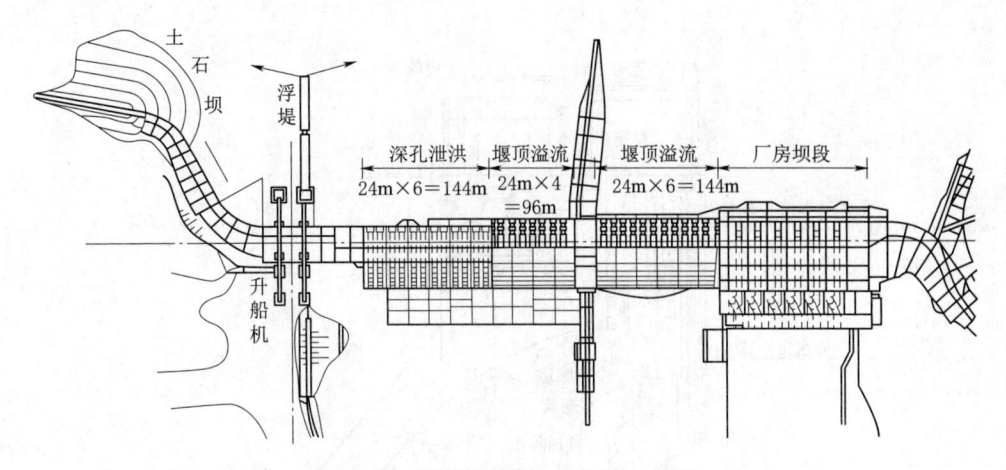

图 4-2 某坝后式水电站枢纽布置图

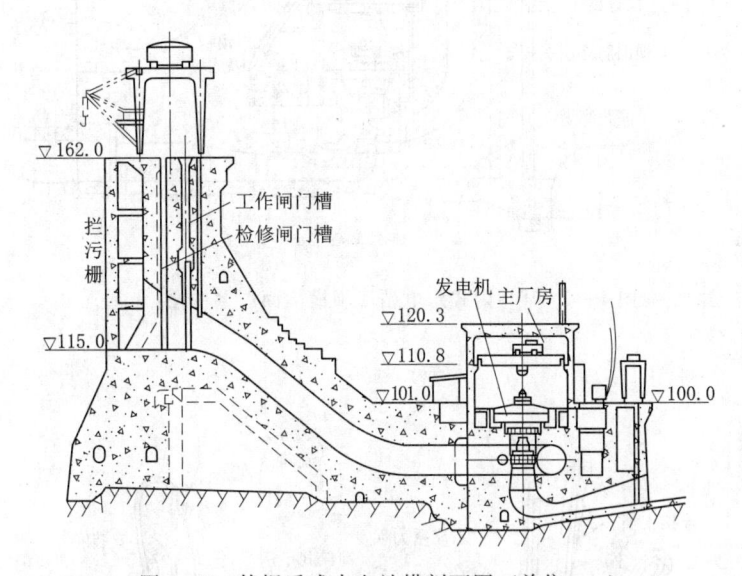

图 4-3 某坝后式水电站横剖面图（单位：m）

(1) 首部枢纽。包括拦河坝、泄水建筑物、冲沙建筑物及进水建筑物。
(2) 引水建筑物。包括引水道、调压室及压力管道等。
(3) 厂房枢纽。包括主厂房、副厂房、变配电站及尾水建筑物。

图 4-8 为无压引水式水电站示意图。其特点是运用无压引水道引水，如渠道、无压隧洞。在引水道和压力水管的连接处设压力前池及日调节池。

坝式、河床式及引水式水电站虽各有其特点，但有时它们之间却难以明确划分。有时水电站的水头一部分由坝集中，另一部分由引水建筑物集中，因而具有坝式电站和引水式电站两方面的特点，即所谓混合式水电站。严格说来，混合式水电站的水头是由坝和引水建筑物共同形成的，且坝构成水库，水库参与调节作用，而引水式水电站的水头，仅由引水建筑物形成，坝只起抬高上游水位的作用。在实际工程中，常将具有一定长度的引水建筑物的水电站统称为引水式水电站。

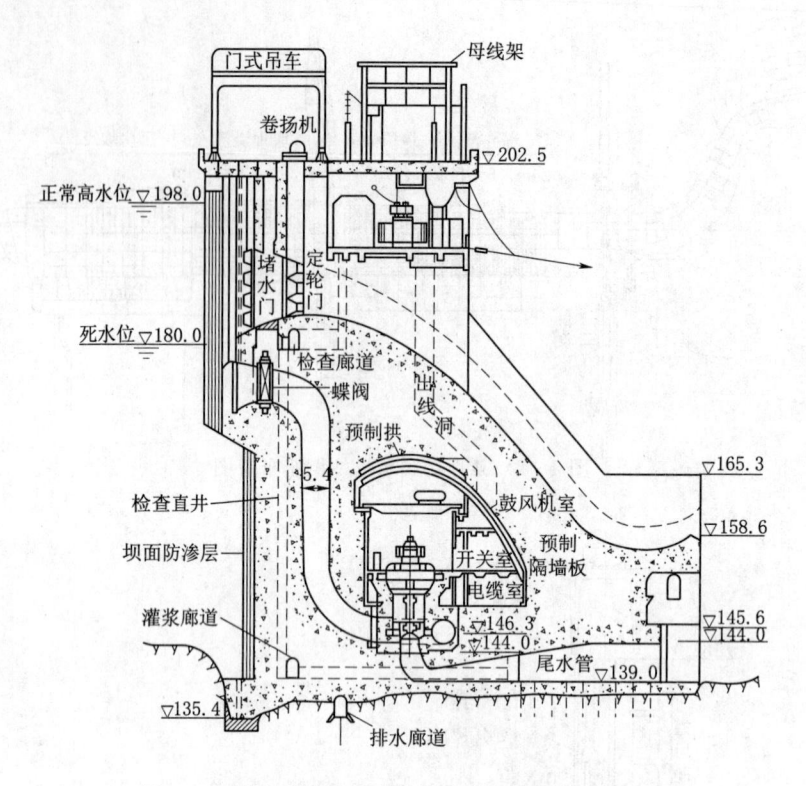

图 4-4 某坝内式水电站厂坝横剖面图（单位：m）

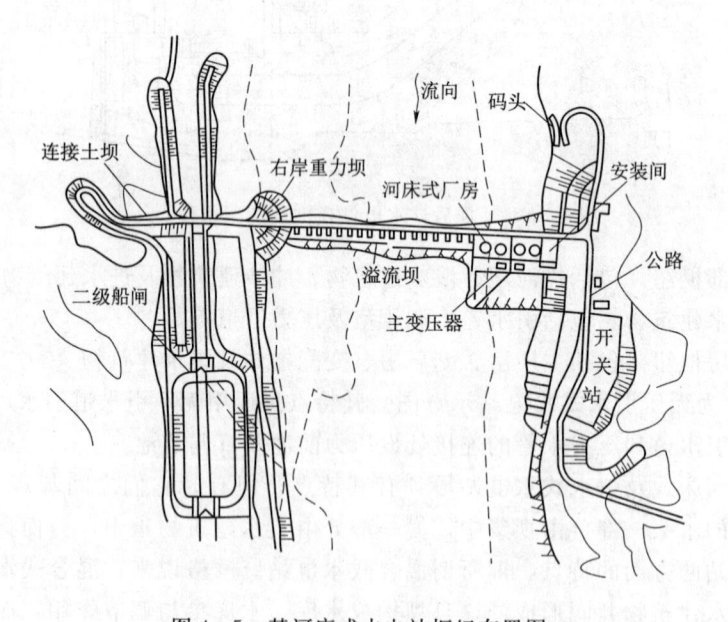

图 4-5 某河床式水电站枢纽布置图

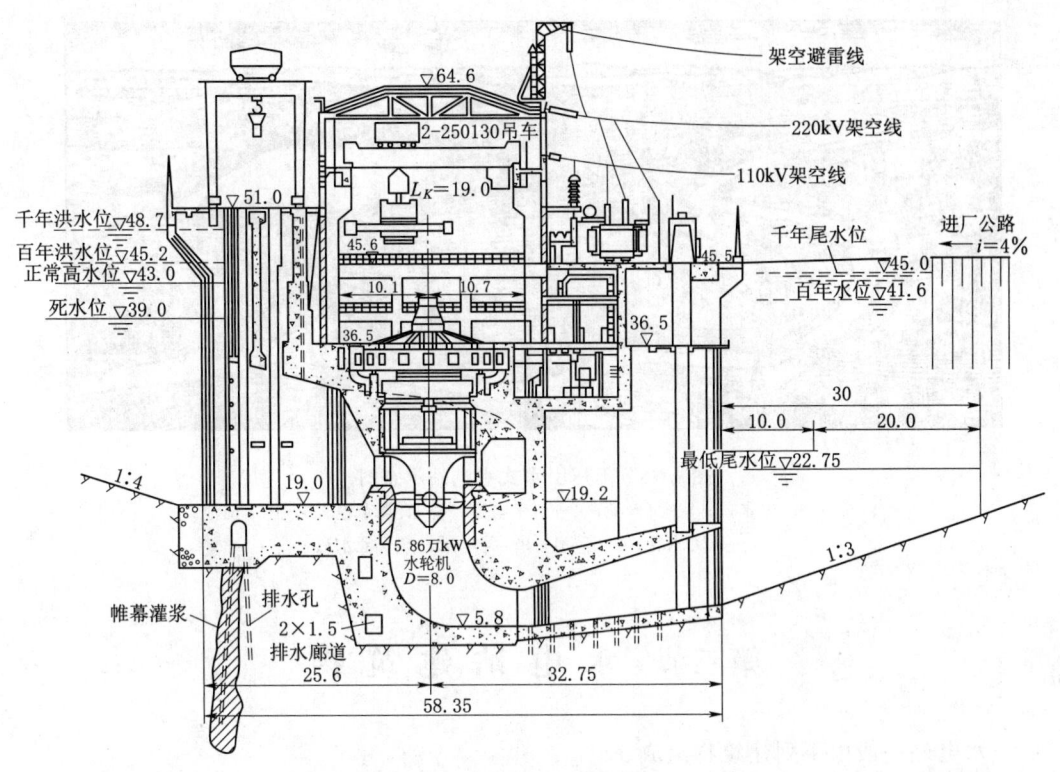

图 4-6 某河床式水电站厂房横剖面图（单位：m）

图 4-7 有压引水式水电站示意图
1—水库；2—闸室；3—进水口；4—坝；5—泄水道；
6—调压室；7—有压隧洞；8—压力水管；9—厂房

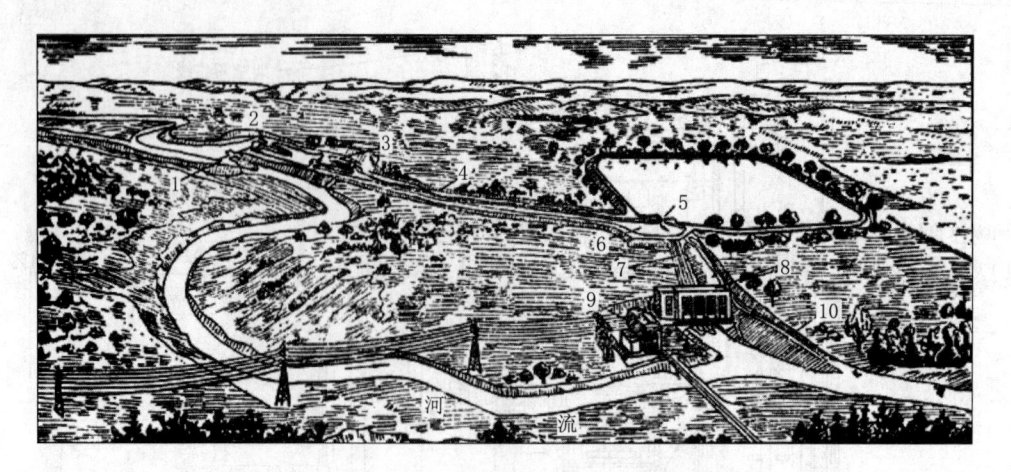

图 4-8 无压引水式水电站示意图
1—坝；2—进水口；3—沉砂池；4—引水渠道；5—日调节池；6—压力前池；
7—压力水管；8—厂房；9—配电所；10—泄水道

第二节 水电站建筑物

水电站一般由下列建筑物组成。

（1）挡水建筑物。其作用是截断河流，集中落差，形成水库。一般为坝或闸。

（2）泄水建筑物。其作用是下泄多余的水量或放水以降低水库水位。如溢洪道、泄洪洞、放水底孔等泄洪设施。

（3）水电站进水建筑物。其作用是将水电站所需流量引进引水道。

（4）水电站引水建筑物。其作用是将发电用水由水库输送给水轮机。根据自然条件和水电站型式的不同，可采用明渠、隧洞、管道等。有时引水道中还设有渡槽、涵洞、倒虹吸、桥梁等交叉建筑物以及将水流自水轮机排向下游的尾水建筑物。

（5）水电站平水建筑物。其作用是平稳引水建筑物中流量及压力的变化，如调压室及压力前池。

（6）发电、变电和配电建筑物。其作用是发电变电及配电，包括安装水轮发电机组及其控制设备的厂房，安装变压器的变压器场及安装高压开关的开关站等。

（7）其他建筑物。如过坝建筑物、取水防沙建筑物等。

本节介绍进水、引水、平水建筑物，其余各种建筑物在其他有关章节讨论。

一、水电站进水建筑物

水电站进水建筑物是发电用水的进口，其作用是引进发电所需流量的发电用水。进水建筑物的功用和基本要求如下。

（1）要有足够的进水能力。水库在任何工作水位时，进水建筑物都能保证按要求引进发电必需的流量。

(2) 水质符合要求。不允许泥沙、冰块及各种污物进入引水道。因此，必须设置拦污、排水、拦沙、沉沙及冲沙设施。

(3) 水头损失小。为了减少水头损失以获得更多的电能，进水建筑物必须具有合理的体形及轮廓尺寸，使水流能平顺地进入引水道。

(4) 可控制引水流量。进水建筑物需设置必要的闸门，以便控制引水流量。

(5) 经济合理，技术可行，施工方便，维修运行管理方便。

水电站进水口可分为有压进水口和无压进水口两大类。

(一) 有压进水口

有压进水口的主要特征是进水口后接有压隧洞或有压管道。进水口深埋在水库水面之下，主要是引进深层水，其水流为有压流，故称为有压进水口。

有压进水口的主要类型有洞式进水口、塔式进水口、墙式进水口及坝式进水口等。

前三种进水口可参阅第三章水工隧洞有关部分。坝式进水口的布置如图 4-3 所示。它的特征是进水口依附在坝体上，其布置应与坝体协调一致，紧凑合理。当水电站压力水管埋设在坝体内时，只能采用坝式进水口，最常用的是混凝土重力坝的坝式进水口。

有压进水口在枢纽中的位置，应尽量使进入进水口的水流平顺、对称，不发生回流和漩涡，不出现淤积，不聚集污物，泄洪时仍能正常进水。引水隧洞的进水口，则应与隧洞路线相协调，布置在地形地质及水流条件均合适的地点。

有压进水口应低于运行中可能出现的最低水库水位，并有一定的淹没深度。

(二) 无压进水口及沉砂池

无压引水的电站中采用无压进水口，其特征是水流在取水口及引水道中均有自由水面。进水口后一般接无压引水建筑物。

无压进水口的上游只有较小的水库，因而防污、防沙、防冰等问题更为突出。在山区河流上的有压引水式电站，当进水口只有低坝小水库时，若上游水位变化不大，为了解决防沙问题，也可能采用无压进水口。

无压进水口上游无大水库，因而河中流速仍较大，特别是洪水期，流量大、流速大，漂木、树枝、树叶、草根、泥沙等顺流而下，直达进水口前。进水口宜设在河流凹岸，以防回流造成漂浮物堆积，且河流中上层清水在弯道环流的作用下流向凹岸，进水口前不易淤积，以便引进上层清水。

进水口前一般均设拦污栅或浮排，以便拦截漂浮物。当河中漂木较多时，有时还要做胸墙拦阻漂木进入。进行枢纽布置时，要使进水口前能形成一股水流，以便将拦污栅前的漂浮物冲至下游。

建造拦河闸、坝时，要充分考虑泥沙的影响，如处理不当会使整个进水口枢纽淤死或冲坏。原则上是要尽量维持河流原有的形态，洪水期要使上游冲下来的泥沙（特别是推移质）基本上全部经泄水道下泄，不产生淤积。

尽可能防止有害泥沙进入引水道。有害的泥沙一般是指粒径大于 0.25mm 的泥沙，易淤积在引水道中，降低引水道的过水能力，进入水轮机后会磨损水轮机转轮及

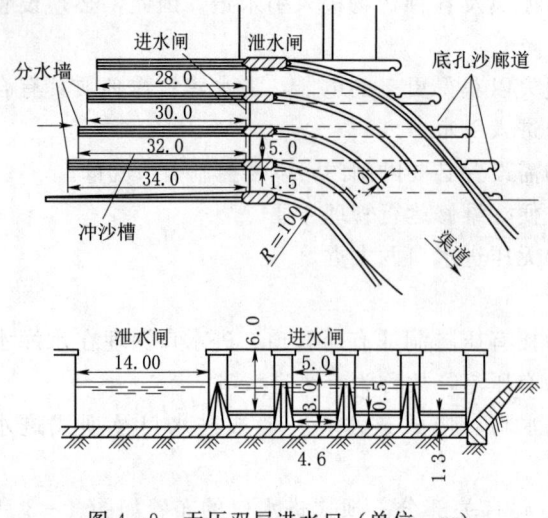

图 4-9 无压双层进水口（单位：m）

导叶等部件。通常的做法是防止推移质泥沙进入进水口，悬移质泥沙可以进入，但要设沉砂池将有害泥沙清除。由于推移质泥沙是沿河底滚动的，所以只要在进水口前设拦沙坎即可。被拦截住的推移质泥沙要及时清除，否则堆积过多会使拦沙坎失效。图4-9为无压双层进水口，上层清水进入渠道，推移质泥沙则堆积在进水口前，定期打开底孔冲沙廊道，将堆积的泥沙冲走。冲沙廊道中的水流流速一般要达到4~6m/s，才能有效地冲沙。分水墙的作用是分隔水流，以便在进水口前形成较大的流速冲沙。

图4-10为一典型山区多泥沙河流上引水式水电站的首部枢纽图。枯水季节河中水流基本无泥沙时，拦河闸用以抬高上游水位，向隧洞引水。洪水季节则闸门全开，使挟沙洪水顺利下泄。进水口设于凹岸，进水口前设有拦沙坎拦截推移质泥沙，并利用排沙闸冲排堆沙，进水口处还筑有束水墙以增大坎前冲沙流速。进口处设有粗拦污栅及叠梁槽。枯水季节时将沉砂池引渠闸门关闭，使清水直接进入引水隧洞。隧洞入口处设有检修闸门、细拦污栅及事故闸门。检修闸门之前还有第二道拦沙坎及沉砂池，以沉积进来的推移质泥沙。洪水期将隧洞入口闸门关闭，使挟沙水流进入沉砂池处理后，再经沉砂池后引渠进入隧洞的另一入口。沉砂池引渠上设有截沙槽，用以拦截排除进入引渠的推移质泥沙。

沉砂池为静水池，基本工作原理是：因它的断面远大于引水渠道的断面，减小水流的流速，降低水流的挟沙能力，使水流中的有害泥沙沉淀在沉砂池内，而将清水引入引水道。设计沉砂池时，首先要决定过水断面及长度。过水断面的大小取决于池中水流的平均流速，平均流速一般为0.25~0.70m/s，视有害泥沙粒径而定。沉砂池长度若不足，则有害泥沙尚未沉到池底即已流出沉砂池，达不到沉砂的效果；沉砂池过长则造成浪费。沉砂池的长度及过水断面的大小要进行专门的计算及试验加以确定。

沉砂池内沉积的泥沙的排除方式有连续冲沙、定期冲沙及机械排沙三种。图4-10中的沉砂池为连续冲沙的一种。逐渐沉下的泥沙由底部冲沙廊道顶板中的倾斜进沙孔进入廊道，并排往原河道，上层清水则流往后引渠。

定期冲沙的沉砂池，当泥沙沉积到一定深度时关闭池后闸门，降低池中水位，向原河道中冲沙。冲沙时水电站要停止发电。如为了不影响水电站发电，可设多个轮流冲沙。

机械排沙是使用挖泥船等机械排除沉积的泥沙。

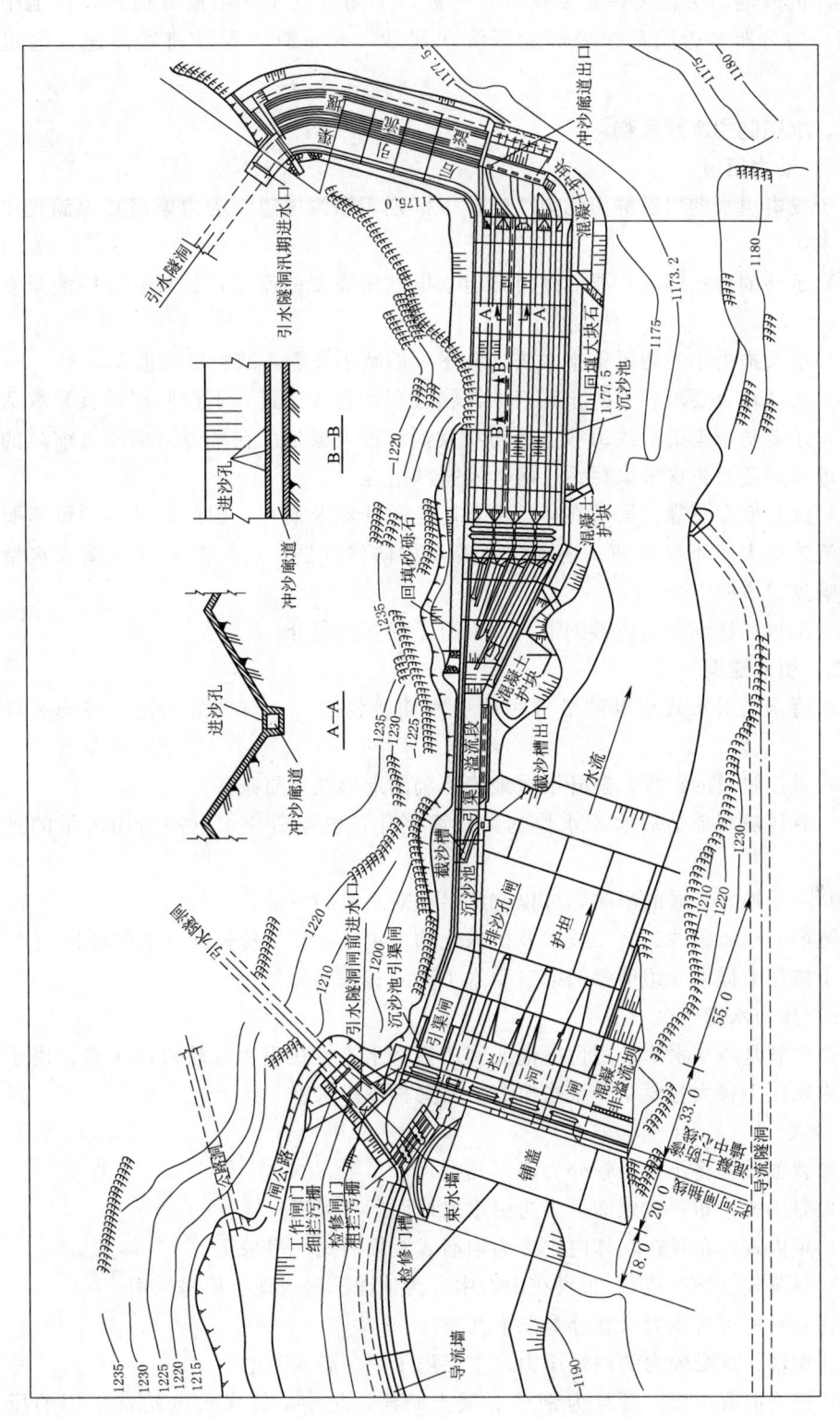

图4-10 某引水式水电站的首部枢纽（单位：m）

设计沉砂池的关键之一是要在沉砂池进口采用分流墙或格栅等措施，使池中水流流速均匀分布，否则只在局部地区沉积泥沙，大量有害泥沙将在高速区通过沉砂池。

二、水电站引水建筑物

(一) 动力渠道

用于发电引水的渠道称为动力渠道，以区别于灌溉渠道。动力渠道必须满足以下基本要求：

(1) 足够的输水能力。要能随时输送水电站所需要的流量，并具有适应流量变化的能力。

(2) 水头损失小。为了集中水头，应尽可能减小坡降，减少水头损失。

(3) 水质符合要求。要防止有害的污物及泥沙进入渠道，不仅要在渠首采取适当的措施，还要防止渠道沿线山坡上的污物及泥沙进入渠道。在渠道末端压力前池的压力管道进口处还要再次采取拦污、防沙及排沙措施。

(4) 运行安全可靠。渠道在运行中要防止被冲刷及淤积。因此，渠道中流速要小于不冲流速而大于不淤流速。还要注意渠道的防渗问题，过大的渗漏会造成水量损失，影响到渠道的安全。

关于渠道的详细介绍请参阅第六章渠道工程有关部分。

(二) 引水隧洞

引水隧洞是引水式水电站最常用的引水建筑物之一。与渠道相比，隧洞有以下优点。

(1) 采用较短的路线，避开沿线地表不利的地形及地质条件。

(2) 有压隧洞能适应水库水位的大幅度变化，也能适应水电站引用流量的迅速变化。

(3) 不受地表气候的影响，可以避免沿途对水质的污染。

但隧洞对地质条件、施工技术及机械化的要求较高，单价较贵，工期较长。

关于隧洞的详细介绍请参阅第三章水工隧洞有关部分。

(三) 压力水管

压力水管是指从水库、压力前池或调压室将水流直接引入水轮机的水管。由于压力水管内水压力较大且要承受水击压力，故又称高压水管。

1. 分类

按布置方式可将压力水管分为以下几类。

(1) 露天式。布置在地面，多为引水式地面厂房采用。

(2) 坝内式。布置在坝体内，多为坝后式及坝内式厂房采用。

(3) 隧洞式（地下式）。布置在山岩中，为地面厂房或地下厂房采用。

按管身材料可将压力水管分为以下几类。

(1) 钢管。承受较大的内水压力，主要用于中、高水头电站。

(2) 钢筋混凝土管。管身为钢筋混凝土结构，是中、低水头电站常采用的压力水管。

钢筋混凝土管按施工方法可分为现场浇筑（整体式）和分段预制（装配式）两种。

（3）木管。木管是用横断面有一定曲率的板条拼成圆管外加钢箍构成。木管仅用于盛产木材地区的中小型水电站，其优点是就地取材，缺点是寿命不长，维修费用较高。

2. 线路选择

正确选择压力水管的线路是很重要的。压力水管线路选择应和压力前池（或调压室）、厂房的位置统一考虑，不仅影响本身造价，也影响相邻建筑物的造价。压力水管一旦出事破裂，将直接危及厂房安全。选择线路时主要考虑以下因素。

（1）尽量选择最短且直的线路。尽量缩短压力水管的长度，以降低造价，减少水头损失，亦可降低水击压力值和改善机组运行条件，因此，通常是将压力水管敷设在较陡的山坡上。为便于安装和施工，坡角以不超过 40°为宜。

（2）选择良好的地质条件。工程地质条件对线路的选择具有决定性的意义。压力水管必须敷设在坚固而稳定的山坡上，以免因地基失稳而引起水管的破坏。

（3）尽量减少水管的转折起伏。水管在纵向及平面上转折起伏，不仅使结构复杂，施工困难，且增加水头损失和工程投资。

3. 压力水管的供水方式

（1）单元供水。如图 4-11（a）所示，每台机组由一根水管供水。其优点是构造简单，运行方便可靠，当一根水管发生故障或检修时不影响其他机组运行。在水头不很高、流量不很大时，水管下端可不设阀门，仅在水管进口处设置闸门或阀门。缺点是水管所费材料较多，土建工程量大，造价较昂贵。一般在水管不长、造价不太高时采用。此种供水方式常用于水头不高、流量较大的情况。坝式水电站由于布置上的原因，多采用此种供水方式。

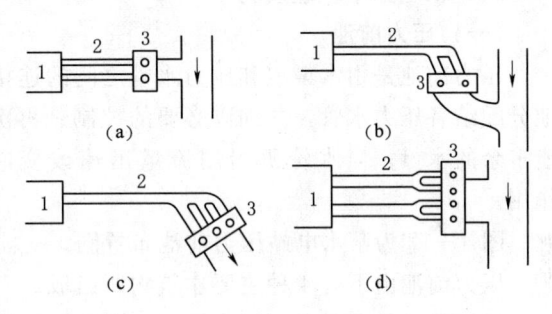

图 4-11 压力水管供水方式示意图
(a) 一对一；(b) 多对一；(c) 一对多；(d) 多对多
1—压力前池；2—压力管道；3—电站厂房

（2）联合供水。如图 4-11（b）、(c) 所示。多台机组共用一根总水管供水，再分叉至各台机组。优点是当机组多时水管数目较少，管理方便，也较经济。缺点是当总水管发生故障或检修时，由它供水的机组都要停止运行；每台机组前装阀门，以便检修某台机组时不影响其他机组运行。此种供水方式适用于水头较高、流量较小的情况。

（3）分组供水。如图 4-11（d）所示。采用数根水管，每根水管向几台机组供水。此种供水方式的特点介于单元供水和联合供水之间，适用于压力水管较长、机组台数较多和容量较大的情况。

压力水管可从正面进入厂房，如图 4-11（a）、（d）所示；也可从侧面进入厂房，如图 4-11（b）、(c) 所示。正面进水适用于水头不高、水管不长的情况下。对于露天式压力水管,从侧面进水的目的是使水管失事爆裂后的高速水流易于排走,以免冲毁厂房。该进水方式适用于水头较高的情况下。其缺点是水管进入厂房前要转弯,增加水头损失,且使管道结构复杂。

压力水管必须借助镇墩和支墩固定和支承,以保持水管的稳定。

镇墩布置在压力水管水平或垂直方向转弯的地方,以承受水管因改变方向而产生的不平衡力。镇墩是靠借助于本身的重量将水管固定,使水管在镇墩处不发生任何位移。因此,镇墩多用浆砌石或混凝土浇筑而成。当水管管线为直线时,一般在坡顶与坡脚各设一镇墩。如水管管线为折线时则在转弯处加设镇墩。有时当管道过长,为了减小温度变化所产生的轴向力,一般每隔80~120m设一镇墩。

支墩布置在镇墩之间的管线上,间隔一般为6~10m,以支承压力水管,将垂直于管身的力传到地基上去。为了减小水管因温度变化而伸缩时引起的摩擦力,在水管与支墩接触部位,通常设置滑动或滚动装置。

在压力水管的进口或末端有时要设置闸门或阀门。

对于上游为压力前池或调压室的水管,为了安全和检修的需要,在进口一般都需设置闸门。至于下阀门,根据具体情况而定。如为单元供水,水头不高,或机组容量不大,则可不设下阀门;如为联合供水或分组供水,或虽为单元供水而水头较高、容量较大时,则需设置下阀门。

三、水电站平水建筑物

(一) 压力前池

压力前池是引水渠道和压力水管之间的连接建筑物。它将引水道引来的流量均匀地分配给各压力水管,并加以必要的控制;再次清除水中的污物、泥沙、浮冰等,宣泄多余的水量;当水轮机引用流量迅速改变时,压力前池的容积可起一定的调节作用。

图4-12为某水电站压力前池布置图。

压力前池由下列4种主要建筑物所组成。

(1) 池身及渐变段。压力前池的宽度和深度取决于压力水管进水口的要求,一般均比渠道宽而深,需要用渐变段(扩散段)连接,以保证水流平顺,水头损失小,无漩涡发生。

(2) 压力水管的进水口。进水口一般为压力墙式进水口,设有通气孔、拦污栅、检修闸门、工作闸门及相应的启闭设备。

(3) 泄水建筑物。在前池内设有溢流堰,以排弃多余的水量,保证前池、压力水管和厂房的安全。我国常采用侧堰型式的溢流堰,其优点是简单可靠,缺点是前沿较长,水位变化较大。有的前池在溢流堰顶加设闸门控制,但必须保证稳妥可靠。

(4) 排污、排沙、排冰建筑物。污物及泥沙可能自渠首进入渠道,也可能从渠道沿线进入。必须在压力前池处加以排除,以防进入压力水管。在严寒地区还要设拦冰和排冰设备。

压力前池应尽可能靠近厂房以缩短压力水管的长度,一般均布置在比较陡峻的山坡上。因此,前池的地基稳定问题应予以特别注意。

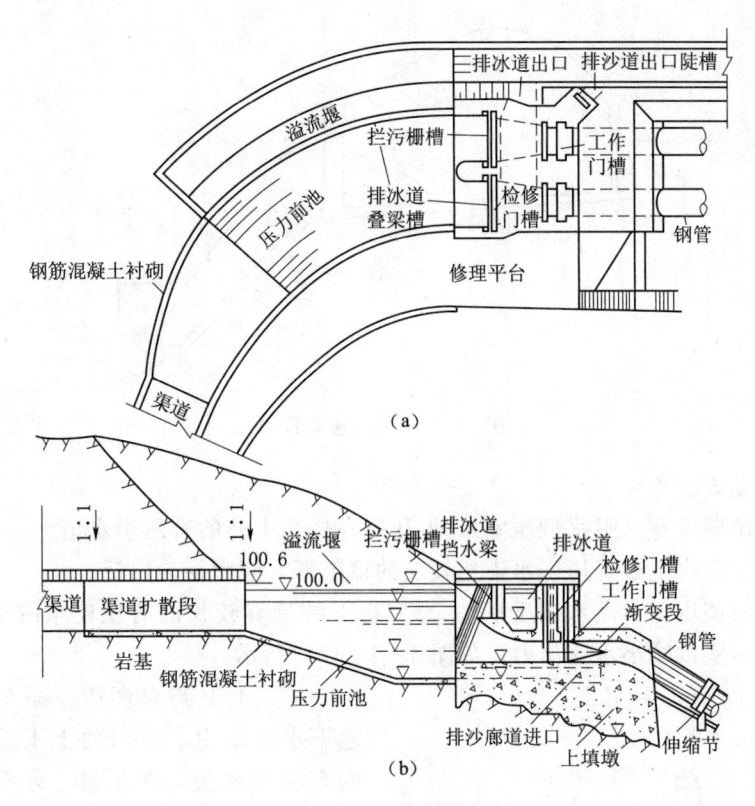

图 4-12 压力前池
(a) 前池进水口平面图；(b) 前池进水口纵剖面图

（二）调压室

水电站在运行中骤减负荷时，如果突然关闭水轮机的导叶或阀门时，由于水流的惯性，将产生瞬时的压力升高，并伴有锤击般的声音，被称为水锤现象，其压力变化值称为水锤压力。当负荷增加时，水管中流速增大，则水管中压力开始降低，产生的水锤过程与丢弃负荷时相反。

水锤现象首先在阀门前发生，接着向上游迅速传播。为了使水锤压力不致影响引水道，故常在较长的引水道末端修建调压室。因调压室具有一定的容积又有自由水面，故可以限制水锤向调压室上游引水道传播，仅调压室的下游引水道受水锤的影响。调压室应尽量靠近下游，此时引水道可少受或不受水锤的影响。

在压力引水系统上设置调压室后，一方面使压力引水道可少受或不受水锤压力的影响，改善了机组的运行条件，减少造价；另一方面增加了调压室的造价。是否设置调压室应进行方案的技术经济比较决定。

调压室的一部分或全部设置在地面以上的称为调压塔；调压室大部分埋设在地面之下，则称调压井。

调压室的布置如图 4-13 所示。

根据不同的要求及条件，调压室可以布置在厂房的上游或下游；在有些情况下，在厂房的上下游都需要设置调压室而成为双调压室系统。调压室在引水系统中的布置

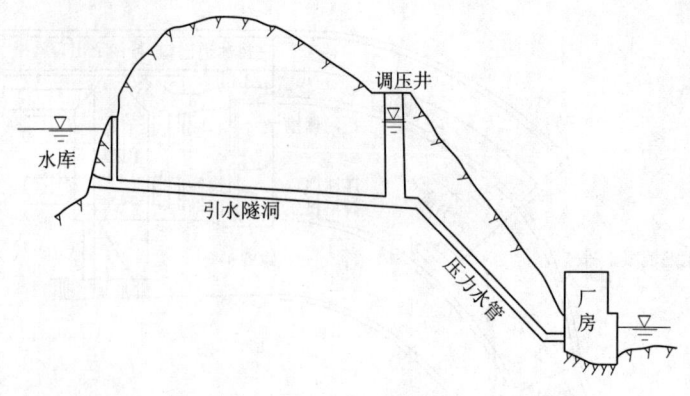

图 4-13 调压室布置图

有 4 种基本型式。

(1) 上游调压室（引水调压室）。调压室在厂房上游的有压引水道上，如图 4-13 所示，适用于厂房上游有压引水道比较长的情况下，应用最为广泛。

(2) 下游调压室（尾水调压室）。当厂房下游具有较长的有压尾水隧洞时，需要设置下游调压室以减小水锤压力，如图 4-14（a）所示。

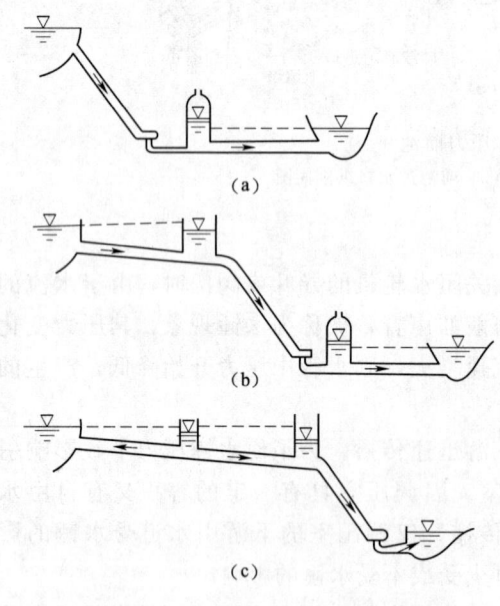

图 4-14 调压室的几种布置方式

(3) 上下游双调压室系统。在有些地下水电站中，厂房的上下游都有较长的有压引水道，为了减小水锤压力，改善机组的运行条件，在厂房的上下游均设置调压室而成为双调压室系统，如图 4-14（b）所示。

(4) 上游双调压室系统。在上游有较长的有压引水道时，有时设置两个调压室，如图 4-14（c）所示。靠近厂房的调压室对于反射水击波起主要作用，称为主调压室；靠近上游的调压室用以反射越过主调压室的水击波，改善引水道的工作条件，称为辅助调压室。当引水道中有施工竖井可以利用时，采取双调压室方案是较为经济的。

按结构型式，调压室可分为以下 5 种基本类型。

(1) 简单圆筒式调压室。如图 4-15（a）所示。其特点是自上而下具有相同的断面，结构简单，反射水击波较好，但在正常运行时水流通过底部的水头损失较大。

(2) 阻抗式调压室。如图 4-15（b）所示。将简单圆筒式调压室的底部收缩成孔口而成阻抗式调压室。阻抗式调压室正常运行时水头损失小，但反射水击波较差。

(3) 双室式调压室。双室式调压室由断面较小的竖井和上下两个断面扩大的储水室组成，如图4-15（c）所示。上室供丢弃负荷时蓄水之用，下室在增加负荷时用以补充水量。双室式调压室适用于水头较高、水库工作深度较大的水电站中。

(4) 溢流式调压室。溢流式调压室的顶部有溢流堰，如图4-15（d）所示。当丢弃负荷时，调压室中水位迅速上升，升至溢流堰顶后，开始溢流，因此溢流堰能限制水位继续上升。溢出的水量可以排至下游，也可储存在上室，待竖井水位下降时，上室的水量经溢流堰底部的孔口返回竖井。

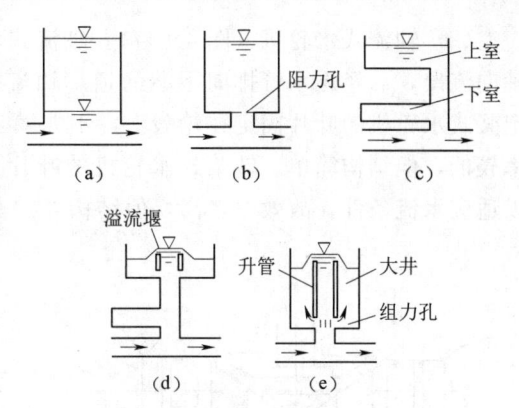

图4-15 调压室的基本结构型式

(5) 差动式调压室。差动式调压室由两个直径不同的同心圆筒组成，如图4-15（e）所示。中间圆筒直径较小，上有溢流口，通常称为升管，其底部以阻抗孔口与外面大井相连。差动式调压室综合了阻抗式和溢流式调压室的优点，但结构较复杂。

第三节 水电站主要设备

一、水轮机

水轮机是将水能转换为机械能的一种动力机械，它带动发电机再将机械能转换为电能。水轮机出力的大小主要取决于水电站的水头和流量。由于河流的自然条件不同，人们对水能的开发利用要求不同，形成不同的水头和流量。为了适应各种不同情况的需要，人们在长期实践中创造了多种类型的水轮机，以便高效地充分地利用水力资源。

水轮机及相应的发电机构成水轮发电机组。水轮机的主要部件是转轮。

（一）水轮机的类型

按水流对转轮的作用，水轮机可分为反击式水轮机和冲击式水轮机两大类。

1. 反击式水轮机

反击式水轮机工作时，其转轮全部浸泡在有压的水流中。水流连续通过水轮机的转轮，水流对转轮发生反击作用力，形成旋转力矩，使转轮转动，故称为反击式水轮机。

根据水流质点在转轮内的流向，反击式水轮机可分为以下4类。

(1) 混流式水轮机（图4-16）。混流式水轮机中的水流流经转轮是辐向流进而轴向流出，后经尾水管排入下游河道。混流式水轮机适用范围较广，其适用水头为20～500m，容量从几十千瓦到几十万千瓦。混流式机组效率较高，我国的许多水电站都采用该类型的水轮机。

(2) 轴流式水轮机（图 4-17）。轴流式水轮机中的水流流经转轮是轴向流入而又轴向流出，后经尾水管排向下游河道。轴流式水轮机又可分为定桨式与转桨式两种。定桨式水轮机的叶片固定在轮毂上，不能随工作情况的变化而改变叶片的角度，故效率较低，但结构简单。转桨式水轮机的叶片可随工作情况的变化而改变叶片的角度，以适应水流条件，故效率较高，但结构复杂，造价较高。

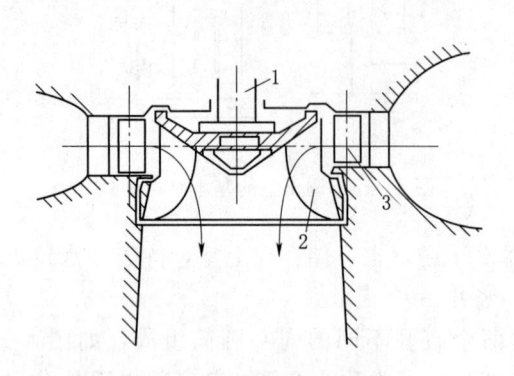

图 4-16 混流式水轮机
1—主轴；2—转轮；3—导水叶

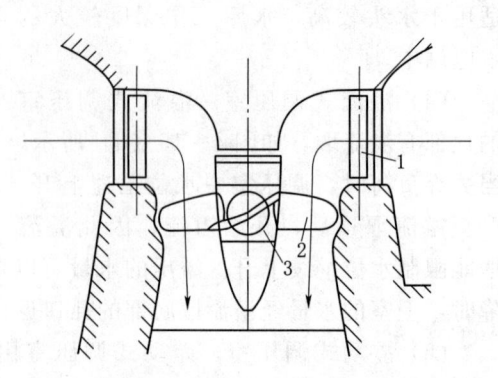

图 4-17 轴流式水轮机
1—导叶；2—叶片；3—轮毂

(3) 斜流式水轮机（图 4-18）。斜流式水轮机是一种新型水轮机，它的转轮的轮叶轴线与机组主轴成一角度（45°～60°）布置。它可以适应较大的负荷变化，性能稳定，高效率范围宽，在 80～120m 水头范围内效率最高，且抗气蚀性能好。

(4) 贯流式水轮机（图 4-19）。贯流式水轮机是横向轴流式水轮机，也分定桨式和转桨式两种。它与轴流式不同之处是没有蜗壳，且引水管、导水机构、转轮和锥形泄水管布置在一条直线上，整个外形呈圆筒形状，水流从入口到出口是直线流动，故效率较高。由于该机型是横轴装置，厂房高度可降低，土建工程量省，但发电机在水下运行，止水密封要求高，通风散热条件差，结构也较复杂。

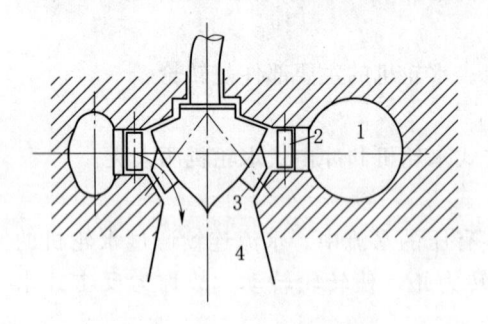

图 4-18 斜流式水轮机
1—蜗壳；2—导叶；3—转轮叶片；4—尾水管

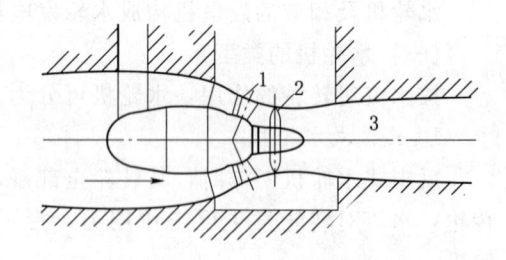

图 4-19 贯流式水轮机
1—导叶；2—转轮叶片；3—尾水管

2. 冲击式水轮机

冲击式水轮机的工作原理是利用喷嘴将高压水流喷射在水轮机的工作轮上，驱使工作轮旋转，从而将水流的动能转换为机械能。冲击式水轮机的转轮是在大气压力下工作的，在某一时刻水流只冲击转轮的部分斗叶。

冲击式水轮机又分为水斗式和斜击式。水斗式水轮机（图4-20）由喷嘴、转轮和外壳等部分组成。斜击式水轮机（图4-21）的转轮是由内轮环、外轮环和一系列均匀分布在内外轮环上的勺状叶片组成，喷嘴与转轮成22.5°的交角，水流倾斜地冲击转轮，由叶片一侧进入，另一侧流出。

（二）水轮机的型号

为了减少水轮机型号的混乱，国家规定了统一的机型代号，并使之系列化、标准化，既利于科研也便于选用。

水轮机的型号为"水轮机型式和转轮型号-装置型式-转轮名义直径"。水轮机型式和装置型式以汉语拼音字母表示；转轮型号以其比转速为代表，用

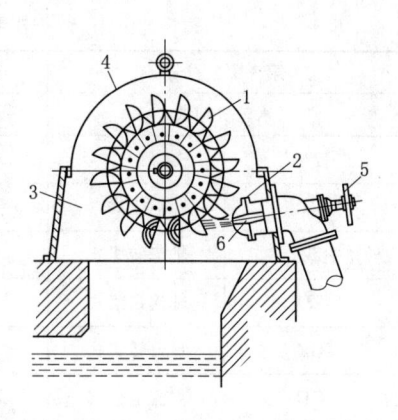

图4-20 水斗式水轮机
1—轮叶；2—喷嘴；
3—转轮室；4—机壳；
5—手轮；6—针阀

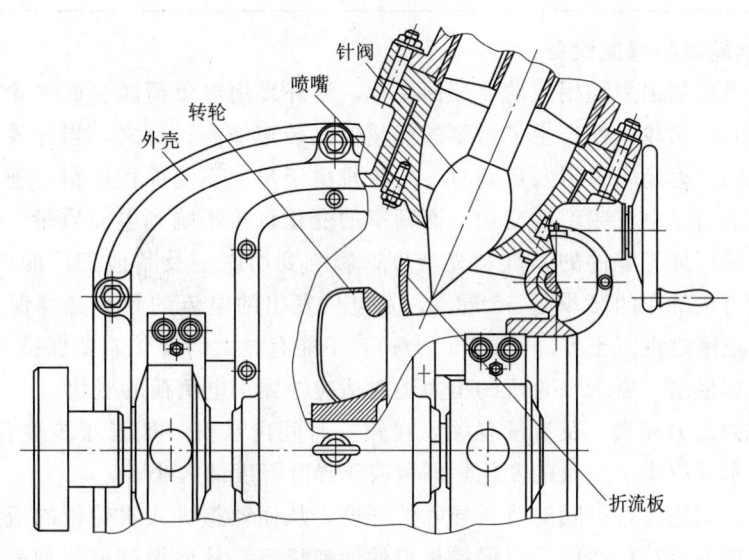

图4-21 斜击式水轮机

阿拉伯数字表示；而转轮名义直径用以厘米为单位的阿拉伯数字表示。各种水轮机型式及装置型号的代号见表4-1。

例如：HL180-LJ-410表示混流式水轮机，转轮型号为180，立轴装置，金属蜗壳，转轮名义直径为410cm。

ZZ560-LH-800表示轴流转桨式水轮机，转轮型号为560，立轴装置，混凝土蜗壳，转轮名义直径为800cm。

2CJ30-W-$\frac{120}{2\times10}$表示转轮型号为30的水斗式水轮机，一根轴上具有两个转轮，横轴装置，转轮直径为120cm，每个转轮具有两个喷嘴，射流直径为10cm。

表 4-1　　　　　　　　各种水轮机型式及装置型式的代号表

第一部分符号		第二部分符号			
水轮机型式		主轴布置型式		进水室特征	
代号	意义	代号	意义	代号	意义
HL	混流式	L	竖轴（立轴）	J	金属蜗壳
ZZ	轴流转桨式	W	横轴（卧轴）	H	混凝土蜗壳
ZD	轴流定桨式	—	—	M	明槽
GZ	贯流转桨式	—	—	G	罐式
GD	贯流定桨式	—	—	MY	压力槽式
XL	斜流式	—	—	P	灯泡式
XJ	斜击式	—	—	S	竖井式
CJ	水斗式	—	—	X	虹吸式
SJ	双击式	—	—	Z	轴伸式

（三）水轮机的调速设备

水轮发电机的出力随用户的需要而变化，当外界用电负荷减少而水轮机的出力还来不及降低时，水轮机便产生了过剩的能量使其转速增高；反之，当外界用电负荷增加而水轮机的出力还未得及提高时，水轮机由于出力不足而使机组转速下降。机组的转速变化会引起电流频率的变化，而频率的变化直接影响到电能质量。如频率不稳定会影响机械厂加工零件的精度和光洁度；影响到纺织厂及其他工厂的产品质量等。在我国，电力系统中的频率是 50 周/s，发电机发出的电流的频率必须保持在额定值附近的某一范围之内（±0.2～±0.5 周/s），不能有过大的变化。要保持频率的稳定，必须保持转速稳定，要求水轮机的出力随时适应外界用电负荷的变化。

水轮机的出力和水头及流量有关，在较短时间内水头一般是很少变化的。因此，出力的变化主要取决于流量的变化，即取决于导叶开度的大小。

水轮机的调速设备可随时改变导叶的开度，从而调整进入水轮机的流量，使机组出力与外界用电负荷相适应，以保持机组的转速稳定，从而保持电流频率的稳定，即为水轮机调速器的任务。

另外，调速器还担负机组突然丢弃负荷或发生事故时自动停车，以及当机组并入电力系统运行时自动分配各机组间负荷的任务。

水电站的调速设备可分为手动与自动两种类型。

手动调速器构造简单，价格低廉，但运行人员操作频繁，且不够灵活，因而电能质量较差。此类调速器一般仅用于用电负荷变化不大且用户对电能质量要求不高、单机容量在 200kW 以下的小型农村水电站。

自动调速器调速灵敏，运行可靠，但构造较复杂，成本较高，一般用于大中型水电站。目前常用的自动调速器是机械液压式或电气液压式调速系统，在负荷变化时，调速系统自动操纵导水机构，保证水轮机稳定地运行。

二、水轮发电机

(一) 水轮发电机的类型

水轮发电机按轴的装置方式可分为卧式和立式两种。卧式水轮发电机常用于中小型水电站及贯流式机组；立式水轮发电机多用于大中型水电站。

立式水轮发电机按推力轴承的位置不同又可分为悬吊型和伞型两种。

立式水轮发电机一般由转子、定子、轴承、机架、励磁机、永磁发电机、制动闸、空气冷却器等部件组成。目前有的水电站采用离子式励磁，可使发电机的高度减小，从而降低了电站厂房的高度。

1. 悬吊型水轮发电机

悬吊型水轮发电机如图 4-22 所示。它的特点是推力轴承支承于上机架上，整个机组转动部分的重量，包括发电机转子、励磁机转子、水轮机转动部分的重量及作用在水轮机转轮上的轴向水压力，都通过推力轴承传给上机架，上机架传给定子机座，再通过定子机座传给机墩。整个机组转动部分好像在上机架悬吊着一样，故称为悬吊型。

悬吊型水轮发电机的优点是：由于转子重心在推力轴承的下面，机组运转稳定性较好；因推力轴承在发电机层，安装维修较方便。其缺点是：由于定子机座直径较大，上机架和定子机座为了承重而消耗钢材较多；机组轴向长度增加，也相应增加了电站厂房的高度。

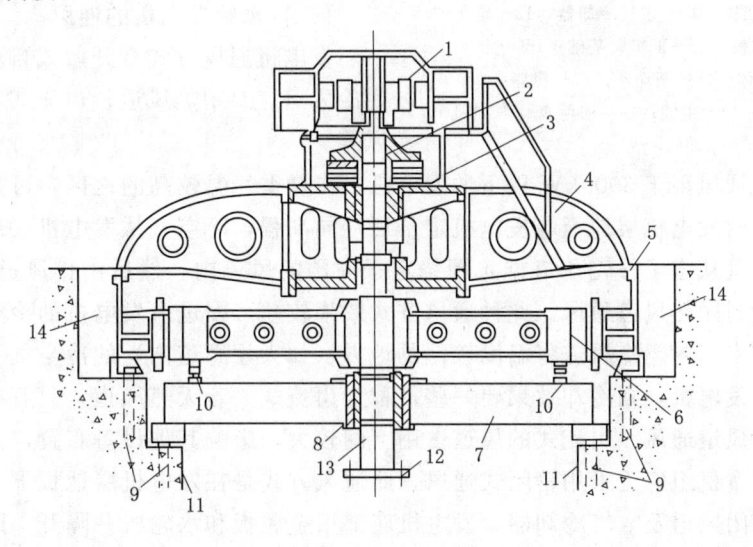

图 4-22 悬吊型水轮发电机
1—励磁机；2—推力轴承；3—上导轴承；4—上机架；5—定子绕组；6—转子；
7—下机架；8—下导轴承；9—固定螺栓；10—制动闸；11—机座；12—法兰盘；
13—主轴；14—通风道

2. 伞型水轮发电机

伞型水轮发电机如图 4-23 所示。它的特点是推力轴承位于下机架或水轮机顶盖

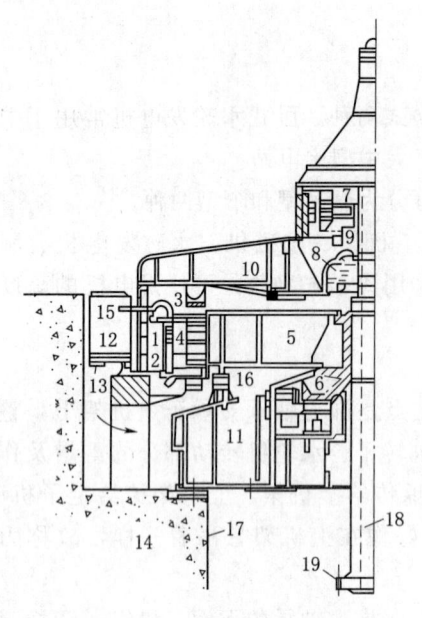

支架上。整个机组转动部分的重量通过推力轴承传给下机架，再通过下机机架传给机墩，发电机转子像伞顶，大轴像伞把，故称为伞型。

伞型水轮发电机的优点是推力轴承位于水轮机和发电机之间，因此减少了发电机上架的高度和缩短了发电机的轴长，从而降低了厂房高度；用以承重的下机架直径比上机架小，故所消耗的钢材比较少。其缺点是转子重心在推力轴承以上，重心较高，运行的稳定性较差。

一般高转速（大于150r/min）的机组，因其转子直径较小，而高度较大，故多采用悬吊型水轮发电机，以期运行稳定。低转速（小于75r/min）的机组，因其转子直径较大，而高度较小，故多采用伞型水轮发电机。若转速为75～150r/min，则需通过比较选用。

图4-23 伞型水轮发电机
1—定子；2—定子铁芯；3—定子绕组；4—转子磁极；5—转子；6—推力轴承；7—励磁机；8—副励磁机；9—接触环；10—上机架；11—下机架；12—空气冷却器；13—定子基础板；14—下机架基础；15—引出体；16—制动器；17—机座；18—主轴；19—法兰盘

（二）水轮发电机的通风

发电机通风方式有开敞式自然通风、封闭冷风道、封闭热风道、川流式和密闭式通风等。

开敞式通风限于3000kW以下的发电机。在夏季气温较高的地区，可采取专门排热风道，此时发电机层地板与发电机定子顶端同高程，冷空气从发电机底部进入发电机内，热空气从定子外壳孔口排入围绕定子周围的风道内，然后由排风道排至室外，习惯上称为封闭热风道通风。此种通风方式效果较差。因进入发电机的冷空气温度不够低，若用专门封闭冷风道将温度较低的地方（如大坝廊道内）的冷空气引入，经过滤后再进入发电机，则冷却效果要好些，称为川流式。若无热风道，只有冷风道，则称为封闭冷风道通风。川流式的风道占用空间较大，影响其他设备布置，为克服此缺点，较大容量机组广泛采用密闭式通风。此通风方式是在发电机层地板下，发电机定子周围设密闭风道及空气冷却器，发电机底部用金属板和水轮机井隔开，因此从机壳排出的热空气经冷却器冷却后，又回到发电机内，形成定量空气密闭循环系统，易于保持空气的清洁和湿度，冷却效果好。

（三）水轮发电机的型号和主要技术数据

1. 型号

水轮发电机型号以汉语拼音字母和阿拉伯数字组成。

例如：某水轮发电机型号为TS-215/36-16，其中TS表示一般空气冷却立式同步水轮发电机；215表示电机铁芯的外径（以cm为单位）；36表示定子铁芯长度（以

cm 为单位）；16 表示电机磁极数。

汉语拼音 TSW 表示卧式同步水轮发电机；TSS 表示水内冷同步水轮发电机；SFD 表示抽水蓄能水轮发电机。

2. 主要技术数据

（1）额定电压。一般水轮发电机定子电压为 6.3kV、10.5kV、13.8kV、15.75kV、18kV 等级。容量较大的采用较高的额定电压，容量较小的采用较低的额定电压，中小型水轮发电机多采用 6.13kV 和 10.5kV 额定电压。

（2）额定容量。额定容量是指在额定电压、额定频率、额定功率因素和额定介质温度等规定条件下，发电机所能长期连续发出的最大功率。

（3）额定电流。根据额定容量和相应的额定电压所决定的电流。

（4）额定转速。指发电机正常运转时每分钟的转数。

（5）飞逸转速。当机组甩负荷时，由于水轮机输入的机械能转变为机组转动部分的动能，使转动部分的转速迅速上升而超过额定转速。当转速上升太大时发电机转子上的零件可能受到很大的机械力而遭到破坏，因此转速值存在上限值，即为飞逸转速。

三、主要电气设备

（一）电力变压器

电力变压器能将发电机电压升高，然后通过高压输电线路向远处供电，可减少线路电能损耗和电压降，并可减小输电导线的截面。

电力变压器可以制成单相或三相的。三相变压器比三个单相变压器组的体积小，价格便宜，安装费用和占地面积较小。因此，在电力系统中绝大多数采用三相变压器。单相变压器组仅用在特殊的情况。例如变压器容量很大，制造三相变压器有困难时，或者由于电站、变电所的地理条件限制，大容量变压器难以运输时。

变压器主要由铁芯及绕组构成，此外还有套管、油箱、油枕吸湿器、防爆管和气体继电器等构件。用以升高电压的称为升压变压器，用以降低电压的称为降压变压器。

（二）开关设备和熔断器

开关设备是用以接通和断开电路的电气设备。正常运行时，发电机需要开机、停机，线路需要送电、停电，电动机需要起动、停止等，必须通过操作开关设备才能实现；当电路发生故障时，需要开关设备来迅速切断故障电路，以保护故障回路中的电气设备，并防止故障蔓延扩大，以维持完好部分继续安全运行；设备检修时也要操作开关设备，使待检修的设备脱离电压，以确保检修工作安全方便。因此，在电力系统中装设了断路器、隔离开关、自动空气开关、磁力起动器、接触器等各种开关设备。

断路器是最主要的高压（1000V 以上）开关设备，它既能接通或切断负荷电流，又能迅速切断短路电流。高压电路切断时将发生电弧现象，电弧是空气导电的现象，电弧的存在，说明电路中仍然有电流流通，电路并没有真正切断，要使电路真正断开，必须将电弧也熄灭。尤其值得注意的是，电弧的温度很高，如不迅速熄灭，可能烧坏设备，造成短路，甚至引起电力系统发生严重事故。因此，要求开关设备能迅速、可靠地熄灭电弧。根据采用灭弧的介质的不同，断路器分为油断路器和空气断路器及真空断路器等类型。根据安装场所的不同，又可分为户内式和户外式两种类型。

熔断器是在熔断管中装入熔件，再与固定触头、支持绝缘件等组成熔断器。串联在电路中，当电路中的电流增加到一定数量时，熔件的温度达到熔点而熔断，从而使电路断开。通过熔件的电流越大，则熔件熔断也越快，电路断开的时间就越短。

（三）电压互感器和电流互感器

电压互感器和电流互感器也是一种变压器。电压互感器是将电气设备上的额定电压转变为低电压（一般为100V），以供测量仪表和保护线路应用，既可准确地测量高电压，又可使仪表及线路的构造简单，并保证工作人员的安全。电流互感器是将电路上的大电流，按一定的比例关系，转变成小电流（一般为5A），供给测量仪表（电流表和功率表等）和保护线路。

四、油、水、气系统

为了保证水电站厂房及机电设备的正常运行及安装检修，在水电站上还必须设置油系统、供水系统、排水系统及压气系统。

（一）油系统

油系统因其任务不同，要求油的性质也不同，水电站的油系统通常分为透平油系统和绝缘油系统两种。

透平油系统中的透平油，是用来润滑、冷却机组轴承及油压操作之用的。例如调速器中的压力油以及需要用油压来操作的某些设备。透平油系统中设置油泵、压滤机、离心机和储油罐。在一般情况下，将上述设备组成透平油室。考虑到防火及防爆的要求，常用混凝土墙和楼盖将透平油室与其他房间隔开。

绝缘油系统是用来供应各种电气设备中的绝缘用油，如变压器和油断路器等。由于需油量很大，且此类电气设备大多数都在户外，在大中型水电站中常将绝缘油库布置在厂房外交通方便处，靠近主变压器和开关站的地方。

透平油和绝缘油是两类不同性质的油，不能相混。

油系统各组成部分之间及其用油设备之间需用油管连通。常沿厂房水轮机层一侧纵向布置油管的干管，再由它向各用油部件引出支管。油、水管道最好与电气设备及电缆分别布置在不同侧或不同层次，以减少干扰，特别要避免将油、水管道布置在电气设备的顶上，以防滴水、滴油造成电气设备发生事故。

（二）供水系统

水电站厂房供水系统供给生活用水、消防用水及技术用水。消防用水流量应达到15L/s左右，水束应能喷射到建筑物可能燃烧的最高点处。技术用水包括冷却及润滑用水，例如发电机空气冷却器、双水内冷式发电机、机组各轴承及推力轴承的冷却器、水润滑导轴承、油压装置油槽冷却器、空气压缩机冷却器、变压器的油冷却器等部位的用水。

供水方式有上游坝前取水、厂内引水钢管取水、下游水泵取水及地下水源取水4种。供水的水质和水温都要满足要求，水应当是清洁的、不含对管道和设备具有破坏作用的化学成分。如水质不符合要求，需设净化水设备以保证水质符合使用要求或考虑取用地下水。

（三）排水系统

水电站厂房内的生活用水、技术用水、各种部件及伸缩缝与沉陷缝的渗漏水均需排走。凡能自流排往下游的，如发电机冷却用水等均自流排往下游；不能自流排出的水则集中到集水井内，再由水泵抽排至下游。

机组检修时常需放空蜗壳及尾水管，为此需设检修排水系统。检修机组时，先将机组前的蝴蝶阀或进水闸门关闭，将蜗壳及尾水管中的水自流经尾水管排入下游，等到蜗壳及尾水管中的水位等于下游水位时，再关闭尾水闸门，利用诸如立式深井泵等检修排水设备将余水排走。

（四）压气系统

水电站上有许多设备使用压缩空气，如油压装置及空气开关、各种风动工具及各种制动器等。

压缩空气系统可分为高压、低压两个系统。油压装置及空气开关用气为高压系统，一般约为 2.5MPa（25 个大气压）；其他用气设备为低压系统，一般为 0.5～0.7MPa（5～7 个大气压）。

压气系统中包括压气机、储气筒及输气管。压气机室一般布置在装配场下层、水轮机层或副厂房中。压气机工作时噪声很大，故应远离中央控制室。储气筒一般与压气机布置在一起，但当它特别大时可布置在厂房外面以策安全。

五、起重设备

大中型水电站厂房内部设有桥式电动吊车，用来吊装主机组和辅助设备，以进行主机组及其他设备的安装和检修。当需起重最重部件在 20t 以下时，可采用手动或电动双梁吊车；当最大起重量在 10t 以下时，可采用手动或电动单梁吊车，甚至可不设专门起重设备，而用临时起重设备，如木架或滑动葫芦等。

吊车在吊运时，必须不影响其他机组的正常运行。一般规定吊运部件经过设备或建筑物的最小间距，水平方向为 0.15～0.30m，铅直方向为 0.6～1.0m。

吊车的起重量取决于需要吊运的最重部件，通常发电机转子带轴是最重部件。

起重设备的型式和吊运方式等，对厂房的上部结构的影响很大。因此，必须正确拟定厂房内最重部件和最大部件的吊运方式，合理地选择起重设备。

第四节　水电站厂房枢纽

水电站厂房枢纽是发电、变电、配电的机电设备及相应建筑物的综合体，是将水能转换为电能的生产场所。

从生产电能、输送电能的角度来看，厂房枢纽通常可分为主厂房、副厂房、主变压器场和高压开关站四大部分。图 4-24 为某水电站厂房枢纽布置图，副厂房布置在主厂房的上游侧，高压开关站在主厂房上游的山坡上。本节以引水式水电厂房为例，介绍水电站厂房枢纽的组成、布设特点及其作用。

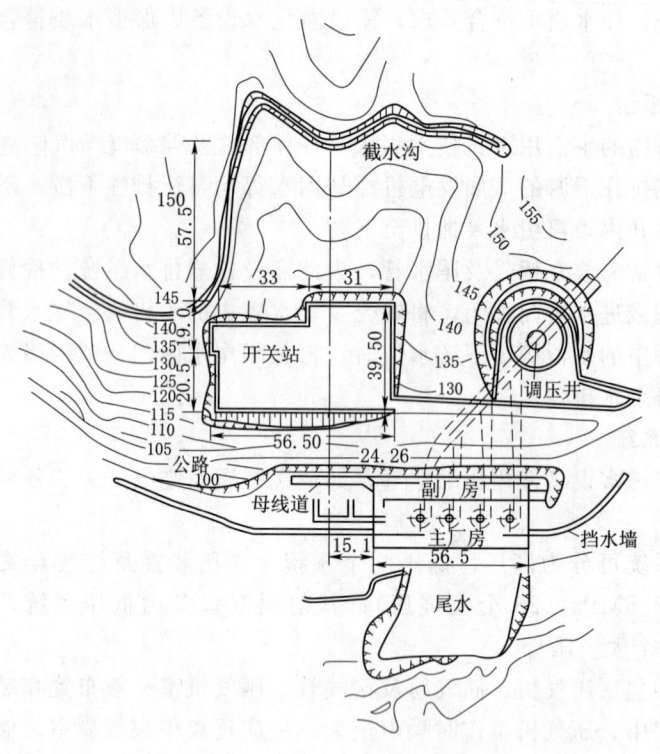

图 4-24 厂房枢纽布置图（单位：m）

一、主厂房

水电站主厂房是由主厂房构架及其下面的厂房块体结构所形成的建筑物，其中装置有水轮机、发电机和机械电气辅助设备。某水电站厂房纵、横剖面分别如图 4-25、图 4-26 所示。

主厂房在高度上常分为数层：发电机层（图 4-27），水轮机层（图 4-28）和蝶阀层。当发电机层与水轮机层之间的高差较大时，可在其间增加一出线层。

根据人们的习惯，发电机层以上部分常称为上部结构或主机房。上部结构一般与工业厂房相似，即由构架、梁、板、柱和吊车梁等部分组成。发电机层以下部分称为下部结构，水轮机层以下则称为下部块体结构。

下部块体结构的形状及尺寸，主要取决于水流系统的布置。水流系统包括进水管、蝴蝶阀、蜗壳、水轮机、尾水管、尾水闸门及其附属设备。

下部块体结构是用混凝土浇筑成整体的块体结构，尾水管的底板往往同时又是厂房的基础。下部块体结构的混凝土用量占厂房混凝土总量的比例很大，况且在一般情况下，主厂房的长度及宽度又主要取决于下部块体结构的尺寸，因此，在设计厂房时，应对下部块体结构的设计充分重视。

水轮机的安装高程是水电站厂房的控制标高，对厂房影响很大。水轮机安装高程与采用的下游尾水位关系很密切，一般以电站一台机组满发时的尾水位作为决定水轮机安装高程时所用的下游设计尾水位。若水电站建成后下游河床可能会被冲刷，下游

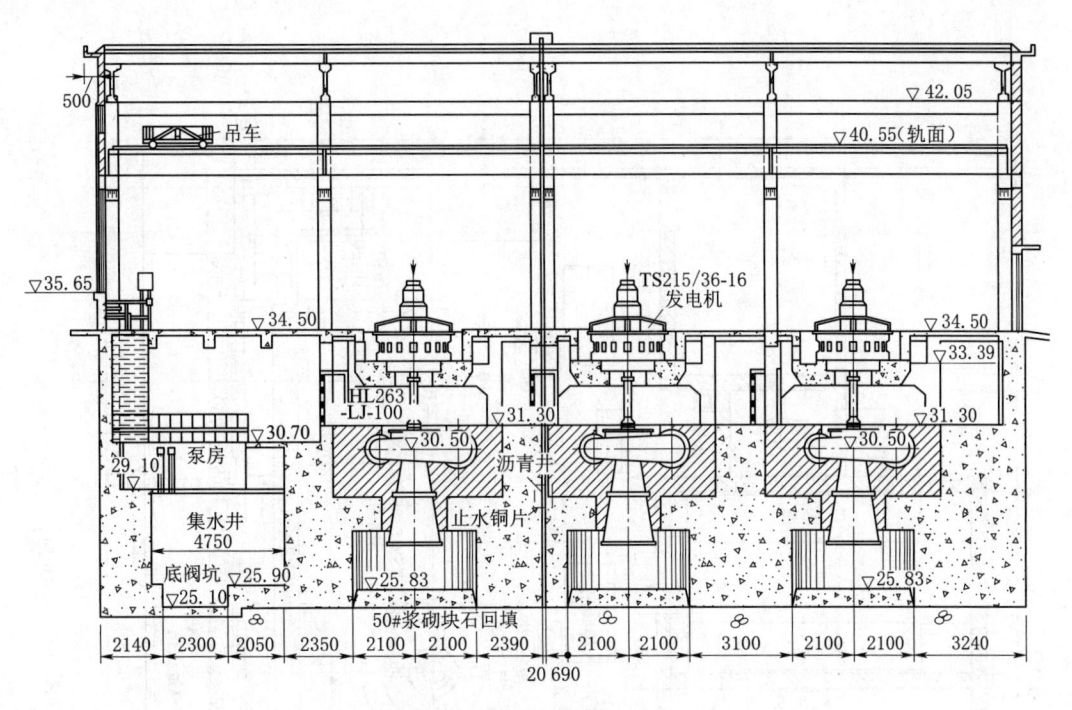

图 4-25　主厂房纵剖面图（单位：mm）

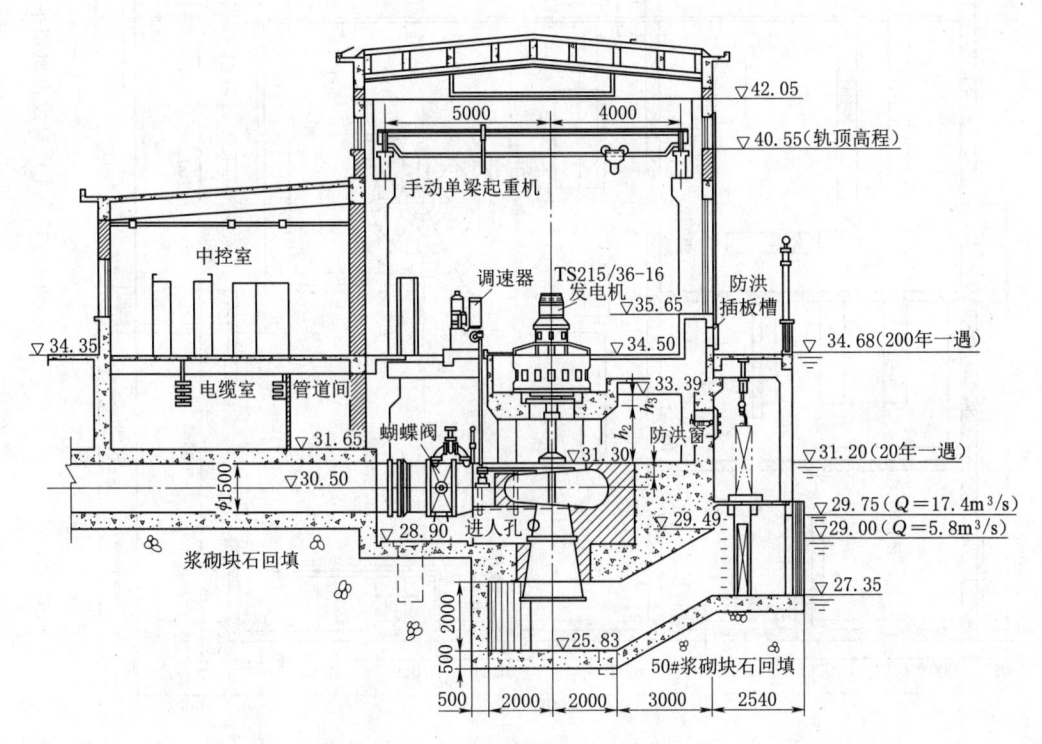

图 4-26　主厂房横剖面图（单位：mm）

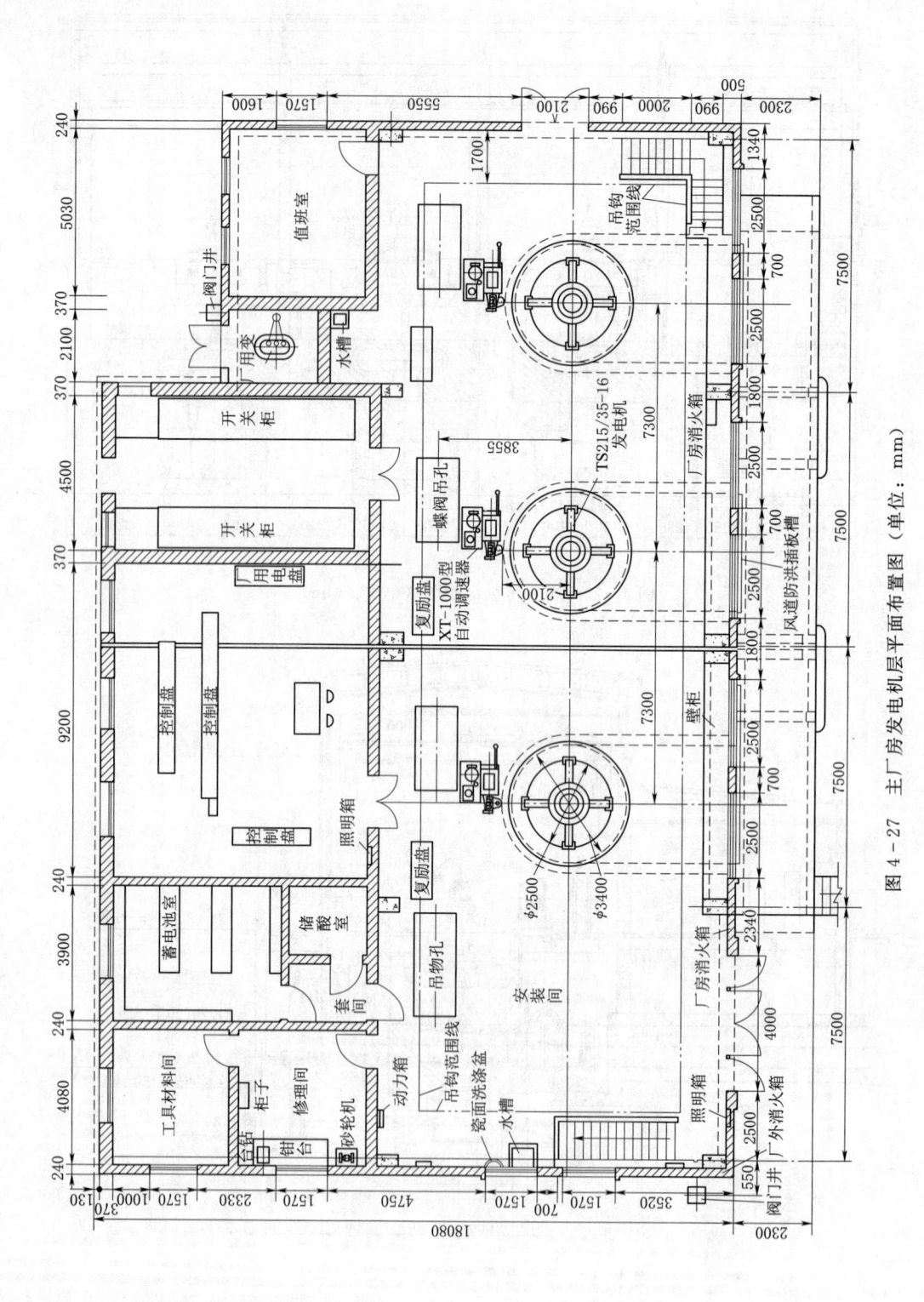

图 4-27 主厂房发电机层平面布置图（单位：mm）

第四节 水电站厂房枢纽

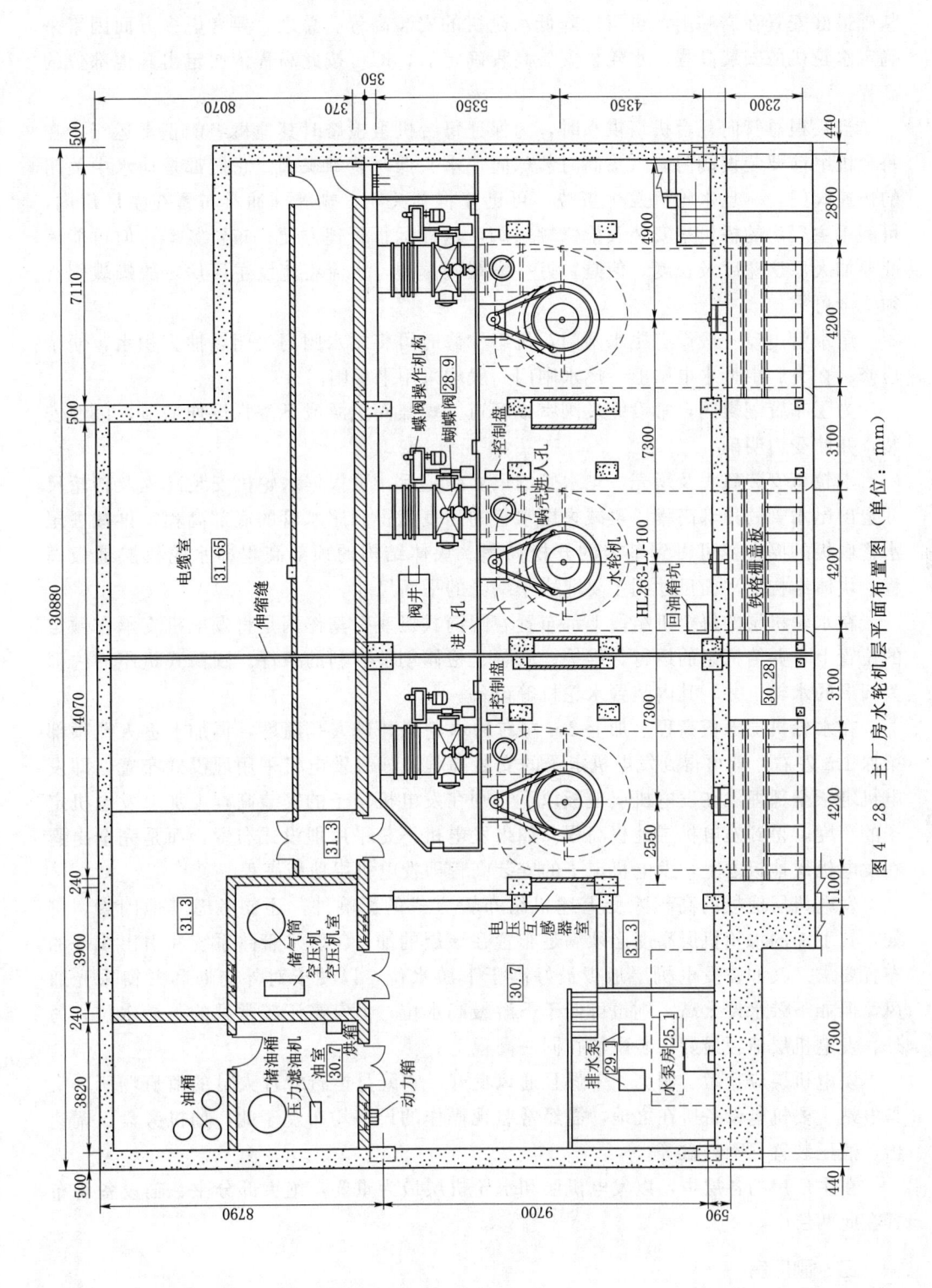

图 4-28 主厂房水轮机层平面布置图（单位：mm）

水位会降低，则可将下游设计尾水位定得再低一些。当基岩坐落较深时，由于厂房的基础最好安置在岩基上，也可能降低水轮机的安装高程。总之，要考虑多方面因素来确定水轮机的安装高程。水轮机安装高程确定后，即可按此高程依次定出其他部位的高程。

当一根总管向几台机组供水时，为保证每台机组检修时其他机组能正常运行，在每台机组前要装设阀门。水头高时装球阀，水头低时装蝴蝶阀。它们都是动水中关闭的快速阀门，一旦水轮机发生事故，可迅速将其关闭。蝴蝶阀通常布置在主厂房内，可利用主厂房的桥机来安装及检修蝴蝶阀，这样运行管理方便，布置紧凑，但可能因此要加大厂房宽度及长度。但是，万一蝴蝶阀爆裂，水流将淹没主厂房，故蝴蝶阀必须安全可靠。

尾水管出口一般设有尾水闸门，机组检修时可将尾水闸门关闭，抽去积水，便于检修。在大、中型水电站上，尾水闸门一般均采用平板闸门。

为了布置蝴蝶阀，常设蝴蝶阀室或廊道。蝴蝶阀上游或下游常设伸缩节，以便安装，并使受力明确。

水轮机安装高程及蜗壳、尾水管的尺寸确定后，可根据水轮机安装高程及转轮尺寸定出尾水管的顶部高程，再减去尾水管的高度就得到尾水管的底部高程，再减去尾水管底板的厚度就可得到基岩的开挖高程。块体结构的顶部高程即水轮机层地板高程。块体结构的平面尺寸则主要取决于蜗壳的平面尺寸。

在水轮机层的每个机组段上都布置着圆筒式机座，其作用是将发电机支承在预定的位置上，并给机组的运行、维护、安装、检修创造有利的条件。圆筒式机座的内部为圆形的水轮机井，其内装置水轮机等设备。

在水轮机层地板高程上加上 2m 左右的水轮机井进人孔高度，再加上进人孔顶部梁深 1m 左右，即可得到发电机定子的安装高程。如果发电机采用埋没式布置，即发电机定子全部埋没在发电机层地板以下，则在发电机定子的安装高程上加上发电机定子的高度，得到发电机层地板高程。如果发电机不是采用埋没式布置，而是完全出露在发电机层地板之上，发电机定子的安装高程即发电机层地板高程。

发电机层地板的高程除受上述机组布置方式的影响外，还要考虑其他因素。例如，其下面的水轮机层高度必须满足布置在该层的油、气、水管路系统和引出线等的布置要求。又如，发电机层地板最好高于下游水位，以便于对外交通和开窗采光通风，但如下游水位太高，则也可低于下游最高水位，但宜高于较常见的下游水位。另外，发电机层地板最好与装配场在同一高程上。

发电机层应宽敞、明亮、干燥且通风良好，它既是运行管理人员的值班场所，又是电站主要机电设备所在之地，需经常监视操作的设备均布置于此，如机旁盘、调速器、油压装置、励磁盘等。

在主厂房的各层中，以发电机层和水轮机层最为重要，绝大部分主、辅设备均布置在此两层中。

二、副厂房

副厂房包括中央控制室、蓄电池室、储酸室、开关室、厂用变压器室及值班室等。

中央控制室是全厂监视、控制的中心，要求宽敞明亮、干燥、安静、温度适宜，以利于各种仪表正常工作，并给值班人员创造良好的工作环境。中央控制室最好靠近发电机层与主厂房联系方便，处理故障迅速。它最好位于主厂房与高压开关站之间。

副厂房的位置可以在主厂房的上游侧、下游侧或一端。如副厂房布置在主厂房上游侧，当山坡陡峻时会增加挖方，且副厂房通风及采光均不好。副厂房布置在主厂房下游侧尾水管之上有几个缺点：①主厂房的通风及采光有影响；②尾水管要加长，增加工程量；③尾水平台振动大，不宜布置中央控制室。副厂房也常布置在厂房的一端，但当机组台数多时，会使电缆及母线加长。

三、主变压器场

布置主变压器场时应考虑到主变压器要尽可能靠近发电机，以缩短昂贵的发电机电压母线；主变压器场宜与装配场及对外交通线在同一高程，以便运输、安装及检修；主变压器场的土建结构应经济合理，符合防火保安的要求。

四、高压开关站

高压开关站一般为露天式。当地形陡峻时为了减少挖方可布置成阶梯式或高架式。高压开关站的布置原则与主变压器场相似，要求高压进出线及低压控制电缆安排方便且线路最短；便于运输、检修及巡视；土建结构经济合理；符合防火保安要求；还应注意布置在泄水建筑物泄洪时水雾不会影响高压开关站。

五、装配场

水电站对外交通运输道路可以是铁路、公路或水路。对于大中型水电站，由于部件大而重，运输量又大，所以常建设专用的铁路线。中小型水电站多采用公路。对外交通通道必须直达装配场，以便车辆直接开入装配场利用吊车卸货，装配场一般均布置在主厂房有对外道路的一端。

装配场的高程主要取决于对外道路的高程及发电机层地板的高程。装配场最好与对外道路同高，均高于下游最高水位，以保持对外交通在洪水期仍畅通无阻。装配场最好也与发电机层同高，以充分利用场面，工作也方便。

装配场应与主厂房同宽以便桥吊通行，所以装配场的面积由厂房的长度决定。装配场需要多大面积，主要取决于在它上面要进行哪些装配工作，取决于机组解体大修的需要。当机组台数不多时，一般考虑一台机解体大修的需要。装配场只需按装修四大件的要求来考虑，分别是发电机转子、发电机上机架、水轮机转轮和水轮机顶盖。一般情况下装配场的长度为机组段长度的 1.0~1.5 倍。

装配场内还要安排运货台车停车的位置，有时还要安排堆放试重块的位置。厂房内的桥吊在安装及大修时要进行试验，试验分静荷及动荷试验两种。静荷试验时桥吊要吊起的荷载为起重量的 125%，动荷试验时要吊起的荷载为起重量的 110%。试重块常由钢筋混凝土块制成，也可采用铸铁试重块，一般堆放在装配场的试重块坑内。

有时主变压器也要推入装配场进行大修，此时要考虑主变压器运入的方式及停放地点，因为主变压器重量大，尺寸也大，装配场的地板常常要专门加固。主变压器大修时常需将铁芯吊出来检修，由吊运机组所决定的厂房高度如果不足以吊出铁芯，则可在装配场上设变压器坑，先将变压器吊入坑内，再吊芯检修。

装配场的基础最好坐落在岩基上。如装配场本身是在基岩中开挖而成，则其下部可不必开挖，而只在必要的地方进行局部开挖。如果基岩坐落较深，则装配场下层常有很大的空间可以布置各种辅助设备。

必须特别注意装配场的结构问题，因为它的荷载大，如发生事故将造成严重的后果。

第五节 其他类型的水电站厂房

水电站厂房按照其结构特征和布置型式有三种基本类型：引水式、坝后式和河床式。随着水电技术的发展，每种基本型式又发展为若干型式，例如从坝后式厂房发展的溢流式厂房和坝内式厂房，从河床式厂房发展的泄水式和闸墩式厂房，从引水式地面厂房发展的引水式地下厂房，其他还有抽水蓄能电站厂房及潮汐电站厂房等。布置原理与上节所述的引水式地面厂房相同，但又各有不同特点，适用于不同条件。下面介绍几种常见的厂房。

一、坝后式厂房

坝后式厂房位于挡水坝后，由穿过坝体的压力管道向水轮机供水，输水系统较短，厂房与大坝布置紧凑，当坝址河谷宽度较大，可容纳溢流坝和坝后式厂房时常采用此种布置型式。如图4-2所示。

坝后式厂房与混凝土坝之间通常采用分离式的连接方式，如图4-3所示。厂房与挡水坝之间用纵缝分开，允许厂坝间有相对变位，坝体承受的荷载不直接传给厂房下部结构，厂房不参与挡水坝的抗滑稳定。采用分离式的厂房布置在坝趾后，穿过纵缝的钢管需设伸缩节，厂房上部与坝体之间空间较大，主变压器及副厂房均可布置于此。由于钢管穿过坝体进入厂房，故坝的横缝与厂房的横缝及机组段间要很好协调。

厂坝连接的另一种方式是整体式，即厂房和挡水坝之间不设伸缩缝，坝体承受的荷载部分地传给厂房下部结构，厂房参与挡水坝的抗滑稳定。此时厂房与挡水坝之间连接段的结构尺寸要能保证传递正应力及剪应力。

二、溢流式厂房

厂房布置在溢流坝段后，水流通过厂房顶下泄，称为溢流式厂房。图4-29所示为溢流式厂房剖面图。

当坝址河谷狭窄，仅够布置溢流坝时，采用坝后式厂房将引起大量土石方开挖，可采用溢流式厂房，减少土石方开挖。

溢流式厂房的顶板直接作为溢流板，在顶板末端设挑流鼻坎，泄洪时利用挑流鼻坎挑流消能，也可将溢流面延伸到河床采用底流消能，尾水则从旁侧引到下跌下游排

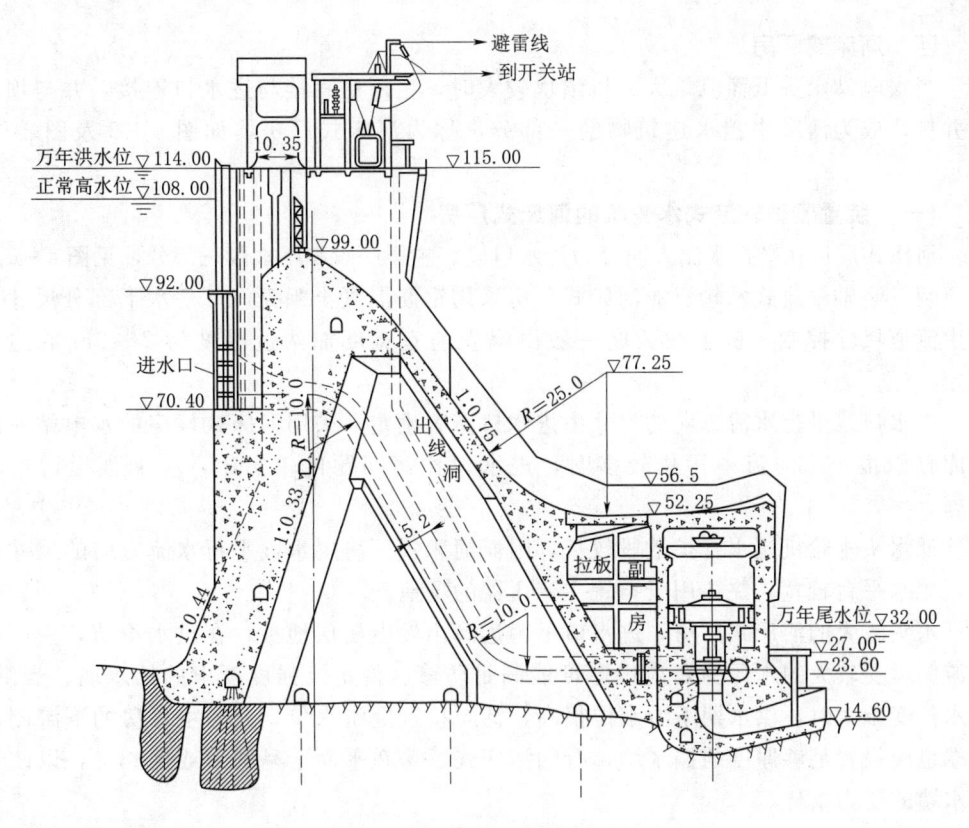

图 4-29 溢流式厂房剖面图（单位：m）

入河道。不论采用何种型式，都应通过水工模型试验研究，避免泄洪水流对尾水出流产生不利影响。

对溢流式厂房需要研究动力问题，避免在泄洪时高速水流与厂房发生共振。但有的振动试验研究表明，只要设计得当，由溢流产生的振动并不严重，产生共振的可能性不大。

采用溢流式厂房的布置方式，使溢流坝和水电站厂房两种主要建筑物有机结合，对于泄洪量大而河谷狭窄的枢纽是比较有利的。

三、坝内式厂房

主机房布置在坝体空腹内的厂房称为坝内式厂房，如图 4-4 所示。

当坝址河谷狭窄且泄洪量大时，水电站厂房的布置有困难。此时，挡水建筑物可采用空腹混凝土坝的型式，将厂房布置在坝体的空腹内，既解决了泄洪问题，又解决了厂房布置困难的问题。

坝体空腹的形状及大小由坝体应力条件来确定。因水电站厂房要求有一定高度，故坝内空腹也应符合厂房运用上的高度要求。因此，采用坝内厂房时，坝必须有一定的高度。

坝内厂房上游坝体较薄，且主机房温度较高，混凝土表面容易结露，因此，应注意采取防渗、防潮及通风措施。

四、河床式厂房

当水电站水头低而流量大，机组也较大时，主厂房直接与进水口连接，并与坝或闸并排，成为河床中挡水建筑物的一部分，称为河床式厂房，如图4-5及图4-6所示。

（一）装置竖轴轴流式水轮机的河床式厂房

河床式厂房在平行水流方向分为进水口段、主厂房段和尾水段三部分，见图4-6。

装设竖轴轴流式水轮机的河床式厂房采用钢筋混凝土蜗壳，厂房水下部分尺寸主要由流道尺寸控制。机组段长度一般由蜗壳前室宽度加两道厚度为2~3m的边墙而定。

进水口段平行水流方向的尺寸由进水口布置确定。采用河床式厂房的水电站一般水库容积很小，河流中污物较多时，进水口拦污问题比较突出，应加强拦污排污措施。

低水头水轮机尾水管扩散段较长，因而河床式厂房尾水段平行水流方向的尺寸较大，尾水平台较宽，往往用于布置主变压器的场地。

水头较大的河床式厂房，进水口平台远高出发电机层地板，在洪水季节，主厂房上游侧承受较大的水压力，应设厚度能满足防渗、稳定及强度要求的挡水墙。当洪、枯水位变幅大时，洪水期下游水位很高，甚至接近上游水位，此时主厂房的下游侧及两端也应设置足够厚度的挡水墙。有的河床式厂房在平面上呈圆形或椭圆形，以改善挡水墙的受力条件。

（二）装置贯流式机组的河床式厂房

装置大型灯泡式贯流机组的河床式厂房如图4-30所示。

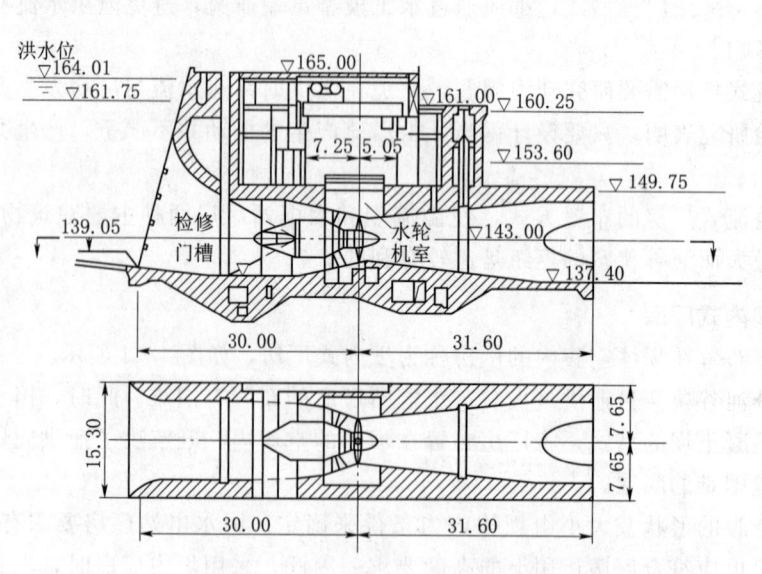

图4-30 装置灯泡式贯流机组的河床式厂房（单位：m）

大型灯泡式机组的水轮机部分装置于水轮机室内，发电机放在灯泡内。灯泡支承于辐射状布置的支撑或混凝土墩上。灯泡首部应设通道供运行人员进入灯泡和引出母线。

装置贯流式机组的河床式厂房与竖轴轴流式机组厂房比较有下列优点：厂房结构简单，高度较小，基础开挖深度浅，钢筋混凝土用量少，施工方便，水流平顺，水轮机效率提高，气蚀现象可减轻（允许将机组装置得较低）。因此，在同样的流量下，转轮直径可减小，机组重量可减轻。采用灯泡式机组的河床式厂房，土建投资可节省25％，机组投资节省15％。从20世纪70年代起，水头低于20m且流量较大的水电站，多采用贯流式机组。

（三）泄水式河床式厂房

厂房机组段内布置泄水道的河床式厂房称为泄水式河床式厂房，简称泄水式厂房。

泄水道可布置在蜗壳与尾水管之间，蜗壳顶板上，发电机层上部或者主机房顶部。最常用的型式为在蜗壳与尾水管之间布置泄水底孔，如图4-31所示。

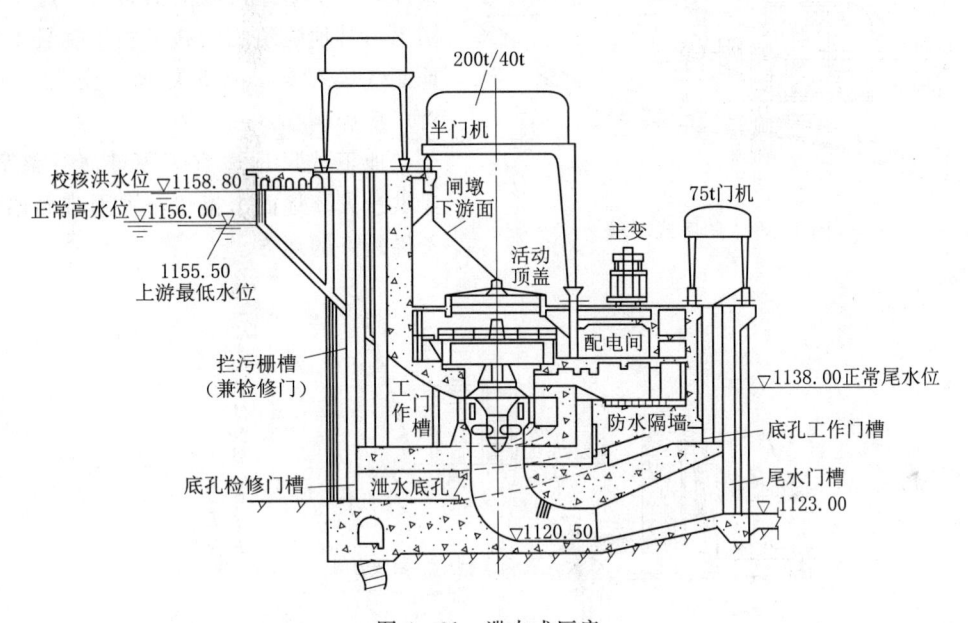

图4-31 泄水式厂房

泄水式厂房由于利用厂房机组段布置泄水道，可减短泄水闸的长度，甚至不建泄水闸。在多泥沙河流上利用泄水底孔排沙效果较显著。

（四）闸墩式河床式厂房

布置在河道中心的混凝土闸墩上的厂房称为闸墩式厂房，如图4-32所示。

水电站闸墩式厂房是一种常见的水电站建筑类型，其特点是构造简单，易于施工，但对河流水位的变化要求较高。该类建筑设计使得水电站的机组、发电机等设备能被安置在室内，从而能够减少外部环境影响、保护设备、提高发电效率。

闸墩式厂房通常采用混凝土建造，墙厚较大，一般为5～6m。厂房内部空间较大，可以满足机组和发电设备的布置和运行要求。此外，闸墩式厂房还具有抗震性能好、耐久性强、可靠性高等特点，因此在水电站建设中得到了广泛的应用。

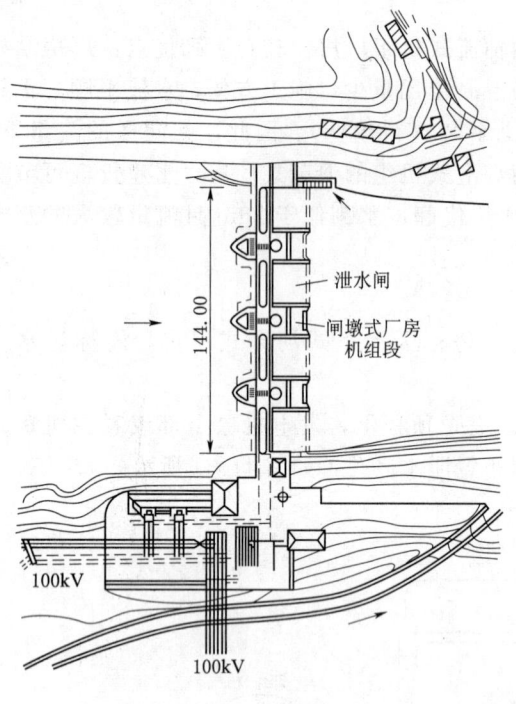

图 4-32 闸墩式厂房

五、地下式厂房

布置在地下洞室内的厂房称为地下式厂房，如图 4-33 所示。

随着地下工程的设计理论及地下工程的施工技术的迅速发展，地下式厂房已成为水电站厂房常见的一种型式，为国内外普遍采用。

当河岸地形、地质、水文条件不利于布置地面厂房时，可采用地下式厂房。

地下式厂房不与泄洪建筑物相干扰，可以避开地面上不良的地形及地质条件，厂房枢纽可以灵活布置，施工期间不与其他建筑物的施工相干扰且不受地面气候影响，当下游水位变化大时，对厂房影响小。

地下式厂房适宜于坝址河谷狭窄、泄洪量大、地面上枢纽布置困难而地质条件较好的地方。

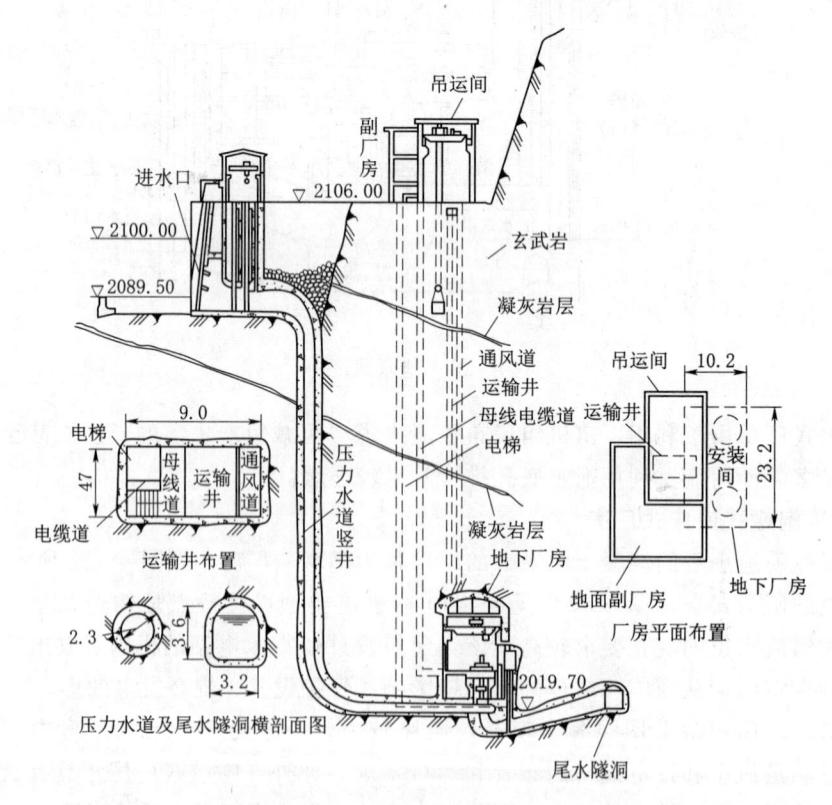

图 4-33 地下式厂房（单位：m）

地下式厂房的开挖量很大，因此厂房应布置得尽量紧凑以减少开挖工程量。

地下式厂房除了将主厂房建于地下外，与运行、安装密切相关的副厂房也布置于地下。为了缩短低压母线长度，主变压器也往往置于地下的主变洞内或与主机房一起放在主洞室内。

地下式厂房需永久支护结构来保证围岩稳定，防止岩石风化，阻止岩壁碎块脱落，隔绝地下水，为设备装置及厂房运行、检修和安装创造安全良好的条件。常用的支护结构型式有喷锚支护、混凝土衬砌和钢筋混凝土衬砌等。

六、抽水蓄能电站厂房

抽水蓄能电站的作用是利用电力系统低负荷时其他电站多生产的电能，通过抽水机将下水库的水抽蓄于上水库，待到电力系统高负荷时将该部分存蓄的水，通过水轮机放到下水库，将存蓄的位能再转换成电能输出，满足电力系统负荷需要。仅发挥抽水蓄能作用的电站，称为纯抽水蓄能电站，某纯抽水蓄能电站厂房如图4-34所示。除抽水蓄能外另有水源供给生产电能的电站，称为混合抽水蓄能电站。此外，可在有调节水库的水电站上加设抽水蓄能机组参加调峰，如密云水电站。

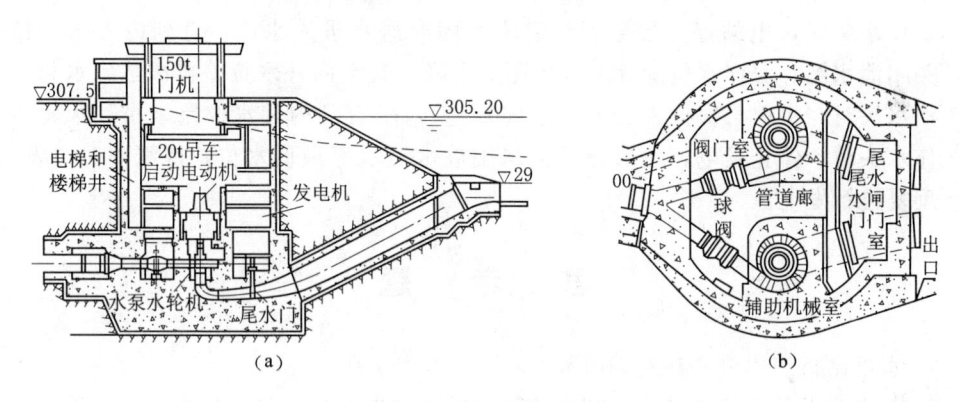

图4-34 某纯抽水蓄能电站厂房
(a) 厂房横剖面；(b) 厂房平面

抽水蓄能电站的机组主要有两种型式。一种为可逆式水泵水轮机组，其主机只有水泵水轮机和发电机两种机械，故称为二机式。另一种型式为发电机、水轮机及抽水机三机组成，故称为三机式。

纯抽水蓄能电站的上水库一般为人工围成或利用天然高山湖泊形成。下水库一般可在河流上筑坝形成，或在合适地点围筑人工水库，或利用天然湖泊。

在各种水头下均可建造抽水蓄能电站。在同样的条件下，抽水蓄能电站的经济性随着水头增加而提高。所以纯抽水蓄能电站宜选择在上、下水库的高差大而又靠近的地点，同时应靠近用电中心。

七、潮汐电站厂房

利用海水潮汐涨落造成的水位差来发电的电站，称为潮汐电站，如图4-35所示。

当涨潮时，外海水位高于水库水位，机组及泄水闸均关闭，库水位不变；当外海水位涨至内外水位差达到水轮机最小工作水头时，机组即投入发电（反向发电）。随

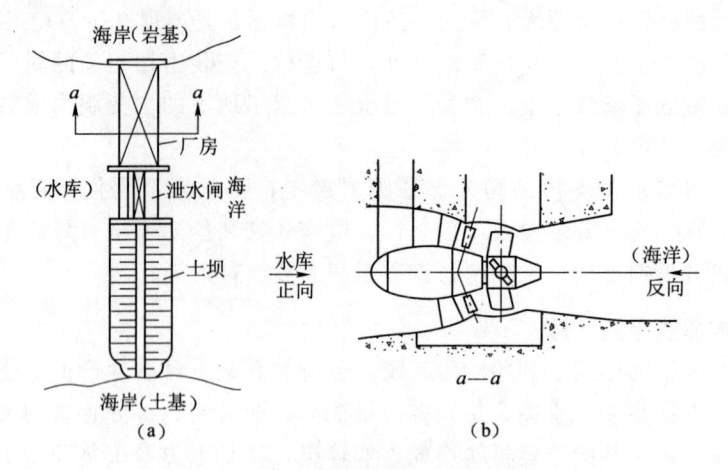

图 4-35 潮汐电站布置示意图
(a) 平面布置图；(b) $a—a$ 剖面图

着潮水进入水库，库水位亦逐渐上涨，内外水位差先增后减。待水位差减小到水轮机最小工作水头时，电站停止发电，开启泄水闸令海水进入水库，直到内外水位持平时，关闭泄水闸。海洋水位随着退潮而逐步下降，直至内外水位差再次达到水轮机最小工作水头时，机组再次投入发电（正向发电），一直到内外水位差减小到水轮机最小工作水头时，停止发电，然后打开泄水闸放水至水库最低水位，待涨潮时再发电，如此反复进行发电。

思 考 题

1. 水电站枢纽由哪些建筑物组成？
2. 水力发电的原理是什么？列出计算公式，水电站发电量与哪些因素有关？
3. 水电站建筑物中有压进水口的布置形式有哪些？各自的适用条件是什么？
4. 坝式水电站、河床式水电站、引水式水电站各有什么特点？
5. 水电站进水建筑物的功用和基本要求有哪些？
6. 压力水管的供水方式有哪几种？简述其优缺点和适用范围。
7. 什么是压力前池，压力前池有什么作用？
8. 调压室分为哪几类？有哪几种布置形式和基本类型？

第五章 农田水利工程

第一节 概 述

一、农田水利事业的对象

农田水利事业是改善农田水分状况和地区水情、为农业发展提供服务的部门。其所涉及的内容，主要包括以下两个方面。

（一）改善农田水分状况

农田水分的不足或过多，都会影响作物的正常生长。改善农田水分状况的研究一般包括以下几种。

（1）研究土壤、作物和水分三者之间的内在关系，以指导合理排灌，促进农业高产。

（2）研究不同地区排灌系统的合理规划布置，做到山、水、田、林、路综合规划，既适应机耕、交通，又便于合理灌排。

（3）研究合理的灌水技术，用较少的水量和费用，获得较高的产量，以达到经济效益最高。目前主要以地面灌溉技术为主，但有发展为以喷灌、滴灌为主的趋势。滴灌是一种可以达到省水、省工、高产的新技术，特别是在干旱地区研究发展的前景较好。

（4）研究灌排工程施工机械化和管理自动化。

（5）研究灌排管理系统的合理化、科学化。

（二）改善和调节地区水情

地区水情主要是指地区水利资源的数量、分布及动态。改善地区水情的措施一般称为水资源工程，主要包括以下两类措施。

（1）蓄水措施。主要是通过水库、河网、湖泊洼淀、地下水库以及大面积的田间蓄水措施，改善水量在时间上的分布状况。

（2）引水、调水措施。主要是通过引水工程，改善水量在地区上和时间上的分布状况。为了改善地区水情，需制定出地区长远的水资源规划，广泛地、反复地与有关部门联系、研究、协议和论证，以制定合理、可行的规划方案。

二、我国农田水利事业的状况

（一）各地区发展农田水利事业的重点

我国幅员辽阔、各地自然特点不同，因此发展农田水利事业的条件和重点也不同。

新疆、甘肃、宁夏、陕西北部、内蒙古北部和西部地区、青藏和云贵高原的部分地区等，属于干旱地区，年降水量仅为 100～200mm，而年蒸发量高达 1500～2000mm，存在严重干旱和土地盐碱化现象。高效灌溉及防治盐碱化在上述地区意义重大。

东北平原、华北平原、淮北平原、陕西的关中地区、内蒙古的东部和南部地区等，属于半干旱地区，年降水量多小于 800mm，加之年际和年内分配不均，常出现干旱年份和干旱季节，有的地区则是春旱秋涝且涝中有旱，东北平原还有部分沼泽地，黄河中游的黄土地区则水土流失严重，此外也有土地盐碱化的问题。

秦岭及淮河以南统称南方，年降水量都在 800mm 以上，农作物多为一年两熟，其中南岭以南的年降水量达 1400～2000mm，为一年三熟地区。该类地区雨量丰沛，但由于降水的时程分配与农作物的需要不符，也常发生春旱和秋旱。

长江、淮河及海河中下游、太湖流域、珠江三角洲等平原低洼地区，汛期河中水位常高于两岸地面，该类地区首先要解决涝渍问题。

另外，各类地区的若干地方，都不同程度地存在着治河及防洪方面的要求。

（二）农田水利建设的发展

早在公元前 6 世纪，楚国人民就修建了芍陂（今皖之寿县南 50 余里处），它是利用原有的湖泊改筑成水库，以引蓄淠河水进行灌溉的一座蓄水灌溉工程。此后，我国还先后修建了著名的四川都江堰，陕西的郑国渠、白渠和龙首渠，宁夏的秦渠、汉渠、唐徕渠等灌溉工程。

新中国成立以来，我国的农田水利建设取得了巨大的成就：主要江河都得到了不同程度的治理，淮河流域已改变了过去"大雨大灾、小雨小灾、无雨旱灾"的多灾景象；海河流域也摆脱了"洪、涝、旱、碱"四大灾害的严重威胁。

农业是国民经济的基础，无农不稳，水利是农业的命脉。虽然农田水利建设已取得了很大的成就，但与国民经济发展的要求还相差很远。今后农田水利建设必将会获得更加迅速的发展。

三、灌溉水源、设计标准及取水方式

（一）灌溉水源

灌溉水源有河川径流、当地地面径流、地下水及经过处理的污水等。其中河川径流为我国目前的主要灌溉水源。

在选择灌溉水源时，除了要考虑水源的位置应靠近灌区、便于自流引水灌溉等条件外，还应该注意水质问题。灌溉对水质的要求主要包括以下三方面。

1. 泥沙方面

粒径大于 0.10mm 的泥沙及含沙量过大的水流，易淤积引水渠道、破坏农田，一般不允许引入渠道和田间。

粒径 0.10～0.005mm 的泥沙，因其粒径较粗，可用以减小田间土壤的黏结性，改良土壤结构，可允许少量引入田间。

粒径小于 0.005mm 的黏粒类泥沙，常具有一定的肥力，适量引入田间是有利的。但如引入过多，将会大量淤积在田面上，减小土壤的透水性和通气条件，恶化土壤

结构。

2. 矿化度方面

灌溉水的总矿化度，即可溶盐的含量如小于 2g/L，一般对作物无害。允许含盐量的多少，与土壤状况（各类可溶盐的含量、土壤质地和结构状况等）、作物种类、盐类成分等有关。一般要求 Na_2SO_4 含量应不大于 3g/L。

3. 水温方面

灌溉水温适当则对农作物生长有利。例如，小麦生长期的适宜水温为 15～20℃；水稻抽穗期前后的适当水温为 28～30℃。一般井水及水库底层的水，如直接用于灌溉，水温偏低。

（二）灌溉设计标准

目前采用的灌溉设计标准有以下两种。

1. 灌溉设计保证率 P

灌溉设计保证率是灌溉用水量在多年期间能够得到满足的年份的概率，可按式（5-1）进行计算：

$$P=\frac{m}{n+1}100\% \qquad (5-1)$$

式中 m——灌溉设施能保证正常供水的年数；

n——灌溉设施供水的总年数。

灌溉设计保证率，综合反映了灌区用水和水源供水两方面的情况，较好地表达了灌溉工程的设计标准。《水利水电工程水利动能设计规范》规定的 P 值可见表 5-1。

表 5-1 灌溉设计保证率 P

地区	作物种类	P	地区	作物种类	P
缺水地区	以旱作物为主	50%～70%	丰水地区	以旱作物为主	70%～80%
	以水稻为主	70%～80%		以水稻为主	75%～95%

2. 抗旱天数

抗旱天数是指灌溉设施在无降雨的情况下，能满足作物需水的天数。一般旱作物和单季稻灌区抗旱天数可取 30～50 天，双季稻灌区可取 50～70 天。

抗旱天数的概念比较清楚，容易理解。因此，我国小型灌区和农田基本建设规划中，多以抗旱天数作为灌溉设计标准。由于连续无雨天数的确定有一些实际困难，加之不便于与其他用水部门的设计保证率相比较，故在大中型工程设计中，多采用灌溉设计保证率。

（三）灌溉取水方式

灌溉利用水源不同，采用的取水方式也不同。利用地表径流灌溉时，可修建塘坝取水工程。利用河川径流灌溉时，其取水方式常见的有以下几种。

1. 无坝取水

当河川水位较高而灌区较低时，可在河道上游水位较高的 A 处修建取水口，参见图 5-1。借较长的引水渠来取得自流灌溉所需要的水头。

2. 有坝取水

如河川水位较低，建无坝引水需要的引渠过长、工程艰巨，或常需要在枯水时引取河道中的全部流量或两岸同时取水时，宜在河道中选择适当地点 B 修建有坝取水工程，参见图 5-1。

3. 抽水取水

如灌区太高，修建无坝取水的引水工程难度过大，建有坝取水的拦河坝太高太大且不经济时，宜就近在河道中选择适当地点 C，修建抽水站以扬水的方式取水，参见图 5-1。

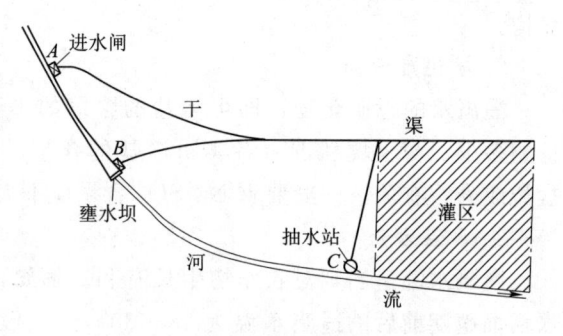

图 5-1 利用河川水源的取水方式
A—无坝取水；B—有坝取水；C—抽水取水

4. 水库取水

如河川的天然来水量不能满足灌溉用水量的要求，可修建水库蓄水调节水量，再由水库取水灌溉。

在实际工程中，某一较大的灌区，特别是在干旱或半干旱地区，往往需要综合使用多种取水方式，引取多种水源，形成蓄-引-提相结合、三水（地面水、地下水、河川水）并用的灌溉系统。

第二节 取 水 工 程

水库取水工程在第三章已介绍。本节的取水工程指的是无坝取水与有坝取水工程。

取水工程因其位于渠道的首部，亦称渠首工程。

一、弯道水流的特性

天然河道基本上是弯曲的（弯曲部分的长度占河道总长的 80%～90%）。因此，研究弯道水流的特性意义重大。

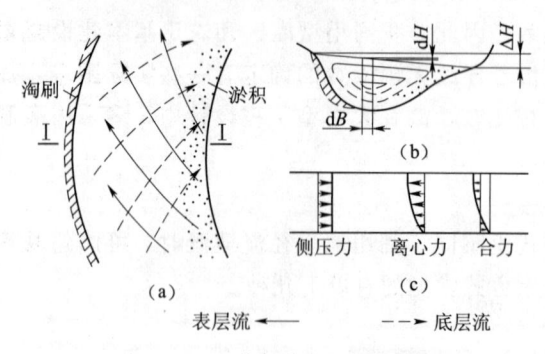

图 5-2 河道弯道中的环流现象
(a) 平面图；(b) I—I 剖面；(c) dB 水柱上的作用力

(一) 弯道环流原理

弯道中的环流现象如图 5-2 所示。

1. 弯道水流所受的侧压力

弯道中的水流，由于离心力的作用，产生了凹岸水位高于凸岸的现象，使得水体受到指向凸岸的侧压力 Δp。现取自弯道宽为 dB、水深为 H 的微分水体，参见图 5-2。显然 $\Delta p = \gamma(H+dH) - \gamma H = \gamma dH$，其值沿水深 H 是均匀分布的。

2. 弯道水流所受的离心力 p_1

单位体积的弯道水流所受的离心力为

$$p_1 = v^2/R \tag{5-2}$$

式中 v——弯道水流的切线流速；
R——所研究的单位水体所在处的河流曲率半径。

由式（5-2）可知，p_1 是与 v^2 成正比的。由于 v 沿水深的分布是上大下小，故 p_1 沿水深 H 的分布也是上大下小，参见图 5-2。

3. 弯道水流所受侧压力与离心力的合力

由于上部水体受的水平方向的合力指向凹岸，但下部水体则相反，所以弯道水体在横断面上的流向如图 5-2 所示，即表层水体流向凹岸，底层水体流向凸岸。河道泥沙沿水深的分布规律是：底层水的含沙量远高于表层，且粗颗粒的泥沙特别是推移质泥沙几乎全部在底层。因此，表层清水是流向凹岸的、底层浑水是流向凸岸的。

4. 弯道水流的实际流向

弯道水流是沿弯道的切向流动的（在弯道的起始断面）。由于表层水流在弯道中受到了指向凹岸的力，所以表层水流的方向变成了图 5-2 (a) 中实线所示的流向。同理，底层水流变成了图 5-2 (a) 中虚线所示的流向。在空间上，水流是呈螺旋形前进的。

由于较大流速、较小含沙量的表层水流是冲向凹岸的，所以凹岸受到淘刷，形成水深流急的深槽。向下游斜指向凸岸的底层水流，由于其流速较低、含沙量较高（还含有推移质），所以在河床摩阻力的作用下，其流速逐渐降低，泥沙淤积在凸岸，形成水浅流缓的浅滩。

（二）平直河段上侧面取水时的环流现象

当从平直河段上侧面取水时，由于水流在进水口前发生弯转现象，使得进水口实际上相当处于凸岸，参见图 5-3。

由于表层流速比底层大，惯性也大，所以弯转不易，因此经取水进入渠道中的表层水流宽度小于底层水流的宽度。当分流比（即入渠流量与河流总来水流量之比）增大时，入渠水流的含沙量将随之增大。当分流比达 1/2 时，河流中的底沙将几乎被全部引入渠中。因此，一般认为分流比不宜大于 1/5。

由上述现象可知，如条件许可，将上述侧面取水（正面泄水排沙）调整为正面取水（侧面泄水排沙），相当于置取水口于凹岸，对取水防沙非常有利。

此外，上述的环流现象，将造成取水口上唇发生淤积、下唇发生冲刷、进水口向下游变迁及引水渠发生弯曲的现象。

二、无坝取水

（一）取水口的位置选择

取水口的位置选择，除应满足一般水工建筑物的要求（如运用条件、工程造价低、施工方便等），应注意以下两点。

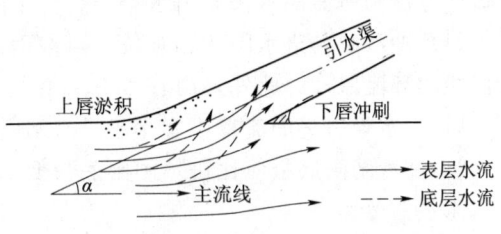

图 5-3 平直河段上取水口附近的流态

(1) 根据弯道环流原理，从防沙入渠出发，取水口应布置在河流弯道的凹岸。一般来说，环流强度在弯道开始处尚较弱，向下游逐渐加大，至一定地方后又开始逐渐减弱。由此可知，取水口的最适宜位置显然应是环流强度最大的河段或稍偏下游之处（图 5-4）。由于影响因素众多，一般取水口的位置需通过水工模型试验决定。

(2) 取水口所在处及其以上一定范围内的河道，应河岸坚固、主流稳定。在以往的工程实践中，因主流摆动而引不上水的现象是不乏其例的。因此，在取水口的位置选择中，应特别注意这个问题，尤其在多沙河流上。

在不少情况下，取水口运用初期是靠近河道主流的，但运用一段时间后，出现因取水口上游河道两岸被冲刷而引起河道主流摆动，致使取水困难，宜预先采用河道整治措施加以防范。

（二）常见的无坝取水型式

无坝取水的布置型式很多，常见较典型的有下述两种。

1. 引水渠式渠首

引水渠式渠首的布置型式如图 5-5 所示。现对其作几点说明。

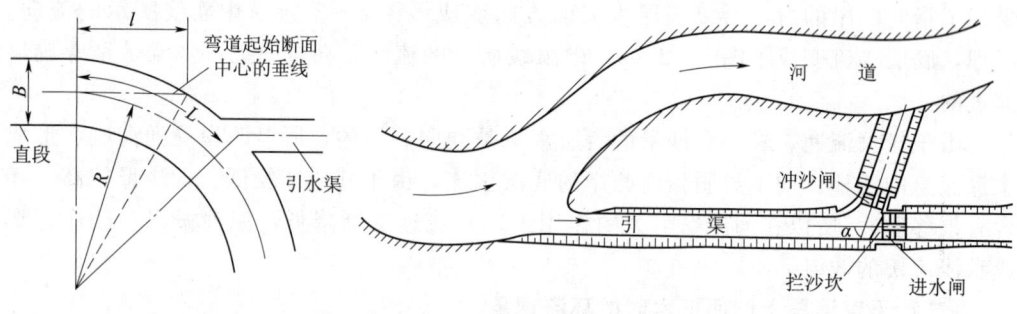

图 5-4　取水口的适宜位置　　图 5-5　引水渠式无坝取水

(1) 引水渠中心线与河道水流所成的夹角称为引水角。引水角应尽量小，以利取水防沙。引水角通常不宜大于 30°。

(2) 引水渠进口的渠底高程宜比河底高 1.0m 以上，以减少底沙入渠。此外，在引水渠的进口处，应设以 "Γ" 形的拦沙坎。试验表明，正确地设置 "Γ" 形拦沙坎后，可显著地减少入渠泥沙（可使入渠底层河水的宽度减小约 14%，表层入渠河水的宽度则加大约 8%）。

(3) 在多沙河流上，引水渠遭受淤积是难免的，特别是洪水期。因此，设计引水渠时，宜考虑令其兼作沉沙之用。引水渠中沉积的泥沙，可考虑用冲沙闸排除之。为了保证冲沙闸所需的水头，引水渠应有一定长度和比降。

(4) 冲沙闸与进水闸的相互位置，按正面引水侧面排沙的图示布置形式较好，符合前述的环流原理。此外，尚宜考虑采用下述措施。

1) 引水渠引进的流量不宜小于进水闸引取流量的两倍，以利边冲沙边引水。

2) 冲沙闸闸底板应比进水闸闸底板低 0.5m 以上。进水闸底板前缘宜斜置并做成 "Γ" 形的拦沙坎。

3) 可考虑采用常见的提升式工作闸门和叠梁式检修闸门联合工作，以控制进闸流量的方式，即让引水渠中表层较清的水先溢过叠梁。然后再经工作闸门的闸下孔口流入闸后的渠道中。当然也可直接采用双层工作闸门控制流量。

(5) 如河岸坚固无冲坏之虑且河水泥沙较少，或进水闸后有大面积的可供放淤改土的洼地，则可取消冲沙闸、缩短进水闸前的引水渠，以降低渠首的造价。有洼地的还可在闸后洼地处设置沉沙条渠，以兼收淤地改土的效益，参见图 5-6。

2. 导流堤式渠首

导流堤式渠首的典型布置型式如图 5-7 所示。下面对其作几点说明。

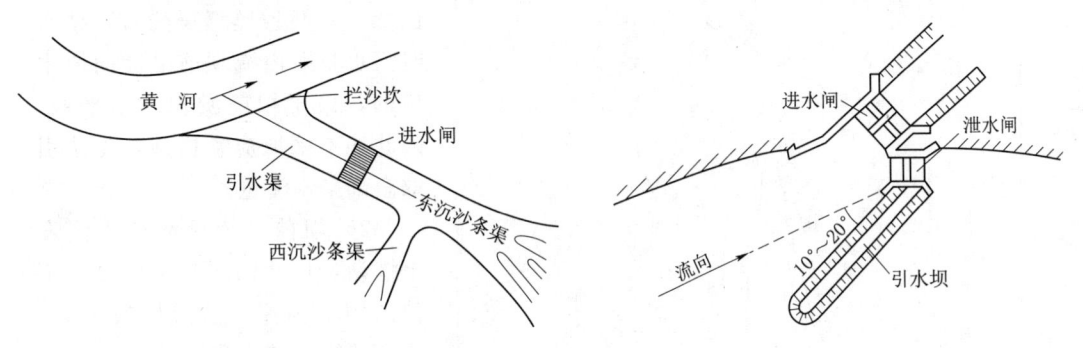

图 5-6　山东打渔张渠首布置示意图　　　图 5-7　导流堤式无坝取水

(1) 导流堤与河道主流方向的夹角 α 一般为 $10°\sim 20°$。α 不宜过大，以免导流堤被洪水冲毁。但 α 也不宜过小，否则将会增加需要的导流堤长度。

(2) 导流堤的长度取决于需要引取河道流量的多少。显然，导流堤越长，可以引取的河道流量越大。如果枯水时需要引取河道全部流量，则导流堤就应延伸至对岸，不过此时河道中部的导流堤通常是临时性的建筑物，洪水时拆除或被冲走，枯水期再重建。

(3) 当导流堤较长时，堤上宜留设若干个底槛高程不同的溢流孔口（一般靠泄水闸的孔口底槛较低）。溢流孔和泄水闸的作用为：当河道来水较大时，可以边泄水边取水，以造成侧面排沙正面取水的有利取水防沙条件，达到宣泄洪水并稳定河道主流和减小导流堤内侧引水道被淤积的目的。

我国四川灌县的都江堰工程（李冰父子筹建于 2200 年前，现在还在使用，且灌溉面积已扩大至近千万亩），就属于导流堤式的无坝取水，参见图 5-8。

三、有坝取水

(一) 有坝取水对河道上下游的影响

(1) 有坝取水的拦河坝较低（大多不超过 10m），一般 1~2 年内即可将坝前淤平。在山区河流上，由于河流的推移质泥沙较多，坝上游的淤积往往高于坝顶。坝前淤平后，渠首便处于同无坝取水相似的工作状态。

(2) 由于坝上游的河道来水不均匀，坝前淤积常常是不均衡的，即有的地方淤得高，有的地方淤得低，有的地方滚石多，有的地方滚石少，使得通过拦河溢流坝各段的水流不均匀，加剧了坝下游的局部冲刷。

(3) 由于河道是逐渐变迁的，所以拦河溢流坝很难永远保持与河道来流垂直，再加上坝前淤积的不平衡，常常引起下列问题：

1）坝前河道主流发生摆动或坝前河床形成局部浅滩，将来流分为数股汊道（位于宽阔河道上的渠首工程常会如此，例如渭惠渠渠首），致使取水发生困难。例如，陕西省黑惠渠渠首，枯水时河水是顺溢流坝前沿流向取水口的，由于坝前淤积的不平衡，因此如不采取应急措施，无法引取全部来水流量。

2）坝前及坝后河道主流发生摆动，将冲刷原来不需要也不曾加固的河岸，造成岸坡坍塌，危及城镇、道路和农田安全。

（4）由于通过拦河坝下泄的水流具有较大的冲刷能量和挟沙能力，对于河床处于下切时期的河段而言，将会明显地加快其下切速度。

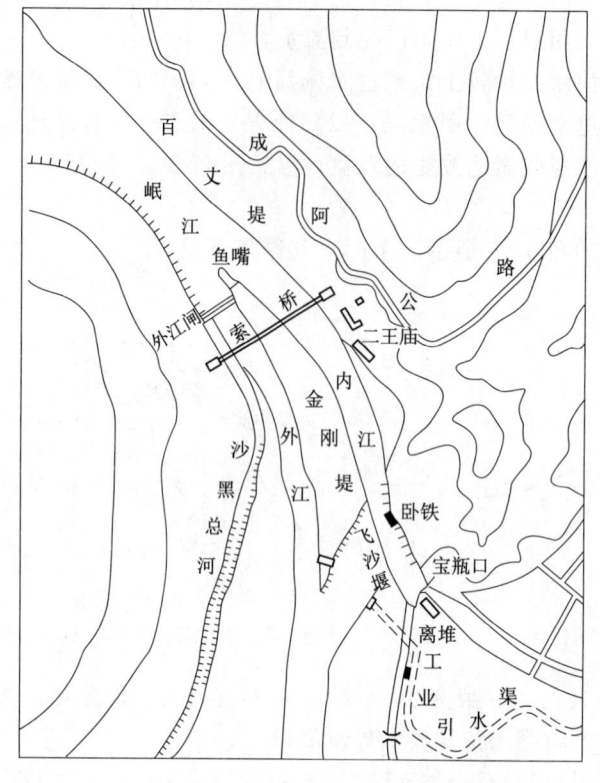

图5-8 都江堰渠首工程平面布置示意图

（5）由于取水口取走清水，将大量的颗粒较粗的泥沙排泄至冲沙闸的下游，特别是对于河床处于上升时期的河段而言，将显著地加快其坝后河床的上升速度，影响冲沙闸的正常运用。位于无定河上的织女渠及榆溪河上的榆惠渠渠首，发生河床抬升，冲沙闸无法正常使用的现象。

（二）沉砂槽式有坝取水

沉砂槽式渠首是应用最广泛的一种有坝取水型式。

图5-9为运用效果良好的一种沉砂槽式渠首的布置型式。下面介绍沉砂槽式渠首布置时应注意的一些问题。

1. 拦河坝

布设拦河坝时应注意以下几点。

（1）溢流坝坝顶高程为引取最大流量所需的坝前水位加上0.1~0.3m的安全超高。

（2）由于坝上游很快被淤平，故溢流坝的流量系数宜选用略大于宽顶堰的流量系数。

（3）如果引水高程及冲沙需要的溢流坝较高，而淹没损失问题又限制洪水时上游水位的过多抬高，可将溢流坝的一部分或全部改为拦河闸，但工程造价将会增加，且运行管理也比较复杂。

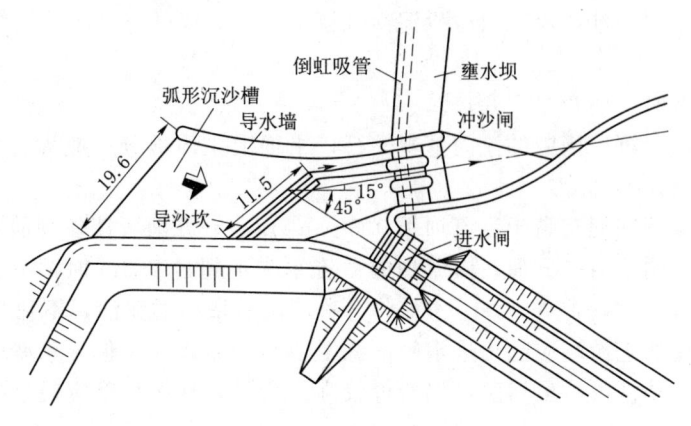

图 5-9 沉砂槽式渠首的有坝取水布置图（单位：m）

(4) 溢流坝坝轴线应垂直于洪水时的河道主流方向，以稳定主流并避免下泄水流冲刷下游河岸。

(5) 为了将河道主流稳定在取水口一侧，部分工程将溢流坝顶做成斜的（取水口一端较低），加大了溢流坝的工程量和施工的复杂性。

(6) 分析计算拦河坝的稳定和消能问题时，应注意工程建成后下游河床高程变化的影响。

(7) 推移质、特别是滚石多的河流，应注意它们对溢流坝及坝下消能设施等的磨蚀和碰撞影响。

2. 冲沙闸

布设冲沙闸时应注意以下几点。

(1) 冲沙闸的主要作用之一是，使河道枯水时的主流靠近进水闸一侧（即所谓调整主流的作用），以便进水闸引水。为此，应注意下列问题。

1) 冲沙闸的总宽度不宜过小，以免控制不住主流。一般冲沙闸的总宽度为溢流坝总长度的 1/10～1/15。

2) 涨洪时宜关闭冲沙闸，使得闸前沉砂槽内的流速远小于槽外的，如此推移质特别是滚石不易涌入槽内，而是通过溢流坝排至下游。涨洪时有的工程部分或全部开启冲沙闸以帮助泄洪，降低上游水位，此时冲沙闸将受到较强烈的冲刷和磨蚀，应注意加固。

3) 洪峰过后，河流水面比降变缓、挟沙能力降低、易于落淤。此时应开启冲沙闸泄洪，以便在闸前拉出深槽，将河道主流稳定在冲沙闸所在的一岸。

(2) 冲沙闸的另一主要作用是，冲走沉砂槽中的淤沙。为此，应注意下列问题。

1) 位于冲沙闸后的冲沙道，其底坡宜尽量陡些，以免冲击的高含沙水流在冲沙道及其出口附近发生落淤现象。

2) 冲沙道在平面上宜建成图 5-9 所示的弧形，可将淤沙冲送至溢流坝后，便于发生洪水时溢流坝的溢下水流顺利冲沙。

3) 冲沙闸的进流方向，如图 5-9 所示，向河心偏转某一角度（图示为 15°），一方面便于将冲走的泥沙尽快地送至溢流坝后，另一方面边冲沙边引水时，可在进水闸前形成有利的取水防沙环流,以减少泥沙入渠。

3. 导水墙

布设导水墙时应注意以下几点。

(1) 导水墙与沉砂槽中的流向基本平行,平面上主体部分一般为直线形,仅在上游头部有一段圆弧形部分。

(2) 导水墙顶高程宜高于溢流坝顶 0.3~0.5m,一方面可挡住坝前的淤沙,使之不能涌到沉砂槽内;另一方面在溢流坝的溢流水头不超过 0.3m 时,不会有水流翻越导水墙顶跌入沉砂槽内,否则跌下水流将会扰起沉砂槽中的泥沙,不利于取水防沙。

(3) 导水墙的上游端应超出进水闸前缘上游端一定距离。但导水墙的长度长,沉砂槽的容积大,冲沙次数虽然少,但造价较高。所以,具体长度应通过技术经济方案比较确定。

(4) 导水墙的上游头部及其基础易被冲坏,应采取加固措施。软基上的导水墙,其头部多采用桩基加固。

4. 沉砂槽

布设沉砂槽时应注意以下问题。

(1) 沉砂槽底板与进水闸底板的高差,可取为沉砂槽中设计水深的 1/3~1/4,不小于 1.0m,以利淤积泥沙和进水闸引取表层清水。一般进水闸正常引水时,要求沉砂槽的过水断面应不小于进水闸后干渠过水断面的 1.2~1.5 倍。

(2) 沉砂槽底可以是水平的,也可以具有不大的正坡。当沉砂槽较长时,宜采取具有一定正坡的槽底,以便于冲沙。

(3) 沉砂槽的宽度不应小于冲沙闸的总宽。

当沉砂槽较宽时,宜将平行于水流方向的潜没式分水墙分沉砂槽为数厢,以便于集中水流、加大冲沙流速(冲沙时为集中水流,可逐孔进行冲沙)。潜没分水墙顶约与进水闸底板同高。潜没分水墙的条数多与冲沙闸的中墩数相同。潜没分水墙上起于沉砂槽进口,下连于冲沙闸中墩的头部。

5. 导沙坎

布设导沙坎时应注意以下几点。

(1) 导沙坎位于沉砂槽的中上游部分,与槽中水流方向成 30°~40°左右的夹角,参见图 5-9。坎高可取为沉砂槽设计水深的 1/6~1/3,但坎顶不宜高于进水闸底板。导沙坎迎水面宜作成铅直的,背水面可作为 1:1.5~1:2.0 的斜坡。

(2) 当进水闸引水时,宜微启中墩与导沙坎相连的冲沙闸(图 5-9 中的左孔冲沙闸)。如此,在表层水流越过导沙坎的同时,在坎前将形成潜行的螺旋流挟带着底沙,沿导沙坎向微启的冲沙闸运行,于是相当一部分底沙通过冲沙闸被排送至下游。

(3) 为了充分发挥上述潜行螺旋流的排沙作用,螺旋流流经的槽底,应具有相当的底坡。必要时,可降低该闸的底板高程。

需要指出的是,由于导沙坎前形成的潜行螺旋流的挟沙能力有限,因此导沙坎只宜用于泥沙较细的河流上。不适用于推移质较多较粗的河流。

6. 进水闸

布设进水闸时应注意以下几点。

(1) 从防沙角度出发，进水闸的闸槛布置更高、闸孔更宽，越有利于引取表层清水。但是，过宽的进水闸不但造价高，且与闸后干渠的连接更加复杂。

(2) 引水角为90°、进水闸与冲沙闸轴线也成90°的沉砂槽式渠首一般被称为印度式渠首。由于水流引入进水闸时要转90°的急弯，所以存在着以下缺点。

1) 在进水闸前形成了不利的横向环流，致使引取水流的含沙量较高。

2) 使进水闸的过闸水头损失不少，需要加高拦河坝的高度或加宽进水闸的宽度。

3) 由于进闸水流不对称，致使闸后水流消能不充分、易产生折冲水流，增加了干渠防冲的难度和工程量。

印度式渠首因其构造简单、施工容易，因此过去是被广为采用的一种渠首型式。但由于其存在有上述的重大缺点，近年来除了小型工程及泥沙很少的情况外已很少再被采用。

(3) 前已述及，从防沙的角度出发，引水角越小越好。当引水角为0°时，即理想的正面引水侧面排沙的型式。但是大多数工程，均缺乏布置成正面引水的自然条件，若要布置成正面引水的型式则造价大增。实践中大多数工程采用的取水角为30°~60°。

7. 两岸取水问题

两岸取水常采用的方式有以下两种。

(1) 在坝的两端分设取水口，是过去最常采用的方式。实际经验表明它有下述重大缺点。

1) 由于河道主流易发生摆动，所以经常使一岸取水发生困难。由于是两岸取水，治河措施很难恰到好处地予以改善，特别是位于宽阔河段上的取水口。

2) 两岸交通困难，管理不便。

(2) 从一岸集中取水，然后通过埋于坝身内的管道（参见图5-9），或跨河倒虹、渡槽等分送一部分水至另一岸。当另一岸需水量较小时，从一岸取水是一种比较理想的方式。

(三) 常见其他型式的有坝取水

1. 设有引水渠（或引水隧洞）的渠首

部分渠首位于窄狭的峡谷出口处，或位于河岸陡峻的凹岸，此时如仍将沉砂槽式渠首布置于坝头处，则：①由于地形条件不利，开挖工程量很大；②当河谷窄狭时，坝上设计水头很大，因而要求的进水闸及冲沙闸的闸台就很高，护岸工程量也很大。宜考虑选用以下两种解决方案。

(1) 采用引水隧洞（或引水渠）将河水引至较平坦适宜的地方，再建造沉砂槽。在槽末按正面引水侧面排沙的方式，设置进水闸和冲沙闸，例如陕西省宝鸡峡引渭灌溉工程的渠首。

(2) 将第一方案的引水渠顺河岸布置在溢流坝的下游，将适当扩大了断面的引水渠兼作沉砂槽，同样在槽末设置进水闸和冲沙闸。陕西省的洛惠渠渠首、梅惠渠渠首皆为此种型式。

与一般的沉砂槽式渠首相比，此类渠首的优点是：①由于进水闸及冲沙闸远离拦河坝，因此闸台较低（因为不受上游洪水的影响）；②沉砂槽的导水墙高度较低，当溢流坝较高时该优点更为突出；③由于引水渠的比降比天然河床缓，可集中较大的冲沙水头。缺点是：①洪水时引水渠近河一侧的边墙（指第二种方案）有洪水翻越，其工作条件不利；②由于洪水时通过引水渠或引水隧洞的单宽流量小于通过溢流坝的，未影响主流的方向，仅适用于河道主流能保证靠近取水口的情况。

2. 人工弯道式渠首

我国新疆、内蒙古地区建了不少人工弯道式渠首。人工弯道式渠首的特点是，先将分汊乱流的宽阔天然河道，缩窄成具有一定宽度的人工弯曲河道；然后在人工弯曲河道的下段适当地点，按正面取水、侧面排沙的方式布置进水闸和冲沙闸。

工程实践表明，此种渠首取水防沙性能良好，在主流不稳定的宽阔河道上，不失为一种良好的渠首型式。但其河道整治工程量大，造价也高。

3. 底部冲沙廊道式渠首（图 5-10）

根据河道来水底层较浑、表面较清的特点，将底层浑水通过冲沙廊道排至下游，以保证进水闸主要引取含沙量较少、泥沙粒径也较细的表层清水。

实践表明，底部冲沙廊道式渠首的防沙效果良好，但构造及管理运用较为复杂。

4. 底栏栅式渠首（图 5-11）

在拦河溢流坝的坝顶，设向下游倾斜（坡度多为 0.1～0.2）的栏栅（多为钢制，栅条间隙为 10～15mm）；在栏栅下方的溢流坝体内，设平行于坝轴线的引水廊道，并在引水廊道与干渠相接的河岸处设进水闸（及冲沙闸）。

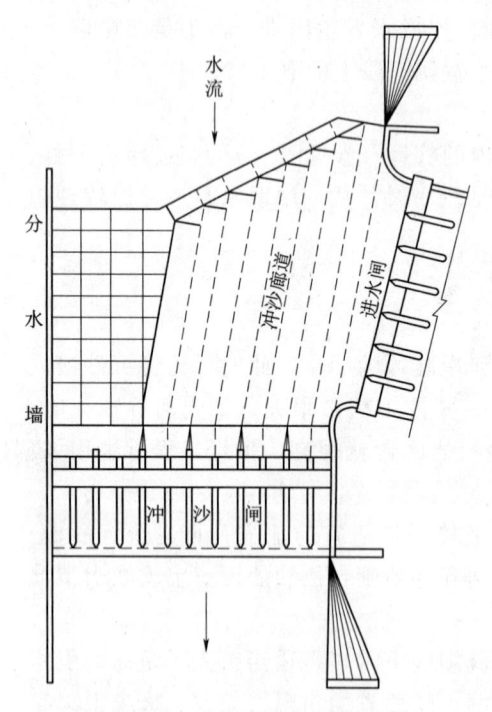

图 5-10 底部冲沙廊道式渠首

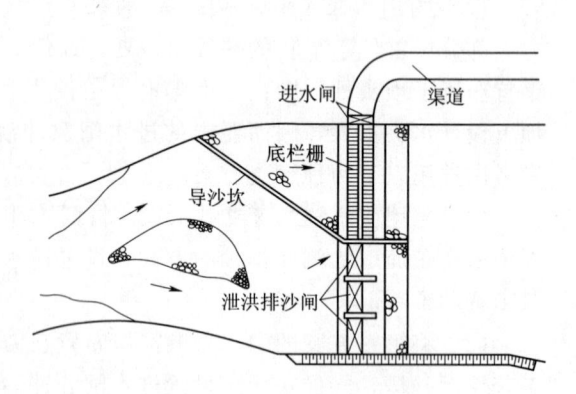

图 5-11 底栏栅式渠首

当河水由溢流坝坝顶溢过时，部分（洪水时）或全部（枯水时）河水便经栅条孔隙跌落引水廊道中，然后经进水闸被引入干渠。

底栏栅及引水廊道的有关尺寸的设计原则：底栏栅面积可根据引取流量和拦河溢流堰的堰上水头大小，通过水力计算确定；引水廊道的尺寸可根据引水流量的大小，按不淤积的原则通过水力计算确定。

此种渠首的缺点是：栅孔易被推移质卡塞，引水廊道易被泥沙磨蚀。优点是：无河流摆动引不上水之虑，且便于引取枯水期河道的全部流量；可确保大粒径的推移质不入渠道；结构简单、施工方便。

显然，此类渠首比较适用于漂浮物多、滚石多、引取流量较小的山区河道。

第三节 渠 道 工 程

一、渠道系统的组成及布置

（一）渠道系统的组成

根据地形条件和控制面积的大小，渠道系统一般分为干、支、斗、农四级固定渠道。地形复杂、控制面积过大时，可加设总干、分干、分支等级的渠道。地形简单、控制面积过小时，可省去支渠甚至斗渠等级的渠道。农渠以下的毛渠和灌水沟、畦等，属于临时性的田间工程。

一般来说，干渠主要起输水作用，支渠、斗渠起配水作用。

大多数灌区，同时有灌溉和排水的要求：干旱季节需要灌溉；多雨季节需要排水，且灌溉时也常常需要排泄多余的来水，灌溉后还需要通过排水以防止地下水位过多上升。因此，往往在布置灌溉渠道的同时，还需要布置相应的排水系统，两者通常是不可分割的整体。灌溉排水系统的组成可参见图 5-12。

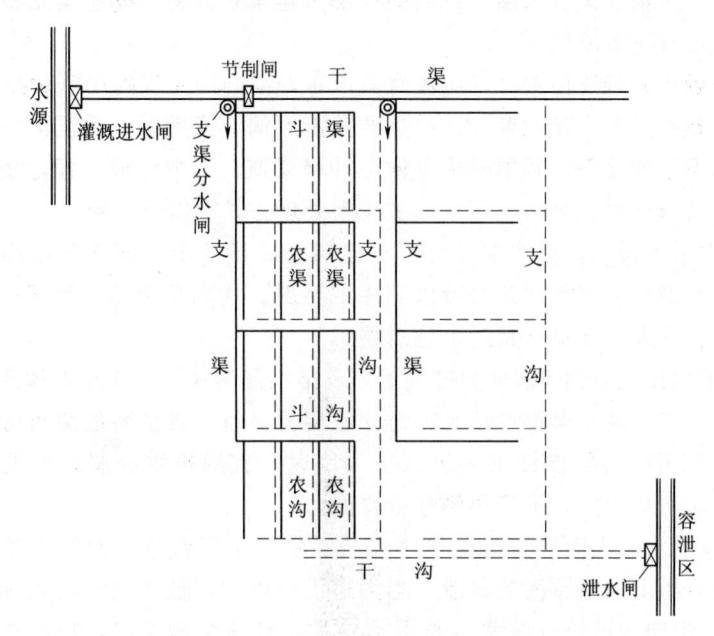

图 5-12 灌溉排水系统组成示意图

主要作用是灌溉的渠道，常称为渠；主要作用是排水的渠道，常称为沟。

（二）灌溉渠系规划布置时应遵循的原则

（1）应尽可能将渠线选布在较高地带，以便控制较大的自流灌溉面积。但也应注意，不少情况下，让局部高地采用提水灌溉更为经济。

（2）应与土地利用规划、农业区划及行政区划密切结合，以便管理。为了适应农业现代化的要求，灌溉渠道应与公路、机耕道路、林带及排水沟等统一规划、全面安排。一般要求斗、农渠布置应力求整齐，地块也应力求方正。

（3）一般灌排渠沟应尽可能分开布置，各成系统，有利于灌区的除涝和地下水位的控制。但是，当地水质良好、无盐碱化可能时，排水沟可兼作灌溉渠用。

（4）渠系布置中，应注意与原有水利设施相结合。例如，在有中小型水库、塘堰、泵站和井灌设施的地区，可考虑建立蓄、引、提或井、渠相结合的水利系统。

（5）应考虑综合利用的问题。例如利用渠道落差建筑物的水头发展水力发电或水力加工，利用大型渠道发展航运等。

（6）考虑到行水的安全，输水渠道宜布置在挖方中。考虑到配水的方便，配水渠道宜布置成半挖半填的形式。

（7）应使总的工程费用最小（包括压占耕地引起的损失）。

（三）配置渠系建筑物应注意的问题

（1）为了防止因渠水过多而酿成决堤事故或冲毁已有险情的重点渠系建筑物，在渠道的下列地方应设置退水（也称泄水）建筑物：引水渠末端，渠首闸下游，有大量山坡洪水汇入渠段的下端，渠道穿越滑坡体及其他易出事故渠段的上端，大型填方渠段、渡槽、倒虹等重点建筑物的上游。

保护重点建筑物应设退水闸，以便能全部泄走渠水。为了防止渠水漫溢事故可设退水闸或沿渠堤设置溢流侧堰。

具体选定退水建筑物位置时，应注意其退水归河归沟工程的规模和经济性。

（2）沿山麓或盘山修建的渠道，必然要截断原沟溪或无明显沟溪的山坡坡面水的汇流途径。如不妥善处理，暴雨时山洪便会冲垮渠道。不少已成工程，暴雨时渠道防洪相当紧张，稍有疏忽就会出现事故。工程上处理方式有以下三种。

1）将山洪引入渠道，借助附近的退水建筑物疏导排出。该方式适用于山洪较小而渠道较大，且附近有退水建筑物可供利用的情况。优点是简易、经济；缺点是管理不便，暴雨时需派人巡守渠道及退水建筑物。

2）将山洪用排洪渡槽（常称为排洪桥）或排洪涵洞（管）排泄至沟溪的下游。当沟溪山洪较小、沟底高于渠道设计水位时，宜用排洪桥。排洪桥的突出优点是可兼作交通桥使用。当沟溪中的设计洪水位低于渠底时，宜用排洪涵洞。山洪一般含沙量大、污物多，为防止淤塞，不宜用倒虹来排泄。

3）当沟道洪水较大而渠道流量较小时，宜将渠水用渡槽或倒虹穿越沟道输送至沟道对岸，而让山洪仍由原沟溪宣泄。当沟道设计洪水位低于渠底时可选用渡槽（亦可选用倒虹），但当沟道设计洪水位与渠道中的设计水位相近时，只能选用倒虹。此外，当渠底远高于沟底而沟谷又很宽时，用渡槽比用倒虹造价高，但水头损失较小，且可兼作交通桥。

（3）当渠线遇到山峦高地时，可采用绕过和穿过两种方式，而穿过又分隧洞和明挖两种方式。究竟应采用何种方式，往往需要通过技术经济比较确定。当工程规模较小时，常采用综合经济指标（注意各地不一样）简略地比较确定。例如，我国有的工程总结出的综合经济指标为：1m 长穿山石隧洞相当于 10m 长的盘山石渠；1m 长穿山土隧洞相当于 30m 长的盘山土渠等。

二、灌溉渠道的设计流量

（一）灌溉渠道中的水量损失

一般讲，灌溉渠道的设计流量 $Q_设$ 可以表达为

$$\left.\begin{array}{l} Q_设 = Q_毛 = Q_净 + Q_损 \\ Q_净 = q_净 A \end{array}\right\} \tag{5-3}$$

式中　$q_净$——设计净灌水率，又称设计净灌水模数，单位为 $m^3/(s\cdot 万亩)$，一般大面积水稻灌区 $q_净=0.45\sim 0.60$，大面积旱作灌区 $q_净=0.20\sim 0.35$，对于灌溉面积只有几十亩至几千亩的斗、农渠，因常需在短期内集中灌水，故其 $q_净$ 应远比上述的经验数字为大；

　　　A——渠道控制的灌溉面积，万亩；

　　　$Q_毛$——作物的毛需水的流量；

　　　$Q_净$——设计净灌水的流量，m^3/s；

　　　$Q_损$——渠道损失的流量，m^3/s。

$Q_损$ 中包括三个部分：①渠道的渗透损失，其具体计算可参阅《农田水利学》（郭元裕主编，第 3 版）教材；②渠道的水面蒸发损失，由于其值不足渗透损失的 5%，故常忽略不计；③渠道的漏水损失，主要指应予避免而没有能避免的水量损失，一般也常忽略不计。

对于万亩以上的灌区，干渠的设计流量为 $1m^3/s$ 时，可灌溉稻田 0.75 万～1.0 万亩或旱作物 2.0 万～2.5 万亩。

（二）灌溉水利用系数

1. 渠道水利用系数 η

η 可定义为

$$\eta = Q_净/Q_毛 \tag{5-4}$$

$Q_净$、$Q_毛$ 的概念是相对的。例如，具有 3 个支渠的某干渠，设干渠渠首的流量为 $Q_设$，3 个支渠渠首的流量分别为 Q_1、Q_2、Q_3。对干渠而言，$Q_毛$ 即为 $Q_设$，$Q_净=Q_1+Q_2+Q_3$。但对各支渠而言，Q_1、Q_2、Q_3 分别为其毛流量。

2. 渠系水利用系数 $\eta_系$

$\eta_系$ 可表达为

$$\eta_系 = \eta_干 \eta_支 \eta_斗 \eta_农 \tag{5-5}$$

式中　$\eta_干$、$\eta_支$、$\eta_斗$、$\eta_农$——各干、支、斗、农渠的渠道水利用系数。在作灌区规划时，$\eta_系$ 值可参考表 5-2 初选。

表 5-2　自流灌区 $\eta_{系}$ 值参考表

灌溉面积/万亩	<1	1~10	10~30	30~100	>100
$\eta_{系}$	0.85~0.75	0.75~0.70	0.70~0.65	0.6	0.55

3. 田间水利用系数 $\eta_{田}$

$\eta_{田}$ 指的是临时毛渠至田间水的利用系数。旱作物区 $\eta_{田}$ 约为 0.90，水田地区的 $\eta_{田}$ 高达 0.95 以上。

4. 灌溉水利用系数 $\eta_{水}$

$\eta_{水}$ 可表达为

$$\eta_{水}=\frac{q_{净}\,\omega}{Q_{设}}=\eta_{系}\,\eta_{田} \tag{5-6}$$

式中　$Q_{设}$——干渠渠首的引入流量，m^3/s；

其余符号意义同前。

（三）渠道的加大流量和最小流量

1. 渠道的加大流量 $Q_{加大}$

考虑到未来运用中难免会出现部分规划设计未计入的情况，所以灌溉渠道设计中，应通过规定的加大流量 $Q_{加大}$：

$$Q_{加大}=(1+\xi)Q_{设} \tag{5-7}$$

式中　ξ——加大系数，轮灌渠道 $\xi=0$，提灌渠道可按备用机组选择加大系数；续灌渠道可按表 5-3 选择。

表 5-3　续灌渠道的加大系数 ξ 值

渠道设计流量 $Q_{设}/(m^3/s)$	<1	1~5	5~10	10~30	>30
ξ	0.30~0.35	0.25~0.30	0.20~0.25	0.15~0.20	0.10~0.15

2. 渠道的最小流量 $Q_{最小}$

渠道中的流量如过小，将使下级渠道的引水困难。所以一般规定 $Q_{最小}$ 为渠道设计流量的 40%，或 $Q_{最小}$ 时的渠道水深为 $Q_{设}$ 时渠道水深的 70%。

（四）灌溉渠道的工作制度

选定灌溉渠道的工作制度是进行渠道管理的重要内容，也是确定各级渠道设计流量的前提和基础。灌溉渠道的工作制度有以下两种。

1. 续灌

如果灌区在一次灌水期间内，渠道是连续输水的，则称为续灌。一般灌区的干支渠多采用续灌。

2. 轮灌

如果灌区在一次灌水期间内，渠道只有部分时间是输水的，则称为轮灌。一般灌区的斗农渠多采用轮灌。

与续灌相比，轮灌时灌区同时工作的渠道较少，可集中水量、缩短投入工作渠道的输水时间，减少了输水损失，提高了灌水工作效率。但轮灌渠道的设计流量较大。

轮灌又可进一步分为以下两种。

(1) 集中轮灌。集中轮灌是将上级渠道（例如某支渠）的来水，依次集中供给次一级渠道中的某一条渠道（例如某一斗渠）。集中轮灌的水流最为集中，渠道输水损失最小。

在确定各级渠道的设计流量时，不宜选用集中轮灌，因为它过分加大了各下级渠道的设计流量。但在灌溉工程管理中，当上一级渠道来水流量较小时，多采用该轮灌方式。

(2) 分组轮灌。分组轮灌是将下级渠道分为若干组，将上级渠道的来水，依次按组集中供给。支渠以下的各级渠道，一般多采用分组轮灌方式。

三、渠道防渗

（一）渠道进行防渗的意义

(1) 减小渗透损失、提高渠系水利用系数。我国部分未防渗的渠道，大中型灌区的渠系水利用系数多在 0.5 以下：北方较好的可达 0.55~0.65，较差的仅有 0.24~0.32；南方较好的可达 0.6~0.8，低的仅有 0.35。

渠道采用防渗措施后，渠系水利用系数显著提高。例如，陕西的人民引洛灌区，由 0.47 提高到 0.60 以上。

(2) 减少渗漏水对地下水的补给，有利于次生盐碱化和涝渍灾害的防治。

(3) 提高了渠道的抗冲刷能力。

(4) 减小了渠道的糙率，加大了渠道的流速和流量。此外，减小了渠道淤积发生的概率。

（二）常用的渠道防渗措施

(1) 压实原渠床土料或用黏土类土在渠床表面新建立压实层加强防渗效果。压实层厚度为 30~40cm，可以减少渗透损失约 50%。

(2) 人工混合土料防渗。常用的混合土料有三合土（石灰、砂石料、黏土）和灰土（石灰、黏土类土）。防渗层厚度为 20~40cm，可减小渗透损失 80% 左右。

(3) 塑料薄膜防渗。将塑料薄膜铺设于渠床上、表面再回填厚 20~30cm 土料保护层的防渗措施，可减小渗透损失 90% 以上，造价不足混凝土护砌的 1/5。主要缺点是防冲能力差，且塑料易老化。

(4) 沥青制品（沥青薄膜、沥青砂浆、沥青混凝土、沥青玻璃纤维布等）防渗。该防渗设施的沥青制品表面也常回填保护土层，其防渗效果可达 80% 以上。随着我国石油工业的发展，石油沥青越来越多，应用前景广阔。

(5) 浆砌石防渗，是盛产石料地区常用的一种渠道防渗防冲措施。

(6) 混凝土、钢筋混凝土及喷混凝土防渗，是目前最常用的一种防渗防冲措施。它防渗效果好，减小渠道糙率显著。此外，还加大了渠道允许不冲流速，耐久性尤好。近年来由于梯形混凝土渠槽边坡衬砌震动机、U 形渠槽混凝土浇筑机和 U 形渠槽喷混凝土衬砌新工艺的试验成功，更加推动了此类渠道防渗防冲设施的推广应用。

四、排水沟道的设计

排水沟道的布置可参见图 5-12。下面介绍排水沟道设计中的几个关键问题。

（一）排水沟的设计流量

排水沟一般采用可满足一定排涝标准的地面水排水流量（又称最大设计流量）作为设计流量，以确定排水沟的断面尺寸。目前我国大多采用重现期为5~10年的暴雨作为除涝设计标准。此外，除涝设计标准还应同时规定排涝历时的长短。一般排涝历时与农作物耐淹历时相等。旱作物多取为两天，水稻多取为3~5天，也有不少地区直接采用一日暴雨2~3天排出，三日暴雨3~5天排出。

排水沟一般采用可满足控制地下水位要求的地下水排水流量（又称日常流量）作为校核流量，以校核排水沟的允许最小流速。单位面积上的排渍流量称为设计地下水排水模数或排渍模数，其大小取决于地区气象条件、土质条件、水文地质条件、排水系统的密度等。山东省打渔张灌区，冲洗碱盐地条件下的排渍模数约为 $0.05\mathrm{m}^3/(\mathrm{s}\cdot\mathrm{km}^2)$；河南省引黄人民胜利渠灌区，地下水控制在临界深度时（为防止土壤次生盐碱化）的排渍模数为 $0.002\sim0.005\mathrm{m}^3/(\mathrm{s}\cdot\mathrm{km}^2)$。

（二）排水沟的设计水位

排水沟的设计水位分为排渍水位和排涝水位两种。

1. 排渍水位

排渍水位主要取决于控制地下水位的要求。对于农田，排水农沟（末级固定排水沟）中的排渍水位应略低于农田要求的控制地下水位。为了防止土壤过湿，要求的地下水埋深为0.9~1.2m；为了防止土壤返盐，要求的地下水埋深为：黏土1~1.2m，轻质土2~2.4m。参见图5-13。

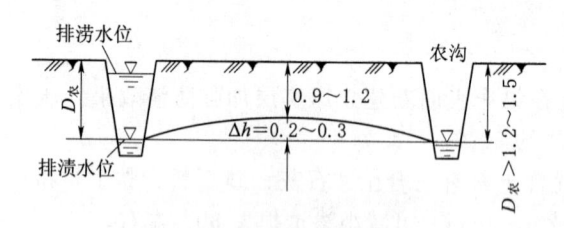

图5-13 农沟排渍水位与地下水位间的关系（单位：m）

显然，斗、支、干沟中的排渍水位更低，原因是需要考虑各级沟道的水面比降和局部水头损失。对于外河（承泄区）水位较高，以致使得排水沟中的水不能自流排除者，应设置抽水站助排。

2. 排涝水位

自流排涝干沟的排涝水位可按排涝设计流量确定，其余支、斗沟的排涝水位可由干沟排涝水位按比降逐级推得。相应的外河设计洪水位，一般是由地区防洪规划规定的。

（三）排水沟断面设计

进行排水沟的断面设计时，应注意以下几点：

（1）排水沟的糙率较大，沟道内难免生长杂草，糙率可取为0.025~0.030。

（2）当排涝流量和排渍流量相差很大时，可考虑采用复式断面。

（3）有通航、养殖、滞涝、灌溉引水要求的排水沟，其水深和底宽应满足相应的要求。一般养殖要求的水深不宜小于1.0m。

（4）在设计排水沟的纵断面时，一般要求在日常流量时不得发生壅水现象。在上、下级沟道相交处，其水位差一般取为0.1~0.2m。

第四节 渠系建筑物

渠系建筑物种类很多，限于篇幅，不可能逐一介绍。下面重点介绍几种常见的和规模较大的几种。

一、渡槽

(一) 渡槽的类型

常见的渡槽依其支承结构型式的不同，可分为以下两类。

1. 墩架式（图 5-14）

墩架式渡槽的特点是，槽身置于槽墩或槽架上，槽身的受力特性和梁相同，又称梁式渡槽。当渠道跨越宽浅的、水深不大的、流速较小的洼地或河谷时，宜采用此类渡槽。

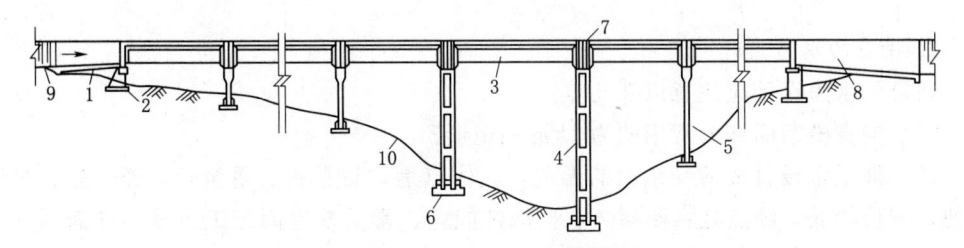

图 5-14 墩架式渡槽纵剖面图
1—进口段；2—重力式槽台；3—槽身；4—双排架槽墩；5—单排架槽墩；
6—排架基础；7—伸缩缝；8—出口段；9—渠道；10—地面线

2. 拱式（图 5-15）

拱式渡槽也是最常见的渡槽型式之一。当渠道通过水深流急的窄深河谷时，宜采用此类渡槽。

在两岸是高谷的山溪中，或在高填方的平原上，修建拱式渡槽可以美化环境。一般在平原沃野之乡，宜建造细巧玲珑的拱式渡槽；在陡峻严寒的深谷地区，则宜建造外观笨重些的大型渡槽。

(二) 渡槽的总体布置

1. 渡槽与渠道的衔接

渡槽与渠道相接处需修建渡槽的进出口建筑物。其作用为：使槽内水流与渠道水流平顺衔接，以减小水头损失并防止冲刷；将槽身结构与两岸渠道连接起来，避免因连接不当而引起漏水、岸坡或填方渠道发生过大的沉陷和滑坡事故。

渠道常为梯形断面，水面宽度较大。槽身常为矩形或 U 形断面，水面宽度较小。为了使渠道水流与槽内水流平顺衔接，常在其间设置渐变段。

此外，工程上还常将靠近渐变段的一段土渠（长度大约和渐变段相同）予以护砌，以防其遭受冲刷。

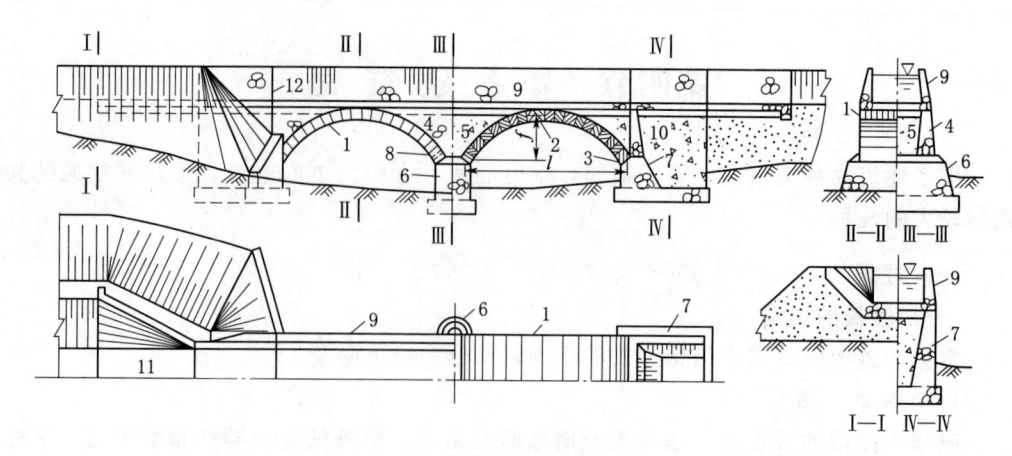

图 5-15 拱式渡槽

1—拱圈；2—拱顶；3—拱脚；4—边墙；5—拱上填料；6—槽墩；7—槽台；
8—排水管；9—槽身；10—垫层；11—渐变段；12—变形缝

2. 槽身的水力设计

槽身的水力设计应注意以下几点。

(1) 槽身横断面型式常用的为 U 形和矩形。

U 形渡槽常设计成薄壳结构的形式，其优点是：省材料、重量轻、弹性好、吊装方便、造价较低。缺点是：不耐久、抗冻性能差、常易发生因施工质量不佳而引起表层剥落及钢丝网锈蚀甚至裂缝漏水现象。

(2) 较大的槽底纵坡可产生较大的流速，可减小横断面尺寸及作用于下部结构上的荷载。但是过大的流速将带来一些不良后果，如引起下游渠道发生冲刷，减小自流控制的灌溉面积等。

(三) 墩架式渡槽的构造

1. 槽身的横断面形式和构造

矩形的槽身横断面见图 5-16、U 形的槽身横断面见图 5-17。

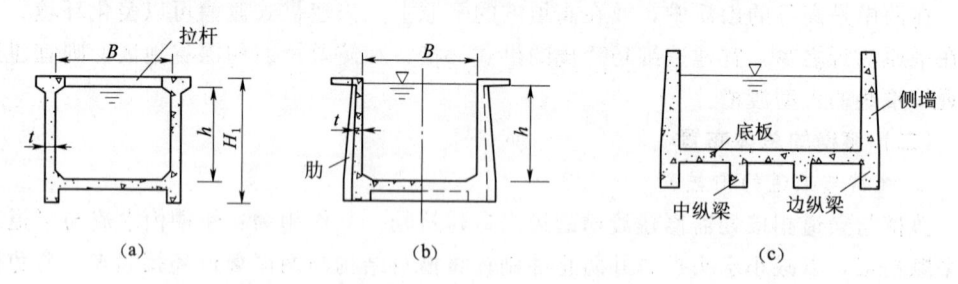

图 5-16 矩形的槽身横断面
(a) 设栏杆的矩形槽身；(b) 设肋的矩形槽身；(c) 多纵梁式的矩形槽身

为了改善槽身的横向受力条件，中小流量渡槽槽顶常设置间距 1~2m 的拉杆；大流量及有通航要求的矩形槽，则采用顶薄底厚的侧墙或加肋的侧墙；对于槽宽较大的矩形槽，宜加设几根中纵梁，以减小底板的厚度。

U形渡槽当断面尺寸较小时，常采用槽底厚度均匀不变的形式。当断面尺寸较大时，为了布置较多的纵向受力钢筋和抗裂的需要，常将槽底予以局部加厚。

2. 槽身的纵向支承

槽身是用来承受自重和水重等荷载的梁。依其支点位置的不同，可分为简支梁式、双悬臂梁式和单悬臂梁式三种，参见图 5-18。

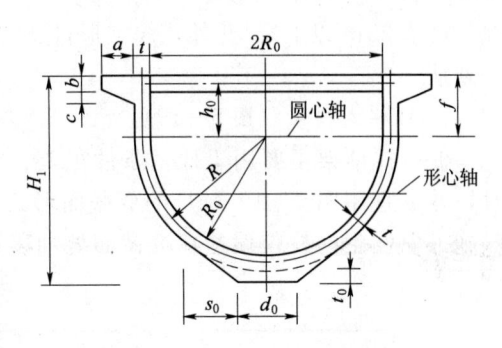

图 5-17 U形的槽身横断面

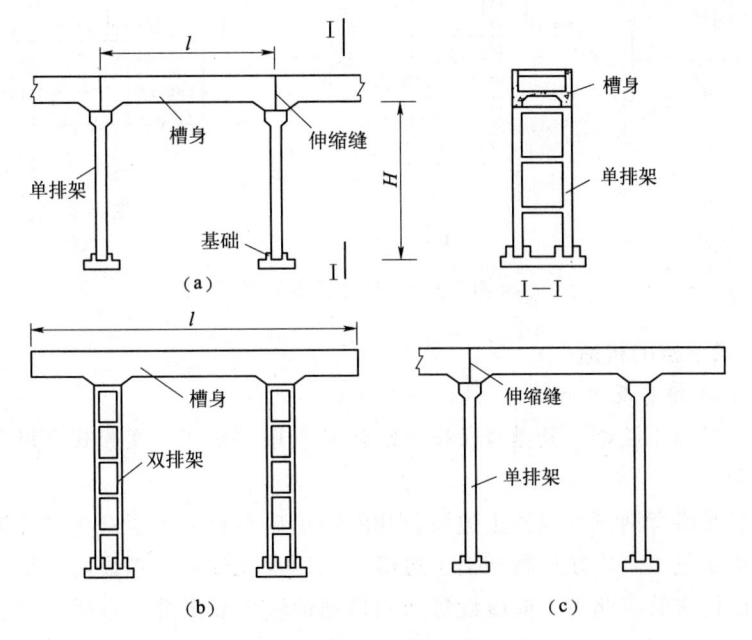

图 5-18 梁式渡槽纵向支承形式
(a) 简支梁式；(b) 双悬臂梁式；(c) 单悬臂梁式

简支梁式的优点是：结构简单；施工吊装方便；槽身接缝位于墩架顶端，故变形小、止水不宜破坏。缺点是：跨中弯矩较大；底板受拉，对抗裂防渗防钢筋锈蚀不利。

3. 重力式槽墩

重力式槽墩有实体式和空心式两种。实体式由于构造简单、施工方便，可以使用圬工材料建造，造价低廉，是较低高度的槽墩所广泛采用的形式。当槽墩较高、地基承载力较低时，则多采用空心式。空心式一般为预制或现浇混凝土结构。高的空心式槽墩，多用滑升模板施工的现浇混凝土结构。

4. 钢筋混凝土槽架

常见的型式有单排架、双排架两种，参见图 5-18。

当槽架高度不超过 15m 时，应用最广的是单排架。双排架主要用于槽架更高的情况（可达25m以上）。此外，A字形排架曾在一些工程上用过，但由于施工不便，没得到推广。

5. 桩柱式槽架（图5-19）

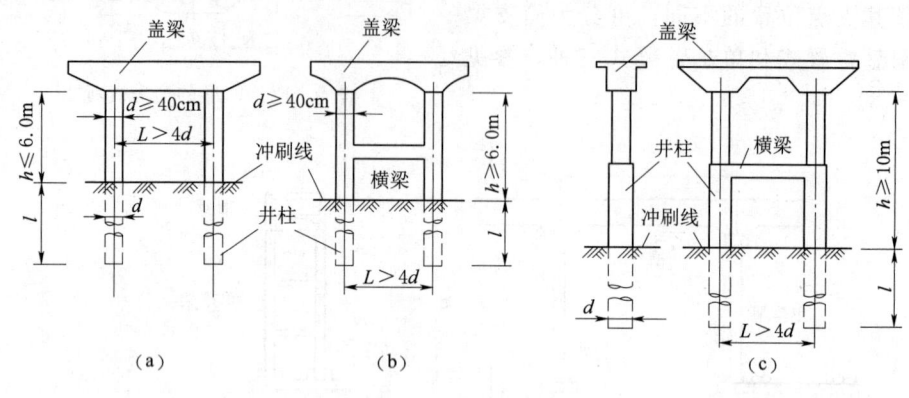

桩柱式槽架主要用于地基条件很差、需要用桩基的情况。当槽架高度大于10m时，并桩宜用图5-19（c）的变截面形式，不但可节省井柱的混凝土方量，且便于对施工中发生的柱位偏差在变截面处加以调整，以确保上部柱位的准确。

图5-19 桩柱式槽架

（四）拱式渡槽的构造

1. 实腹式的槽身及拱上结构（图5-15）

跨度较小的圬工渡槽，其槽身及拱上结构常采用实腹式。实腹式又可分为填背式和砌背式两种。

填背式是在拱背两侧砌筑挡土边墙，其间回填砂石料。为了避免槽身渗水对拱圈及挡土边墙形成危害，应在拱背和挡土边墙内侧用水泥砂浆等铺设防水层，并在拱圈内或槽台后设排水管。此外，尚应设置横向贯通的竖向变形缝，以适应槽身和拱上结构的伸缩和不均匀沉陷变形。变形缝间距一般为15～25m。

如改填背式的回填料为砌石体即成为砌背式。砌背式适用于槽身较窄的情况。

2. 空腹式槽身及拱上结构（图5-20）

当拱跨较大时，宜采用空腹式，以减小施加给主拱圈的荷载。常见的空腹式有腹拱式和排架式两种。

腹拱式是在主拱圈上竖立以横墙，横墙顶跨设腹拱（腹拱跨度约为主拱跨度的1/10～1/15，一般为等厚度的圆弧拱），腹拱上部是实腹式的上部结构。腹拱式的突出优点是，各部分均可采用圬工材料来建造，节约钢材和模板。

当跨度较大时，主拱圈的形变比较显著。因此，伸缩缝的设置非常必要。此外，伸缩缝也可适应一定的地基不均匀沉陷。

如欲降低拱上结构的重量，可在横墙上留些孔洞，还可采用立柱代替横墙，柱顶设横梁以支承腹拱。

排架式的槽身及拱上结构，是前述单排架式槽架的梁式渡槽。优点是，拱上结构最轻，减小了作用于主拱圈和基础上的荷载。

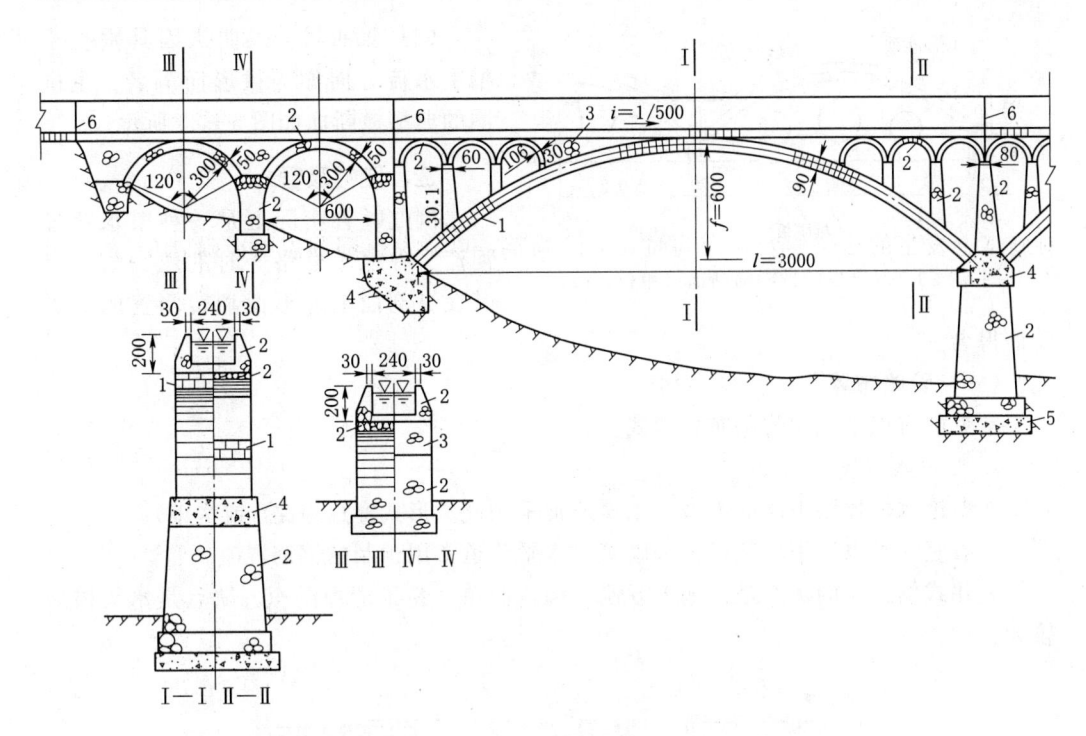

图 5-20 空腹石拱渡槽（单位：cm）

1—80号水泥砂浆砌条石；2—80号水泥砂浆砌块石；3—50号水泥砂浆砌块石；
4—200号混凝土；5—100号混凝土；6—伸缩缝

3. 主拱圈结构形式

（1）板拱。实体板拱的横断面为矩形，且多用料石或预制混凝土块砌筑。板拱与墩台及横墙的接合处，宜采用五角石，以满足抗剪要求并便于与砌缝相配合，参见图5-21。

大型钢筋混凝土箱形板拱，适用于大中型跨度的情况。此时板拱的横断面常设计成图5-22所示的型式，以便于分成几个I字形构件进行预制吊装。

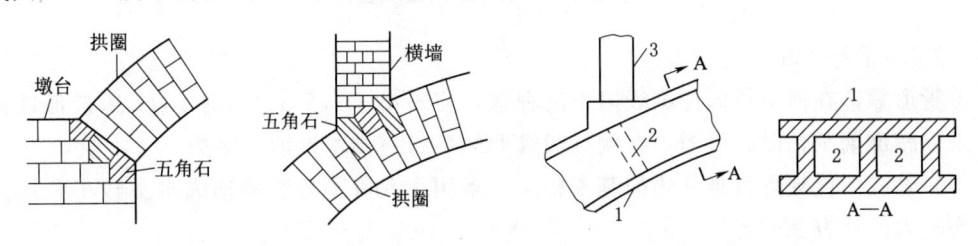

图 5-21 板拱与墩台和横墙的连接

图 5-22 箱形板拱
1—拱圈；2—横隔板；3—横墙

（2）肋拱。如用几根拱梁来代替板拱，即称为肋拱。肋拱的横断面一般为矩形，厚宽比为1.5～2.5。当承受的荷载较大时，肋拱也常采用T形、I形或箱形的横断面。槽身不宽时常采用两根肋拱。两肋拱之间应每隔一定距离（一般是在拱上排架所在处）设置横系梁，以加强拱圈的整体性和横向稳定性。

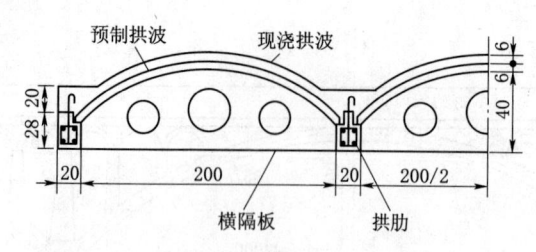

图 5-23　双典拱的拱圈横断面（单位：cm）

（3）双曲拱。双曲拱因其垂直于槽中水流方向亦为拱形而得名。主拱圈的典型横断面如图 5-23 所示。

二、倒虹吸管

倒虹吸管实际上是一种渠水穿过河流、谷地、道路等时的压力管。因其在纵剖面上外形似翻转倒置的虹吸管而得名。

（一）管路布置

常见的有以下三类管路布置形式。

1. 竖井式（图 5-24）

如渠道水位比路面高的不多，则渠道常采用此类形式穿过道路（或沟渠）。

一般竖井可以使用圬工材料来砌筑。水平管道常用预制的钢筋混凝土管。

竖井式倒虹吸的优点是：施工方便、构造简单、易于清理淤积。缺点是水头损失较大。

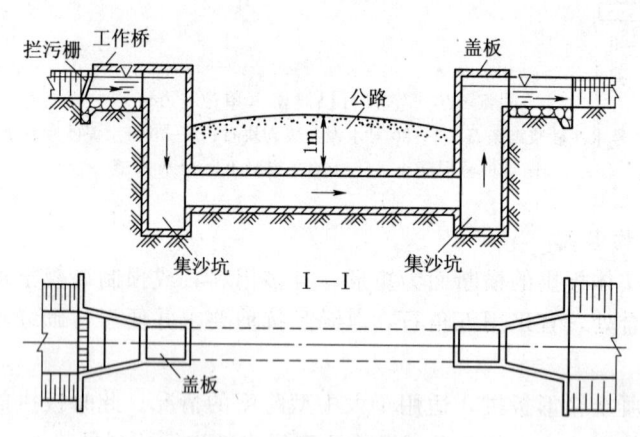

图 5-24　竖井式倒虹吸管

2. 斜管式（图 5-25）

管道顶部在河道最低冲刷线以下的埋深，应不小于 0.5m。当河（沟）道最低冲刷线难以较准确预估时，可考虑在倒虹吸管两侧各打一排木桩加以保护。

斜管式的优缺点与竖井式的基本相反，多用于允许倒虹吸管损失水头较小和压力水头较大的地方。

3. 桥式（图 5-26）

当倒虹吸管跨越深沟时，为了减小水下施工的困难和沟底管段所承受的内水压力，也为了便于冲洗管道中淤积的泥沙和维修管道，可考虑在沟底部分以高度不大的桥梁来支承倒虹吸管，即称为桥式倒虹吸管。如果河底段管道是钢管，更应考虑采用桥式倒虹吸管，因为出于防锈和减小外水压力（洪水时）的考虑，钢管是不宜埋于河床底下的。

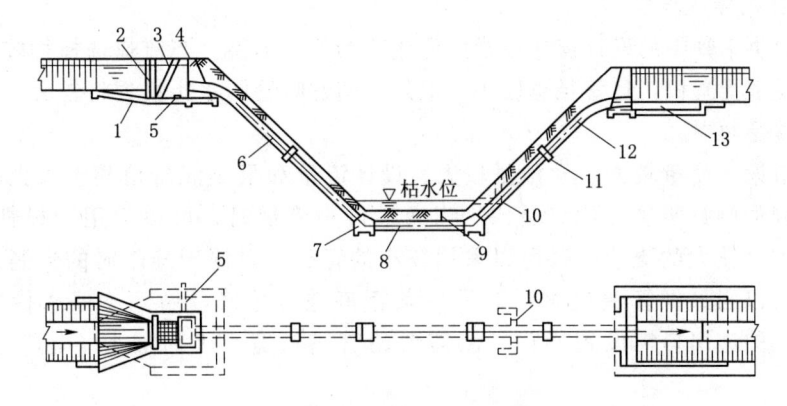

图 5-25 斜管式倒虹吸管

1—进口；2—闸门；3—拦污栅；4—盖板；5—泄水孔；6—进水管；7—镇墩；8—河底段；
9—埋设深度 0.5~1.0m；10—冲沙放水孔；11—伸缩缝；12—出水管；13—消力池

桥式倒虹吸在桥头两端管线转弯处应设镇墩。多于镇墩上或桥中管上开设冲沙放水孔。

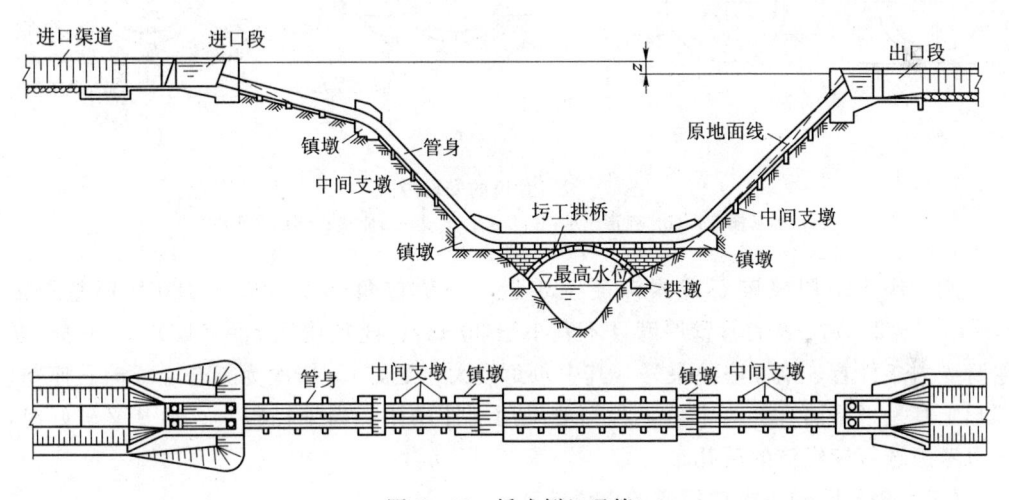

图 5-26 桥式倒虹吸管

（二）管道

1. 管身材料

（1）混凝土和钢筋混凝土管。当压力水头较小时可以采用混凝土管。管径较大时，最常采用的是现场浇注的钢筋混凝土管。管径较小、内水压力较大时，可以采用预制的及预应力的钢筋混凝土管。预应力钢筋混凝土管适用于内水压力达 100m 水头左右的情况。

为了减小管道内外壁温差所产生的数值显著的温度应力，管道应埋设于地下，埋深以 0.5m 左右为宜。此外，埋深尚不宜小于冻土深度和耕作层的深度。

（2）钢管。当内水压力很大时，最常用的是钢管。为了减小开挖工程量，防止锈蚀和便于检修，钢管宜采用明设的方式。

2. 管径及管道根数

管径取决于管中的设计流速。常用的流速为 2~3m/s。当流速选择得较大时，倒虹吸管不易遭受淤积，且管径也较小。但是，倒虹吸管的水头损失将较大，其后的渠道也容易遭受冲刷。

当渠道设计流量较大、含沙量较大、设计流量和最小流量值相差较大时，宜选用两根并列的倒虹吸管。优点是：①当通过最小流量时，可以只用一根管道过水，以保证管中有较大的流速；②可以采用较小的管径，以便于施工时的预制、运输和吊装；③可以用一根管道过水，对另一条管道进行检修，做到不停水检修。缺点是：①管道的进出口需设置闸门；②需要的管座较宽，因而加大了圬工和土方工程量。

3. 管道的安设方式

管身在土基上时的安设方式有图 5-27 所示的几种。

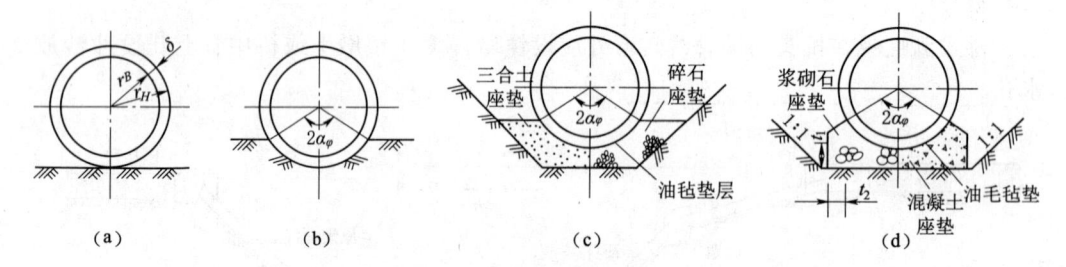

图 5-27 管道的安设方式
(a) 平基铺管；(b) 弧形土基；(c) 三合土或碎石座垫；(d) 刚性座垫

刚性座垫多用浆砌石或素混凝土筑造，一般包角 $2\alpha_\varphi = 90° \sim 180°$；座垫厚度 $t_1 = (1.5 \sim 2.0)\delta$（$\delta$ 为管壁厚度且不宜小于 30cm）；座垫肩宽 $t_2 = (1.0 \sim 1.5)\delta$。从管身受力条件看，刚性座垫最好（其中包角较大者更好），依次为三合土或碎石座垫、弧形土基及平基铺管。大中型工程一般采用刚性座垫。当管径很小、地基又较好时，可以考虑选用较经济的后几种。

（三）倒虹吸管进出口渠道的水位差 Δh

Δh 为水流通过倒虹吸管时的总水头损失，其值可按式（5-8）计算：

$$\Delta h = \left(1 + \lambda \frac{l}{d} + \Sigma \zeta\right) \frac{1}{2g} \left(\frac{Q}{A}\right)^2 \tag{5-8}$$

式中 λ——沿程能量损失系数；
  $\Sigma \zeta$——局部能量损失系数的总和；
  l——倒虹吸管的长度；
  d——倒虹吸管的直径；
  Q——倒虹吸管通过的流量；
  A——倒虹吸管的横断面积。

λ 及 $\Sigma \zeta$ 可据倒虹吸管的实际情况，按水力学公式或表格进行计算。

(四) 冲沙放水孔

冲沙放水孔的作用是冲洗管中的淤积物、放空管中的积水（以利检修），并兼作进入孔口之用。

冲沙孔的底部高程一般与河道枯水位齐平。如果河道枯水时断流，则宜将其设置在倒虹吸管最低的镇墩中。

三、落差建筑物

(一) 直落式跌水

直落式跌水常简称为跌水。跌水有单级、多级之分，但它们在构造上基本相同。本节主要介绍单级跌水，参见图5-28。

1. 进口衔接段

跌水口的过水断面比上游渠道的小，需要衔接段将二者连接起来。

衔接段的底部应做成防渗铺盖，以减少跌水墙后面和消力池底板所受的渗透压力。为了防冲，铺盖表面应加以护砌。

2. 跌水口

跌水口的作用是在各种流量下，使上游渠道中不发生过分壅水和降水现象，以免渠道产生淤积和冲刷。为此，工程上常采用将跌水口缩窄的措施。

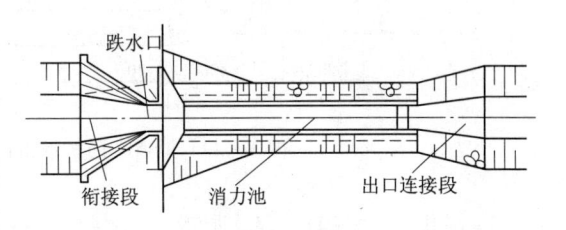

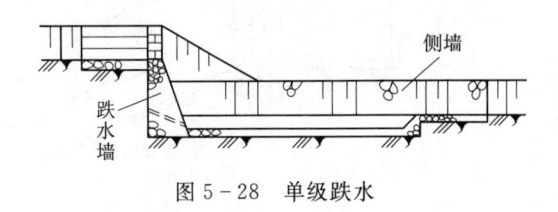

图5-28 单级跌水

为了避免跌水口下泄的单宽流量过大（易引起下游的冲刷），可用隔墙将梯形跌水口分为 N 个小梯形跌水口。

3. 消能防冲设施

消力池是最主要的消能防冲设施。此外，出池后的水流仍具有较大的余能，常引起下游渠道发生冲刷现象，特别是渠岸。所以池后仍需护砌一段渠道，且渠侧护砌应比渠底护砌更长。

(二) 陡坡

渠道上常见的陡坡形式如图5-29所示。

渠道对陡坡进口的要求与跌水相同。所以陡坡进口型式的选择等与跌水也基本一样。

为减轻下游渠道的冲刷，工程上还常采用人工加糙陡坡、菱形陡坡等。

(三) 压力管式跌水

压力管式跌水的形式可参见图5-30。

压力管式跌水出现较晚，但实践证明，其消能效果良好，下游水位波动小，因此近年来获得了广泛的应用，特别是流量较小时适宜采用。

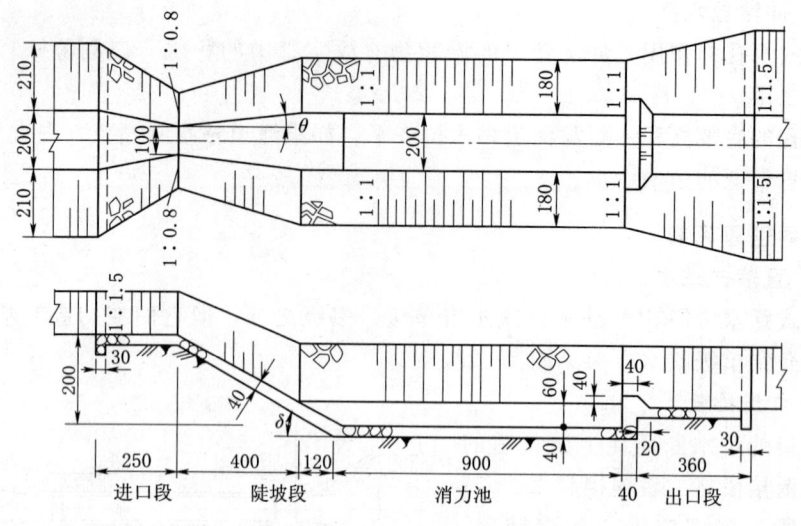

图 5-29 渠道上的扩散形陡坡（单位：cm）

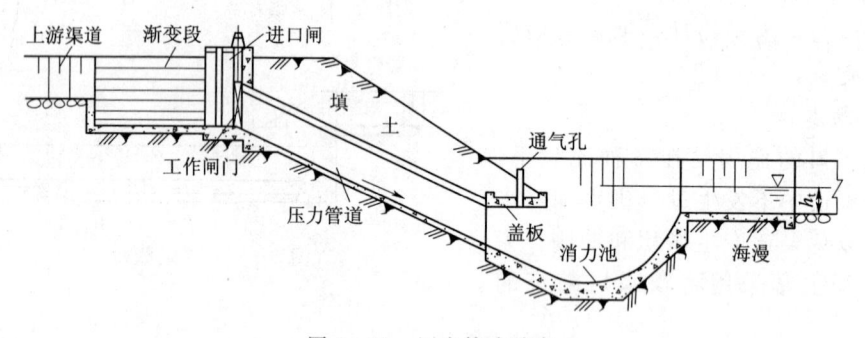

图 5-30 压力管式跌水

第五节 水泵及水泵站

一、水泵的类型及其主要特性

泵是一种可将动力机的机械能转换为液体的动能和位能的机械。泵的用途很广，但主要用途是抽水，所以泵又常称为水泵或抽水机。

（一）水泵的类型

泵的种类很多，常用于农田排灌的泵大致有以下几类。

1. 叶片泵

叶片泵的共同特点是，上面装有叶片的高速旋转叶轮（又称转轮）。常见的叶片泵有以下三种。

（1）离心式泵。常简称离心泵，是最常用的泵之一。它抽水的基本原理是，当其叶轮旋转时，在离心力的作用下，叶轮中的水便会被甩了出去，一方面叶轮中将形成负压（由于叶轮中原有的水体被甩出所致），在大气压力的作用下，水源的水便会通过进水管被吸至叶轮中去；另一方面先甩出去的水，受到后甩出来水的顶挤，于是就获得了压能（可转换为动能和位能）。如果叶轮继续不断旋转，源源不断的水源通过进水管被吸到叶轮中去，接着被甩出去沿着出水管流向远处及高处。

（2）轴流式泵，简称轴流泵，是因水流流进流出其叶轮的方向都是轴向的而得名，又因其叶轮形状和螺旋桨推进器相似，又称旋桨式水泵。轴流泵也是常用的一种水泵。

轴流泵的工作原理和离心泵不同，离心泵的抽水是靠离心力的作用。轴流泵的工作则是靠翼形叶片高速旋转时所产生的推力。轴流泵的扬程较低，一般不超过10m。

轴流泵依其转轴位置的不同，可以分为立式、卧式和斜式三种。大流量轴流泵多为立式。

（3）混流式水泵，常简称混流泵。其外形和离心泵相似，是一种单级单吸卧式水泵，也是较常采用的泵型。混流泵的水流沿轴向流入叶轮、沿斜向流出叶轮，水流在叶轮中既受离心力的作用又受推力的作用，混流泵因此而得名。混流泵的扬程介于离心泵和轴流泵之间。当叶轮直径相同时，混流泵的流量介于离心泵和轴流泵之间。

混流泵构造简单，能适应扬程变化较大的要求，易于启动，检修也比较方便，应用前景广阔。

2. 其他型式的泵

（1）活塞式水泵，又称往复式水泵，一种靠活塞的往复运动来完成吸水和压水功能的水泵。

（2）水轮泵，是一种直接将泵的叶轮安装在作为动力机的水轮机的旋转轴上的水泵。

（3）水锤泵，是一种利用水锤压力作动力的抽水装置。

（二）水泵的工作参数

1. 流量

水泵在单位时间内输送的水量称为流量。常用单位为 m^3/s、m^3/h、t/h。

2. 扬程

扬程常用单位为 m。排灌用水泵，当其扬程小于 10m 时称低扬程水泵；当其扬程高于 30m 时称高扬程水泵。

3. 功率

动力机通过转轴传至水泵叶轮轴上的功率称轴功率 N。被抽送水流实际获得的功率称有效功率 $N_{效}$。

4. 效率 η

η 可用式（5-9）来表达：

$$\eta = N_{效}/N = \eta_{机}\ \eta_{容}\ \eta_{水} \tag{5-9}$$

水泵的功率损失可以分为以下三方面。

（1）机械损失。机械损失包括：轴承内的摩擦损失；填料函内的摩擦损失；叶轮在水中旋转所引起的损失（一般称轮盘损失）。克服机械阻力后，叶轮将剩下的功

率（称水功率 $N_水$）传给所抽送的水。定义的机械效率为

$$\eta_机 = N_水/N$$

（2）容积损失。容积损失是指下述两种现象所产生的功率损失：部分水体经过减漏环处的间隙，从出水侧流回至泵的进水侧；少量水体经过填料函渗出泵壳以外。扣除该损失后剩余的功率以 $N_容$ 表示，则容积效率可定义为

$$\eta_容 = N_容/N_水$$

（3）水力损失。水力损失是指叶槽和泵壳过水部分中的摩阻力、漩涡和撞击等所造成的水力损失。再扣除水力损失后即为 $N_效$。定义的水力效率为

$$\eta_水 = N_效/N_容$$

5. 转速

转速即水泵叶轮的旋转速度，常用单位为 r/min。

6. 允许吸上真空高度 $H_{允真}$

允许吸上真空高度是指为了保证水泵内压力最低点（一般是叶轮进口附近的叶片背面）处的水不汽化，而允许的水泵进口处的最大真空度（常以大气压力和水泵进口处的绝对压力之差来表示）。真空高度如图 5-31 所示。

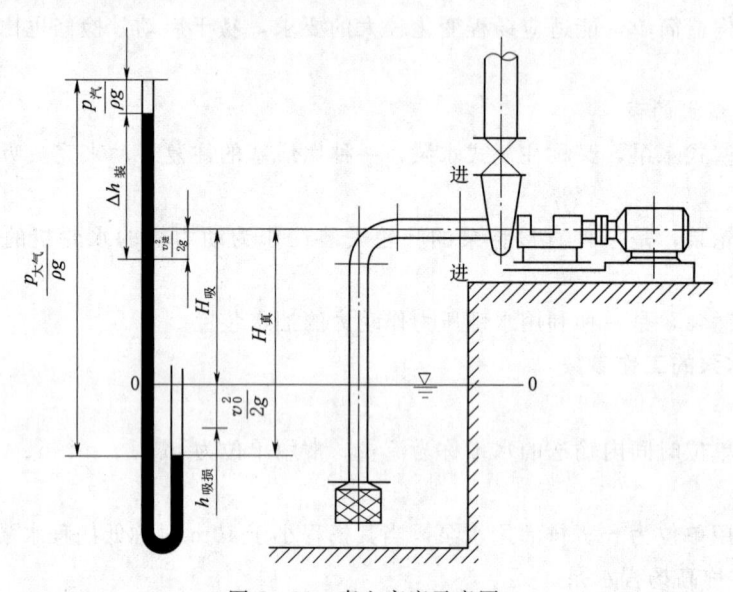

图 5-31 真空高度示意图

7. 临界气蚀余量

气蚀余量是指水泵进口处单位重量的水体所具有的大于汽化压力的剩余能量。

（三）水泵的型号

水泵的种类和规格众多。为了简化技术文件及有关业务联系中，对产品名称、规格和型式的冗长表述，规定了统一的产品代号即型号。国产水泵型号由汉语拼音字母及阿拉伯数字组成。现举例说明其意义如下。

型号 6B13：数字 6 表示水泵进口直径为 6m 时，B 表示此水泵是卧式单级单吸悬臂型离心泵，数字 13 表示该泵在最高效率点时的扬程是 13m。如果数字 13 后还附有

A 或 B（例如 6B13A）等字母时，表示该泵仅叶轮外径变小了。

型号 4BA-8：数字 4 表示该水泵进口直径为 4m 时，BA 的意义同上述的 B，8 表示此水泵的比转数被 10 除所得的整数是 8。

型号 2DA-8×3：数字 2 表示水泵进口直径是 2m 时，DA 表示是多级卧式离心泵，8 表示此水泵的比转数被 10 除所得的整数是 8，3 表示此泵有 3 个叶轮（即表示是 3 级）。

(四) 水泵综合性能图

水泵综合性能图显示的是不同规格泵型的适宜扬程与流量的工作范围。由此，根据扬程与流量的要求，选择所需要的水泵规格型号，BA 型泵的综合性能见图 5-32。

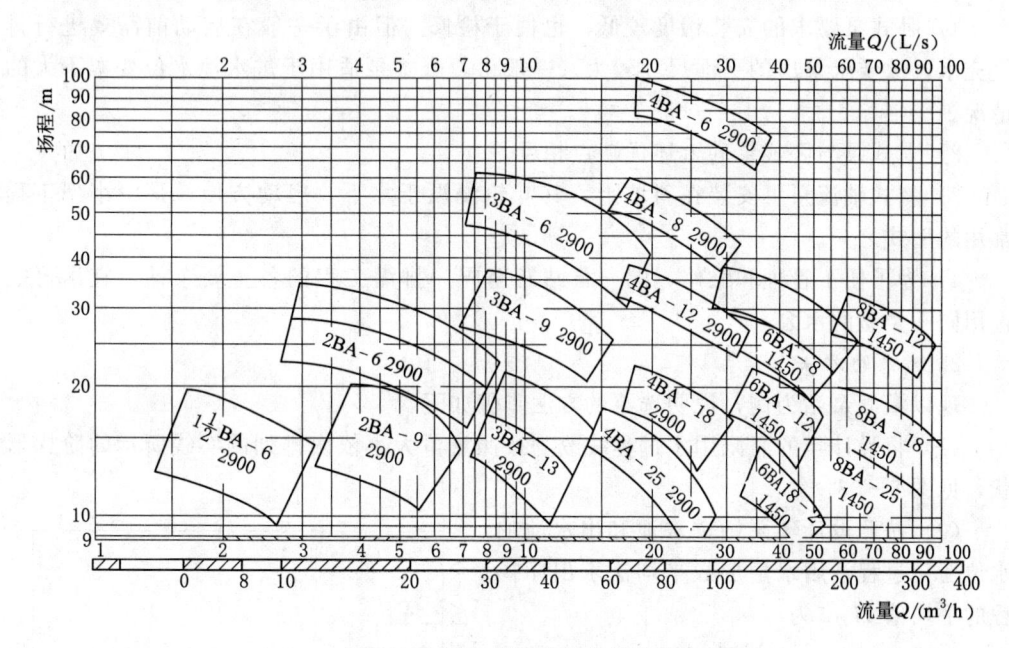

图 5-32 BA 型泵的综合性能图

在图 5-32 中，每个注有型号和转速的四边形，代表一种泵在其叶轮外径允许车削范围内的 Q-H 性能。采用单线者表示叶轮外径未经车削，图中有三条线者，则表示该泵还有两种叶轮外径的规格。

二、泵站机电设备的选型和配套

泵站机电设备可分为主机组和辅助设备两类。水泵及其动力机为主机组。辅助设备包括：水泵启动前充水用的充水设备；为主机组的轴承、油箱等部位供给冷却水、滑润水和密封水用的供水设备；为排除泵房内部积水用的排水设备；为大功率电动机组制动、吹扫用的空气压缩机；为主机提供润滑油和燃料油用的供油设备以及通风、照明、启动、配电等设备。下面主要介绍下主机组的选型配套问题。

(一) 水泵的选型

1. 水泵选型中应注意的几个问题

(1) 水泵台数选择时应注意，在设备总容量一定的情况下：水泵台数越多，机电设备费、运行管理费和土建工程费越大；水泵台数越多，越容易适应不同时期排灌要求的不同流量，且当运行中个别机组发生故障时，也不致完全停水。

对于多级泵站，水泵台数尚应保证上下梯级泵站，在各种流量下运行均能相互匹配协调。

一般讲，流量变幅大时，较大型的泵站宜选用较多的水泵台数。具体来说，对于排水泵站，当流量小于 $4m^3/s$ 时，可选用 2 台水泵，当流量更大时，可选用 3 台以上的水泵；对于灌溉泵站，当流量小于 $1m^3/s$ 时可选用 2 台，当流量更大时宜选用 3 台以上。

(2) 水泵结构类型选择中应注意以下几点。

1) 卧式泵要求的安装精度较低，也便于检修。但由于一般在启动前需要进行排气充水，故要求泵房的平面尺寸较大。一般讲，卧式泵适用于进水池水位变幅不大的情况。

2) 立式泵与卧式泵的上述优缺点相反。

3) 斜式轴流泵可安装在斜坡上，其叶轮浸没于水下，启动方便，是中小型工程常用的型式之一。

4) 为了便于管理和维修，同一泵站乃至同一排灌工程的各主要泵站，宜尽可能选用同一类型的水泵。

2. 选泵的方法

现以灌溉泵站为例，说明选泵的方法步骤如下。

(1) 将设计年的灌溉用水过程线改为按照流量大小依次排列的实线所示的阶梯形状，见图 5-33。

(2) 按照设计年泵站进水池和出水池的水位变化过程，用水量加权平均法求出净扬程的平均值 $H_{净均}$ 为

$$H_{净均} = \frac{\sum H_i Q_i t_i}{\sum Q_i t_i} \quad (5-10)$$

式中　H_i——设计年灌水期中第 i 时段的净扬程；

　　　Q_i——与 H_i 相应的灌溉流量；

　　　t_i——第 i 时段的时段长。

(3) 根据 $H_{净均}$ 粗略估算管路损失后，得到总扬程。

(4) 在水泵性能综合图上，选择几种扬程符合要求而流量不同的泵型。

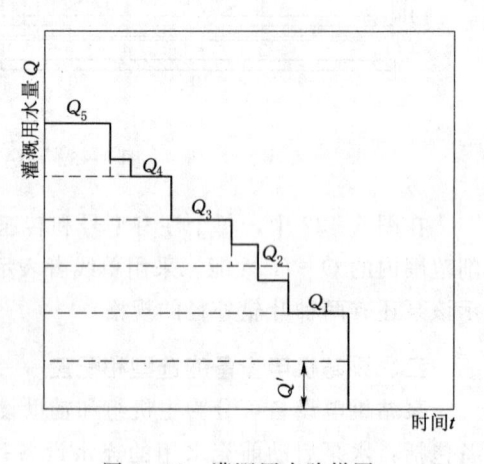

图 5-33　灌溉用水阶梯图

(5) 参考上面初选泵型的单机出水量，在不影响作物产量的原则下，将图 5-10 中的灌溉用水阶梯图修改为虚线所示的形状：如果 $Q_1=2Q'$，其他各相邻阶梯的高差皆为 Q'，则可选择 6 台单机出水量为 Q' 的水泵；如果 $Q_1=2Q'$，$Q_2=3Q'$，其他各阶梯的高差皆为 Q''，则可选择单机出水量分别为 Q' 和 Q'' 的水泵各 3 台。

(6) 校核所选水泵在设计年中出现的最高和最低扬程下能否正常工作。

上述选泵步骤往往需要反复进行以选出技术性能比较满意的泵型。

对于大型泵站，尚应选出几种泵型方案，作出相应的泵站设计，计算设备费、运行管理费和建筑费，进行技术经济比较后选定泵型。

（二）电动机与水泵的配套

1. 配套用电动机的类型

选择时应注意：

(1) 当功率小于100kW时，常采用J系列防护式普通鼠笼型异步电动机。

(2) 当功率为100～300kW时，选用适于起动负载大而电源容量较小的JC或JS系列的鼠笼式异步电动机；当电源容量不足以供鼠笼异步电动机起动时，选用JR系列的线绕式异步电动机。

(3) 当功率在300kW以上时，采用JSQ或JRQ系列的异步电动机（"O"表示特别加强绝缘）；当功率较大、使用时间较长时，宜选用T系列的同步电动机。同步电动机比较贵，但有较高的功率因数和效率，该系列的电压一般为3000V或6000V。

2. 配套用电动机的输出功率 P

可用式 (5-11) 计算：

$$P = K \frac{\rho g Q H}{1000 \eta \eta_{传}} (\text{kW}) \tag{5-11}$$

式中 ρ——被抽液体的密度，kg/m^3；

　　　H——水泵的最不利工作扬程，对于离心泵应采用设计最低扬程，对于轴流式水泵，应采用设计最高扬程，m；

　　　Q——与 H 相应的流量，m^3/s；

　　　η——与 H 相应的水泵效率；

　　　$\eta_{传}$——传动效率；

　　　g——重力加速度，$g=9.8m/s^2$；

　　　K——电动机的功率备用系数，对排灌用电动机，可按表5-4选用。

表5-4　　　　　　　　电动机的功率备用系数

功率/kW	<1	1～2	2～5	5～10	10～50	50～100	>100
K	2.5～2.0	2.0～1.5	1.5～1.2	1.20～1.15	1.15～1.10	1.10～1.05	1.05

（三）内燃机与水泵的配套

排灌用的内燃机大都采用柴油机（仅小型临时性水泵机组才有用汽油机的）。

内燃机的功率备用系数 K_1 可按表5-5选用。

如果选用的电动机或内燃机功率过大，它将不在高效区工作，对节能不利。

表5-5　　　　　　　　内燃机的功率备用系数

功率/kW	4～7	7～40	40～75	>75
K_1	1.5～1.3	1.3～1.2	1.2～1.1	1.05

思 考 题

1. 利用河川径流灌溉时，常见的取水方式有哪几种？
2. 简述弯道环流原理和弯道水流的特性。
3. 都江堰渠首工程分为哪几部分？各有什么作用？请用弯道环流原理解释布置要点。
4. 有坝取水对河道上下游有何影响？
5. 简述渠道系统的组成及其各自作用。
6. 为什么要采取轮灌的灌溉渠道工作制度？
7. 按支承形式区分，渡槽有哪几大类，各采取什么支承形式？
8. 跌水可以分成几种型式？在什么情况下修建跌水？
9. 什么是泵？常见的水泵的类型有哪些？
10. 水泵按工作原理分可以分为几类？分别是什么？
11. 灌溉泵站水泵选型的步骤有哪些？
12. 泵站机电设备分哪几类？分别包括哪些设备？

第六章 给排水工程

第一节 给 水 系 统

给水系统是指保证城市、工矿企业等用水的各项构筑物的组合体。按使用目的可以分为生活饮用给水、生产给水和消防给水系统；按服务对象可以分为城市给水、工业给水系统；按水源种类可以分为地表水源和地下水源给水系统；按供水方式可以分为自流供水系统、水泵供水系统和混合供水系统。

一、各类用户对给水的要求

（一）生活用水

生活用水是指家庭、浴池、旅馆等的饮用、洗涤、烹调和清洁卫生等用水。

影响用水量的因素很多，诸如气温、生活习惯、卫生设备的完善程度、供水压力、水费标准和收费方式等。居住区生活用水量标准可参照《室外排水设计标准》（GB 50014—2021）的规定选取，例如：室内有给排水卫生设备但无淋浴设备者，人均每天用水量中北京、西安等地为 60~95L，上海、南京、广东等地为 65~100L；室内有给水龙头但无卫生设备者，相应的人均每日用水量则分别为 30~45L 和 40~70L。大面积绿化用水量每日每平方米 1.5~2.0L，洒浇道路用水量每次每平方米路面 1.0~1.5L。

工业企业内职工生活用水量和淋浴用水量可按《工业企业设计卫生标准》（GBZ1—2010）采用。生活用水量，一般车间采用每人每班 25L，高温车间则为 35L。淋浴用水量为每人每班 40~60L。

目前农村用水量标准为每人每日 20~60L。

公共建筑内的生活用水量，可参照《建筑给排水设计规范》（GB 50015—2021）选取。

生活用水的感官性状、化学指标、毒理学指标和细菌学指标等均应符合《生活饮用水卫生标准》（GB 5749—2022）的规定。

（二）生产用水

生产用水是指工业企业生产过程中使用的水，例如水力发电厂的冷凝器、钢铁厂的炼钢炉、纺织和造纸工业用水、生产上的洗涤、空调用水等。

工矿企业部门很多，生产工艺多种多样，且工艺的改革、生产技术的发展等都会使生产用水量发生变化。因此生产用水的水量，应根据生产过程的要求确定，一般由企业的工艺部门提供。缺乏条件时，可参考同类型企业的技术经济指标采用。生产用水常按单位产品计算其用水量，如每生产 1t 钢材需要多少水，可按每台设备每班用水量计。

生产用水的水质要求，与生产工艺过程和产品种类有密切关系。例如食品加工业用水，必须符合食品工业用水标准。一般，冷却水对浊度的要求不高，但不应有侵蚀性，不含水生生物，以免堵塞设备。

（三）消防用水

消防用水是指发生火警时从给水管网的消防栓上取用的水。其用水量应按同时发生火灾次数和一次灭火的用水量来确定。例如一座40万～50万人的城市，可按同一时间内的火灾次数为3计，一次灭火的用水量规定为80L/s。

二、给水系统的组成和布置

给水系统由相互联系的一系列构筑物和设备组成。一般包括取水构筑物、水处理构筑物（常集中布置在水厂内）、泵站、输水管和管网，以及调节水量和水压的调节构筑物（如水池和水塔等）。

以地表水为水源的给水系统，其典型布置型式如图6-1所示。

以地下水为水源的给水系统，一般只加氯消毒且地形也较简单，故给水系统大为简化，其典型布置型式如图6-2所示。

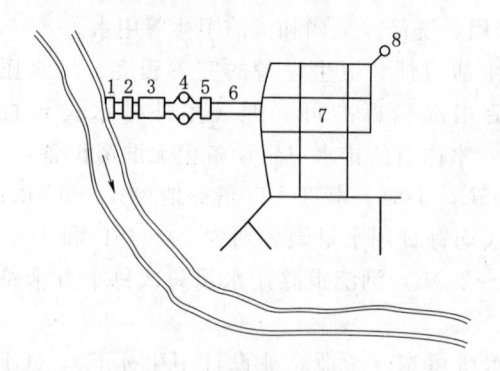

图6-1 地表水源给水系统布置图
1—取水构筑物；2—Ⅰ级泵站；3—水处理构筑物；
4—清水池；5—Ⅱ级泵站；6—输水管；
7—管网；8—水塔

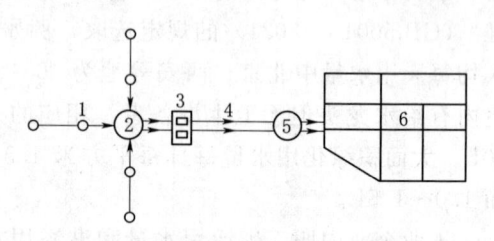

图6-2 地下水源给水系统布置图
1—管井群；2—集水池；3—泵站；
4—输水管；5—水塔；6—管网

一般来说，庞大的给水系统有多个水源。当工业用水的水质、水压要求与生活用水不同时，考虑建立分质分压给水系统。

有些城市或工矿企业，就近缺乏合适的水源，以致被迫采用远距离输水的方式以解决其给水问题。例如天津石油化纤厂，其给水工程的输水段长达120km；天津市的引滦入津工程（最高流量为300万m³）输水距离长达234km。

工业企业的给水系统可以细分为以下几类。

（1）直流给水系统，是指由就近水源取水，使用后排入水体的一种简单给水系统。

（2）循环给水系统，是指使用过的水，经适当处理后再进行回用的给水系统。使用过程中损耗的水量（一般不到循环水量的10%），可由水源取水给以补充。

(3) 循序给水系统，是一种将水源水先送到某些车间，使用后或直接送到其他车间，或经冷却、沉淀等适当处理后再送到其他车间使用的给水系统。

三、给水系统的工作情况

(1) 大中水厂的一级泵站，参见图6-1，多按24h均匀供水设计。

设水塔或高地水池时，二级泵站多按不均匀的分级供水设计。泵站的供水线宜尽量接近用水线以减少水塔的调节容积，但分级数一般不应多于3级，以便于运转管理。此外应注意能否选到合适的泵型（泵站内水泵大小应合理搭配），并应尽可能满足目前和今后用水量可能增长的情况。

由于一、二级泵站的供水过程曲线不吻合，所以需在其间设置清水池以调节水量。清水池的调节容积应为图6-3中A部分的面积（等于B部分的面积）。

水塔或高地水池与清水池的容积密切相关。当二级泵站的供水过程线与用水过程线吻合较好时，需要的水塔容积较小，但需要的清水池容积则较大。

(2) 当水塔位于二级泵站与管网之间时称为网前水塔。其工作情况是：二级泵站供水至水塔，再经管网到用户；当水塔顶水柜为低水位而用水量最大时，管网的水压最低。

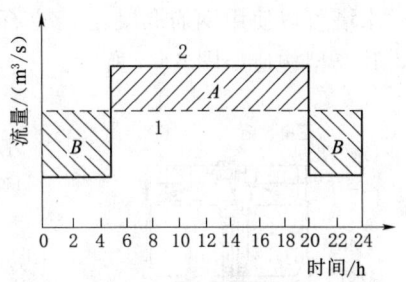

图6-3 清水池需要的调节容积
1——级泵站的供水曲线；
2——二级泵站的供水曲线

(3) 当供水区地形离二级站越远越高时，水塔宜置于管网末端，称为对置水塔或网后水塔。

设置对置水塔的管网，在最大用水量时，由泵站和水塔同时向管网供水，两者有各自的供水区。在供水区的分界线上，水压最低。

当泵站供水量大于用水量时，多余的水通过管网流入水塔。流入水塔的流量称为转输流量。转输流量虽小，但因流程长，管网水头损失可能不比最大用水量时小。所以最大转输时要求的水泵扬程有可能大于最高用水时的扬程。在难以兼顾两种情况而选出合适的水泵时，可考虑适当加大管网中部分管段的管径。

(4) 当供水区中心的地形较高或为了靠近大用水户，可置水塔于管网中部，成为网中水塔的给水系统。此时的管网工作情况介于网前水塔和对置水塔二者之间。

(5) 对于狭长的供水区，如采用加高二级泵站扬程的方法满足管网远端的供水水压，则泵站附近地区的压力将远高于所需水压，造成供水能量的浪费。此时宜在管网中的适当位置设置加压泵站并配以调节水量的水池。

(6) 按照消防时给水管网的压力，可分为高压网和低压网。高压网消防时不仅要保证应有的消防流量，还要有足够的水压，使消火栓上接出水龙带后即能射流灭火。低压网只保证消防所需流量，而消防所需水压由消防车自行加压。目前我国普遍采用低压网，消防时管网自由水压不得低于10m水柱。

(7) 给水系统应考虑备用，以保证供水的可靠性。一般多采用并联型式的设备作为备用，当其中一个或几个组分发生故障时，可临时加大其他组分的工作来保证正常供水。

树状管网是没有备用的给水系统，故较少采用。环状管网是有高度备用的给水系统，虽其造价较高，但仍为大中型工程所广泛采用的一种型式。

第二节 主要给水构筑物

给水构筑物众多，有些已在或者将在别的章节中介绍，本节主要介绍几种。

一、水塔

水塔可以使用钢筋混凝土、砖石、钢材等建造。大中型水塔多用钢筋混凝土建造，其典型构造如图6-4所示。

一般进出水管应分别设置。进水管顶端应伸至水箱（常称水柜）的高水位附近，出水管应靠近箱底，以保证水流循环。

为防止水箱溢水和放空箱内存水，需设置溢水管和排水管。溢水管上不需设置阀门。从箱底引出的排水管，管上设以阀门，然后接至溢水管上。水管与箱底的连接处应做成可伸缩的构造，以适应温度变化和水塔下沉时所产生的变形。

常用的水箱保温措施有：在水箱壁上贴砌8～10cm厚的泡沫混凝土、膨胀珍珠岩等保温材料；在水箱外贴砌以空心砖墙；在水箱外加保温外壳，外壳与水箱外壁间的空间内填以保温材料。当然，在无冰冻问题的南方无需采用水箱保温措施。

水箱应设顶盖，顶盖上设通气孔，以利于水箱的充水和放水。为方便观察水箱的充水度，还需设置浮标水尺或电气水位计。

水箱通常做成圆筒形，高度和直径之比为0.5～1.0。水箱箱体过高时会造成水能的浪费。有的水塔在不同高程处分别置以不同的水箱，以供水给对水压有不同要求的地区，也有的水塔将水箱分隔为两部分，以供应不同水质的水。

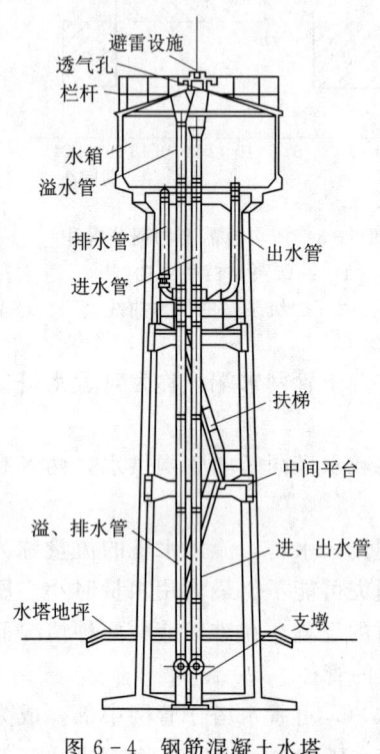

图6-4 钢筋混凝土水塔

二、冷却塔

工业用水中，常采用冷却塔冷却被利用后的吸热水，以便重复利用水资源。

使热水在不和空气直接接触的条件下进行冷却的冷却塔称干式冷却塔。使热水在和空气直接接触的条件下进行冷却的冷却塔称湿式冷却塔。此外，还有干湿式冷却塔。目前，最常用的是湿式冷却塔。

湿式冷却塔又可以分为自然通风式、机械通风式（有抽风式和鼓风式两种）、混合通风式等型式。

下面以抽风式冷却塔为例，说明冷却塔的主要构造和工作原理。

（一）配水系统

需要冷却的水经进水管送入塔内的配水系统中，常见的配水系统为管式配水系统。

对配水系统的基本要求是：将需要冷却的热水均匀地分配到冷却塔的整个淋水面。如配水不均，会使水流密集部分的通风阻力加大、空气流量减少，而水流稀少部分的大量空气未充分利用就逸出塔外，将降低冷却效果。

配水管系由呈规则排列的配水管网组成。配水支管上广布着可将热水均匀洒布于下端淋水填料上的装置。例如，在配水支管上接出短管，短管端部再安装以喷嘴，喷出的水冲击在溅水盘上，再将水均匀地溅落至其下的淋水填料上。

（二）淋水填料

淋水填料的作用是将配水系统溅落下来的水，经在填料中多次溅散而成为小水滴或铅直向的水膜，以增大水和空气的接触面积、延长接触时间，从而保证水和空气的良好热交换作用。水的冷却过程主要是在此进行的。

淋水填料的型式和种类很多。例如：以 16°～18°铅丝作筋，采用水泥砂浆浇制成方格网，网孔为 50mm×50mm，格网高为 50mm，隔板厚 5mm，将这种格网交错的水平叠置起来即成淋水填料，表示方法为 G 层数×网孔-层距，均以 mm 为单位，例如 G16×50-50。

（三）除水器

从冷却塔排出的湿热空气带有相当的水分，其中一部分是混合于空气中的水蒸气（不能用机械方法将其水分分离出来），另一部分是随气流带出的雾状小水滴。通常应用除水器分离回收小水滴，以减少水量损失，同时改善塔周围的环境。

为了增大通风面积、减少通风速度，要求应尽量选用薄壁材料（例如塑料、玻璃钢等）制造除水器。图 6-5 为除水器的示意图。

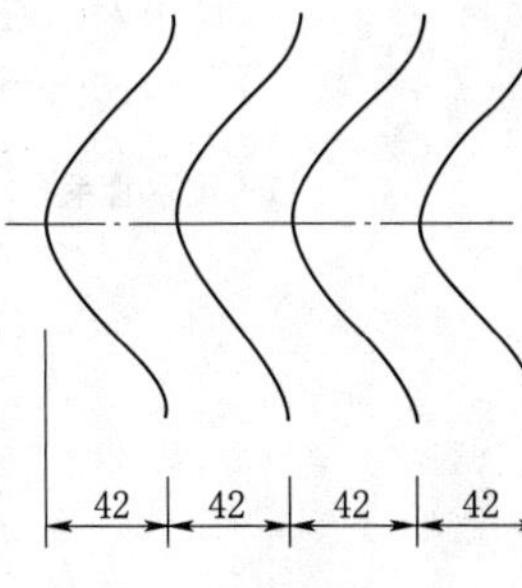

弧形除水器利用惯性分离原理，当细小水滴被塔内气流挟带上升遇到弧形片时，在惯性作用下，撞击到弧形片上的小水滴，就脱离接近饱和状态的气流而被分离和回收下落。

图 6-5　除水器示意图
（单位：mm）

（四）塔体

塔体主要起围护作用（使热交换在塔中进行）和支架作用。在平面上塔体多为矩形或圆形。

单塔处理水量在 500m³/h 以下者称小型冷却塔；单塔处理水量在 2000m³/h 以上者称大型冷却塔。大型塔常采用铅直向外形为双曲线的自然通风的塔型。图 6-6 为抽风式冷却塔的示意图。

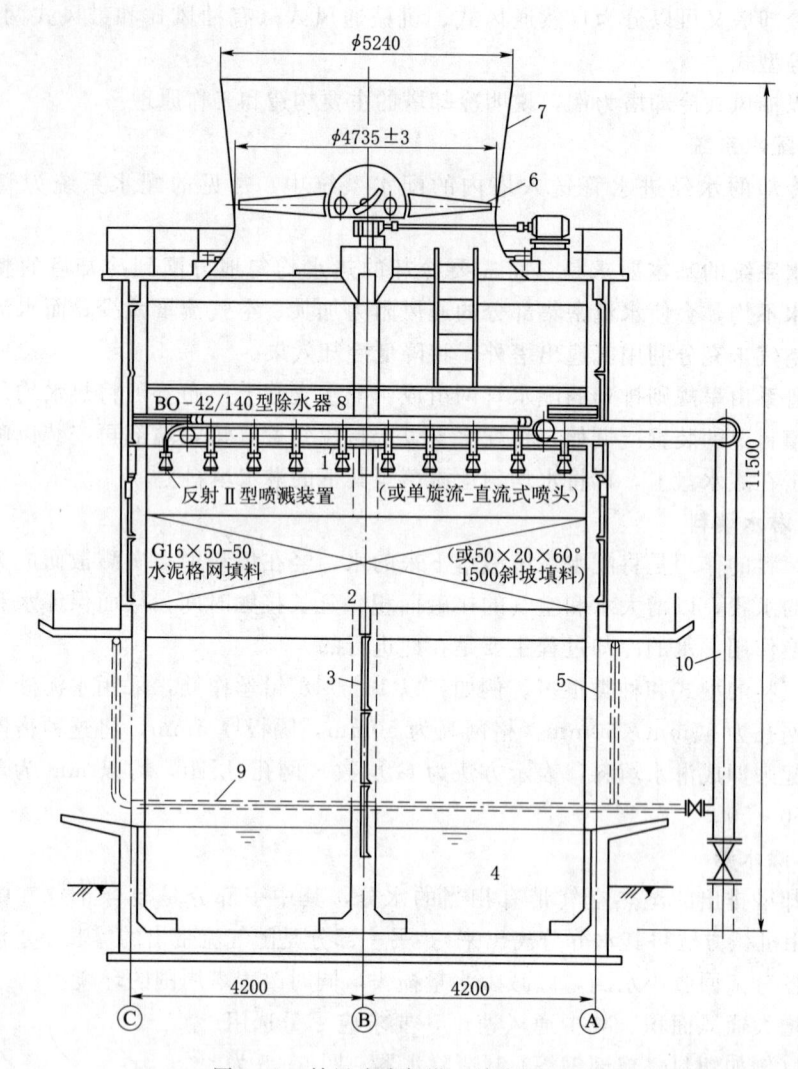

图 6-6 抽风式冷却塔（单位：mm）
1—配水管系；2—淋水填料；3—挡风墙；4—集水池；5—进风口；6—风机；
7—风筒；8—除水器；9—化冰管；10—进水管

第三节 给 水 处 理

一、原水中的杂质

任何原水不同程度地含有杂质。无论哪种来源的杂质，从给水处理角度考虑，皆可按其颗粒直径大小分为悬浮物（其粒径一般大于 $1/1000$ mm，即 $1\mu m$）、胶体（其粒径一般为 $1\mu m \sim 1nm$）、溶解质三类。

悬浮物和胶体一般是生活饮用水处理的主要去除对象。粒径大于 1/10mm 的泥沙，通常在水中可自行下沉。颗粒较小的悬浮物和胶体，须投加混凝剂方可去除。

天然水中的氧主要来源于空气中氧的溶解,其含量与水温、气压及有机物含量等有关。一般为5~10mg/L,最高也不超过14mg/L。地表水中的二氧化碳主要来自有机物的分解,其含量一般小于20mg/L。地下水中的二氧化碳除来源于有机物的分解外,还存在于地层中所进行的化学反应,其含量较高(一般小于100mg/L)。此外,水中的溶解质还包括溶解氮、硫化氢等气体和一些矿物质溶解所形成的 Ca^{2+}、Na^+、Cl^-、SO_4^{2-} 等离子。

地下水在地层的渗滤作用下,悬浮物和胶体可去除掉。但是,由于流经地层时溶解了各种可溶性盐类,因而含盐量较高(特别是少雨地区)。我国地下水总硬度大多为60~300mg/L(以CaO计)之间,少数地区可达700mg/L(生活饮用水卫生标准规定不应超过250mg/L)。

二、给水处理方法

(一) 混凝和沉淀

原水经投药后,经过混合和反应两个混凝工艺阶段,可使水中细小的悬浮物和胶体形成大颗粒的絮凝体,后经过沉淀池即可将其进行重力分离。常见的澄清池即是将絮凝和沉淀综合于一体的构筑物。

常用的混凝剂有:①硫酸铝、明矾和三氯化铁、硫酸亚铁等金属盐类;②聚合氯化铝等无机高分子类。最常用的为硫酸铝,但水温低时水解困难,效果不及三氯化铁。

当原水碱度不足而使混凝剂水解困难时,可投加碱类助凝剂(通常用石灰);当使用铝盐或铁盐混凝剂产生的絮凝体细小而松散时,可投加高分子助凝剂(如聚丙烯酰胺、活化硅酸等),以使絮凝体变得粗大而密实。

大中型水厂通常建造混凝土的溶解池并配备搅拌装置,以加速药剂的溶解。一般使用耐腐泵或射流泵将溶解池中的浓药液送入溶液池中,同时加入自来水将其稀释到一定浓度以备投加。整个投药系统包括溶解池、溶液池、计量设备和投加设备。

投药后进入混合阶段。通过混合设备的剧烈搅拌,可使水中各质点相互碰撞接触,于是在药剂的作用下便开始发生凝聚现象。

在反应阶段,主要靠机械或水力搅拌造成小凝聚体碰撞接触,从而聚集成大颗粒的絮凝体(俗称矾花)。随着絮凝体的变大,搅拌强度相应变小。

原水经反应池后进入沉淀池,水中的悬浮絮状体在依靠重力的作用下从水中分离出来,沉于池底。常见的为平流式沉淀池,其状如矩形水池:上部为沉淀区,下部为污泥区,池前部为进水区,池后部为出水区。

(二) 过滤

过滤一般是指采用石英砂等粒状滤料层截留水中杂质,从而澄清水流的工艺过程,滤池一般置于沉淀池之后。

以石英砂作为滤料的普通快滤池使用历史最久。后来为了充分发挥滤层截留杂质的能力,出现了滤料粒径沿水流方向减小的反粒度过滤方式(如双层或三层滤料滤池)。为了减少滤池阀门并便于操作管理,出现了无阀滤池、虹吸滤池等。

各种滤池的过滤原理一样,基本工作过程也相同,即过滤和冲洗交错进行。从过滤开始到冲洗结束为一个工作周期，一般工作周期长为12～24h。

过滤池的产水量取决于滤速（以 m/h 计）。滤池负荷为单位时间、单位面积上的过滤水量，常用单位为 $m^3/(m^2 \cdot h)$。一般单层沙滤池的滤速为8～10m/h，双层滤料时的滤速为10～14m/h。三层滤料（上层为大粒径的轻质滤料，如无烟煤；中层为中粒径的石英砂；下层为小粒径的重质滤料，如磁铁矿颗粒）时的滤速为18～20m/h。

冲洗的目的是清除滤层中所截留的污物，以恢复滤池的工作能力。按冲洗流速分为高、中、低速冲洗三种。我国普遍采用高速冲洗法。高速冲洗时，整个滤层均达到流态化状态，滤层中的污物在滤层孔隙中的水流作用及滤料颗粒碰撞摩擦作用下，从滤料表面脱落下来，并被冲洗水流带出滤池。

（三）消毒

消毒的目的是将水中的细菌性和病毒性病原微生物消减至有关标准要求的限度以内。常见的消毒方法如下。

1. 氯消毒

给水处理中加氯消毒法最为常用。氯容易溶解于水，并产生次氯酸 HOCl。HOCl 可穿过细菌的细胞壁而进入到细菌内部，破坏细菌的酶系统使细菌死亡。

当缺乏试验资料时，一般的经混凝、沉淀和过滤后的地面水或清洁的地下水，加氯量可采用1～1.5mg/L。

常温下加压至6～8个大气压或常压下温度低于－33.6℃时的氯，为琥珀色的油状液体，常将其装入钢瓶，通过加氯机投加。

使用氯气和石灰可加工制成漂白粉（有效氯含量约30%）。使用漂白粉消毒时，宜先将其调成糊状，然后加水配成1%～2%（以有效氯计）浓度的溶液，投加于过滤后的水中，并应经过4h以上的消毒澄清过程。

2. 臭氧 O_3 消毒

O_3 是空气中的氧通过高压放电产生的。O_3 特臭、极不稳定，分解时放出具有极强氧化能力的新生态氧〔O〕，用于臭氧消毒。

O_3 用于去除臭、味、色度、铁、锰、酚，对病毒、芽孢等也有强大的杀伤力。O_3 用于消毒的主要缺点是设备费用大，耗电量大，不能储存，在水中容易消失（因而不能在配水管网中继续保持杀菌力）。

O_3 单用于消毒过滤水时，其投加量一般不大于1mg/L。如用于去色除臭味，则需加大至4～5mg/L。

3. 其他

工程上也有使用紫外线（波长为2600A较好）进行消毒的，其光源为高压石英水银灯。在消灭湖泊、水库中的藻类时，常投加以硫酸铜。

（四）其他

1. 地下水的除铁除锰

我国地下水的含铁量一般在5～15mg/L 之间（饮水标准规定不应超过0.3mg/L）；含锰量一般为0.5～2.0mg/L（饮水标准规定不应超过0.1mg/L）。

除铁一般用氧化法，氧化生成的三价铁经水解后，先产生氢氧化铁胶体，然后逐渐凝聚成絮状沉淀物，再用沙滤池清除。

除锰也多用氧化法，但宜先曝气散除水中的二氧化碳，以提高水的pH值。

除铁除锰的工艺流程见图6-7。

含铁含锰地下水 → 简单曝气 →(O₂)→ 除铁滤池 → 充分曝气 →(CO₂)→ 除锰滤池 → 除铁除锰水

图6-7 除铁除锰的工艺流程

2. 水的软化处理

常见的水的软化处理方法包括药剂软化法和离子交换软化法。在水中投以石灰可降低水的碳酸盐硬度，投以苏打 Na_2CO_3 可降低水的非碳酸盐硬度，投以石膏 $CaSO_4$ 可降低水的钠盐碱度。离子交换软化法中目前常用的是 Na 离子交换法和 H 离子交换法。

三、常见的给水处理工艺流程

水源为一般地表水时的工艺流程大多为

泵水 → 混合 →(混凝剂)→ 反应沉淀池 → 滤池 →(消毒剂)→ 清水池 → 二级泵站 → 管网、用户

当原水含沙量大时，应在上述流程的最前面加设沉砂池。

水源为良好地下水时，常仅消毒即可，如需除铁除锰，则需加入前述的除铁除锰工艺流程。

第四节 排 水 系 统

排水系统是用来排除污水的。污水分为生活污水、工业废水（包括污染较轻的生产废水和污染较重的生产污水）、商业污水和地表径流四类。

为了排除污水而修建的收集、输送、处理、利用及排走的全部工程设施，称为排水系统。

一、排水系统的体制

排水系统的体制一般分为合流制和分流制。

1. 合流制

合流制是一种将各种污水混合在同一个管渠内排除的系统，参见图6-8。

晴天时污水被全部送入污水处理厂，经处理后再排入水体（江河）中。大雨时，因雨水的加入将使截流主干管宣泄不及，于是部分混合污水经溢流井直接排入河道。

2. 分流制

分流制是一种将各种污水在各自独立的管渠内排除的系统，参见图6-9。

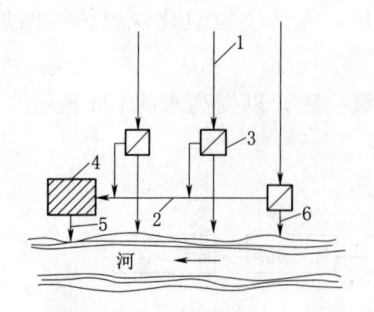

图6-8 合流制排水系统
1—合流干管；2—截流主干管；
3—溢流井；4—污水处理厂；
5—出水口；6—溢流出水口

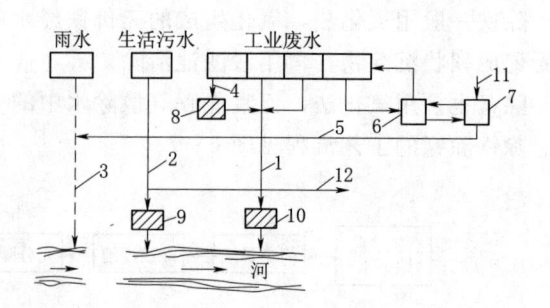

图6-9 工业企业的分流制排水系统
1—生产污水管道系统；2—生活污水管道系统；3—雨水管道系统；4—特殊污水管道系统；5—溢流水管道；6—泵站；7—冷却构筑物；8—特殊污水处理厂；9—生活污水；10—生产总污水处理厂；11—补充清洁水；12—排入城市污水道

由于工业废水的成分复杂，不宜与其他污水或者雨水彼此相混合，避免造成污水和污泥处理复杂化，以及给废水重复利用和回收有用物质造成困难。实践中，多数情况采用图6-9所示的分质分流、清污分流的排水系统。

为了解决水资源的不足，近年来出现了将部分污水的处理水用作工业用水或杂用水（包括厕所冲洗水、洗车水、消防用水、浇花草用水等）的现象。

二、排水系统的主要组成部分

（一）城市污水排水系统的主要组成部分

城市污水排水系统由室内污水管道系统和设备、室外污水管道系统（包括庭院的或街道的）、污水泵站及压力管道、污水处理厂、排入水体的出水口等组成。

管道系统常见附属构筑物有控制井、检查井、跌水井、倒虹吸管等。

（二）工业废水排水系统的主要组成部分

工业废水排水系统由车间内部管道系统和设备、厂区内管道系统和污水泵站及废水处理站等组成。

（三）雨水排水系统的主要组成部分

雨水排水系统由房屋的雨水管道系统、庭院或厂区内的雨水管渠系统、街道雨水管渠系统和排洪沟及其出水口等组成。

三、排水系统的布置规划

影响排水系统规划布置的因素主要有：地形、地质、河流情况、工厂及街道的交通线路情况、地下电缆及人防工程情况、污水的种类及污染程度等。在具体进行规划布置时，应注意以下几点。

（1）贯彻执行"全面规划、合理布局、综合利用、化害为利、依靠群众、大家动手、保护环境、造福人民"的方针。

（2）在地势高低悬殊的地区，可采用分区布置形式，即让高地区的污水自流进入污水处理厂，让较低地区的污水抽送至污水处理厂。

（3）注意利用本厂或厂际的废水、废气、废渣，采用循环利用和重复利用系统。

思 考 题

1. 什么是给水系统？大致分为哪几类？
2. 给水系统负责为生活、生产等提供水量，为何不为生态供水？
3. 简述给水系统的组成。
4. 什么是排水系统？可分为哪几类？各类由哪几部分组成？
5. 合流制与分流制的差异性体现在哪里？
6. 简述常见的给水处理工艺流程。

第七章 治河防洪工程

第一节 河床演变

河流的水位、流速、流量在不断的变化，因而河流的比降、断面和主流轴线也在不断地随时间和沿程而变化。为了满足国民经济各部门的需要，人为控制其变化过程，防止水流造成的危害现象，称为河道治理。由于河道形态取决于径流条件及河床和坡面的侵蚀作用，河道治理措施涉及径流调节和河道整治两个方面。径流调节可通过修建水库枢纽等工程措施来实现。本章重点论述河床演变过程的调整和控制的工程措施。

一、河床演变的基本规律

河床是在水流作用力和河床土壤抗冲刷能力相互作用下形成的。一般按照河床情况、冲刷和淤积的程度、流量和流速大小等特点，可将河流划分为河源、上游、中游、下游和河口五段。

将河流作为有机整体考虑可知，上游的河道比降最大，沿程递减（图7-1）。因而，上游河床主要是底部侵蚀，逐渐下切，河床加深。冲出的泥沙及洪水期间从流域上随坡面径流进入河流的泥沙（后一部分是河流中泥沙的主要来源），随水流挟运沿程而下。在下游河段，水流从上游挟带的泥沙普遍沉积下来，致使河床逐渐抬高，在平面上河床长度延伸，弯曲率增大。在中游河段，既有侵蚀，也有沉积，泥沙从上游搬来，向下游带去，可认为处于暂时性的冲淤平衡状态。由于曲线河段的离心力及横向环流作用，侧向侵蚀特别发育，导致河床变迁，河岸崩坍，并出现浅滩、沙洲。

河道横剖面形状，一般上游河段为峡谷深槽，中游有滩地，下游位于冲积层上，见图7-1 (c)。

调整河流侵蚀作用和河床淤积的基本原理，是建立在泥沙运动规律的基础上，因此首先应了解泥沙运动的几个基本概念。

1. 泥沙的起动流速

当河道水流速度达到某一定数值时，河床面上泥沙颗粒开始移动，促使泥沙颗粒起动时水流的平均速度称为起动流速。

2. 水流的挟沙能力

当河道水流具有一定的流速和水深，对一定粒径的悬移质泥沙就有一定的含沙量，饱和状态的含沙量称为水流的挟沙能力，通常以 kg/m^3 表示。水流的挟沙能力约与流速的三次方成正比。

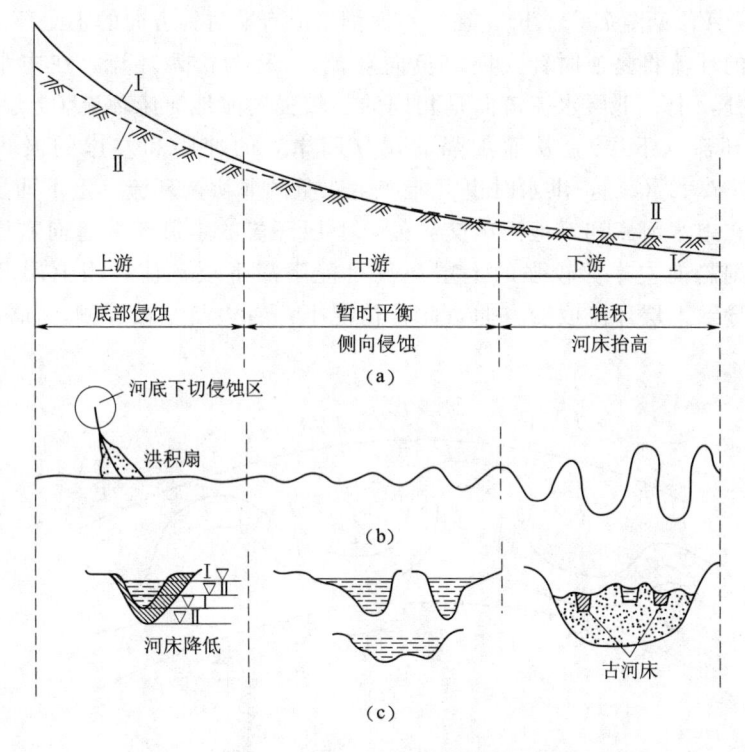

图 7-1 河道演变过程示意图
(a) 河道纵剖面；(b) 河道平面；(c) 河道横剖面

3. 输沙率

即单位时间内通过某一横断面的泥沙量，以 kg/s 计。

某段河床中，如果水流平均速度大于起动流速，河床才有被冲刷的可能。但河床是否被冲刷，还要根据上游的来沙情况而定。如果上游没有沙下来，或下来的推移质小于该河段的推移质输沙率，且悬移质来量小于水流挟沙能力时，河床才可能被冲刷，否则将会发生淤积或不冲不淤。因此，首先要了解上游来水的泥沙特性，结合水流条件进行分析，才可能正确地预测河床冲淤的变化。

河床平面上的变迁主要是在河道发生弯曲时，由于离心力作用，在河流横断面形成横向环流（环流理论详见第五章第二节），水流同时做横向及纵向运动，水流质点沿着复杂的螺旋线轨迹运动，使凹岸不断受冲刷，饱含泥沙的流束沿河底流向凸岸，并在凸岸淤积，造成河床不断演变。

一般认为，凹岸总是冲刷，而凸岸总是淤积，但是在不少河流也有例外。例如长江出南津关后，由于河岸坚硬不易冲刷，迫使水流急转 90°，主河道反而在凸岸。凹岸反而受淤积；在易被冲刷的河床上，则可能是中水河床和滩地河床水流相互作用的结果。图 7-2 为弯曲形中水河床及弯曲形滩地河床平面及典型剖面示意图。在洪水时期，河床水位较高，可将河床沿水深分成两层：较窄的中水河床和水流位于下面第一层，滩地河床的水流位于上面第二层。显然，滩地水流的水深和流速愈大，则它对中水河床水流的影响也愈大。此时洪水在河床中可能沿水深发生双环流。右岸为凹岸的

河床断面 $A—A$，见图 7-2（b），在中水河槽中应有顺时针方向的正向环流存在，而滩地河槽中的环流将是逆时针方向（负向环流），称为协调环流。在中水河床和滩地河床交界处，上、下层水流流向是相同的。较强的滩地河床环流（上层），将加强中水河床的环流（下层），从而加强右岸（凹岸）的冲刷和左岸的淤积。在断面 $B—B$ 处［图 7-2（c）］，洪水时也可能产生双重的非协调环流。上下两层环流都是负向环流，在中水河床和滩地河床交界处，上层环流的水流流向趋向右岸，而下层环流的水流则趋向左岸。较强的上层环流可能阻滞下层环流，当上层环流相当强时，则可能导致下层环流改变方向，此种情况下，右边凸岸被冲刷，而左边凹岸反而淤积。

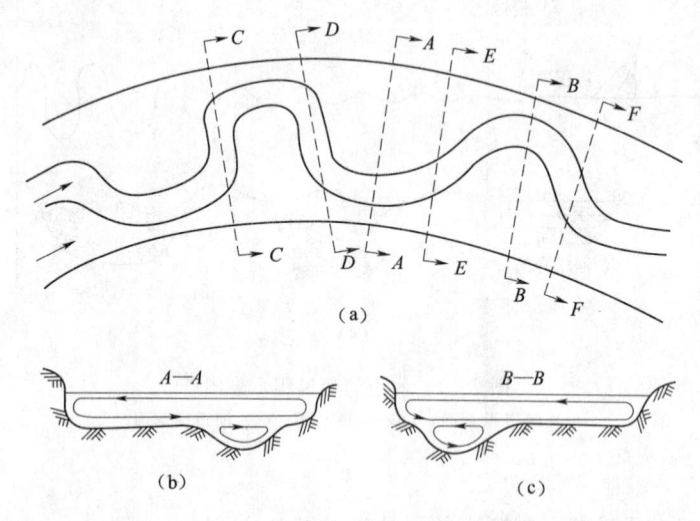

图 7-2 弯曲形中水河床及弯曲形滩地河床平面及典型剖面示意图

二、平原河流的河床特性

平原河流坡降较平缓、流速小、水流挟沙能力低，一般容易淤积。特别是多泥沙河流，在两岸堤防范围内，河床不断被淤积抬高，甚至高出两岸堤外的地面，形成悬河，例如黄河下游段形成的"二级悬河"。另外，平原河流一般位于易被冲刷的冲积平原上，且河流洪、枯水位变化幅度小，河床宽度变化较大，因而河床易受冲刷。如此，反复冲刷与淤积，致使河床极不稳定。各条河流的条件差别很大，所以每条河流的河床演变不尽相同。根据河床形态、两岸及床沙特点、演变的不同，将平原河道划分为以下三类：①顺直（微弯）河段；②弯曲河段；③游荡性河段。

（一）顺直（微弯）河段

顺直河段（图 7-3）是在河床泥沙可动性大、河岸较坚固不易冲刷的情况下形成的。此类河段比较顺直，两岸附近有犬牙交错的边滩，边滩的对岸为深槽，上、下深槽之间有浅滩。在水流作用下，边滩的沙丘逐渐向下游移动，原来浅滩所在的地方逐渐变成深槽，而原来的深槽逐渐变为边滩。河床演变过程周而复始地不断进行，对河流引水和航运极为不利。例如，由于边滩的下移，使原来设在深槽处的引水口被淤积堵塞，主河流偏移而不能取水，航道极不稳定，易造成航道不畅或水深不足。在河床演变过程中，除边滩和深槽相互易位外，亦会使枯水河道慢慢展宽，边滩逐渐增大，导致枯水时期水流不畅；在洪水期往往在边滩与河岸相交处冲开新的河汊，使原来的沙滩可能变成江心洲。

（二）弯曲河段

如果河岸冲刷较快，向下游移动的边滩沙丘来不及像上一种情况一样沉积在岸边，河床就会开始弯曲，弯曲发展同样也是周期性的。弯曲河段的特点是河流蜿蜒曲折，深槽一般在凹岸，边滩在凸岸，弯道之间有较短的浅滩相接（图7-4）。因横向环流的侧向侵蚀河道愈来愈弯曲，可能形成许多几乎闭合的河环。连接河环的起点和终点的微弯直线地段称为曲颈。通过某次洪水，曲颈为水流冲开，形成新的较短的直线河道，称为天然裁弯取直。冲开后的新河道，由于河道长度缩短，坡降和流速增大，冲刷能力增强，于是逐渐发展成为新的较直的河床；被裁割的曲段老河道则变成死河，并被泥沙淤塞而废弃。裁弯取直后的新河道，又开始向弯曲河道发展，重复上述的演变过程。

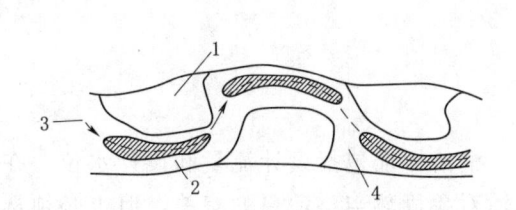

图7-3 顺直河段示意图
1—边滩；2—深槽；3—水流流向；4—浅滩

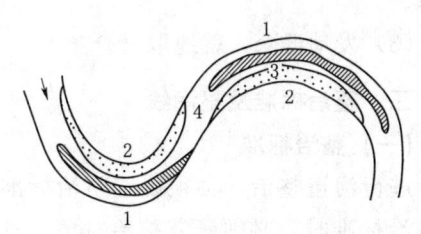

图7-4 弯曲河段示意图
1—凹岸；2—凸岸；3—边滩；4—浅滩

弯曲河段水深较大，深槽和边滩较为稳定，对引水口布置和航道都是有利的，但由于洪水顶冲凹岸，也给防洪及航船带来不利的影响，需要加以整治。

（三）游荡性河段

当河岸可动性很大时，河床开始游荡，河宽增加，形成游荡性河段，表现为河床宽浅，浅滩和汊道相互交错，水流急，挟沙多，河床不断变化，主流摆动不定。游荡性河段对防洪、航运及引水口设置均存在不利的影响。我国华北平原游荡性河段为数甚多，黄河下游也是典型的游荡性河段。

在河床的转折点形成浅滩，是河流航行的主要障碍物。在沙质浅滩的组成中，一般情况下包括下列河相要素（图7-5）：上深谷槽、下深谷槽、上边滩或上沙洲、下边滩或下沙洲、上深槽边滩、下深槽倒套、浅滩脊。由于浅滩导致通航十分困难，亦称为恶滩。

以上所述各类河床的特点及其演变规律，对人们认识和预测河床演变的趋势，以及对河道整治方法和整治措施的探讨，都是十分重要的。

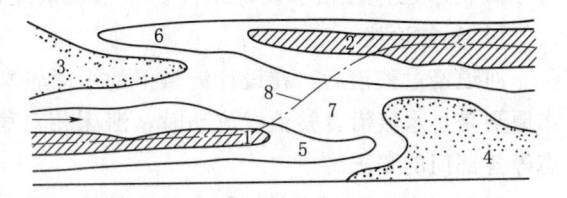

图7-5 浅滩的河相要素
1—上深谷槽；2—下深谷槽；3—上边滩；
4—下边滩；5—上深槽边滩；6—下深槽倒套；
7—浅滩脊；8—航道轴线

第二节 河 道 整 治

河道整治就是利用整治建筑物，保护河道免受冲刷或者防止泥沙淤积，改变河流形态，稳定河道，以适应社会、经济、生态各部门的需要。

一、河道整治的原则

河道整治的原则主要有：

（1）首先要综合利用，综合治理；从全局出发，又要分清主次；各种整治措施要密切配合，以组成完整的体系。

（2）要因势利导，重点整治，巩固阵地，由点到线。河道是不断演变的，整治河道要利用其有利形势，才能达到整治的目的。河道整治往往工程量很大，需要极大的人力物力，故在一般情况下选择重点河段进行，控制全河形势，再由点到线进行全面治理。

（3）发动群众，就地取材。

二、整治标准及整治线

（一）整治标准

进行河道整治，必须确定整治标准。整治标准包括设计流量和设计水位。在确定整治标准时，必须研究整治对象。整治对象固然与整治目的有关，但也必须从河床演变角度考虑三种河槽（洪水河槽、中水河槽、枯水河槽）的相互影响。在每一具体情况下，究竟应以整治哪一种河槽为主，则应根据整治的目的、河道特性及整治条件研究确定。针对洪水、中水、枯水河槽整治，应各有其相应的特征流量和水位，作为设计的基本依据。整治洪水河槽时，选择某一频率洪峰流量，作为设计流量，根据选定的洪峰流量及河道状况求出其相应的洪水位。中水河槽主要是在造床流量作用下形成的，故中水河槽的整治，可转为相应于造床流量的河槽整治。在一般情况下，平滩（河漫滩）流量接近于造床流量，故常用平滩流量和相应水位作为设计标准。枯水河槽的整治，主要是为了解决航运问题，特别是保证枯水期的航深及航道宽度问题，为此需先确定设计枯水位。该水位是根据长系列日平均水位的某一保证率确定的。保证率的大小，视航道等级而定，但也可采用枯水位的平均值或历年最枯水位作为枯水设计水位。枯水位确定以后，再求其相应的流量。

（二）整治线

河道经过整治后，在设计流量下的平面轮廓称为河道的整治线。制定整治线的基本原则是，水流沿着整治线流动时，河床相对稳定，且能很好地满足社会、经济、生态等各部门的要求。

图7-6给出了河道整治线布置示意图。可以看出，整治线包括现存的河岸、护岸工程、丁坝、锁坝、引河以及其他整类型的整治建筑物，并确定它们的尺寸。

整治线设计应从确定整治线的轴线着手。直线形不是平面天然河道的稳定形式。整治线的轴线应做成平缓连接的曲线，一般情况下，曲线与曲线之间可有短的平直段。此时，在整治线的曲线段上，将遇到不对称的凹岸陡峻、凸岸平缓的河槽；在直线段上，将遇到近似抛物线形的对称河槽。为了沿整治线上使不同形状断面能够平缓地互相衔接，必须逐步改变弯曲半径的大小。

枯水河槽整治线的位置，应根据枯水航道的要求，遵循因势利导、集中水流的原则确定。整治线应尽量利

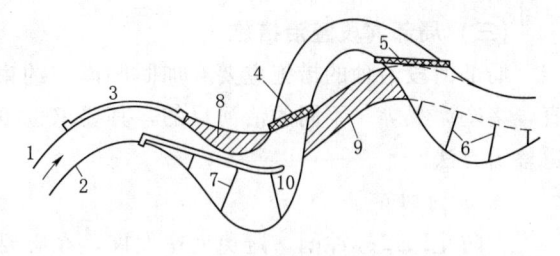

图7-6 河道整治线
1、2—现存河岸；3—护岸；4、5—锁坝；6、7—丁坝群；
8—挖槽；9—引河；10—顺坝

用边滩或江心洲，且枯水流向与洪水、中水流向的交角不宜过大。整治线的曲线特性，仍可用正弦曲线，也可用单一圆弧曲线或复合圆弧曲线来代替。

三、河道整治措施概述

（一）流域中、上游坡面侵蚀及破坏的治理

河流中的泥沙主要来源于流域内上游、中游地区的水土流失。我国黄河流域水土流失较为严重，以往年均入黄沙量约为16亿t，近年来已减少至3亿t，造成下游河道淤积，河床日益抬高形成"悬河"，威胁两岸地区人民的生命财产的安全。长江由于流域内上游山区植被的破坏，输沙量也在增大，已引起人们的重视。因此，大力开展水土保持工作是河流上游治理的基本措施，对下游河道的演变具有重要影响。

水土保持工作是维持生态平衡，涵养水土资源的主要措施之一，需要将生物、农业与水利工程密切配合，也要因地制宜，统一规划逐步实施。为防止坡面破坏，减少进入河道的泥沙，为山区农业生产提供条件，首先应提高坡面的抗冲刷能力及保水保土能力，可在坡面上植树种草，正确地开发森林资源，以保证林木和坡面土壤。

修筑梯田及堤埂、截水沟、鱼鳞坑、闸沟淤地等措施，以减小地面径流的冲刷能力。打坝封沟淤地，用洪用沙，引洪淤灌，既可使农业大幅度增产，也可大量减少入河泥沙。

新中国成立以来，我国十分重视水土保持工作，积累了丰富的经验。按照因地制宜、治坡与治沟相结合、工程措施与生物措施相结合、除害与兴利相结合的原则，实行综合治理、连续治理，开展大规模的群众性水土保持工作，并在干支流上修建大、中型水库工程，取得了显著的成效。

（二）河道的全面治理

河道全面治理是指沿整个河长进行整治，使水流的冲刷能力和河道床沙的抗冲能力相适应，使流域内实际来沙量与水流的挟沙能力相适应，形成理想的稳定河床。实施一条河流的全面治理，需要很长的时间，耗费大量人力物力，往往短期难以实现。要使整个河床比较稳定，在技术上尚有一定的困难。因此，实际上往往是分阶段对国民经济建设最重要的局部河段进行整治。

(三）局部河段整治措施

局部河段治理的措施主要有加固凹岸，约束水流、固定河道，河道疏浚，裁弯取直，堵塞河汊等。不同的治河目的，其要求也不相同。以下将分别叙述各种具体的河道整治方法。

1. 加固凹岸

为防止凹岸被冲刷，避免崩岸发展，在必要的河段修建护岸工程。修建护岸的主要方法有：①将块石、沉排、梢枕等护岸材料，直接铺设在岸坡上，以提高其抗冲能力，保护岸坡免受水流淘刷；②在护岸治导线上布置若干矶头或丁坝，以起挑托水流的作用，防止水流对河岸的冲刷。

不同的护岸方法对水流的作用不同，河流各段的特性也各异。因此，在进行护岸工程设计时，必须研究河床演变规律，对河流上、下游和左、右岸要统筹兼顾，综合考虑，以期达到较好的效果。对护岸工程要经常养护维修，以保持良好的工作状态。

2. 约束水流、固定河道

为维持通航所需的水深和航道的稳定，可修建顺坝和丁坝以约束水流，使主航道比较固定（图7-7）。顺坝沿治导线修筑，亦称导流坝，引导水流在拟定的河道内流动。在河床较宽的凸岸浅滩处设置丁坝，可约束水流，且能加强泥沙淤积，为加速新河岸的形成创造条件。丁坝的修建可以逐渐加密和加长，因而具有能够逐步束窄河床的优点。

3. 河道疏浚

由于大功率的各类挖泥船的出现，国内外常采用疏浚的方法开挖两深槽间的浅滩，沟通深槽，维持枯水期有足够的通航水深（图7-8），对游荡性河道的治理较为有效。将疏浚挖出的沙土，堆积在挖槽的上游一侧，形成保护挖槽不被淤积的堤坝。若其末端与沙洲相接，则效果更好。

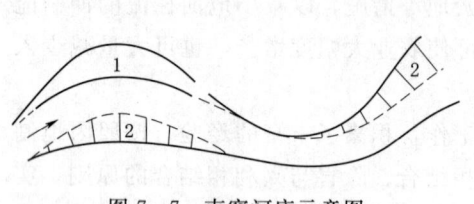

图7-7 束窄河床示意图
1—顺坝；2—丁坝

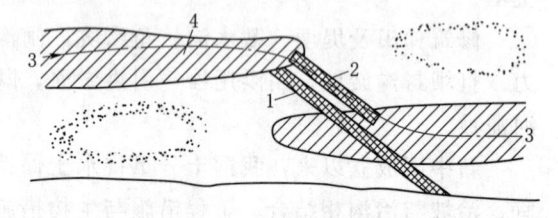

图7-8 疏浚浅滩
1—堤坝；2—挖槽；3—航线；4—深槽

4. 裁弯取直

弯曲河段特别是弯曲过大形成环形河段，通过裁弯取直的方法，可缩短航程，保持水流畅通，消除急转弯，便于船只操作。其方法是，在弯道的颈部（图7-9）开挖一条引河。为节省土方量，一般在引河的轴线上开挖一条能过水的引水沟道，过水后借水流的冲刷而形成合乎要求的河道。小引河的断面应按照航运条件或防洪必要措施的要求确定。被引河切断的弯曲河段，在中水河床范围内借助锁坝与原河床相隔离，洪水期弯曲河段逐渐被泥沙淤塞。但裁弯取直后,由于该段水流条件发生变化,势必对上游和下游河段的河床演变产生影响。因此,在设计中要通盘考虑。

5. 堵塞河汊

在水流分散、河汊众多的游荡性河流上,可用锁坝堵塞河汊,集中水流于主河槽中,达到稳定河床的目的。

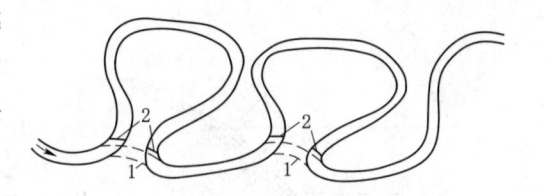

图 7-9 裁弯取直
1—引河;2—锁坝

锁坝可修建在废河槽的首部、中部或尾部,视河流特性而定。一般为了建筑物的安全和节省投资,多倾向于将锁坝布置在汊道的首部或中部偏上处。为了加速废河槽的淤积,可沿河槽修几道锁坝,使锁坝之间形成静水池,有利于泥沙落淤。该措施对于汊道较长、比降较大的河道整治,尤为必要,可将水头均衡地分配在各锁坝内,使每一级锁坝的坝高较为均匀。

第三节 河道整治建筑物

河道整治建筑物不仅工程量大、工程分散,且要适应气候、水流及河床变形。因此,应就地取材。一般常用的材料有土料、砾石、块石、梢料和木料等,也有混凝土和沥青混凝土。整治建筑物的类型很多,作用也各不相同,其基本要求是:应具有足够的抗冲性,能抵抗水和其他漂浮物的冲击作用;在水压力作用下应具有足够的抗滑和抗倾覆稳定性;具有一定的柔性,能适应基础的变形而不破坏建筑物的整体性;结构易于施工和维修。

一、护岸建筑物

1. 块石护岸

块石护岸包括干砌石和抛石护岸。块石护岸层的下面须设置砂卵石垫层。重要的护岸工程枯水位以上用砌石,以下用抛石;次要工程皆可用抛石修筑。块石护岸的工程量浩大,仅在河岸或堤防的险工段采用。块石护岸的细部结构与土坝护坡类似。

2. 石笼、沉排护岸

采用细钢筋或铅丝编成平行六面体或圆柱体的笼子,内装卵石或碎石而成。石笼充分利用小石料的特点,是保证护岸不被水流冲刷破坏的有效措施之一。其可单独作为护面使用或作为其他整治建筑物(顺坝或丁坝等)的主要组成部分,也可与其他材料结合使用,如图 7-10 所示。

3. 梢捆护岸

梢捆是使用树枝条或细铁丝扎捆的整束梢料。若在梢料内用石块或土料加重,外用苇、柳枝或秸料卷成梢料束,称为重型梢捆。水下部分采用梢捆护岸时,可使用柴排,用块石或填土的草袋加重;也可用沉排或重型梢捆等。梢料护岸见图 7-11 (a)。沉排是用梢料或梢捆若干层彼此垂直铺放,将梢索做成的网格,分别从上下两面将梢

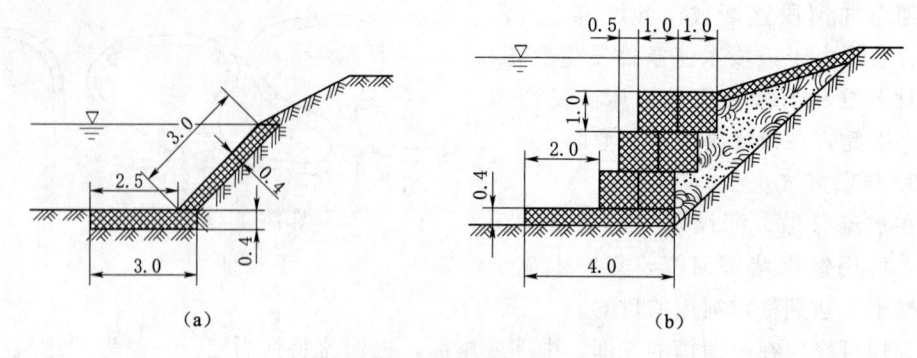

图 7-10 石笼护岸（单位：m）
(a) 石笼沉排护岸；(b) 混合式护岸

捆固定好，再用穿过梢排的铁丝系在一起，梢排厚度为 0.45～0.8m，柴排厚度为 0.7～1.5m 或更厚些。

平面尺寸视需要而定，有时可达数十米。沉放柴排时，使用块石、土料等压沉。梢料组成的沉排，易于沉放，且具有一定的柔性以适应河床地形。当沉排长期处于水下工作时，寿命长，可使用数十年之久。

当河水流速过大时，可使用重型梢料捆-石料护岸。其方法是将梢料和石料分层水平铺设，互相交错，或使用块石及梢捆分层交错砌成，再用纵向编篱在木桩上钉好，或打好排桩。梢料-石料护岸见图 7-11 (b)。

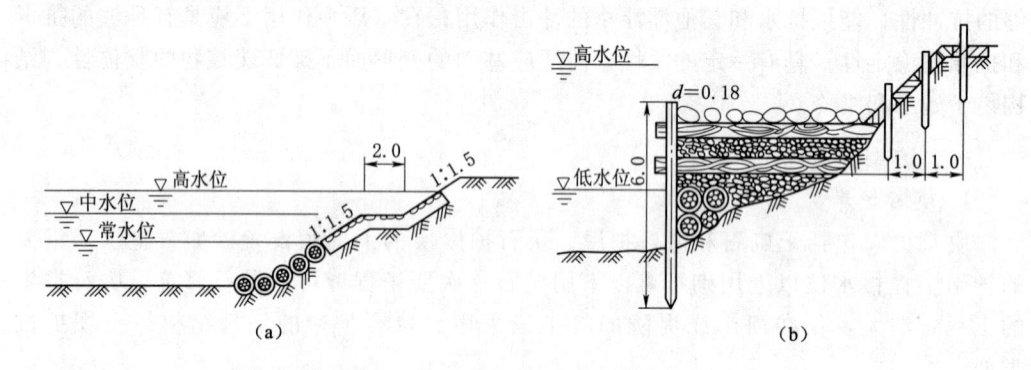

图 7-11 梢捆护岸（单位：m）
(a) 梢料护岸；(b) 梢料-石料护岸

4. 柔性钢筋混凝土护岸

柔性钢筋混凝土护面有各种不同的结构型式，以下简要介绍两种。

(1) 柔性钢筋混凝土格栅，见图 7-12 (a)，是在现场将单个柔性花板条用编结方法组装在一起，格栅中孔眼间距为 0.4～0.8m。格栅可直接放在岸坡上，也可加设下垫层。孔眼可以保留，不填实，或者用石渣、碎石、卵石等填充。钢筋混凝土花板条截面为正方形板条上设置绞接头，其间距等于格栅孔距，见图 7-12 (b)、(c)。

(2) 柔性钢筋混凝土沉排由方形、矩形、工字形或其他形状的板组成。板厚 8～15cm 每块混凝土板之间使用细钢筋连接，并预留缝隙；混凝土板的尺寸为 40cm×

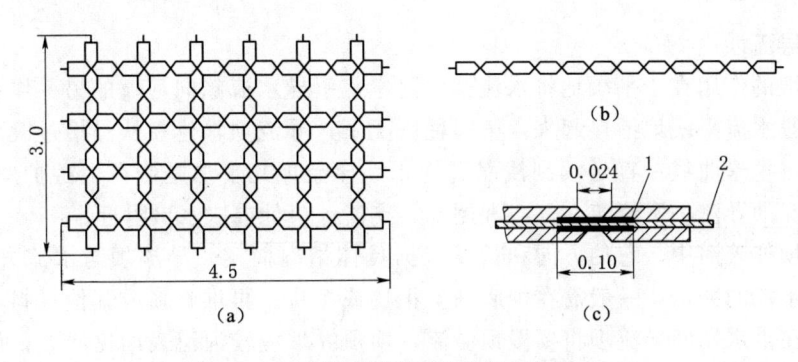

图 7-12 柔性钢筋混凝土格栅（单位：m）
(a) 格栅；(b) 花板条；(c) 铰
1—聚乙烯壳体；2—钢筋

100cm，由 20～25 块混凝板组装在一起，卷成筒状运输。更大更重的板块则在现场拼装。使用机械方法沿边坡铺上砂卵石垫层，将混凝土板放置在垫层上。图 7-13 是柔性钢筋混凝土沉排作为护面的实例。

5. 沥青及沥青混凝土护面

沥青及沥青混凝土护面柔性大，使用简便，可现场浇制，也可装配式组装。在现场浇筑前，先将岸坡平整好且碾压密实。为了增加岸坡承载力，应铺设碎石垫层，将碎石压入土层中，然后在其上喷洒沥青材料即可。装配式沥青护面板是由两层沥青或沥青混凝土板组成，中间设置钢筋网，以承受各种外力。图 7-14 是铺设沥青混凝土护面的工作图。沥青混凝土板应互相搭接 1～3m。高出水面线部分应用锚固桩固定。沥青护面在河道一侧的终端使用混凝土条压重或其他方法固定。

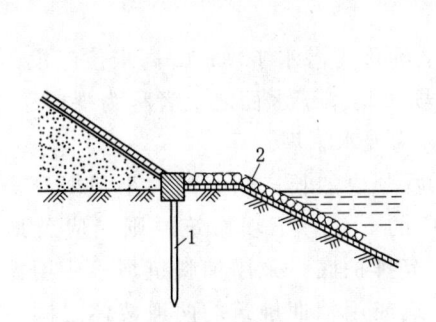

图 7-13 柔性钢筋混凝土沉排护面
1—桩；2—钢筋混凝土沉排

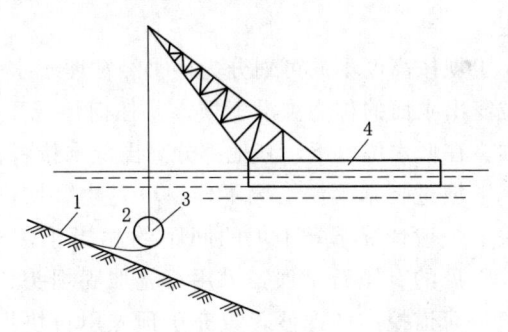

图 7-14 装配式沥青混凝土护面铺设图
1、2—沥青混凝土板；3—滚筒；4—浮式起重机

岸坡的表面防护型式众多。选择护面型式应考虑以下因素：①预期水流对岸坡的作用力；②当地材料情况；③河岸形状及土壤类别；④不同方案的技术经济比较。

护岸形式可沿岸坡高程变化。例如，洪水位以上可种草；洪水位以下较少遭受淹没地带可植草皮；在水位变化区范围内采用活柳一类梢料护面；水下部分是最重要的部位，它一方面支持上部护岸工程，同时又承受水流的最大冲击作用。在大多数情况下，在护岸基础部分靠河一边宜设置沉排或其他柔性护面。

二、导流坝

导流坝的作用在于平缓地将水流挑离河岸，引导水流趋向河流的另一岸；另一作用是将两股水流平缓地衔接起来。第一种情况下，导流坝常建在从深槽过渡到浅滩脊的地方，将主岸曲线一直延续到浅滩脊为止，导流坝几乎总是修在上游护岸的下端。第二种情况的导流坝常修筑在江心洲尾部、支流入口处或取水口附近。

导流坝伸入河中，它的方向和长度依据具体情况而定。导流坝与水流方向斜交，必然受到水流的冲击，一般需在坝底铺上梢枕或沉排，再堆石料或其他材料，以免淘刷坝底。在洪水期间导流坝将要漫顶溢流，坝顶纵坡应较河流表面比降大，保证坝头首先溢流。坝头迎水边坡应较平缓，以保证坝头不受淘刷。

三、丁坝

丁坝群的主要作用是逐步束窄河道，刷深主河床，保证一定的水深，丁坝群附近河床逐步被淤积，形成新的河岸。

丁坝的一岸伸入河床，其方向有的与河岸垂直，有的向上游倾斜，也有的向下游倾斜。丁坝的挑流作用大小及坝群间的落淤情况，因坝的方向及长短而异。根据经验向上游倾斜（上挑）的效果较好，向下游倾斜的效果较差。对于上挑丁坝，坝外常有漩涡，坝头冲刷严重，应加固以保证安全。丁坝在平面上多为长条形，也有采用其他形式的，如人字坝、月牙坝、雁翅坝、磨盘坝等，多在特殊情况下采用。

水流在丁坝之间呈回流状态，流速减缓，使水流中挟带的泥沙沉积。落淤情况和坝的位置、间距、坝高、坝长以及坝端的形状有关，也与河道的流量、坡度、含沙量等有关。因此，在实际工程中确定丁坝的位置、数量、间距、方向及坝体参数是相当复杂的，一般要通过河道模型试验进行分析研究，也可参考类似工程的实际经验分析确定。

丁坝按高度不同可划分为：①经常埋于水下的称为潜水丁坝；②高水位淹没、低水位露出水面的称为淹没丁坝；③任何情况下坝顶均露于水面之上者称为裸露丁坝；④坝头在低水位以下、其他部分高出低水位者称为浸水丁坝。

丁坝过长则落淤情况不佳，可先建短坝，后分段加长。间距的大小和坝身长度有关。一般情况下，丁坝的间距约相当于坝长的 5 倍。丁坝修筑原则上应就地取材，常见的有抛石丁坝，采用石笼加固坝头；沉排护底，采用梢料筑坝；使用挖泥船疏浚河道挖出的泥沙，填充于预先用石块堆筑或用梢捆堆筑的两道棱体之间，称为土丁坝。

四、顺坝、格坝和锁坝

顺坝修筑在沿岸河中，其方向与水流相同，可以修筑于一岸，也可在两岸同时修筑，以束窄中水河槽。顺坝的一端与岸相接，顺水流方向向下游平缓地转向，下端敞口。修坝的位置、长短，根据需要而定。坝顶一般与中水位齐平，洪水时坝顶溢流，此时水中含沙量大，便于落淤。有时为了加速淤积，防止冲刷，常在坝身和岸边修筑格坝。

锁坝是在多汊河道上堵塞支流，保持主河道有一定水深，以利通航。锁坝的顶部应高于平均低水位 0.5～1.0m。锁坝的位置及沿串沟的长度，应依据河床的具体条件而定。一般情况下，锁坝应建造在串沟的中部或略偏上游。当串沟很长或河床比降很大时，修筑两道或三道锁坝可能效果更好。但是随着锁坝数量的增加，河道整治的费用也将增加。因此，必须在充分论证、比较的基础上确定坝的数量。锁坝的修筑方法和材料与丁坝类似。

第四节 防 洪 工 程

我国是洪水灾害频繁的国家。洪水灾害严重威胁着国民经济建设和人民生命财的安全，必须采取防治措施。

防治洪水的技术措施，就其性质来说，可分为两大类。其一，尽可能地不让超过中、下游河道安全泄量的洪水下泄，延迟或延长其下泄时间，例如修建拦洪、滞洪水库及采取水土保持措施等；其二，将下泄洪水设法安全排走，例如堤防工程、分洪工程、蓄洪工程等。

一、堤防工程

河流上修筑堤防以防止洪水灾害的方法得到了广泛的应用。我国很早以前就有修建堤防的事例，但历史上遗留下来的河堤，并不是在统一规划下修筑的，一般是局部地区各自为政，分段修建而后连成整体。如果堤线布置不合理，河堤断面大小不一，河床宽窄不协调，形成许多控制断面，阻碍行洪，抬高水位，甚至导致破堤决口。对于大江大河等重要堤防，在全河段上、下游要统一行洪标准，统一规划和兴建堤防，不得在堤内修筑任何碍洪建筑物。

防洪标准是设计堤防的依据，应根据河流特性、河流两岸地区居住人口和经济发展情况、其他防洪工程建设情况等综合研究，根据国家有关规定选择防洪标准，并经主管部门审批确定。防洪标准确定后，即可沿河分段计算其过水能力，以便确定堤距和堤高，对新建堤防应估计洪水流态及河床演变的趋势，必要时可通过河渠模型试验验证，以确定堤线。

图 7-15 是美国密西西比河堤线布置示意图。该河是美国第一条大河，洪水灾害严重，中、下游有完整的堤防工程，堤高约为 10m，堤线基本上是统一规划的。

堤距过宽则占耕地太多，过窄则抬高水位，增加堤防高度，工程费用增加。因此，确定堤距和堤高应从行洪安全和经济合理两方面考虑。对于不同河流，由于设计流量、河流特性等因素的不同，堤距的变化范围甚大。黄河下游的堤距为 500～15000m；长江下游河段的堤距为 1000～20000m。

防洪堤一般为土质挡水建筑物，其横断设计与土坝相同，但设计时应考虑防洪堤的特殊条件和要求。堤顶宽度主要取决于防汛要求与维修需要。我国防洪堤因防汛上堤人多，且又堆放防汛器材和土石料，一般堤顶较宽，如黄河为 7～10m；淮河大堤为 6～8m（图 7-15）。长江荆江大堤堤顶宽为 7.5m，险工段为 10m。

堤的边坡视筑坝土质、水位涨落强度和持续时间、风浪等情况而定。一般临水坡较背水坡为陡。淮北大堤迎水坡为 1∶3，背水坡第一马道以下为 1∶5（图 7-16）。

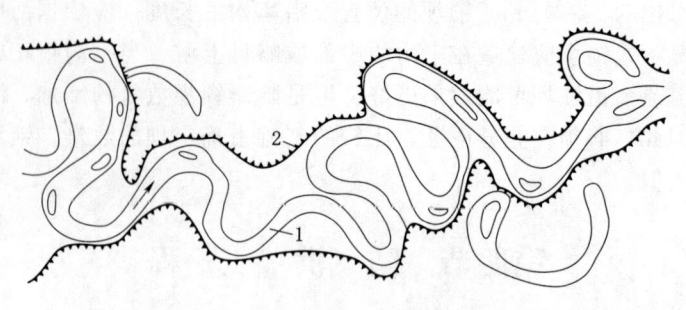

图 7-15　美国密西西比河堤防布置图
1—河流；2—堤防

黄河大堤迎水坡一般为 1:3，背水坡为 1:4。

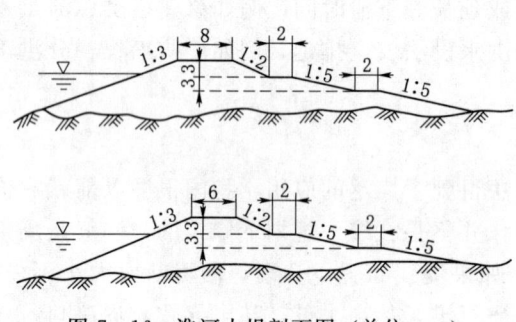

图 7-16　淮河大堤剖面图（单位：m）

为了确保汛期堤防安全，每年必须在汛后进行岁修，平时也须加强管理养护。岁修工作一般有消除隐患、填残补缺、加高培厚、修整危工等。

二、分洪和蓄洪工程

堤防防御洪水的能力是有限的。如果洪水超过堤防的防洪标准，可采用分洪或滞洪措施，将主河道的流量和水位降低到该河段安全泄量和安全水位以下，以限制或缩小受灾范围。

分洪是将超过原河道安全泄量的部分洪峰流量分流入海或其他河流。如淮河的新沂河和新沭河，海河水系中的独流减河、子牙新河等，分流淮河、海河部分洪水直接入海，以减轻洪水对原河流的压力。杜家台分洪工程是分流汉江部分洪水直接流入长江。此外，也利用河流中、下游河槽本身滩地或沿河低洼地区短期停蓄洪水，削减洪峰流量，称为滞洪。

在我国各大江河中、下游的冲积平原上，一般都分布着大小不等的湖泊、洼地。当河道中洪水过大时，可将一部分洪水引入湖泊、洼地或临时滞洪区。待河道中洪峰过后，将蓄滞的洪水再放回原河道。我国有几处著名的分洪滞洪区，如荆江分洪区、黄河东平湖滞洪区。将分洪与垦殖密切结合的分洪工程称为蓄洪垦殖工程，平时垦殖，汛期蓄洪。

思　考　题

1. 一般来说，河流划分为哪几段？
2. 简述河道演变过程中上、中、下游的特点。
3. 平原河道一般划分为哪几类？不同的类别是如何演变而来的？具有什么特点？
4. 什么是河道整治？河道整治的原则有哪些？

5. 什么是河道的整治线？制定整治线有哪些原则？
6. 护岸建筑物包括哪些？
7. 局部河段整治措施有哪些？
8. 防洪工程包括哪些？分洪和蓄洪工程有何区别？

第八章 港口与航道工程

水运是交通运输业的重要组成部分,对现代工农业的发展、改善人民生活和促进物资和文化交流起着重要的作用。水运与其他运输方式相比,具有如下的优越性:

(1) 运输成本低。水运靠水力浮运物资,其运输成本低的原因主要有:①船舶的航行阻力小,因此在一定航速下,利用水运运输货物所耗费的功率和燃料比其他运输方式低;②航道建设投资和维护管理费用较铁路或公路小,在运输工具制造方面,水运也比较经济;③船舶的载重量大,且自重所占的比重小;④由于河流的分布面广,使水运便于实行大、中、小相结合和长短途运输相结合。

(2) 水道的通航能力比较高,即航道的运输能力比较高,一条水道的年货运量远远超过一条铁路。

(3) 内河航道的建设可密切结合水资源的综合开发和利用。综合利用水资源是我国水利建设的基本原则,许多水利工程建设为水运的发展创造了极其有利的条件。只要注意通航建筑物和航道的建设,兴建水利工程对内河航运事业能起着很好的促进作用。同时内河航道的建设是尽可能结合灌溉、防洪、供水、发电、渔业等方面综合进行的,因此水道建设也可取得多方面的综合效益。

(4) 航道上净空限制小。船舶可装载运输体积巨大的货物,特别是大宗散货、石油及危险物资等。

但应指出,目前水运在技术上还存在一定的局限性。第一,由于航道地形、船舶技术和运用管理等方面的原因,水运的技术速度和商务速度较低。对于货物运输来说,商务速度比技术速度更重要。所谓商务速度是指货物由交运到交付全部时间的平均速度。因此,水运一般适用于运量大而对运期要求不高的货物运输。第二,水运受自然条件影响较大,有些地区受季节性影响,不能长年通航。第三,在建成四通八达的航道网之前,各水系自成体系,互不沟通,运输的连续性差,有时需要转驳倒载。不过,随着科学技术的发展和现代化内河航道网的建设,在提高水运的连续性和加快运输速度的同时,不断提高营运管理水平,水运的缺点会逐渐被克服,其优越性会更充分地显现出来。

第一节 航道工程

一、航运对河道的要求

航运对河道的要求与选用的船型、吨位、尺寸及航行方式有关,概括起来有以下几方面。

1. 航道深度

在枯水期，沿航道全长船舶通过所需要的最小水深，称为最小航深。航道中应保持的最小吃水深度与载重量和船型有关。同样船型，其载重量与吃水深度三次方成正比，只要水深略有增加，就能大大提高载重量，所以增加水深就可降低航运成本。但增加航道水深必然增加航道工程的投资，使航运成本提高。究竟以何种船型为宜，应根据河道的现状，进行技术经济比较，审慎确定。

富裕深度是为了保证船舶航行安全提出的，一般为 0.1~0.3m。

2. 航道宽度

河流枯水期水深不小于最小航深的带状水域称为航道。允许船舶对开的双线航道，其最小宽度（图 8-1）为

$$B_{h-\min}=2b+2a+c+2d \tag{8-1}$$

式中 $B_{h-\min}$——最小航道宽度，m；

b——船舶的宽度，m；

a——按 3°航差计算所增加的宽度，m；

c——船舶之间的横间距，m；

d——船舶与河岸或航道边缘的距离，m。

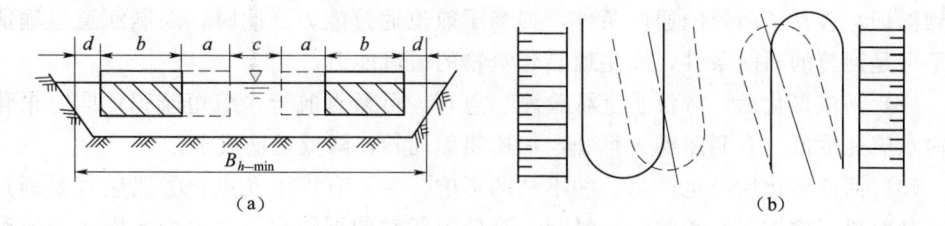

图 8-1 船舶对开的最小宽度
(a) 横断面；(b) 平面

3. 流速

船舶航行时，对航道水流流速有一定的要求。符合航行要求的流速，称为允许流速。下行船时过大的流速，使船舶操纵困难，航效不高。上行船时流速过大，则船舶耗费较大动力，甚至不能行进。一般要求航道水流速度以不超过 3m/s 为宜。

4. 流态

要求航道比较平顺且无过分曲折及突然放宽或束狭现象，同时在航道中应避免各种过急的回流、漩流等，以保证船只的航行安全。

二、改善河流通航条件的主要措施

天然状态下的河流总是存在着浅滩、急流、主流回转等不利于船舶运行的缺陷，因此，在建设现代化内河航道网中，通常采用疏浚、整治、渠化及径流调节等工程措施，以改善天然河道的通航条件。

三、河流渠化

河流渠化是在天然河流上沿河建筑一系列闸坝，利用闸坝的壅水作用，抬高上游

河段的水位以增加航道水深，再利用船闸或升船机等通航建筑物，克服筑坝后形成的上、下游水位差，以保证船舶安全过坝，维持航运的连续性。

河流渠化可分为连续渠化和局部渠化。所谓连续渠化是沿整条河流建筑一系列闸坝，将整条河流划分为若干河段，称为渠化河段。下级闸坝的回水与上级闸坝相衔接，并满足通航水深的要求，从而使整条河流成为彼此相连的渠化河段。局部渠化是指渠化只在部分河段进行，或在相当长的区间进行，下一级闸坝的回水距上级闸坝尚有一段距离，渠化河段之间还有一段天然河段，各个渠化河段互不相接。局部渠化多用于航行条件较好、局部河段有碍航险滩的河流。从建设现代化内河航道网的要求以及最大限度发挥渠化河流作用的角度出发，一般宜采用连续渠化。因为渠化河段不连续，整个航道的通航能力将会受到天然河段的限制而不能充分有效地提高，已渠化的河段也不能充分发挥作用。

根据水头大小，河流渠化又可分为高坝渠化和低坝渠化。由于高坝渠化水头高，在坝上游形成的水库大，多用于多目标开发的河流。对于以改善通航条件为主要目标的中、小河流，为了尽量减少坝上游的淹没损失，一般采用低坝渠化。

河流渠化以后，表征河流特性的水文情况发生了根本的变化，其航行条件与天然河流显然不同。

（1）河流渠化以后，坝上游形成宽广的水库，航道水深增加，航道的宽度和深度得到保证，改善了河流的通航条件，提高了航道通过能力。此时，限制河道运输能力的不再是河流的通航条件，而是通航建筑物的通过能力。

（2）河流渠化后，淹没了上游险滩、急弯，可截直航行，缩短航程；同时渠化河段内水流速度低，有利船舶的行驶，加速船舶周转，降低运输成本。

（3）河流渠化后，也产生一些不利的影响，主要有以下几点：①船舶需要通过船闸或升船机，增加了船舶的航行时间，降低了船舶的周转率；②大型水库区内风浪较大，船舶的航行条件显然与在天然河道中不同，因而必须加固内河船舶的结构或改变船型，以适应在风浪中航行的条件，有时还需修建避风港；③在渠化河段，流速较小，且河流被闸坝隔断，影响木材运送，对筏运不利。

综上所述，河流渠化是改善航行条件的有效措施，在内河航道建设中占有重要的地位。国内外航道网的建设中，一般是整治和疏浚河流中、下游，对干流上游和主要支流通常采用渠化的方法，使整条河流成为深水河道，以提高河流的通过能力。

四、运河

运河是人工开挖的水道，用来沟通不同的河流、湖泊，消除地理上的障碍，缩短运输距离，联结重要城市和工矿区，与天然河流一起，共同形成四通八达的航道网。运河一方面可满足航运的需要，同时，按照水利资源综合利用的原则，运河还可满足灌溉、防洪、排涝、供水等国民经济部门的需要。例如，我国的京杭大运河在扩建以后，既连通钱塘江、长江、淮河、黄河、海河等五大河流，缩短航程，促进南北物资交流，又可南水北调，综合利用水资源。

我国水利资源丰富，河流众多。但天然水系中主要河流大都由西向东，很少是南北贯通的，而许多重要物资（如煤炭、粮食、木材等）都需南北调运。因此，连通各水系，开拓人工运河对调节资源具有重要的意义。开辟纵贯南北的水运干线，构成纵横交错、四通八达的航道网，对我国社会主义建设将发挥巨大作用。

第二节 内 河 港 口

一、概述

内河港口是河道上供航运用的专用建筑设施，以保证船舶装卸货物或乘客上下。河港通常由以下几部分组成。

（1）港口水域，是指与船舶进出港、停靠及港口作业相关的水上区域。

（2）港口管理区，主要布置居民、服务、行政管理建筑物及附属设施，临时堆货场，永久仓库，港内交通运输设施等。

（3）码头，是供船舶停泊用的建筑物。

（4）港口设备，包括码头的装卸转运设施，仓库的机械设备，港口区的供电及上、下水道工程，卫生设施等。

（5）水工建筑物。

内河港口依码头的布置方式可分为两种类型。

（1）河床式，即在河床中顺河岸布置码头，无防护建筑物。优点是投资小，船只停靠方便；其缺点是没有防浪、防沙设施。

（2）河滩式，即在码头外侧设防浪堤，使码头水域与河流隔开，形成静水区。优点是设有防浪建筑物，可利用静水区停靠存放船只；不足之处是造价高，在港口入口处易被泥沙淤积，船舶进港困难。

二、码头

码头是进行货物装卸、旅客上下或其他专业性作业的地方，是港口的主要建筑物之一。

（一）码头的类型

直接利用天然岸坡（或仅对岸坡稍加整修）进行船舶的系泊和装卸作业是一种简单而古老的方法，我国中、小河流的航运中还在广泛使用。但它不便于采用机械化进行装卸作业，为克服该缺点，目前在内河水道中广泛采用趸船作为码头，并以一定方式与岸坡联系起来。一种方式是通过斜坡道联系，称为斜坡码头；另一种方式是通过引桥联系，趸船随水位变化只作垂直升降，称为浮式码头。

（二）码头的组成

码头由主体结构及码头设备两部分组成。

1. 码头的主体结构

码头的主体结构随码头的类型不同而异，主要包括趸船、引桥或斜坡道，以及支承引桥或斜坡道的护岸和固岸建筑物。

2. 码头设备

为了船舶在码头前安全系靠，完成码头的各种功能和港务管理部门对船舶的各种服务，在码头上设置各种有关设备，统称为码头设备，包括：①系船柱等系船设施；②护木、橡胶护舷等防护设备；③安全设施（扶梯、阶梯、系网环等）；④门式起重机及火车轨道、管沟等。

三、其他建筑物

港口其他建筑物主要有防浪堤、护岸工程及船只修理、停放等有关建筑物。

第三节 通航建筑物

通航建筑物主要有船闸和升船机两大类。船闸是利用水力将船只浮送过坝，通航能力弱，多在水头水利枢纽中广泛采用；升船机则是利用机械力将船只升送过坝，通航能力强，多在高水头水利枢纽中应用。

一、船闸

（一）船闸的组成及工作原理

船闸（图 8-2）主要由闸室、上下游闸首、输泄水系统和上下游引航道组成，如图 8-2 所示。

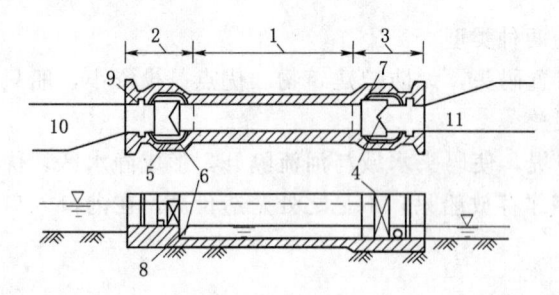

图 8-2 单级船闸组成示意图
1—闸室；2—上游闸首；3—下游闸首；4—闸门；
5—阀门；6—输水廊道；7—门龛；
8—帷墙；9—检修闸门槽；
10、11—上下游引航道

1. 闸室

闸室是船闸的主体，由两侧闸墙及底板组成，它的上下游分别与上下闸首相接。为了在闸室充水或泄水时保持船只的稳定，在闸墙上设置系船柱和系船环。

2. 闸首

闸首的作用是将闸室与上、下游引航道隔开，使闸室内维持上游或下游水位，以便船只通过。闸首由底板和侧墙组成，并设有工作闸门、检修闸门、启闭机械、输泄水系统、交通桥及其他辅助设备。

3. 输泄水系统

输泄水系统包括输水管道及控制闸阀，其作用是从上游向闸室供水或从闸室向下游泄水，以调节闸室水位，便于船只升降。

4. 引航道

引航道是连接船闸闸首与主航道的过渡性人工航道，其作用是引导船只安全进出船闸，并供过闸船只临时停靠，在引航道内应设导航及靠船设施。

船只过闸的过程是：当船只要上行时，首先通过下游输水设备，将闸室水位泄放到与下游水位齐平，见图 8-3（a）；关闭泄水廊道闸阀，然后开启下游闸门，船只驶入闸室，见图 8-3（b）；随即关闭下游闸门，由上游输水系统向闸室充水，见

图 8-3（c）；待闸室水位与上游水位齐平时，开启上游闸门，船只即可上行，见图 8-3（d）。如此时有等待过坝的下行船，即可驶入闸室内，然后关闭上游闸门，由下游输水系统向下游泄水，待闸室水位与下游水位齐平时，开启下游闸门，船只即可下行。

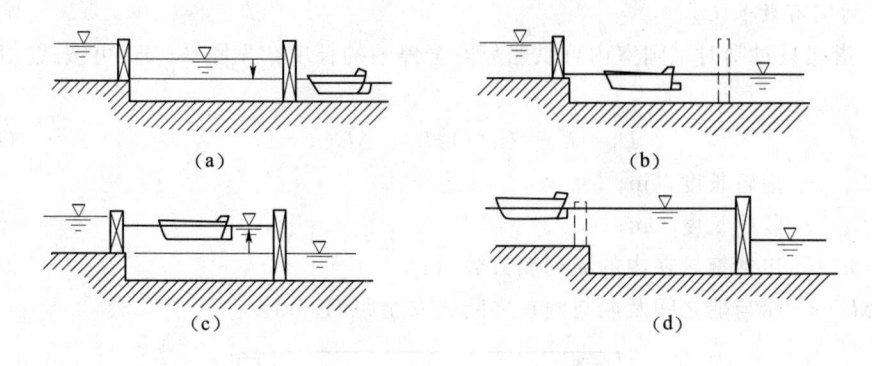

图 8-3 船只过闸示意图

（二）船闸的类型

按船闸的级数可分为单级船闸和多级船闸。当水头较低时，常采用单级船闸（图 8-2）。当水头较大时，若采用单级船闸，不但过闸耗水量大，且技术困难。此时，可采用多级船闸。多级船闸是将总水头分为几级，每级设有闸室及闸首，如图 8-4 所示。当航运量过大时，可建成双线船闸或多线船闸，每线可以是单级的或多级的。

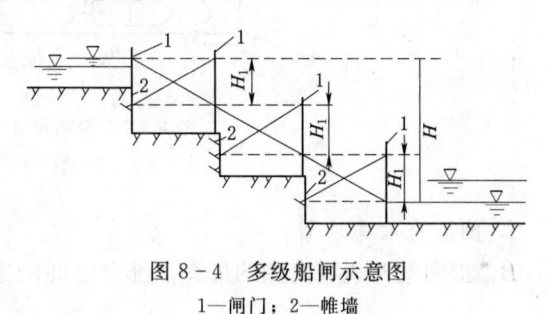

图 8-4 多级船闸示意图
1—闸门；2—帷墙

当过闸船只多少不等、大小不均时，可在单级船闸内设闸首，如图 8-5 所示。当过闸船只较小或数量较少时，就只利用上闸首和中间闸首，此时下闸室只起引航道的作用。

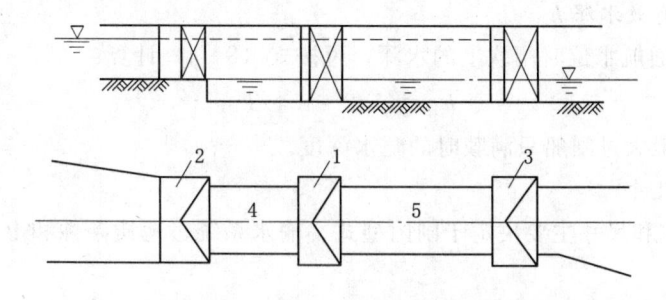

图 8-5 具有中间闸首的船闸
1—中间闸首；2—上闸首；3—下闸首；
4—上闸室；5—下闸室

（三）船闸的基本尺寸

船闸的基本尺寸取决于过闸船队中船只的数目和船只的大小。基本尺寸包括：闸室的有效长度和宽度，闸坎上的有效水深，引航道的长度与宽度等。要确定船闸尺寸，应首先调查了解过闸的标准船只尺寸，再根据固定船队的排列方式进行计算。

1. 闸室有效长 L_K

L_K 指船只过闸时，闸室内可供船只安全停泊的长度，见图 8-6，可按式（8-2）计算：

$$L_K = L_1 + (n-1)L_2 + \Delta L(n+1) \tag{8-2}$$

式中 L_1——拖轮长度，m；
　　　L_2——驳船长度，m；
　　　n——包括拖轮在内的纵列船只数目；
　　　ΔL——船与船之间及船与闸首之间的安全距离，m。

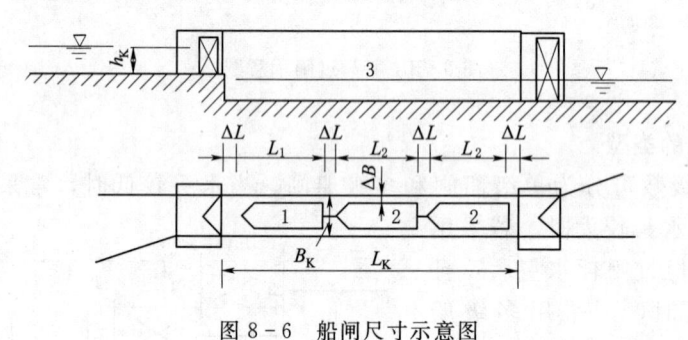

图 8-6　船闸尺寸示意图
1—拖轮；2—驳船；3—闸室

2. 闸室有效宽度 B_K

B_K 指闸室两边墙内侧的最突出部分之间的净距离，可按式（8-3）计算：

$$B_K = mB_C + 2\Delta B \tag{8-3}$$

式中 B_C——最大船队或船只的宽度；
　　　m——过闸船只横向排数；
　　　ΔB——船与闸室内侧表面的距离。

3. 闸坎上有效水深 h_K

h_K 指最低通航水位时闸坎上的水深，可按式（8-4）计算：

$$h_K = (1.2 \sim 1.4)T_C \tag{8-4}$$

式中 T_C——最大过闸船只满载时的吃水深度。

4. 闸首的尺寸

闸首的型式和尺寸主要决定于闸门型式、输水系统、地质条件和上下游引航道的高程。

5. 引航道的长度 L 和宽度 B（图 8-7）

引航道的直线长度一般取闸室有效长度的 1.5~2.0 倍。引航道的宽度应在单个船队停靠码头的情况下，另两个船队能顺利通过，故 B 可按式（8-5）计算：

$$B = 3B_c + 4d \qquad (8-5)$$

式中 d——船队之间，船队与岸坡之间的安全距离。

过渡段长度 S 取最大过闸船队长度的 $0.5 \sim 0.8$。

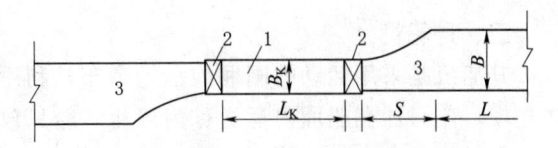

图 8-7 引航道示意图
1—闸室；2—闸首；3—引航道

目前世界各国将航道分成不同等级，使同级航道上的船闸尺寸标准化，以利于发展航运并节省投资。我国已建成的船闸中，葛洲坝 2 号船闸的闸室有效长度 280m，有效宽度 34m，坝上水深 5.0m，上闸首长 48.5m，下闸首长 45m，上下游导航墙均长 200m，通过能力 12000t。

（四）船闸的通航能力

船闸的通航能力是指每年内通过船闸的货物总吨数。船闸的理论通航能力 P_t 可按式（8-6）计算：

$$P_t = Nnmd \qquad (8-6)$$

式中 n——每昼夜船只理论过闸次数，$n = \dfrac{1440}{T}$；

T——船队一次过闸的时间，min；

m——每次过闸载货船只的数目；

N——每年的通航天数；

d——每只船的平均载重量，t。

（五）船闸耗水量

船闸耗水量包括船只过闸用水及闸门、阀门漏水两部分，是船闸设计和运行中一项重要技术经济指标。单级船闸单向过闸时，每次过闸的用水量，可近似按式（8-7）计算：

$$V = (1.15 \sim 1.20) L_K B_K H \qquad (8-7)$$

式中 H——单级船闸的设计水头；

L_K——闸室的有效长度；

B_K——闸室的有效宽度。

双向过闸时每一循环的耗水量为 V，而每次过闸的耗水量为 $0.5V$。假定在实际运用中，船只单双向过闸机会相等，则每次过闸的平均耗水量为 $0.75V$。

（六）船闸在枢纽中的布置

船闸在枢纽中的布置应根据坝址区河道的地形、地质、枢纽建成后的上、下游流态，航运要求以及枢纽中其他建筑物的相互关系等因素考虑。船闸应布置在地形比较平缓、地质条件较好、不易产生淤积的一岸，以便使船闸的开挖量较少、运行安全和管理方便。当枢纽中有水电站时，通常将船闸与水电站分开布置在两岸。船闸布置必须考虑进出口河道流态的影响。在上游要避免船只在横向水流作用下或风、浪影响下冲向溢流坝，造成事故。在下游要防止溢流坝下泄的高速水流对下游航道的影响。

二、升船机

升船机是采用活动的闸厢或承船台车,利用机械力沿垂直或斜坡方向,将船只运送过坝。船只浮在船厢内运送称为湿运,船只放置在无水的船厢内运送称为干运。升船机有垂直提升和斜面提升两类。

(一) 斜面升船机

斜面升船机是将船只装在承船台车(干运)或承船厢(湿运)中,沿着斜坡上所铺轨道升降,运送船只过坝。按其运行方式可分为牵引式和自行式。俄罗斯克拉斯诺亚尔斯克自行式斜面升船机(图 8-8),船厢靠行步齿轮与固定在斜基础块上的齿条啮合移动,最大提升高度达 118m,船厢的净空尺寸为 90m×18m×2.2m,最大运载量达 20000kN (2000t)。

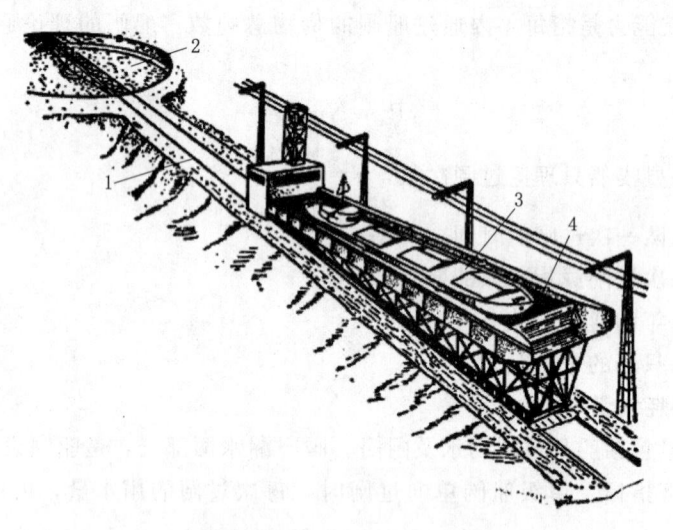

图 8-8 自行式斜面升船机
1—运船导轨;2—转盘装置;3—船;4—船厢

牵引式斜面升船机由船厢、平衡重、钢索和闸门等组成,如图 8-9 所示。

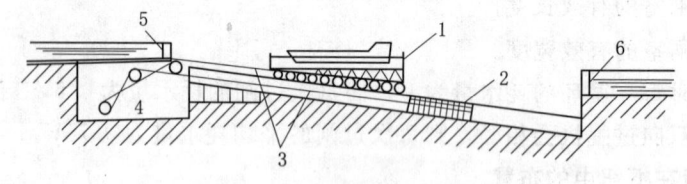

图 8-9 牵引式斜坡升船机
1—船厢;2—平衡重;3—钢索;4—动力;5、6—闸门

(二) 垂直升船机

垂直升船机按提升设备可分为提升式、平衡重式和浮筒式等类型。

1. 提升式垂直升船机

提升式垂直升船机(图 8-10)类似桥式起重机,船只开进船厢后,由起重机提升过坝。由于所需提升动力大,仅适于提升中小型船只。丹江口水利枢纽的升船机即属于此种类型，最大提升力为4500kN，提升高度83.5m。承船厢是按湿运150t级驳船或干运300t级驳船过坝设计的。

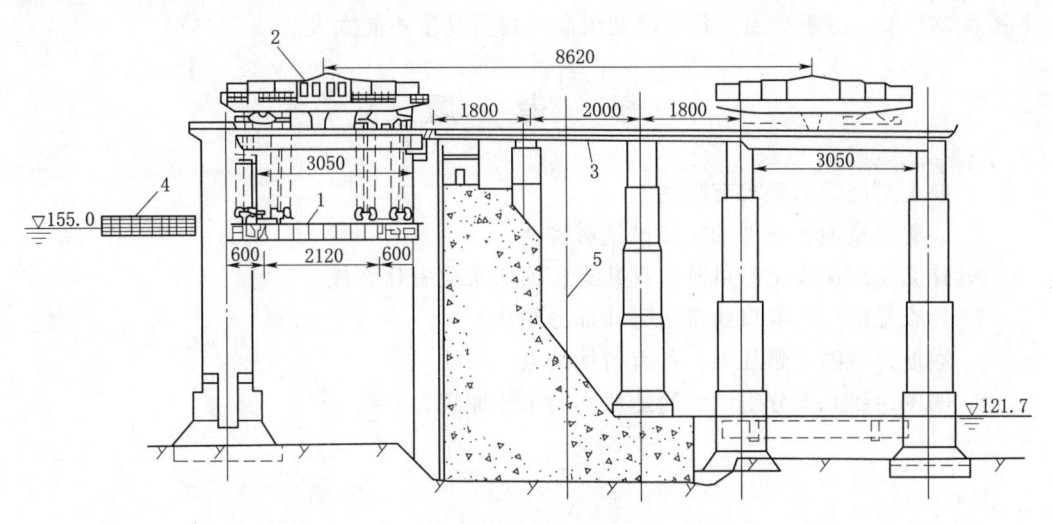

图8-10 提升式垂直升船机（单位：cm）
1—船厢；2—桥式提升机；3—轨道；4—浮堤；5—坝轴线

2．平衡重式垂直升船机（图8-11）

它的原理是利用平衡重来平衡承船厢的重量，类似电梯，提升力仅用来克服不平衡重及运行系统的阻力和惯性力。其优点是：通过能力大，耗电量小，运行安全可靠。

3．浮筒式升船机

其特点是将金属浮筒浸在充满水的竖井中，利用浮筒的浮力来平衡升船机活动部分（包括承船厢、浮筒支柱和浮筒）的总重量，电动机仅用来克服运动系统的阻力和惯性力。图8-12是浮筒式升船机示意图。升降的办法是转动设在船厢两侧4个带有

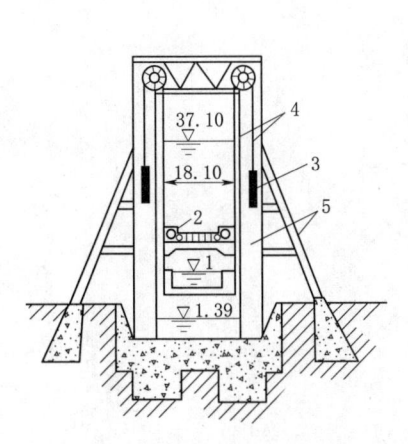

图8-11 平衡重式垂直升船机
1—承船厢；2—传动机械；3—平衡铊；
4—钢索；5—钢排架

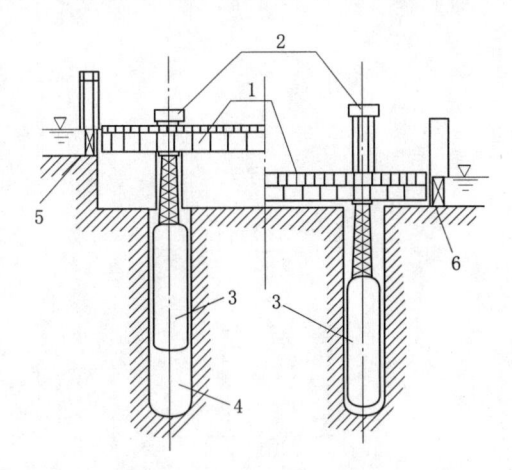

图8-12 浮筒式升船机
1—船厢；2—船厢导向柱；3—浮筒；
4—竖井；5、6—上下游闸门

螺纹的大型柱子,每根柱子采用大型螺母与船厢相连接;为保持船厢水平位置,由 4 个同步电动机带动 4 个螺纹柱转动,船厢随着螺母升降。该类升船机工作可靠,支承平衡系统简单,由于受到竖井深度的限制,提升高度不能太大。

思 考 题

1. 航运对河道的要求有哪些?
2. 改善河流通航条件的主要措施有哪些?
3. 什么是河流渠化?可分为哪几类?河流渠化有什么优点?
4. 什么是港口?港口通常由哪几部分组成?
5. 通航建筑物有哪几类?各有何优缺点?
6. 船闸由哪几部分组成?简述船闸的工作原理。

第九章 生态水利工程

传统意义上的水利工程学作为一门重要的工程学科,以建设水工建筑物为手段,目的是改造和控制河流,满足人们防洪和水资源利用等多种需求。当人们认识到河流不仅是可供开发的资源,更是河流系统生命的载体,不仅要关注河流的资源功能,且要关注河流的生态功能,才发现传统水利工程学存在着明显的缺陷,在满足人类社会需求时,忽视了河流生态系统的健康与可持续性的需求。

面对河流治理中出现的水利工程对生态系统的某些负面影响,西方工程界对水利工程的规划设计理念进行了深刻的反思,认识到河流治理不但要符合工程设计原理,也应符合自然原理。在工程实践方面,20世纪80年代阿尔卑斯山区相关国家德国、瑞士、奥地利等,在山区溪流生态治理方面积累了丰富的经验。莱茵河"鲤鱼-2000"计划实施成功,提供了以单一物种为目标的大型河流生态的经验。20世纪90年代美国的凯斯密河及密苏里河的生态修复规划实施,标志着大型河流的全流域综合生态修复工程进入实践阶段。近20年来,随着生态学的发展,人们对于河流治理有了新的认识,认识到水利工程除了要满足人类社会的需求外,还要满足维护生物多样性需求,相应发展了生态水利工程理论和技术。

事实上,生态水利工程的发展,是伴随着生态保护与修复意识逐渐增强并付诸实施的产物,很多传统水利工程被应用于河道内或河道外生态系统的保护与修复,如传统水闸应用于生态流量控制与供水的生态闸;应用于河道干流壅高水位、使河岸带林草得到有效灌溉的生态壅水坝;应用于进出城市两端河道生态治理、形成了有效的亲水空间和生态景观的生态橡胶坝等。通过改变壅水坝、橡胶坝等工程的用途,或者对农业灌渠、河道整治建筑物等进行改造并服务于河道内、河道外的生态系统保护与修复,将传统水利工程赋予了生态水利工程的特征和属性,助力流域的生态环境保护与高质量发展。

第一节 基本概念和设计原则

一、基本概念

生态水利工程(eco-hydraulic engineering)作为水利工程新的分支,是研究水利工程在满足人类社会需求的同时,兼顾水域生态系统健康与可持续性需求的原理和技术方法。

(一)定义

生态水利工程定义为:遵循人与自然和谐共生的理念而规划设计建设的,以保护、修复或改善流域或区域自然生态与环境为主要目标,在保障人类对水资源开发利用必要需求的前提下，体现水资源合理开发与生态保护间的平衡关系，使河湖的生态系统具有强大的自然和社会再生产能力，注重生态健康和可持续发展，实现经济、社会、生态效益相统一的防洪、发电、灌溉、供水等为人类服务功能的水利工程。

（二）基本内涵

生态水利工程的内涵是：对于新建工程是指进行传统水利建设的同时（如治河、防洪工程）兼顾河流生态修复的目标；对于已建工程则是对于被严重干扰的河流进行生态修复。基本内涵主要体现在：①水利工程学是具有坚实数学、力学学科基础和相对完整工程技术方法的传统工程学，生态水利工程学作为水利工程学的学科分支，补充和完善水利工程学的理论和技术方法；②生态水利工程学是一门交叉学科，吸收生态学的理论知识与技术方法，力图构建生态友好的水利工程规划设计管理的技术体系；③在工程目标方面，力图体现不同经济社会发展水平下水资源合理开发与生态保护间的平衡关系，基本原则是坚持社会经济的可持续发展和水资源的可持续利用；④淡水生态系统保护和恢复的目标是保障当前的健康和未来的可持续性，促进人与自然的和谐共生与发展。

二、规划设计原则

（一）始终坚持生态优先、绿色发展的理念

从人与自然和谐共生、山水林田湖草沙冰生命共同体的高度，遵循生态平衡法则和要求，符合河湖良性循环和可持续利用要求，在规划设计阶段突出体现生命优先、保护优先，重点协调好保护、恢复与发展、建设的关系。

（二）注重明确生态保护与修复目标

在规划设计、建设管理的全过程中，加强对河湖生态因子、敏感期生态环境状况的调查与监测，注重重要生态因子识别与判别，最大限度减轻水利工程对河湖生态系统的负面影响，防止生态安全风险发生，在满足人类生产生活需要的同时，最大可能性地维护河湖生物多样性的需求。

（三）加强生态水量（流量）泄放设施布设

几十年来的水利工程建设中，一些水利工程，尤其是水电工程建设过多地考虑水资源开发利用、较少注意生态保护修复，一些河流出现了严重的脱流、断流现象。由于忽视了河流的连通性、生态系统健康与可持续性，致使河流的生态系统遭受到不同程度的损害，除与工程布局、调度管理有关外，与一些水利工程缺乏生态水量（流量）泄放设施的关系更大。因此，必须将生态水量（流量）泄放设施布设作为生态水利工程规划设计的一项基本原则并加以明确。

（四）其他原则

生态水利工程的规划设计还需遵循工程安全性和经济性、保持和恢复河流形态的空间异质性、生态系统自我设计与自我恢复、流域尺度及整体性、反馈调整式设计等原则。

第二节 河道内生态水利工程

一、低水头壅水坝

低水头壅水坝又称低水头溢流坝，其作用是抬高河道水位，使其达到河岸带河谷

林草和农业灌溉、发电和供水所需要的水位高程。壅水坝不起调节流量的作用，故坝的高度较低，河道多余的水及汛期洪水，经过坝顶泄到下游。壅水坝具有壅水和泄水的双重作用。

壅水坝的工作条件和水闸基本相同。坝基的防渗设计、坝下游的消能防冲设计以及坝基应力和稳定计算等均与水闸基本相同，故不再介绍，以下主要介绍坝顶高程和壅水坝长度的确定及坝体剖面型式和坝体构造。

（一）坝顶高程及溢流段长度的确定

坝顶高程及溢流段长度主要取决于以下因素。

(1) 满足正常壅水位的要求，保证进水闸能引取所需流量。

(2) 上游洪水位不超过允许高程，以免造成过大的淹没损失。

(3) 坝顶溢流时，单宽流量不大于下游河道的允许值，以利于下游消能防冲。

(4) 整个枢纽布置合理，造价经济，运行安全可靠。

在小型取水枢纽中，坝顶一般不设闸门，因而不需专人管理。在大中型取水枢纽中，只有在设计流量不大而溢流段又相当长的情况下才不设闸门。其他情况下，采用设闸门的壅水坝，以便灵活控制下泄流量，保证正常壅水位的同时，使上游洪水位不致过分抬高，以减少洪水期的淹没损失。此外，还可以减短壅水坝的长度，节省工程投资。

当坝顶不设闸门时，坝顶高程的确定，可根据引取河道流量的大小，按以下两种情况分别考虑。

(1) 进水闸引取河道枯水期的全部流量时，坝顶高程等于正常壅水位，如图 9-1 (a) 所示。

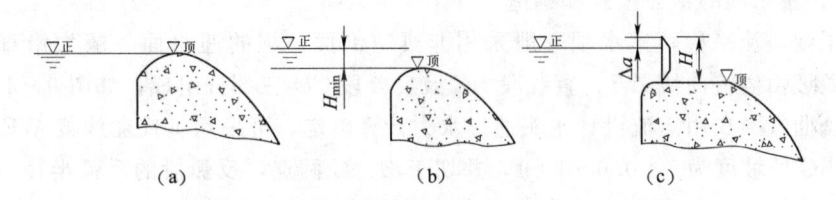

图 9-1 壅水坝的坝顶高程和坝前水位的关系
(a) 枯水期坝顶不溢流；(b) 枯水期坝顶溢流；(c) 坝顶设闸

(2) 进水闸引取流量小于河道枯水期流量时，河道多余的水量由壅水坝顶下泄，若溢流水深为 H_{min}，此时坝顶高程等于正常壅水位减去溢流水深 H_{min}，如图 9-1 (b) 所示。

当坝顶设闸门时，如图 4-40 (c) 所示，则坝顶高程为

$$\nabla_顶 = \nabla_正 + \Delta a - H \tag{9-1}$$

式中　H——闸门高度，m；

Δa——超高，0.1～0.2m。

溢流段的长度 L 可根据坝顶泄量 Q 及河床地质条件所选定的单宽流量 q 确定，即

溢流段长度 $L=Q/q$。

因壅水坝的坝高较低，一般不起调节流量的作用。因此，通过坝顶的泄量 Q 等于天然河道洪水流量 $Q_洪$ 减去枢纽中其他建筑物（如泄洪闸、进水闸、电站等）的下泄或引用流量 Q_1。为安全起见，将 Q_1 乘以小于1的折减系数 α。

$$Q=Q_洪-Q_1\alpha \tag{9-2}$$

式中 $Q_洪$——天然河道洪水流量，m^3/s；

        Q_1——通过其他建筑物下泄或引用的流量，m^3/s；

        α——折减系数，$\alpha=0.75\sim1.0$。

从式 $L=Q/q$ 可知，溢流段长度 L 与单宽流量 q 成反比关系。如 q 选得小些，溢流段长度增长，坝体造价增大，但可缩小上游洪水淹没的范围，简化下游的消能防冲工程。反之，情况则相反。所以，选择单宽流量 q 值是关键性的问题，应结合坝基地质条件、防洪、防冲、经济性及枢纽布置等因素，综合进行技术经济比较，选择最优单宽流量。

在平原地区的多数河流上，溢流段的长度应和稳定河道的宽度一致，若大于稳定河道宽度，会引起主流摆动，若小于稳定河道宽度，则易发生对河岸的冲刷。

当泄流方式、坝顶高程及溢流段的长度确定后，应根据洪水流量推算上游洪水位，摸清上游各处水位的壅高情况，判别其是否超过限制水位。若上游洪水位未超过限制水位，则计算结果可用；否则，应重新修改设计，再进行计算。显然，坝顶高程及溢流段长度的确定不是通过一次计算就能完成，一般需反复计算、分析比较才能确定。

（二）壅水坝的剖面型式和构造

为了使溢流平稳，壅水坝一般采用非真空剖面，坝的迎水面一般为铅直或稍倾斜，下游坡由溢流曲线 AB、直线段 BC 及反弧段 CD 三部分组成，如图 9-2 (a) 所示。溢流曲线 AB 由溢流设计水头通过水力计算确定，可采用奥氏曲线或 WES 曲线，直线段 BC 的坡度为 $1:0.6\sim1:1$，并切于 B、C 两点，反弧段的反弧半径一般取为 $0.2\sim0.5(H+P)$。反弧能将水流平顺地导向下游，从而在护坦上产生底流式水跃。对于设置闸门的壅水坝，坝顶因安装闸门需要加宽，坝的剖面如图 9-2 (b) 所示。

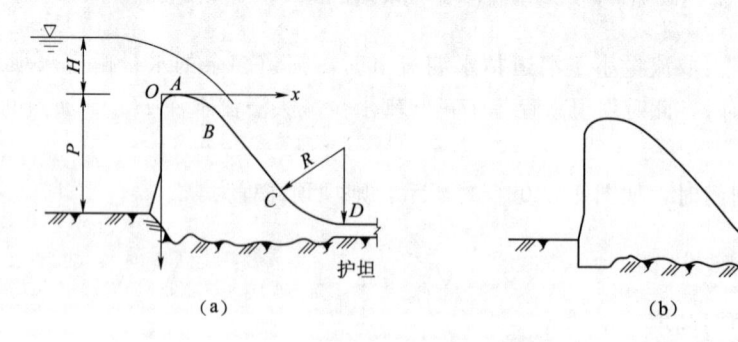

图 9-2 壅水坝的剖面
(a) 基本剖面；(b) 梯形剖面

当在地质条件较差的非岩基上修建壅水坝时,为了满足稳定要求,壅水坝的底宽需加大,故通常采用向上游延伸的展宽型剖面,以便利用水重来增加坝的水平抗滑稳定。另外,还可采用坝轴线在平面上成拱形的壅水坝,利用拱的作用增加其抗滑稳定性,达到减小坝宽、节省工程投资的目的。

壅水坝的材料主要是浆砌石和混凝土。为防止坝面被水流冲坏,一般可用浆砌条石镶护溢流表面或在溢流表面浇一层高标号抗磨抗冻的混凝土。坝顶及溢流面的轮廓形状,施工时尺寸应准确,表面光滑平整,不应有局部凹凸不平的地方,以免产生气蚀破坏。

图9-3为建在砂砾石地基上的壅水坝,坝体用80号水泥砂浆砌块石,坝面用150号钢筋混凝土护面,厚30cm。采用消力池消能。

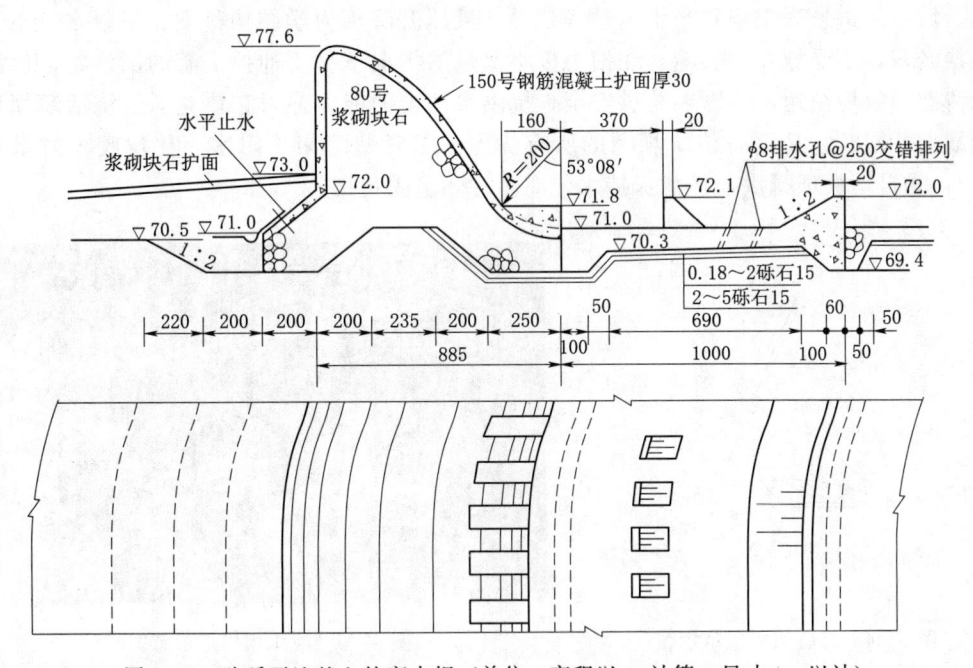

图9-3 砂砾石地基上的壅水坝(单位:高程以m计算;尺寸cm以计)

在不易取得石料的地方且坝较高时,可采用混凝土修建壅水坝。

(三) 其他几种壅水坝

为了因地制宜和就地取材,人们还创造了一些其他形式的壅水坝,如气盾坝、桩石坝、框格坝、硬壳坝、翻板坝及液压坝等,下面介绍气盾坝和液压坝。

1. 气盾坝

气盾坝(图9-4),也称气盾闸、气动钢盾橡胶坝,是综合橡胶坝、钢板坝二者之长起挡水作用的新型生态水工建筑物,兼具橡胶坝和钢闸门的优点,刚柔并济。其结构主要由盾板、充气气囊及控制系统等组成。利用充气气囊支撑盾板挡水,气囊排气后塌坝,气囊卧于盾板下,可避免河道砂石、冰凌等对坝袋的破坏;气囊内填充介质为气体,塌坝迅速;各个部件均为预制部件,安装工期短;盾板及气囊模块化,便于修复。气盾坝具有防洪度汛能力突出,运行安全可靠;过水高度和运行状态持续可控；具有更强的清污、排淤能力；挡水和过水能力更高；充排时间短，运行管理简单；使用寿命超长，综合效益高；抗震能力强，基础的适应性高等特点。

气盾坝的生态保护与修复功能体现在：①坝顶溢流会形成瀑布，十分美观，稳定的水位可以改善库区的自然景观，生态景观效果佳；②准确控制灌溉渠道的水位和分流流量，当渠道流量变化时，自动控制分水建筑物前的水位，保证分水的均匀性，便于河岸带河谷林草等植被的有效灌溉和保护修复；③采用一系列的气盾坝形成梯级人工鱼道，控制流量和流速，使鱼类平顺过坝。

2. 液压坝（图9-5）

液压坝是指液压混凝土升降坝。它广泛应用于农业灌溉、渔业、船闸、海水挡潮、城市河道景观工程和小水电站等建设。液压升降坝力学结构科学、不阻水、不怕泥沙淤积，不受漂浮物影响，在损失极小水量的情况下易于冲掉上游的漂浮物，使河水清澈，放坝快速，不影响防洪安全，抗洪水冲击的能力强。它攻克了传统活动坝型的缺点，同时它又具备传统坝型的所有优点：①紧贴河床不阻水（比橡胶坝效果更好）；②自动放坝行洪，任意保持水位高度；③坚固耐用。

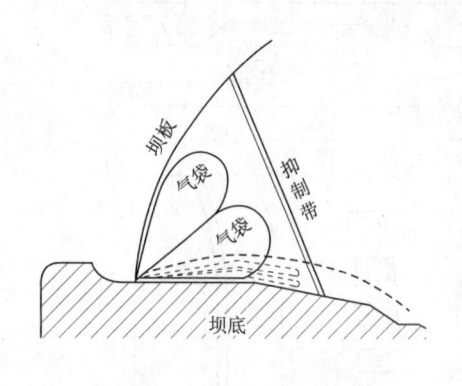

图9-4 气盾坝构造示意图　　　　图9-5 液压坝构造示意图

液压升降坝是一种采用自卸汽车力学原理，结合支墩坝水工结构型式的活动坝，具备挡水和泄水双重功能。液压升降坝的构造由弧形（或直线）坝面、液压杆、支撑杆、液压缸和液压泵站组成。采用液压缸直顶以底部为轴的活动拦水坝面的背部，实现升坝拦水、降坝行洪的目的。采用滑动支撑杆支撑活动坝面的背面，构成稳定的支撑墩坝。采用小液压缸及限位卡，形成支撑墩坝固定和活动的相互交换，达到固定拦水、活动降坝的目的。采用手动推杆开关，控制操作液压系统，根据洪水涨落，人工操作活动坝面的升降。

液压坝具有以下特点：①坝体跨度大，结构简单，易于建造，施工工期短，总成本约为同等规格的气盾坝的1/10；②与传统水闸及类似的橡胶坝相比，过流能力大，泄流量大，特别适用于橡胶坝不宜建造的多沙、多石、多树、多竹地区的河流，可以调节坝高溢流，可控制上游水位和泄流量；③坝体弧形设计，上游水量较大时形成瀑布景观，美化城市生态环境。

二、淤地坝

淤地坝是指在水土流失地区各级沟道中，以拦泥淤地为目的而修建的坝工建筑物，其拦泥淤成的地称为坝地。在流域沟道中，用于淤地生产的坝称为淤地坝或生产坝，其主要目的是滞洪水、拦泥沙、水土保持、淤地、蓄水、建设农田、发展农业生产。

（一）工程结构与组成

根据集流面积、库容大小、流域水文条件等确定淤地坝的工程结构。控制流域面积较大的大型淤地坝，由坝体、泄水洞和溢洪道三部分组成；集流面积较小的中小型淤地坝，则由坝体和溢洪道或泄水洞两部分组成。

(1) 坝体。主要坝型为黄土均质坝，有少量土石混合坝和石拱坝等。

(2) 泄水洞。主要为无压涵洞、分级卧管，少量采用压力管道、竖井等。

(3) 溢洪道。大部分采用开敞式溢洪道或陡坡溢洪。个别采用挑流鼻坎或利用沟坡岩石层排洪水入支沟，也有的受地形、地质条件限制，在坝体背水坡砌护溢洪道排洪。

修筑淤地坝的工程材料一般就地取用，有砂石料的沟道，也可采用水泥砂浆砌石筑坝。当石料缺乏时可采用预制钢筋混凝土。

（二）坝系规划

为达到沟道分段拦蓄水沙、分散洪水、防止洪水危害、使坝地稳定生产的目的，淤地坝坝系应包括滞洪坝、种植坝、引洪蓄水灌溉坝等，使单坝有明确分工，并使其有机配合，生产职能可变换，持久地发挥坝系整体的最大水沙利用和生产效益。坝系规划在流域综合治理基础上进行，做到生物措施与工程措施相结合，坡面治理与沟道治理同步实施。集水面积大的沟道，按支毛沟情况可分解为几个小坝系，单坝控制面积多在 $5km^2$ 以下。建坝次序因地制宜，大流域先上游后下游，小流域可先下游后上游，先支沟后干沟。

（三）生态效益

1. 拦泥保土，减少入河泥沙

修建于各级沟道中的淤地坝，从源头上封堵了泥沙向下游输送的通道，在泥沙的汇集和通道处形成了一道人工屏障。它不但能够抬高沟床，降低侵蚀基准面，稳定沟坡，有效制止沟岸扩张、沟底下切和沟头前进，减轻沟道侵蚀，且能拦蓄坡面汇入沟道内的泥沙。

2. 淤地造田，提高粮食产量

淤地坝将泥沙就地拦蓄，使荒沟变成了人造小平原，增加了耕地面积。同时，坝地主要是由小流域坡面上流失下来的表土层淤积而成，含有大量的牲畜粪便、枯枝落叶等有机质，土壤肥沃，水分充足，抗旱能力强，成为高产稳产的基本农田。

3. 优化土地利用结构，促进退耕还林还草

淤地坝建设解决了农民的基本粮食需求，为优化土地利用结构和调整农村产业结构，促进退耕还林还草，发展多种经营创造了条件。

4. 防洪减灾，合理利用水资源

淤地坝通过梯级建设，大、中、小结合，治沟骨干工程控制，层层拦蓄，具有较强的削峰、滞洪能力和上拦下保的作用，能有效地防止洪水泥沙对下游造成的危害。淤地坝在工程运行前期，可作为水源工程，解决当地工农业生产用水和发展水产养殖业。对水资源缺乏的干旱半干旱地区的群众生产、生活条件改善发挥了重要作用。

三、过鱼工程

传统水利工程的修建，给鱼类的生存条件带来了巨大的变化，使某些要求一定水深、流速等产卵条件的鱼类产卵区遭到了破坏，切断了鱼类的洄游通道，使一些游动鱼和淡水鱼不能洄游到上游产卵区繁殖。河流渠化后，其水文条件也有较大的改变，使河口附近海湾鱼类生存条件受到影响。此外，幼鱼洄移条件有所恶化，下游鱼类繁殖面积也有所减少等。

针对上述问题，根据鱼类的生活规律，采取相应措施（如设立人工孵育场，保护原有下游产卵区等），以消除或减少河流渠化对鱼类繁殖和生活的不利影响。在水库工程的规划设计中，应设置过鱼建筑物，使鱼能洄游到上游产卵区，并相应改善幼鱼的洄游条件。过鱼建筑物一般有鱼道、鱼闸和举鱼机等几种类型。

（一）鱼道

鱼道是一条斜坡式或跌水式人工水道，水流顺着水道由上游流向下游，鱼则在水道中逆水而上或顺流而下。为了便于鱼类上溯，必须控制水道中的水流速度。如流速过大，超过鱼所能克服的最大流速时，鱼类无力上溯；当流速过小，低于鱼的起点流速时，鱼类将停止上溯。鱼类所能克服的允许流速和鱼的种类、大小、季节和生活环境等有关，其差别较大。因此，必须全面调查研究，参照国内外有关资料，确定鱼道的设计流速。鱼道按其结构型式，可分为以下几类。

1. 槽式鱼道

槽式鱼道是矩形人工水槽，如果槽壁和底为光滑表面，只适用于小水头，否则槽内流速过大；如果在槽壁和槽底加设齿坎，可加大糙率，降低流速。与光面式鱼道相比，加糙可缩短长度，但水流紊乱，大量掺气，不适合鱼类洄游，只适用于水位差不大、鱼类较强劲的情况。在槽式鱼道加设挑水板，如图9-6所示，可加长水流途径，减小流速，从而使水流平稳。挑水板在平面上交错布置，与槽壁呈不同交角。槽式鱼道是目前应用较为广泛的鱼道形式。

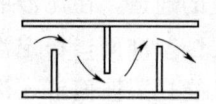

2. 池式鱼道

池式鱼道由一连串水池组成，水池之间用短渠或低堰连接，水池间水位差为0.5～1.5m，如图9-7所示。该类鱼道多布置在土质河岸或土坝的坝头上，接近于天然河道，有利于鱼类通过。但必须有合适的地质地形条件，否则工程量太大，不经济。

3. 梯级鱼道

梯级鱼道是用横隔板将水槽分成若干小的梯级水池，如图9-8所示，类似多级跌水。在隔板上设有交错的过鱼孔，利用

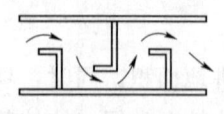

图9-6 挑水板槽式鱼道

水垫、水流沿程增加及水流对冲扩散以消减能量，使槽中流速控制在允许范围内。此种鱼道由于水流条件较好，结构简单，维修方便，得到广泛的应用。

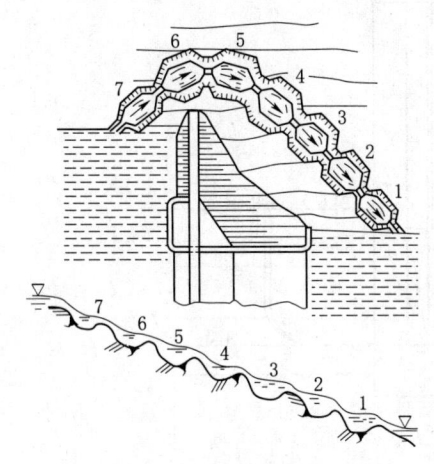

图 9-7 池式鱼道

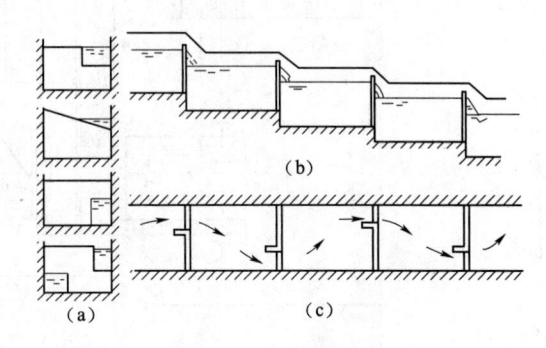

图 9-8 梯级鱼道
(a) 横剖面；(b) 纵剖面；(c) 平面

（二）鱼闸

鱼闸的工作原理大致与船闸类似，也称水力升鱼机，有斜井式和竖井式两种。斜井式鱼闸由上、下闸室及斜井组成，其布置型式如图 9-9 所示。运用时先开启下游闸门，由上游闸门顶溢流供水，溢流水头控制在 0.2~0.3m 范围内。当鱼闸中水流流动时就可诱鱼进入下闸室。等鱼类诱集到一定数量后，关闭下游闸门，使水流充满整个闸室，同时鱼类在水流的引诱下进入水库，闸室内的水由旁通管排至下游。闸室泄空后，即可开始下一循环。

图 9-10 是竖井式鱼闸，由上下游导鱼渠、竖井、上下游闸门及旁通管等组成。其工作原理是：水经过放水管流入闸室与下游导渠中，引诱鱼类进入导渠，用驱鱼栅将鱼推入闸室竖井；关闭下游闸门，随着竖井中水位上升，提升竖井中的升鱼栅，迫使鱼随水位一起上升，待闸室中水位与上游水位齐平后，打开上游闸门，启动上游驱鱼栅，将鱼引入水库内。

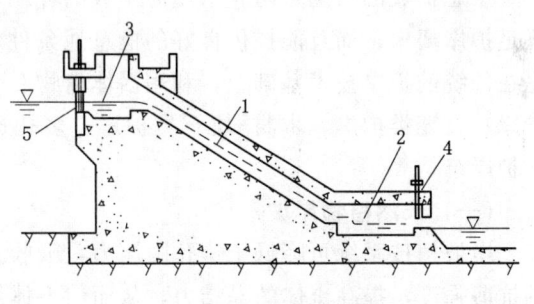

图 9-9 斜井式鱼闸
1—斜井；2—下闸室；3—上闸室；
4—下游闸门；5—上游闸门

（三）举鱼机

举鱼机的工作原理与升船机相似，有干式和湿式两种。利用下游集鱼装置诱鱼进入集鱼厢或渔网，当有足够的鱼类以后，启动卷扬机将装满水和鱼的鱼厢（湿式）或装鱼的网（干式）提升到上游鱼槽中，将鱼引入水库。举鱼机的优点是提升高度不受限制，水量损失小，但需提升机械及较大的动力装置。干式举鱼机提升重量比湿式轻，但容易使鱼类遭受损伤。

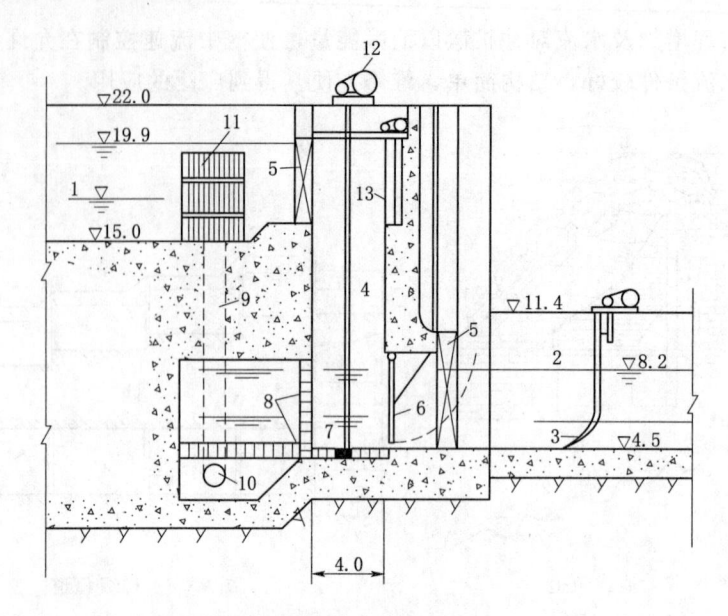

图 9-10 竖井式鱼闸（单位：m）

1、2—上、下游导渠；3—下导渠驱鱼栅；4—竖井；5—闸门；6—转动栅；7—升降栅；
8—消力栅；9—放水管；10—放水管阀门；11—拦污栅；12—启闭机；13—驱鱼栅

第三节　河道外生态水利工程

一、生态护坡

生态护坡的目的是防止水流对岸坡的冲刷、侵蚀，保证岸坡的稳定性，不但能够满足护岸要求，而且能提供良好的栖息地条件，改善自然景观。自然型河道护岸技术是在传统的护岸技术基础上，利用活体植物和天然材料作为护岸材料，包括天然植物护岸、石笼类护岸、木材-块石类护岸、多孔透水混凝土构件、半干砌石结构、组合式护岸结构等。

（一）天然植物岸坡

岸坡植被系统可降低土壤孔隙压力，吸收土壤水分。同时，植物根系能提高土体的抗剪强度，提高土体的黏结力，从而使土体结构趋于坚固和稳定。植被系统具有固土护岸、降低流速、减轻冲刷的功能；同时，为鱼类水禽和昆虫等动物提供栖息地。

植物护岸常用方法有：芦苇和柳树的种植、联排条捆、植物纤维垫、植物梢料、土工织物扁袋、植被卷等。

（1）芦苇和柳树的种植。河岸芦苇茎叶可使洪水减速，地下茎可固土，减少洪水冲刷。矮干柳树群根部发达具有固土功能，减轻水流冲刷。汛期柳树枝条能够降低流速，成为鱼类的庇护所。

（2）联排条捆。联排条捆是由木桩、连排条捆和竖条捆组合而成的结构（图9-11）。联排条捆是整体、多孔结构，既护岸，又将雨水排入河道。柳树群成长迅速，繁茂的柳树群成为良好的生物栖息地。

（3）植物纤维垫。植物纤维垫是采用椰壳纤维、黄麻、木棉、芦苇、稻草等天然植物纤维制成（也可应用土工格栅进行加筋）应用于河道岸坡防护的生态工程（图9-12）。植物纤维垫结合了植物纤维本身防冲固土和植物根系固土的功能，比普通草皮护坡具有更高的抗冲蚀能力。适用于水流相对平缓、水位变化不太频繁、岸坡坡度小于1：2的中小型河流。

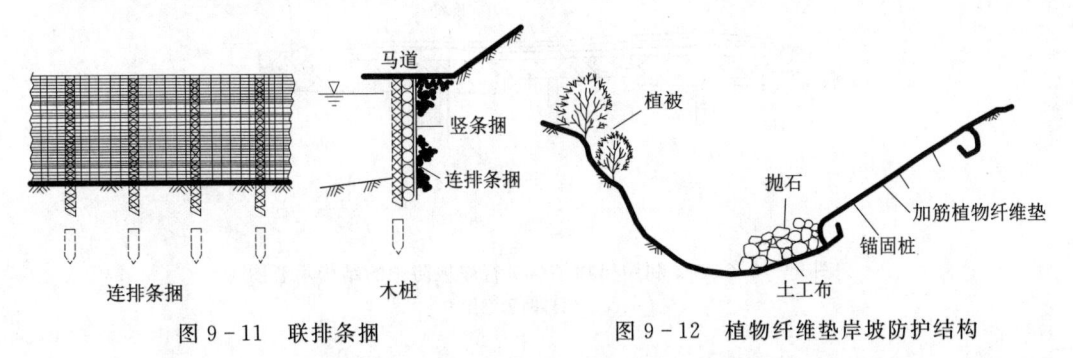

图9-11 联排条捆

图9-12 植物纤维垫岸坡防护结构

（4）植物梢料。利用植物的活枝条或梢料，按照规则结构型式，制成梢料排、梢料层、梢料捆（图9-13），不仅可有效减小河岸侵蚀，为河岸提供直接的保护层，且能较快形成植被覆盖层，恢复河岸植被，形成自然景观。

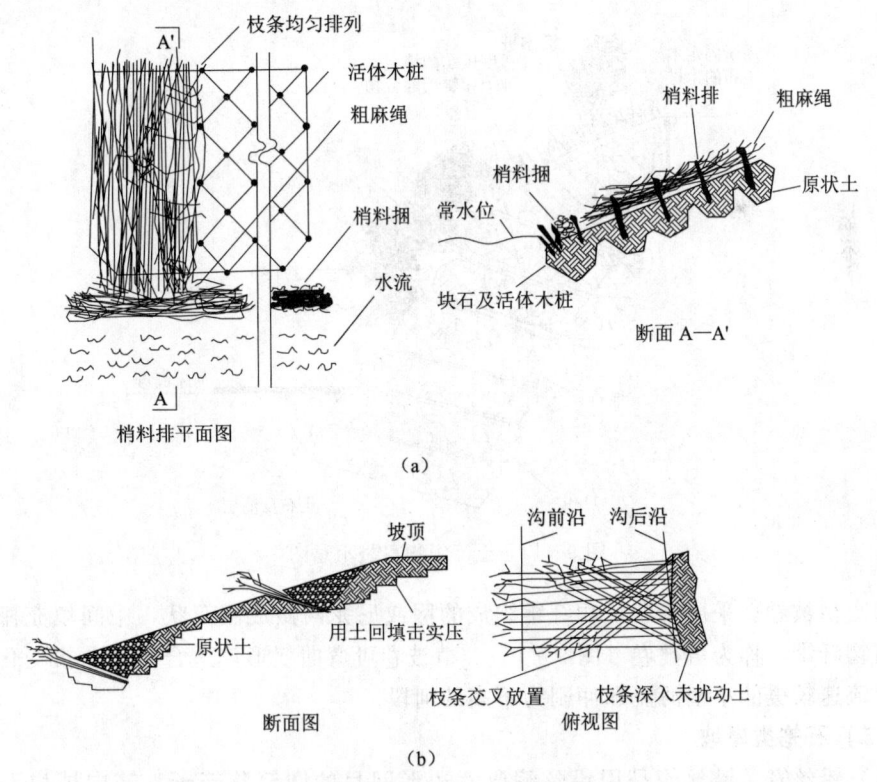

(a)

(b)

图9-13（一） 利用植物梢料进行岸坡防护的结构示意图
(a) 梢料排示意图；(b) 梢料层示意图

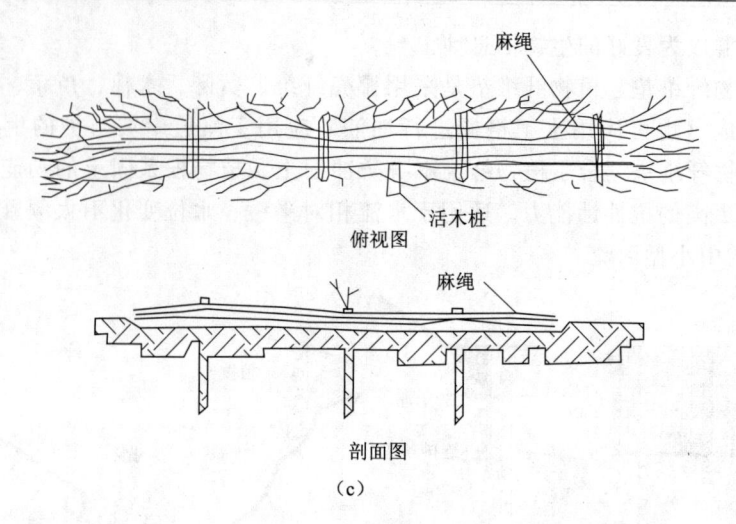

图 9-13（二） 利用植物梢料进行岸坡防护的结构示意图
(c) 梢料捆示意图

(5) 土工织物扁袋。土工织物扁袋是将天然材料或合成材料织物、在工程现场展平后，上面填土，然后将土工织物向坡内反卷，包裹填土制作形成（图 9-14）。土工织物扁袋主要适用于较陡岸坡，能起到侵蚀防护和增加边坡整体稳定性的作用，适用于岸坡坡度不均匀的部位。

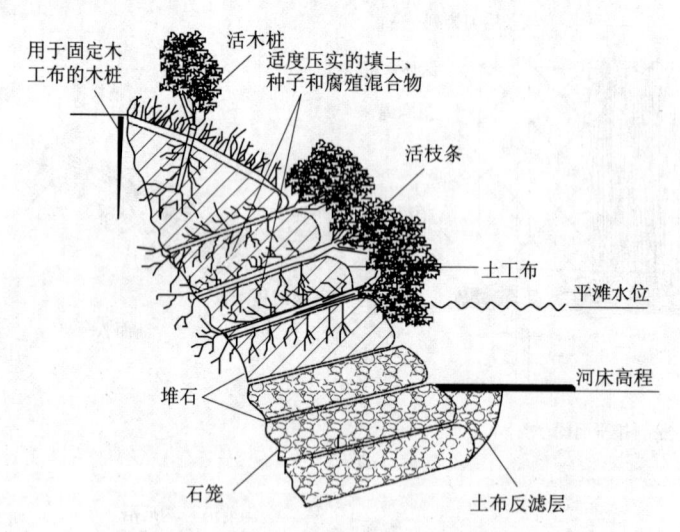

图 9-14 土工织物扁袋示意图

(6) 植被卷。采用管状植物纤维织成的网或尼龙网做成圆筒状，中间填充椰子纤维等植物纤维，称为植被卷（图 9-15）。植被卷可弯曲变形，适合构造曲折变化的岸线以及流速较缓的小型河流和冲刷力不高的河段。

（二）石笼类岸坡

(1) 铅丝笼。铅丝笼是用铅丝编成六边形网目的圆筒状笼子，笼中填块石或卵石，置于岸坡上用以护岸的构件。铅丝笼具有柔性，能够适应地基轻微沉陷，其多孔

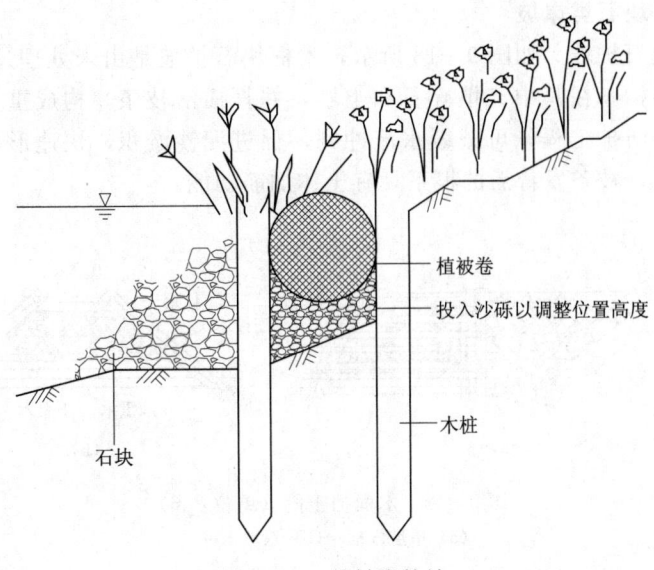

图 9-15 植被卷护坡

特征使得水下部分成为鱼类和贝类的栖息地。铅丝笼内填土后可种植植物，形成近自然景观。

（2）石笼垫。石笼垫是由块石、铁丝编成的扁方形笼状构件，铺设在岸坡上抵抗水流冲刷（图 9-16）。石笼垫属于柔性结构，整体性和挠曲性均好，能适应岸坡出现的局部沉陷，具有护坡、护脚和护河底的作用，适用于高流速、冲蚀严重、岸坡渗水多的缓坡河岸。

（3）抛石。抛石护脚是平顺护岸下部固基的主要方法，也是处理崩岸险工的一种常见、优先选用的措施（图 9-17）。抛石护脚具有就地取材、施工简单的特点，其护脚固基作用显著。抛石群的石块有许多间隙，可成为鱼类以及其他水生生物的栖息地或避难所。

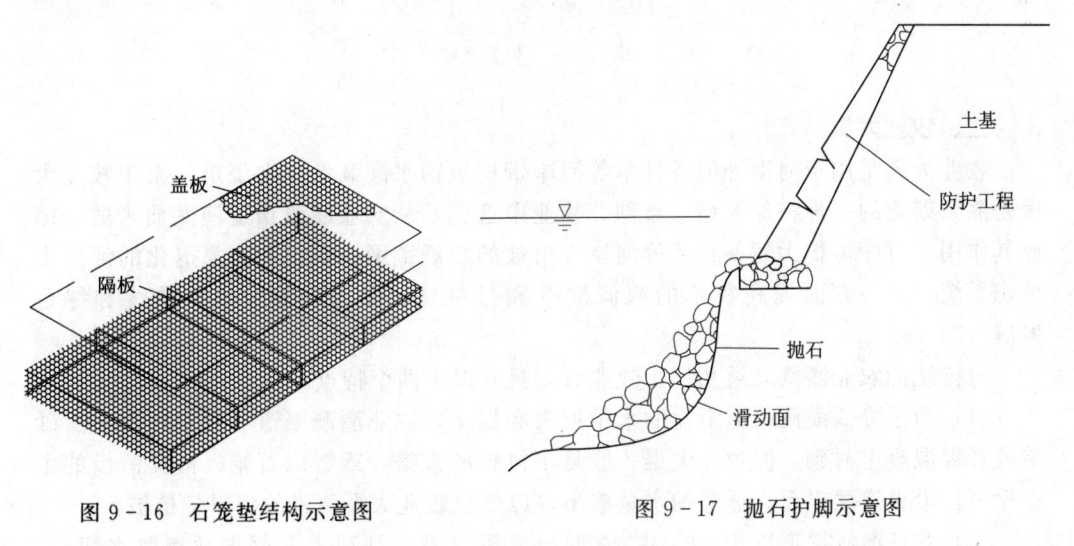

图 9-16 石笼垫结构示意图　　图 9-17 抛石护脚示意图

（三）木材-块石类岸坡

（1）木框块石护坡。如图9-18所示，木框块石护坡是由未处理过的原木相互交错形成的箱形结构，在其中充填碎石和土壤，并扦插活枝条，构成重力式挡土结构，用于陡峭岸坡的防护工程，可减缓水流冲刷，促进泥沙淤积，快速形成植被覆盖层，营造自然型景观，枝条发育后的根系具有土体加筋功能。

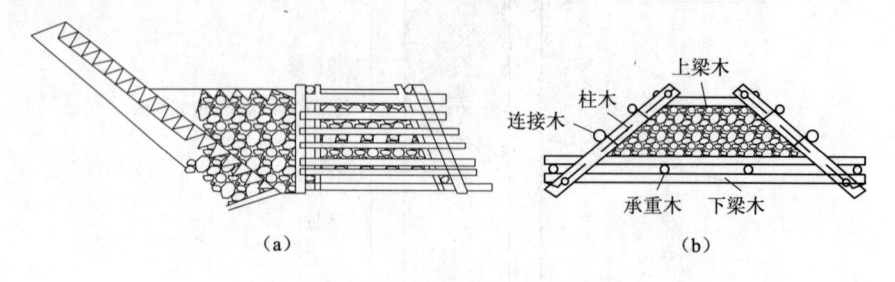

图9-18 木框挡土图（单位：m）
(a) 单坡木框；(b) 双坡木框

（2）木工沉排。木工沉排是由井字形原木框架内填充卵石或块石的结构物，如图9-19所示。木工沉排具有较强的抗冲刷性能，能够抵抗水流的拖曳引力。木工沉排为多孔结构，可为鱼类和其他水生生物提供栖息条件。

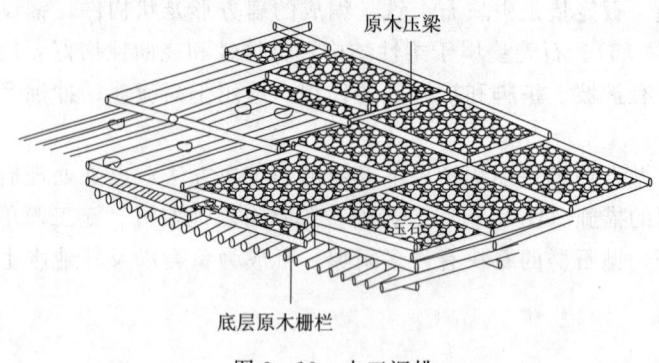

图9-19 木工沉排

二、牧业大渠

牧业大渠是用于河道外河谷林草等河岸带植被输水灌溉的生态渠道。由于牧业大渠是灌溉渠道的一种特殊类型，且部分牧业渠道也是从农业灌溉渠道演变而来的，因此其作用一方面可扩大河谷林草等河岸带植被的灌溉范围，保护和修复退化的河岸带生态系统，另一方面提高牧草的灌溉效率和打草量，促进农牧业的可持续和绿色发展。

与传统的农业灌溉渠道相比，牧业大渠具有以下两个特点。

（1）为了降低灌溉渠道沿途的水量损失和糙率，农业灌溉渠道一般采用砌石、砂浆或者素混凝土衬砌；但牧业大渠一般是不衬砌的土渠，或者以石笼、格宾铺设的生态渠道，沿渠道两岸允许适量的水量渗出，以修复牧业大渠两岸的河岸带植被。

（2）农业灌溉渠道以干-支-斗-农形成灌溉渠系，且基本上逐步远离取水河道，再由排水系统退回河道或容泄区；生态大渠由平行于河道走向的干渠和垂直于河道的支渠组成，基本位于河道两岸，不设排水系统，河岸带植被经牧业大渠灌溉后的水量直接退回到主河道。

思 考 题

1. 什么是生态水利工程，为什么要修建生态水利工程？
2. 生态水利工程有哪些？各有哪些作用？
3. 简述淤地坝的生态效益。
4. 设置生态护坡的目的是什么？一般分为哪几类？
5. 植物护岸的常用方法有哪些？
6. 简述传统的农业灌溉渠道与牧业大渠的差异性。

第十章 垂直取水工程

第一节 管 井 工 程

管井是垂直安置在地下的取水或保护地下水的管状构筑物。其结构主要由一系列井管组成，故称为管井。

一、管井的形式与结构

（一）管井的形式

管井是地下水开采利用中使用最广泛的取水建筑物。

按取水范围是否贯穿整个含水层，分为完整井和非完整井。当管井穿透整个含水层时，称为完整井。穿透部分含水层时，称为非完整井。

按地下水的类型分为压力水井（承压水井）和无压力水井（潜水井）。井口位置高于承压水水位的称为压力水井（承压水井）。钻到潜水中的井是无压力水井（潜水井）。

按用途分为供水井、排水井、回灌井。供水井是提供生活用水、工业用水和农田灌溉所钻出的开采地下水的井。排水井是为降低地下水头压力、控制地下水水位升高不超过设防水位标高而设置的具有透水能力的工程设施。回灌井是将地下水自然下渗或将地表水注入地下含水层的水工建筑物。

按取水方式分为单层取水和分层取水。单层取水井身为一整体段，分层取水井身会被滤水管分隔为几段。

对于具体的井来说，可根据上述分类联合命名，如潜水完整井、潜水非完整井、承压水完整井、承压水非完整井。如图10-1所示。

（二）管井的结构

因水文地质条件、施工方法、配套水泵和用途等的不同，管井的结构形式也多种多样。一般结构可分为井口、井身、滤水管和沉沙管四部分，如图10-2所示。

1. 井口

管井接近地表的部分称为井口。为了安全和便于管理，一般多与机电设备设在一个泵房内（图10-2）。井口设计应考虑以下几点。

（1）井口要高出地面一定距离，以便安装水泵和密封连接，防止污水或杂物进入井内，一般高出地面0.3～0.5m为宜。

（2）井口要有足够的坚固性和稳定性，以防因电动机和水泵的工作震动及压力而沉陷。可在井口周围半径和深度不小于1.0m范围内，回填黏性土或灰土将原土替换，分层夯实，然后在其上面按要求浇筑混凝土泵座。

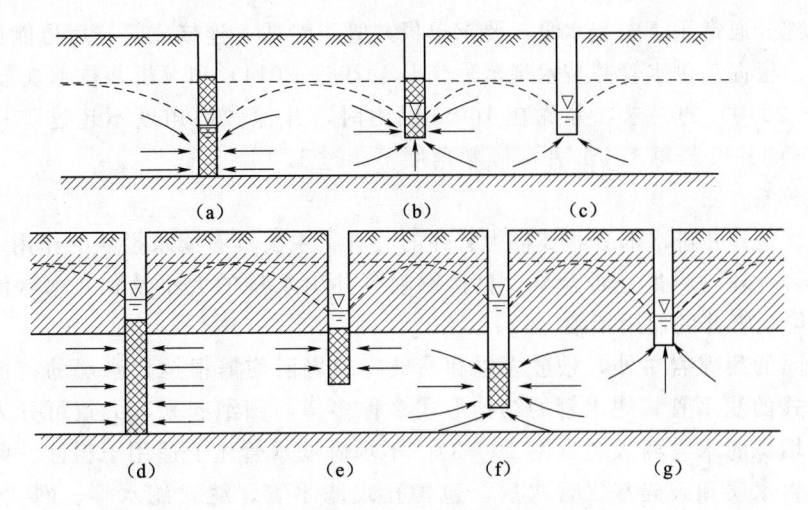

图 10-1 水井类型示意图
(a) 潜水完整井；(b)(c) 潜水非完整井；(d) 承压水完整井；(e)(f)(g) 承压水非完整井

(3) 井口应留有水位观察孔。井口应留直径 30～50mm 的孔眼，以观测井中水位的变化。设计孔眼时要配有盖帽，防止孔眼被堵或掉入杂物。

(4) 井口应与水泵的泵管或泵体紧密连接，防止从井口掉入杂物或泵体震动位移，一般在井管外套一短节直径略大于井管的护管（多采用钢管或铸铁管）。当安装离心泵或潜水泵时，护管上段应焊有法兰，护管下端也应有套环或法兰盘，并与地板混凝土连接。护管与井管之间的间隙中，填入石棉水泥或沥青砂浆等柔性填嵌材料。

2. 井身

从井口至进水部分用于加固井壁的部分称为井身，又称井管。井身的作用是加固井壁，要求井深管材应有足够强度。当井身所在部位的岩层坚固稳定，也可不对管井进行加固。如果要求隔离有害的和不开采的含水层时，需用井管进行封闭。

井管是管井结构中需用量最大，也是最基本的材料。井管类型按材料可分为金属井管和非金属井管两类。金属井管有无缝钢管、焊接钢管和铸铁管等。其优点是机械强度高、尺寸标准、加工简单、重量较轻、运输安装方便等。缺点是造价高，易产生化学腐蚀和电化学腐蚀。非金属井管主要包括石棉水泥管、混凝土管、钢筋混凝土管和塑料井管。其优点是可就地取材，制作容易，造价低，寿命长等。缺点是机械强度较低，自重较大，安装施工工艺较复杂。

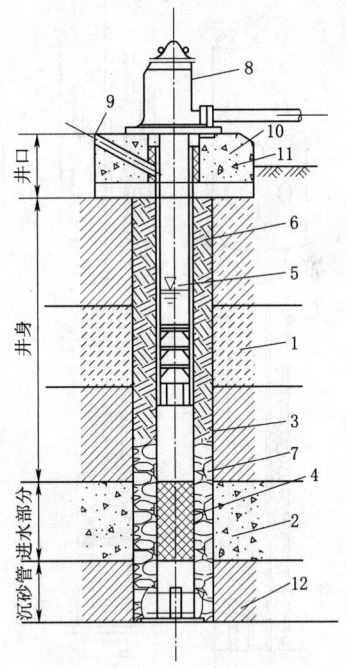

图 10-2 管井示意图
1—非含水层；2—含水层；3—井壁管；
4—滤水管；5—泵管；6—封闭料；
7—滤料；8—水泵；9—水位观测孔；
10—护管；11—泵座；
12—不透水层

井身部分通常用于安装水泵，要求单根井管不弯曲，连接成管柱后也能保证井身轴线端直。根据《供水管井技术规范》(GB 50296—2014) 和《机井技术规范》(GB/T 50625—2010) 的要求，井深在 100m 以内时，井深倾斜角度不超过 1°；井深在 100m 以下的井段，每 100m 井深倾斜角度不超过 1.5°。

3. 滤水管

滤水管是管井进水部分，被称为管井的心脏，主要具有滤水拦沙的作用。滤水管的结构是否合理，质量是否合格，直接影响管井出水量的大小及和井水含沙量的高低，乃至影响管井的使用年限。

除坚固的裂隙岩层外，松散岩层和易破碎的岩层均需根据含水层的特征设计安装不同型式的滤水管。滤水管的结构形式多种多样，归纳起来，大致可分为不填砾滤水管和填砾滤水管两大类（图 10-3）。不填砾滤水管主要适用于粗沙、卵砾石类粗粒松散含水层和破碎基岩含水层，包含孔式滤水管、缝式滤水管、网式滤水管。填砾滤水管普遍应用在松散含水层中，若设计合理，不仅能有效拦沙，且能增加管井出水量，包含砂砾滤水管、多孔混凝土滤水管、贴砾滤水管。选择滤水管类型主要是依据含水层的岩层结构和岩性特征。无论哪种滤水管，衡量其质量高低的指标主要由强度和透水性组成，尤其是透水性。滤水管的透水性一般用渗透系数表征。

4. 沉砂管

安装在管井最下部的一段不进水的井管，称为沉砂管。沉砂管的作用是在抽水过程中给水带进井内的砂砾（未能随水抽出的部分）留出沉淀的时间，以备定期清理。如果管井不设沉砂管，沉淀的砂砾会逐渐将滤水管埋没，使滤水管进水面积减少，增大进水阻力和水头损失，从而减少水井出水量。

沉砂管的长度主要根据井深、含水层厚度和含水层的颗粒大小而定。当井深较深、含水层较厚、含水层粒径较小时，沉砂管设计安装可长些，反之则短些。沉砂管的安装长度一般为 5～10m，且根据井管单节长度决定。可参考如下数据：井深小于 30m，沉砂管长度为 3m；井深为 30～100m，沉砂管长度为 5m；井深大于 100m，沉砂管长度为 5～10m。

为了尽量增大管井出水量，特别对于完整井，应将沉砂管安装在含水层底板的

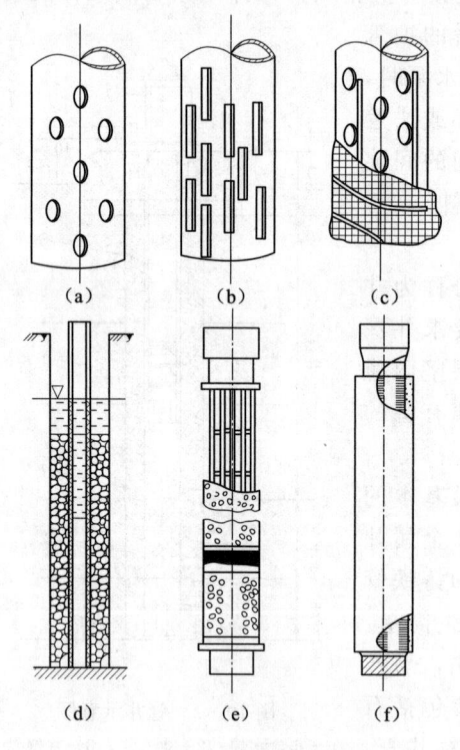

图 10-3 滤水管的类型
(a) 圆孔滤水管；(b) 调缝式滤水管；(c) 网式滤水管；
(d) 砂砾滤水管；(e) 多孔混凝土滤水管；
(f) 贴砾滤水管

隔水层，不要将沉砂管安装在含水层，以免减少滤水管长度及滤水面积，影响水井出水量。

二、管井的出水量计算

管井的出水量（生产能力）对管井的结构设计、灌排规划、水文地质参数的确定和地下水资源评价等都是十分重要的。由于含水层类型、井型及其井的结构等不同，水井出水量的确定应采用不同的井流计算方法。本节仅介绍单井出水量的稳定流计算。

（一）达西渗透定律

地下水储存于岩土的空隙中，受重力作用在空隙介质中的运动称为渗透。地下水的渗透运动（即实际水流）仅发生在彼此连通的空隙中。由于空隙的大小、形状、分布和连通情况各处不一，地下水的运动极不规则。要掌握空隙中各细小流束的运动极其困难，为此引入与真实地下水流等效的理想水流的概念，以此来解决复杂的地下水运动有关问题。此种理想水流充满着饱水岩土整个空间（包括颗粒和空隙所占空间），如固体骨架根本不存在一样，且理想水流具下列性质。

（1）通过任一过水断面（与地下水运动方向垂直的含水层断面）的渗流量等于通过该断面的实际水流的流量。

（2）在任一过水断面上的水头等于实际水流在同一断面上的水头。

（3）在运动过程中所受到的阻力等于实际水流所受的阻力。

具有上述性质的假设理想水流称为渗流。它的主要特点是将渗流的全部空间作为研究对象，采用水力学方法，研究地下水在含水层中的运动规律，以简单的方式描绘极为复杂的含水层特征。由于渗流的流量、水头和运动阻力都和实际水流一样，所以其结果并不失真。

1852—1855年，法国水力学家达西（Darcy）通过大量的试验，发现渗透速度与水力坡度的一次方成正比，为线性关系，其表达式为

$$Q = KJA \tag{10-1}$$

$$V = KJ \tag{10-2}$$

式中 Q——渗流量，m^3/d 或 L/s；

J——水力坡度；

A——过水断面面积，m^2；

V——渗透速度，m/d 或 m/s；

K——渗透系数，m/d 或 m/s。

在实际的地下水流中，由于水力坡度各处不同，可将达西定律写成更一般的形式：

$$V = -K \frac{dH_w}{dS} \tag{10-3}$$

式中 H——水头，m；

$-\dfrac{dH_w}{dS}$——水力坡度。

渗透速度矢量沿 3 个坐标轴的分量分别为

$$V_x = -K \frac{\partial H_w}{\partial x} \tag{10-4}$$

$$V_y = -K \frac{\partial H_w}{\partial y} \tag{10-5}$$

$$V_z = -K \frac{\partial H_w}{\partial z} \tag{10-6}$$

公式中的渗透系数 K 是表示岩石透水性大小的水文地质参数。数值上等于水力坡度为 1 时的渗透速度，具有速度的量纲。渗透系数的数值，既取决于含水层的性质，也取决于渗透液体的物理性质。

达西定律有一定的适用范围，超出该范围，地下水的渗流不符合达西定律。若采用雷诺数表示达西定律的适用范围，可归纳如下：

(1) 存在临界雷诺数 $Re_{临}$，该值在 1~10 之间，$Re < Re_{临}$，即低雷诺数时，属低速流，此时黏滞力（忽略惯性力）占优势的层流区域，该区域内达西定律是适用的。上述 $Re_{临}$ 为达西定律成立的上限。同时说明，服从达西定律的 $Re_{临}$ 比地下水由层流转变为紊流时的雷诺数要小，即达西定律的适用范围比层流运动范围要小。

(2) 当 $Re_{临} < 20 \sim 60$ 时，出现过渡带，从黏滞力占优势的层流运动过渡到非线性的层流运动。该带当渗透速度增大后，惯性力也逐渐增大，当惯性力接近摩擦阻力的数量级时，由于惯性力与速度的平方成正比，渗透速度与水力梯度的关系不再呈线性关系，即偏离了达西定律。

(3) 高雷诺数时则为紊流，此时达西定律失效。

（二）潜水完整井出水量计算

达西定律问世不久，1863 年法国水力学家裘布依（Dupuit）以达西定律为基础，推导稳定井流模型，如图 10-4 所示。该模型的假设条件如下。

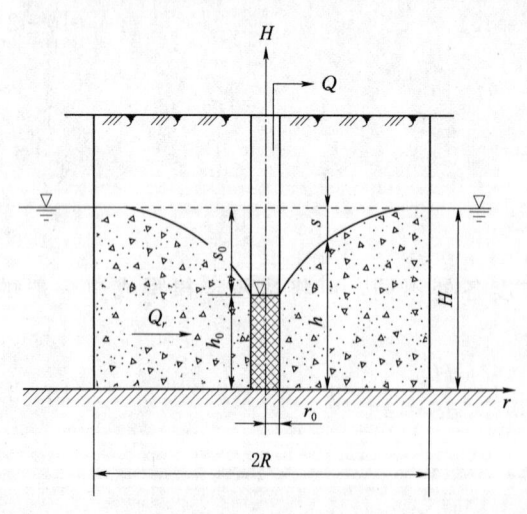

(1) 含水层天然水力坡度等于零，抽水时为了使用流线倾角的正切代替正弦，则井附近的水力坡度不大于 0.25。

(2) 含水层是均质各向同性的，含水层的底板是隔水的且呈水平状。

(3) 抽水时影响半径范围内无垂向渗入、无蒸发，每个过水断面上的流量不变；在影响半径范围以外的地方流量等于零；以影响半径的圆周确定水头边界。

(4) 抽水井内及附近是二维流（抽水井内不同深度处的水头降低

图 10-4 裘布依潜水（承压）完整井稳定井流模型

是相同的）。

图 10-4 中水井的半径为 r_0，供水边界距水井中心的距离或供水半径为 R。当水井按某一定流量 Q 抽水时，供水边界的水位保持不变，可保证无限供给定流量。井流服从达西（Darcy）线性渗透定律和连续定律，并按轴对称井壁进水且无阻力地汇入井内。稳定井流运动特点可概括为两点。

(1) 流向为汇向水井中形成放射状的一簇曲线，等水位面为以水井为中心的同心圆柱面。等水位面和过水断面是一致的。

(2) 通过距井轴不同距离过水断面的流量处处相等，都等于水井流量 Q，即

$$Q_{r1}=Q_{r2}=Q_{r3}=\cdots=Q \tag{10-7}$$

由上述情况，根据潜水完整井稳定井流计算模型推导出水量计算公式。

如图 10-4 所示，取圆柱坐标系，沿底板取井径方向为 r 轴，井轴取为 H 轴，假设渗流过水断面近似为同心圆柱面，由达西定律得

$$Q_r = 2\pi r h K \frac{\mathrm{d}h}{\mathrm{d}r} \tag{10-8}$$

$$Q = Q_r = \mathrm{const}（常数） \tag{10-9}$$

分离变量则有

$$2h\,\mathrm{d}h = \frac{Q}{\pi K}\frac{\mathrm{d}r}{r} \tag{10-10}$$

积分得

$$h^2 = \frac{Q}{\pi K}\ln r + C \tag{10-11}$$

当 $r \rightarrow R$ 时，$h \rightarrow H$，即

$$C = H^2 - \frac{Q}{\pi K}\ln R \tag{10-12}$$

则有

$$Q = \pi K \frac{H^2 - h^2}{\ln \dfrac{R}{r}} \tag{10-13}$$

当 $r \rightarrow r_0$ 时，$h \rightarrow h_0$，则有

$$Q = \pi K \frac{H^2 - h_0^2}{\ln \dfrac{R}{r_0}} \tag{10-14}$$

式 (10-14) 即为著名的裘布依稳定井流潜水完整井出水量计算公式。如将自然对数换算成常用对数后，则得

$$Q = 1.364 K \frac{H^2 - h_0^2}{\ln \dfrac{R}{r_0}} \tag{10-15}$$

因 $h_0 = H - s_0$，则 $H^2 - h_0^2 = (2H - s_0)s_0$，则式 (10-15) 可改写为

$$Q = 1.364K \frac{(2H-s_0)s_0}{\ln\frac{R}{r_0}} \tag{10-16}$$

由式（10-13）获得降落曲线（或浸润曲线）的表达式为

$$h^2 = H^2 - \frac{Q}{\pi K}\ln\frac{R}{r} \tag{10-17}$$

式中　Q——水井的出水量，m^3/h 或 m^3/d；
　　　K——含水层的渗透系数，m/h 或 m/d；
　　　H——含水层的厚度或供水边界的定水头高度，m；
　　　s_0——抽水井降深，m；
　　　h_0——井中水柱高度，m；
　　　R——井的供水半径，m；
　　　r_0——井的半径，m。

为便于以后的研究，引进势函数 φ 的概念，令势函数（简称势）为

$$\varphi = \frac{1}{2}KH^2 \tag{10-18}$$

由达西定律 $Q_r = 2\pi r H K \frac{dh}{dr}$ 得

$$Q = 2\pi r \frac{d\left(\frac{1}{2}KH^2\right)}{dr} = 2\pi \frac{d\varphi}{dr} \tag{10-19}$$

对式（10-19）分离变量并积分（注意 Q 为常数），则求得

$$\varphi = \frac{Q}{2\pi}\ln r + C \tag{10-20}$$

根据边界条件确定 C 值。在均质各向同性潜水含水层中，地下水的稳定运动服从拉普拉斯方程。在本节的假定条件下，水流对井轴而言是对称的。方程为

$$\frac{d^2H}{dr^2} + \frac{1}{r}\frac{dH}{dr} = \frac{1}{r}\frac{d}{dr}\left(r\frac{dH}{dr}\right) = 0 \tag{10-21}$$

如改用势函数表示，则

$$\frac{1}{r}\frac{d}{dr}\left(r\frac{d\varphi}{dr}\right) = 0 \tag{10-22}$$

此时式（10-19）就成为它的边界条件之一，另一边界条件是

$$\left.\begin{array}{l} r \to R \quad \varphi = \varphi_K = \frac{1}{2}KH^2 \\ r \to r_0 \quad \varphi = \varphi_0 = \frac{1}{2}Kh_0^2 \end{array}\right\} \tag{10-23}$$

为确定积分常数 C 值，利用式（10-20）有

$$\left.\begin{array}{l} r \to R \quad \varphi_K = \frac{Q}{2\pi}\ln R + C \\ r \to r_0 \quad \varphi_0 = \frac{Q}{2\pi}\ln r_0 + C \end{array}\right\} \tag{10-24}$$

两式相减，消去 C 值，并将式（10-22）代入，则潜水完整井的井流公式为

$$Q = \frac{2\pi(\varphi_K - \varphi_0)}{\ln\frac{R}{r_0}} = \frac{\pi K(H^2 - h_0^2)}{\ln\frac{R}{r_0}} = 1.364K\frac{(2H - s_0)s_0}{\ln\frac{R}{r_0}} \quad (10-25)$$

该式与式（10-16）完全一致，只是推导方法不同。

潜水完整井裘布依公式是反映地下水向潜水完整井运动规律的方程式。公式表明潜水完整井的出水量 Q 与水位降深 s_0 的二次方成正比，决定了 Q 与 s_0 间的抛物线关系。

（三）承压完整井出水量的计算

对于具有圆形定水头供水边界的承压含水层，裘布依建立了与潜水完整井相类似的稳定井流模型，如图 10-4 所示。

承压完整井计算公式的推导和潜水完整井的公式推导不同之处是：由于地下水流向承压完整井的流向是相互平行的，且平行于顶、底板，因此垂直于流向的过水断面是真正的圆柱体侧面积，可直接代入达西公式进行推导，推导过程同潜水完整井稳定井流的计算过程。计算公式为

$$Q = 2.73KM\frac{H - h_0}{\lg\frac{R}{r_0}} \quad (10-26)$$

因 $H - h_0 = s_0$，则

$$Q = 2.73KM\frac{s_0}{\lg\frac{R}{r_0}} \quad (10-27)$$

式中　M——承压含水层的厚度，m；

其余符号意义同前。

承压水面降落曲线的表达式为

$$h = H - \frac{Q}{2\pi KM}\ln\frac{R}{r} \quad (10-28)$$

与潜水完整井相仿，根据所假设的轴对称条件，仍采用势函数表示，则 $\varphi = KMH$。因 $Q_r = 2\pi rHK\frac{dH}{dr}$，则

$$Q = 2\pi r\frac{d(KMH)}{dr} = 2\pi\frac{d\varphi}{dr} \quad (10-29)$$

对式（10-28）分离变量并积分仍得式（10-29）。

$$\varphi = \frac{Q}{2\pi}\ln r + C \quad (10-30)$$

$$\left.\begin{array}{l} r \to R \quad \varphi = \varphi_K = KMH \\ r \to r_0 \quad \varphi = \varphi_0 = KMh_0 \end{array}\right\} \quad (10-31)$$

根据上述边界条件，同样可消去 C 值，即

$$r \to R \quad \varphi_K = \frac{Q}{2\pi}\ln R + C$$
$$r \to r_0 \quad \varphi_0 = \frac{Q}{2\pi}\ln r_0 + C \quad (10-32)$$

两式相减，消去 C 值，可得承压完整井的井流计算公式为

$$Q = \frac{2\pi(\varphi_K - \varphi_0)}{\ln\frac{R}{r_0}} = 2.73K\frac{Ms_0}{\lg\frac{R}{r_0}} \quad (10-33)$$

式（10-33）反映了地下水向承压完整井运动规律的方程式，也称裘布依公式。公式表明承压井的出水量 Q 与水位降深 s_0 的一次方成正比，决定了 Q 与 s_0 为直线关系。

（四）非完整井的出流计算

在含水层厚度大、水量丰富且施工中难以贯穿含水层的地区，往往采用非完整井。对于非完整井，不论是潜水含水层还是承压含水层，井流特征与完整井有显著的差别。在抽水影响范围内，井流可分为二维与三维流带。在邻近井的地段，流线弯曲，水流属三维流。随着距井距离的增加，流线弯曲程度逐渐平缓，一定距离外基本平直，水流基本上呈二维流，与完整井水流基本一致。由于流线弯曲导致流程增长，且沿途水方向变化，产生附加阻力，水头损失加大。因此，在相同流量下，非完整井降深大于完整井降深。在相同水位降深情况下，非完整井的出水量小于完整井的出水量。

非完整井的出水量除受降深、井径及含水层渗透性能和厚度的影响外，还受进水段长度、相对位置和进水方式（井壁进水、井底进水或井底井壁同时进水）等因素影响。

1. 井壁进水的非完整井

福熙海默通过试验，提出如下的计算公式。

（1）潜水非完整井 [图 10-5（a）]：

$$Q_{\text{非}} = C_1 Q = C_1\left[\frac{1.366K(2H-s_0)s_0}{\lg\frac{R}{r_0}}\right] \quad (10-34)$$

（2）承压非完整井 [图 10-5（b）]：

$$Q_{\text{非}} = C_2 Q = C_2\left[\frac{2.73KMs_0}{\lg\frac{R}{r_0}}\right] \quad (10-35)$$

$$C_1 = \sqrt{\frac{L}{h}} \times \sqrt{\frac{2h-L}{h}} \quad (10-36)$$

$$C_2 = \sqrt{\frac{L}{M}} \times \sqrt{\frac{2M-L}{M}} \quad (10-37)$$

式中 Q——对应潜水和承压完整井出水量；

C_1、C_2——潜水和承压非完整井出水量折减系数，C_1、$C_2 < 1$；

L——水井滤水管进水长度，m；
h——潜水非完整井中水位，m；
M——承压含水层厚度，m。

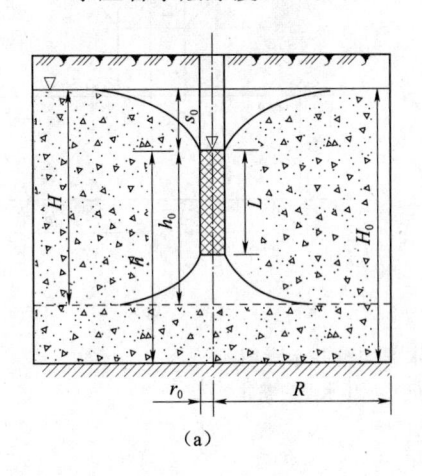

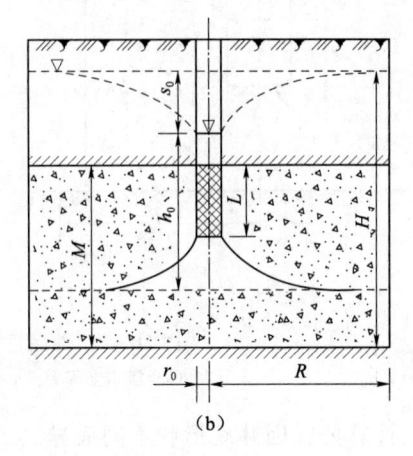

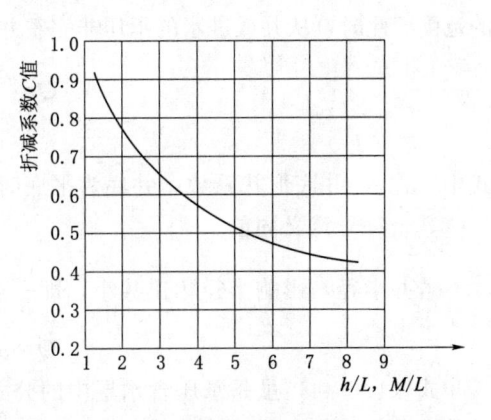

图 10-5 非完整井计算示意图
(a) 潜水非完整井；(b) 承压水非完整井

为了计算方便，图 10-6 给出了折减系数 C_1、C_2 的确定方法。若已知 h/L 或 M/L 的值，便可从曲线上查得相应的 C_1、C_2 值。

2. 井底进水的非完整井

根据巴布什金的近似解法，对于有限度的含水层，其计算公式分别如下：

(1) 潜水非完整井 [图 10-7 (a)]：

$$Q=\frac{2\pi Ks_0 r_0}{\frac{\pi}{2}+2\arcsin\frac{r_0}{m+\sqrt{m^2+r_0^2}}+0.515\frac{r_0}{m}\lg\frac{R}{4H}} \quad (10-38)$$

当 $\frac{r_0}{m} \leqslant \frac{1}{2}$ 时，式 (10-38) 可简化为

$$Q=\frac{2\pi Ks_0 r_0}{\frac{\pi}{2}+\frac{r_0}{m}\left(1+1.18\lg\frac{R}{4H}\right)} \quad (10-39)$$

式中 Q——非完整井的出水量，m^3/d；
m——井底距不透水层底板的距离，m；
其余符号的意义同前。

(2) 承压水非完整井 [图 10-7 (b)]：在承压水含水层中，由于其上有坚固的不透水顶板，其井底可构成平底或半球形井底（潜水含水层只构成平底），故计算其出

图 10-6 确定折减系数 C_1 和 C_2 值图表

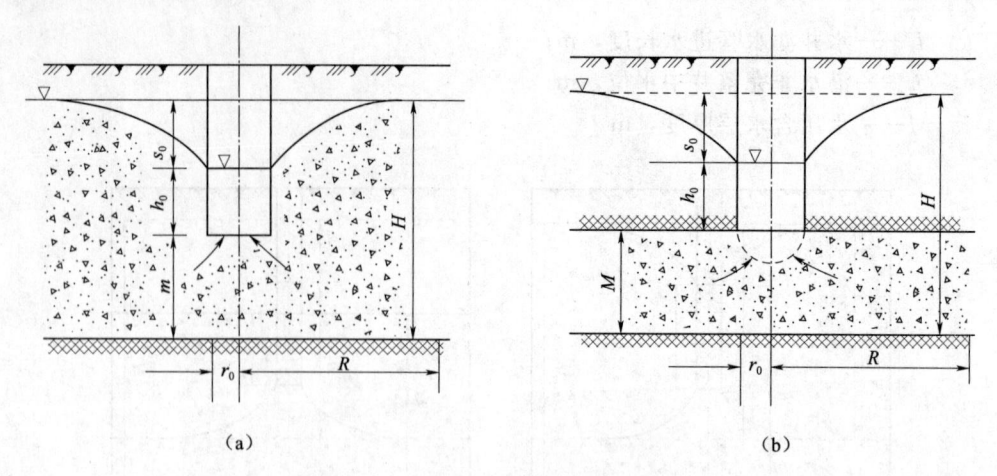

图 10-7 井底进水非完整井示意图
(a) 潜水非完整井；(b) 承压水非完整井

水量时，计算公式因井底形状不同而异。

1) 平底非完整井：

$$Q=\frac{2\pi K s_0 r_0}{\frac{\pi}{2}+2\arcsin\frac{r_0}{M+\sqrt{M^2+r_0^2}}+0.515\frac{r_0}{M}\lg\frac{R}{4M}} \tag{10-40}$$

当 $\frac{r_0}{M} \leqslant \frac{1}{2}$ 时，式 (10-40) 可简化为

$$Q=\frac{2\pi K s_0 r_0}{\frac{\pi}{2}+\frac{r_0}{M}\left(1+1.18\lg\frac{R}{4M}\right)} \tag{10-41}$$

2) 半球形底非完整井：

$$Q=\frac{2\pi K s_0 r_0}{1+\frac{r_0}{M}\left(1+1.18\lg\frac{R}{4M}\right)} \tag{10-42}$$

当含水层极厚即可认为是无限厚度含水层时，水井抽水不一定能影响到整个含水层的范围。此时，从井底进水的承压非完整井的出水量可近似采用式 (10-43) 计算：

$$Q=\frac{\alpha K s_0 r_0}{1-\frac{r_0}{R}} \tag{10-43}$$

式中 α——井底形状系数，井底为平底时 $\alpha=4$，半球形井底时 $\alpha=2\pi$；
其余符号意义同前。

若井半径与影响半径相比甚小，即 $\frac{r_0}{R}<1$ 或 $\frac{r_0}{R}\rightarrow 0$ 时，上式可简化为

$$Q=\alpha K s_0 r_0 \tag{10-44}$$

式 (10-44) 虽是承压含水层中的公式，但当钻入含水层不深时，也可用来计算从井底进水的潜水非完整井的出水量，其误差在实用上是允许的。

3. 井底井壁同时进水的非完整井

此种非完整井多适用于含水层很厚的情况。为了计算方便，可将含水层分为两部分。在井底以上部分，可近似按井壁进水的潜水和承压水完整井考虑；在井底以下部分均按井底进水的承压非完整井考虑。井的出水量为两部分的叠加。如图10-8所示，该种情况的潜水非完整井出水量的计算公式为

$$Q = Q_1 + Q_2 = \pi K s_0 \left[\frac{2H_1 - s_0}{2.3 \lg \frac{R}{r_0}} + \frac{2r_0}{\frac{\pi}{2} + \frac{r_0}{m}\left(1 + 1.18 \lg \frac{R}{4m}\right)} \right] \quad (10-45)$$

对于承压水非完整井，计算方法相似，在此不赘述。此外尚有许多学者对不同类型、不同边界条件的非完整井提出了许多经验、半经验公式，需要时可查阅有关书籍。需要注意的是：在选用公式时，须注意各公式的条件，应尽量选择与实际条件相近的公式，使计算结果接近实际情况。

三、管井的施工、使用与维护管理

为了更好地发挥管井的经济效益和社会效益，在管井的建设和使用中，既要注意供水管井的成井工艺，也要对管井进行严格的验收，

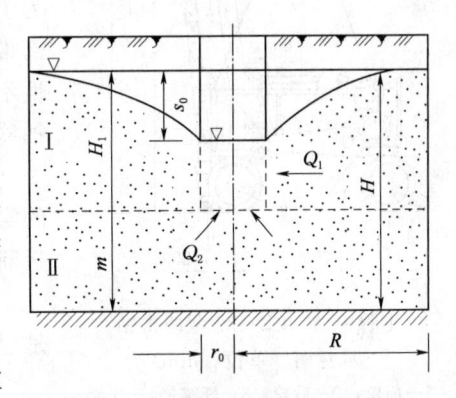

图10-8 井壁井底同时进水的潜水非完整井示意图

同时还应掌握其使用及维护的基本知识，从而保障管井能够安全供水。

(一) 管井的施工

管井施工必须遵循"先设计，后施工"的原则，按照有关规范和技术要求严格进行。因篇幅有限，本节仅介绍管井的施工。管井的施工主要包括井口钻进、井管安装、填砾、止水、洗井等工作，主要施工程序和成井工艺简述如下。

1. 井口钻进

井口钻进开始前，必须进行管井的施工设计。设计内容包括钻孔结构、钻进方法、操作规程、施工设备和材料等。准备好造井材料，在确定了井位和其他准备工作就绪的基础上，依据施工任务书的要求开始井口钻进工作。井口钻进方法较多，按钻井机械不同可分为冲击钻进、回转钻进、冲击回转钻进；按钻进是否取岩芯分为取芯钻进、不取芯钻进（也称全面钻进）；按钻进类型分为硬合钻进、钢粒钻进、金刚石钻进等。此外，还有新引进的钻进技术，如气举反循环钻进技术、空气潜孔锤钻进技术、无固相冲洗液钻进技术等。本节仅介绍管井施工中常用的冲击钻进和回转钻进。

(1) 冲击钻进。冲击钻进的基本原理是使钻头在井孔内上下往复运动，依靠钻头自重来冲击孔底岩层，使之破碎松动，再用抽筒捞出，如此反复，逐渐加深，形成井孔。

冲击钻进依靠冲击钻机实现。冲击钻机的种类较多，其构造因型号不同而有差

异，但基本结构特点相似。常用的冲击钻机有冲击150型、丰收120型、CZ-20型、CZ-22型、CZ-30型等，其中CZ-22型应用较普遍，其构造见图10-9。

冲击钻机的特点是钻具与钻机之间用钢丝绳连接，也称钢丝绳冲击钻机。由于柔性连接省掉了钻杆，设备比较轻便，操作较简单。

钻具是钻探专用工具的总称。冲击钻具包括钻头、冲击钻杆、钢丝绳接头、钢丝绳和抽筒等。

1）钻头。冲击钻头是直接破碎岩石的钻具。为了使冲击力能更集中地施加于岩石，冲击钻头底部带有各种刃角。钻头的上部与钻杆相连。根据岩性不同冲击钻头可设计成一字形、十字形、圆形和抽筒钻头，其形状如图10-10所示。

2）冲击钻杆。冲击钻杆是用于增加钻头重量的实心钻杆。冲击钻杆不宜过长，以防止它在孔内折断。

3）钢丝绳接头。钢丝绳接头又称绳卡，作用是连接钢丝绳与钻具。

4）钢丝绳。冲击钻所用钢丝绳，因其要带动钻具旋转，所以选择钢丝绳时要注意绳股间扭转方向。即拉紧转动方向是钻具丝扣拧紧方向，否则钻具会在井内脱扣。

5）抽筒。抽筒主要作用是捞取井内岩粉，可直接用于钻进砂层、黏土层等软地层。

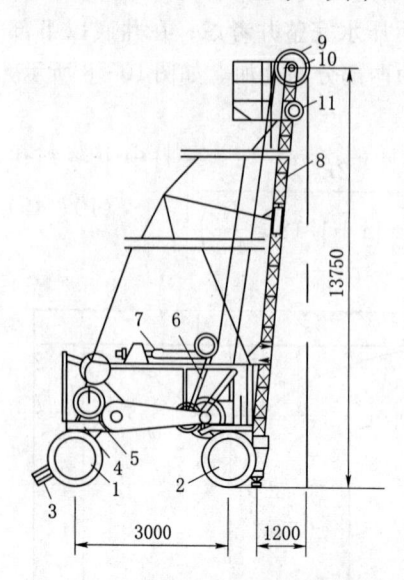

图10-9 CZ-22型冲击钻示意图（单位：mm）
1—前轮；2—后轮；3—轩辕；4—底架；5—电动机；6—连杆；7—缓冲装置；8—桅杆；9—钻进工具钢丝绳天轮；10—抽沙筒钢丝绳天轮；11—起重用滑轮

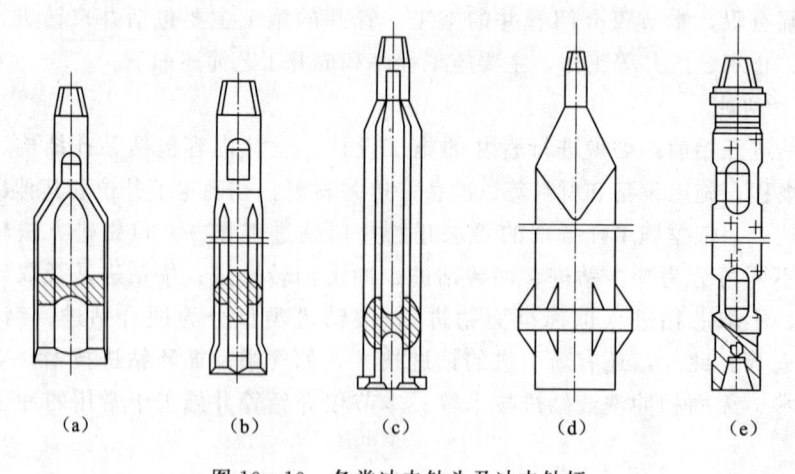

图10-10 各类冲击钻头及冲击钻杆
(a) 一字形钻头；(b) 十字形钻头；(c) 圆形钻头；(d) 抽筒钻头；(e) 冲击钻杆

冲击钻进的技术规程主要包括钻具重量、冲击高度和冲击频率等。

1）钻具重量。钻具重量应根据岩石的坚硬程度而定，指标采用每厘米钻孔直径上钻具的重量。一般在黏土或砂层中取 100~300N，砾卵石层中取 300~400N，极硬的卵石和漂砾层中取 500~600N。

2）冲击高度。冲击高度是指每次冲击前钻头提离孔底的高度，需根据岩性确定，过大或过小均影响钻进效率。冲击高度一般为 0.6~1.2m，软岩取小值，硬岩取大值。

3）冲击频率。冲击频率是指钻头每分钟冲击孔底的次数。钻头是自由下落到孔底的，因此冲击频率同冲击高度是相关联的。冲击高度大则冲击频率低，反之则高。

（2）回转钻进。回转钻进的基本原理是使钻头在一定的压力作用下在孔底回转，以切削、研磨破碎孔底岩石，并依靠循环冲洗系统带走摩擦产生的热量和将岩屑带至地面。

回转钻机的构造：回转钻机的类型不同，构造也不一。管井钻进中常用的有 250 型、500 型、红星-300 型、SPJ-300 型、SPC-300H 型，其中 SPJ-300 型应用较为普遍。

回转钻机的性能：在管井施工中应用的回转钻机为大口径钻机，最大开孔直径都在 500mm 以上，钻井设计深度达 300m。回转钻机在松散砂土层及坚硬的基岩中，钻进效率较好，但在卵砾石中钻进效率较差。

回转钻具包括钻头、岩心管、取粉管、接头、钻杆、水龙头和附属工具。

1）钻头。不同的钻进方法，对钻头结构的要求也不同。常用的有钢粒钻头、刮刀钻头和牙轮钻头。钢粒钻头本身不带切削工具，它采用钻头压着钢粒，借助回转力带动钢粒转动破碎岩石，适用于各类硬质岩石地层的取芯钻进。刮刀钻头是一种带有翼片的钻头，适用于较软的松散层。牙轮钻头由牙轮、牙轮轴和钻头体组成，适用于第四纪松散层的不取心全面钻进。各种钻头形状如图 10-11 所示。

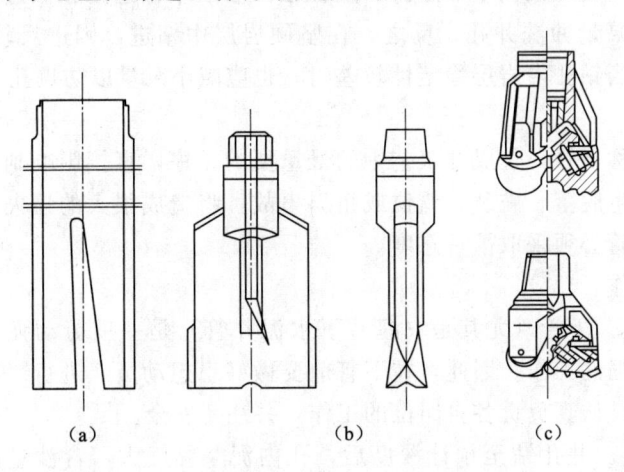

图 10-11 回转钻头示意图
(a) 钢粒钻头；(b) 刮刀钻头；(c) 牙轮钻头

2）岩心管。岩心管是收容岩心和控制方向的管材，由高强度无缝钢管制成。岩心管两端分别与钻头和钻杆相连，其外径较钻头的直径略小。

3）取粉管。取粉管用于捞取钻孔内的岩粉或磨碎的细小岩块。其材料和规格与岩心管相同。

4) 接头。接头也叫接手，用于连接钻杆、岩心管等，有同径和变径之分。同径接头用于钻杆之间的连接，而异径接头用于将钻杆与岩心管或取粉管的连接。

5) 钻杆。钻杆是中空的高强度钢管，其作用是将动力和冲洗液输送至孔底。在钻进过程中，钻杆要承受拉、压、弯、扭、冲击等应力和孔壁的摩擦力，因此其质量极其重要。

6) 水龙头。水龙头将转动的主动钻杆与不同回转的高压水管连接起来，起到将冲洗液送入中空的钻杆柱并输送入孔底（正循环钻进），或从中空的钻杆柱中将携带岩屑的冲洗液从孔底抽至地上（反循环钻进）的作用，要求其既有一定强度又要有密封性，同时还不妨碍钻具回转。

7) 附属工具。附属工具是升降钻具或进行辅助工作时所用的工具。根据功用不同又可分为提引类、夹持类及拧卸类，主要有提引环、垫叉、夹板、自由钳、管钳、链钳和各种扳手等。

回转钻进的技术规程主要包括钻压、转速和泵量等。

1) 钻压。钻压是指钻机施加于钻头的轴向压力。加压方式因钻机的类型不同而异，水井钻机多由钻具的自重进行加压。钻压的大小视岩层的可钻性大小来确定。松散岩层进尺较快，应通过钻具卷扬机调节钻压。坚硬岩层则因进尺较慢，应在保证安全的条件下充分加压。

2) 转速。转速是指钻头回转的速度。转速对钻进效率影响很大，一般水井施工的转速为 100~300r/min。硬度大的岩石转速小，硬度小的岩石转速大。

3) 泵量。泵量是指泥浆泵在单位时间向井孔内的排放水量。泵量的大小随岩层的性质和可钻性以及孔径大小而定。一般在松散岩层中钻进时，因进尺较快，岩屑较多，故应采用大泵量冲洗井孔；反之，在坚硬岩层中钻进，因进尺较慢，岩屑较少，应采用小泵量。当钻孔内岩层稳定性较差时，也应减小泵量以防塌孔。

2. 井管安装

井管安装简称下管，是成井工艺中的最重要的工序，直接影响到成井的质量。在下管过程中如发生脱落、破裂、错位或扭斜事故，将造成很大的损失，甚至使水井报废。因此，对下管必须采取慎重态度。

(1) 准备工作。

1) 组织动员。下管（尤其是农灌井下水泥井管）是一项劳动强度大、互相联系严密、连续性很强的工作。因此，在下管前要做好思想动员，进行严密的组织和明确分工，密切配合，认真负责各自岗位的工作，并注意安全。

2) 冲孔换浆。井孔钻至预计深度后，孔内泥浆黏度大，含沙量高，井壁泥皮较厚等。此时将井管下入井内，滤水管有可能被堵塞或井管安装不到预计深度，造成滤水管错位，不利于洗井填砾以及成井质量。因此，在下管前应使用优质泥浆进行冲洗，直至井口返回的泥浆和送入的泥浆性能接近为止。

3) 探孔、校正井深。精确的测量钻井的深度，同时要用大于井管直径的探孔器进行探孔，以查明井壁是否圆直，保证准确无误下管。

第一节 管井工程

4) 井管排序。由于井孔（尤其是含水层部位）孔壁是不稳定的，加之又进行了冲孔换浆工作，如果长时间不能完成下管工作，钻孔就有坍塌的危险。因此，下管工作必须抓紧时间，同时又不能出错，要求忙而不乱，做好井管的编号、排序工作。

5) 设备、器材检查。主要是检查起重设备、工具和管材，包括下管所用设备上的部件、绳卡及销钉等。

6) 清理现场。清除钻机附近的障碍物，搬走不用的机械设备。

(2) 下管方法。常用的下管方法有悬吊下管法、钻杆托盘下管法和浮力下管法。

悬吊下管法是使用钻机的起重设备提吊井管，下管深度取决于井管的抗拉强度和钻塔的负荷能力。该方法具有下管速度快、施工比较安全、易于保证井管下直等优点，适用于安装抗拉强度较大的井管，如钢管、铸铁管、塑料井管等。钻杆托盘下管法是在下入第一根井管的底部放置托盘，用于托起井管的重量，适用于非金属井管的下管，因其易于保证井管下直，故应用较为普遍。当下入井管的总重量超过井管本身允许抗拉极限强度或钻塔所能承受的最大负荷时，为了保证下管的安全，可在井管的实管部位安装浮力塞，以减轻井管的总重量。本节仅介绍悬吊下管法和钻杆托盘下管法。

1) 悬吊下管法。主要设备有管卡子、钢丝绳套、井管和起重设备。管卡子及钢丝绳套主要在起吊井管时用。井架和起重设备一般多用于钻机原有设备，对其仍需按全部井管的荷载校核。

下管步骤如下。

a. 将第一根带反丝扣接箍的钻杆吊至井口，使用第二套提吊设备吊起1号井管并套于第一根钻杆上，第一根钻杆下端用反丝扣接箍将托盘连接好，第二套提吊设备徐徐落下1号井管，使其与托盘端正连接好，松开第二套提吊井管的设备。

b. 将第一根钻杆带托盘上的井管放入孔内，让钻杆上端用垫叉卡在孔口枕木或垫轨上，摘下提引器准备吊第二根钻杆。

c. 将第二根钻杆穿入2号井管内，并在其下端插一圆形垫叉，准备起吊（图10-12）。

d. 将套有2号井管的第二根钻杆吊起，对准已放入孔内的第一根钻杆的上端接头。然后使用第二套提吊设备吊起2号井管一小段距离，拔去圆形垫叉，将两根钻杆对接好。再将全部钻杆起吊一段高度，使孔内的1号井管上端露出孔口外。再将吊着的2号井管徐徐放下，使两根井管对正接好后，将接好的井管全部下入井内。第二根钻杆上端接头，再用垫叉卡在孔口枕木上，去掉提引器，准备提吊第三根钻杆与套在其上的3号井管。如此循环，直至下完井管。

e. 井管全部下完后，先围填一定高度的滤料，使井管在井孔中稳定后，按正丝扣方向用人力慢慢转动在井

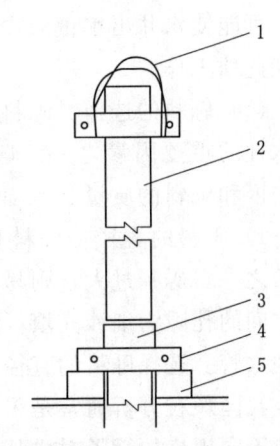

图10-12 悬吊下管法示意图
1—钢丝绳套；2—井管；3—管箍；
4—管卡子；5—方木

239

内的钻杆，使之与托盘脱离，最后将钻杆逐根提出井外。

2) 钻杆托盘下管法。托盘、钻杆、井架及起重设备为钻杆托盘下管法的主要用具和设备，其中托盘是承托全部井管重量的主要工具，多为金属制成，见图 10-13。钻杆中除准备一根下端为反丝扣，上端为正丝扣钻杆，以便与托盘连接外，其余为反丝扣普通钻杆。安装井管所用井架和起重设备，一般均用钻机原有配套设备。

下管步骤如下。

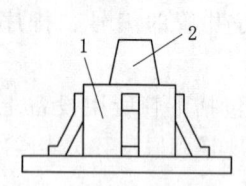

图 10-13 托盘示意图
1—托盘；2—反丝扣接头

a. 将第一根带反丝扣接箍的钻杆与托盘中心的反丝锥形接头在井口连接好，然后将井管吊起套于钻杆上，徐徐落下，使托盘与井管端正连接在一起。

b. 将装好井管的第一根钻杆吊起后放入井内，用垫叉在井口枕木或垫轨上将钻杆，上端卡住，摘下提引器准备起吊另一根钻杆。

c. 将第二根钻杆穿入第二次应下的井管内，并在其下端插一圆形垫叉，准备起吊。

d. 将套有井管的第二根钻杆吊起对准第一根钻杆上端接头；然后用另一套起重设备，单独将套在第二根钻杆上的井管提高一段距离，移去圆形垫叉，对接好两根钻杆；再将全部钻杆提起一段高度，拔去垫叉，并将两根井管在井口接好之后，即将接好的井管全部下入井内。依此法再下第三根钻杆上的井管。如此循环直至下完井管，如图 10-14 所示。

e. 待全部井管下完及管外填砾已有一定高度且使井管在井孔中稳定以后，再用转动钻杆，使之与托盘脱离，然后将钻杆逐根提出井外。

3. 填砾

填砾是在对含水层的滤水管周围人工围填砾料，在水井周围形成人工过滤层，达到增大水井出水量和防止涌砂的目的。下管结束后，应立即进行填砾。如拖延时间，则可能发生缩径、坍塌等故障，对成井质量产生影响。另外，如果填砾工作不符合要求，可能使水井出水量减少、涌砂，甚至报废。因此，必须重视此项工作。

(1) 砾料的选择。砾料的规格和形状是决定人工过滤层透水性的重要因素之一。选择砾料时，应确定砾料的直径、均匀度和砾料的质量。

1) 砾料的直径。砾料直径的大小是决定透水性的重要因素之一。砾径过大，则易造成管井涌砂，并使滤水管与砾石之间的孔隙为细沙充填；砾径过小，不仅透水性差且易堵塞滤水管。选择砾料的直径应根据含水层颗粒分析的结果确定。我国颗粒分析通常是采用筛分法，即采用一组直径由大到小不同规格的筛子对样品进行筛分，采用每一规格筛子之上颗粒累计重量的百分比来表示筛分结果，当颗粒累计重量百分比达到 50% 时筛孔的直径，就计作该样品的标准粒径，

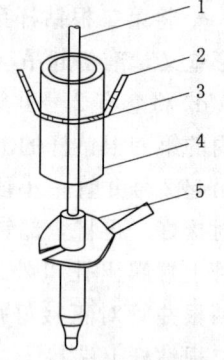

图 10-14 钻杆托盘下管法示意图
1—钻杆；2—大绳；3—大绳套；4—井管；5—圆形垫叉

用 d_{50} 表示。通过大量的室内试验和水井现场观测，得出的结论是：当砾料直径是含水层砾料标准直径（d_{50}）的 4~8 倍时，能有效起到挡沙且不影响水井出水量的作用，以 6 倍最佳。

2）砾料的均匀度。从透水的角度考虑，均匀的砾料大于混合砾料。但从挡沙效果来说，则应取决于含水层中砂粒的实际大小。由于含水层中砂粒的大小是千差万别的，因此填入孔内的砾料也应该与之相适应。到目前为止，砾料规格到底应该是均匀的还是混合的，还未取得一致的说法，大多数人认为均匀的为好。一般认为具体到某一含水层，砾料确定某一标准直径即可使用，但要在规定误差范围，即筛选砾料是要过两次筛。具体的砾料规格要求可参阅有关水井技术规范。

3）砾料的质量。砾料应是干净的、滚圆的、光滑的河沙，不能采用机械破碎的岩石颗粒。砾料应主要由硅质成分组成，其他石灰质、黏土质颗粒含量不能超过 15%。如果杂质过多应进行冲洗，必要时进行酸处理。

(2) 填砾厚度与填砾数量估算。

1）填砾厚度。国内外大量实验表明：只要砾石直径与沙样直径选择合适，填砾最小厚度相当于沙样标准粒径的 2~3 倍厚度时，就足够阻挡砂粒。当然，在实际工作中要考虑安全系数。我国一般取填砾厚度为 75~100mm。

2）砾料数量估算。井内所需砾料的数量，可按式（10-46）计算：

$$Q = \frac{\pi}{4}(D^2 - d^2)LK \tag{10-46}$$

式中　Q——填砾数量；
　　　D——孔径，m；
　　　d——井管直径，m；
　　　L——填砾孔段长度，m；
　　　K——超径系数，一般取 $K = 1.2$~1.5。

实践证明，理论计算数据往往小于实际消耗量，故在实际工作中应根据计算结果和钻孔的实际情况酌情增加。

(3) 填砾方法。填砾方法可根据地层稳定、井壁情况、过滤管类型、设备条件、砾料质量等因素考虑。填砾方法有：静水填入法，适用于浅井及稳定的含水层；循环水填砾法，适用于较深井；抽水填砾法，适用于孔壁稳定的深井。

填砾前换浆，再填砾。开始时，应均匀地由井管四周填入，速度不宜太快。当填至井内开始返水后，可适当加快填砾速度。返水数量会随着填砾数量的增加，逐渐变小。当井口返水突然变小时，说明孔内砾料的高度已将滤水管埋没，可使用测绳测量填砾高度，核算砾料数量，如无大的误差，即完成填砾工作。

4. 止水

止水是隔离有害（或水质差的）含水层中的水，使井水不受污染。有时为合理利用地下水，需分层开发时，也需要进行止水工作。

(1) 止水方法。止水方法按不同的条件可分为：临时性止水和永久性止水，同径止水和异径止水，管外和管内止水等方法。

止水方法的选择主要取决于钻孔的类型（目的）、结构、地层岩性和钻探施工方法等多种因素。临时性止水应用于某一钻孔要对两个或两个以上含水层进行测试，或该目的层取完资料后并无保存钻孔的必要时所采用的止水方法。永久性止水则用于供水井中，主要作用是封闭含有害水质的含水层。一般管外异径止水的效果较好，且便于检查，但钻孔结构复杂，各种规格管材用量大，施工程序复杂，多用于含水层研究程度较差的勘探试验孔。管外同径止水或管外管内同径联合止水方法，钻孔结构简单，钻探效率较高，管材用量较少，但止水效果检查不便，多用于大口径的勘探开采孔或开采孔止水口。

（2）止水材料。止水材料需隔水性好、无毒、无嗅、无污染，还应根据止水的要求（暂时或永久）、方法及孔壁条件来确定，以经济、耐用且性能可靠为原则。常用的止水材料为黏土和水泥。

黏土具有一定的黏聚力和抗剪强度，压实后隔水性较好，且经济、材料来源广泛，可作为松散地层的止水材料。先将黏土制成直径2~3cm的黏土球，并晾至半干，封闭时采用类似填料的方法，将黏土球围填至预定封闭位置，半小时后黏土球彻底崩解，形成黏土隔离层。

水泥在水中硬化，可将井管与井壁的岩石结合在一起，具有较高强度和良好的隔水性能，多用于基岩井的封闭。一般方法是将钻杆下至拟止水的位置，再使用泥浆泵将水泥浆泵入，待水泥凝固后就达到了永久止水的目的。

此外，临时性的止水材料，包括海带、橡胶制品、桐油石灰等。

5. 洗井

洗井是通过井内水流剧烈震荡或强力抽水而达到冲击和清除管外泥沙的过程。洗井的目的在于彻底清除井内残存的岩屑和泥浆，破坏井壁上因泥浆钻进而形成的泥皮，同时抽出含水层中的细小颗粒，从而在水井周围形成一层由粗到细良好的人工过滤层，使水井达到最大出水量。洗井工作必须在下管、填砾、止水后马上进行，防止因停止时间过长，井壁泥皮硬化，造成洗井困难。洗井工作延续至水清沙净后才能结束。

洗井的方法很多，常用的有活塞洗井、空压机洗井、二氧化碳洗井。活塞洗井是一种设备简单、操作方便、费用低廉、效果显著的洗井方法，已得到广泛应用。空压机洗井是利用空气压缩机和专门设备进行强力抽水的洗井方法。该法具有洗井速度快、效果好的优点，但设备价格较高、安装复杂，因而洗井成本较高，影响了该方法的推广应用。二氧化碳洗井是成井工艺中一种新的洗井方法，常应用于机械洗井效果不好的井中，通过洗井可显著提高水井出水量，但其洗井成本较高。

6. 简易抽水试验

管井洗井结束后，为检验洗井效果和确定水井的出水能力，应进行简易的抽水试验。实验设备使用水泵或空压机均可。抽水时间无明确规定，抽至出水量基本稳定、含沙量不超过1/2000000即可。观测内容包括水井涌水量和井中水位降深值。

7. 管外封闭和成井验收

（1）管外封闭。待简易抽水试验结束后，井口还应进行管外封闭，目的是防止地表污水渗入和保持井口地面的稳定。与前述的止水方法类似,可向管外填入黏土球或灌注水泥浆至地面。

(2)成井验收。管井竣工后,应由设计、施工及使用单位的代表,在现场根据设计有关规范的要求对水井的各项质量指数进行验收。水井验收的主要质量指标包括几种。

1)单井出水量。管井的单井出水量应与设计出水量基本相符,不应低于设计出水量。如管井揭露的含水层与设计依据不符,可按实际抽水量验收。

2)管井抽水稳定后,井水含沙量不得超过1/2000000(体积比)。

3)超污染指标的含水层应严密封闭。

4)井内沉淀物的高度不得大于井深的5‰。

5)井管应安装在井的中心,上口应保持水平,井管与井深的尺寸偏差,不得超过全长的±2‰,滤水管安装位置的偏差,上下不得超过300mm。

6)井身应圆正,其顶角及方位角,不能突变。井深为100m以内时,井身顶角倾斜,不得超过1°;井深100m以下的井段,每100m顶角不得超过1.5°。

(二)管井的使用与维护

管井的使用与维护关系到井的使用寿命。管理维护不当将导致出水量下降、水质恶化,严重的将使管井报废。管井的使用与维护应注意以下几点。

(1)控制管井的出水量。管井的出水量应小于设计能力,保证管井过滤器工作在允许流速之内,使过滤器周围含水层不被破坏,以达到使管井长期稳定运行的目的。

(2)建立管井使用卡制度。管井使用卡是管井运行管理的重要措施,可督促操作人员定时记录管井的水量、水位、水温、水质及含沙量等变化情况,借以随时检查、维护,及时发现运行中的问题。此外,管井使用卡也是管井运行的宝贵资料,为分析管井的运行情况提供可靠的原始依据。

(3)严格执行水泵的操作维护制度。水泵是管井的核心部分,应保证水泵的电气系统、润滑系统、检测系统等随时处于完好状态。发现故障后应及时修理。

(4)及时清淤。管井运行过程中会出现井底淤积,严重时将影响管井的水量和水质。一般每年应该对井进行一次检测,与检修水泵同时进行,若发现井底淤沙,应及时清淤。

(5)维护性抽水。对于季节性供水管井和长期不用的备用井,为防止过滤器被堵塞而产生水量减少的现象,应在不用期间定期进行抽水,一般应每隔两个星期抽一次水,一次历时1~2天。

(6)管井的卫生管理。加强管井的卫生管理是保障管井出水水质的重要措施。管井启用前,无论是第一次投产还是每次检修之后都要进行消毒。

第二节 大口井工程

一般将井径较大、深度不大的浅井称为大口井。井径较小者称为筒井,使用管材建造时称浅管井。大口井的井径多在 1.5m 以上，一般直径为 3～5m，最大不超过 10m。由于口径大，井不宜过深（过深后，施工、建筑和用料等都有困难），因而多用于开采浅层地下水，井深多数不超过 20m。

大口井具有出水量大、施工简单、就地取材、检修容易、使用年限较长等优点。但井的出水量大小易受潜水位变化的影响。

大口井适用于河渠岸边及山前洪积扇溢出带等地下水位埋深较浅且含水层富水性极强的地区。对含水量较薄的地区，为增加水量，也可采用大口井。

一、大口井的形式与结构

（一）大口井的形式

1. 按建筑材料形式分

大口井根据造井材料的不同可分为石井、砖井、混凝土井以及钢筋混凝土井等多种类型。

当大口井直径大于 5m，深度大于 14m，或位于流沙地层，下沉中易发生倾斜时，宜采用整体性好的钢筋混凝土或钢筋无砂混凝土造。铁路沿线的生活用水井直径小（一般井径为 2m 左右），深度较浅（一般为 6m 左右），一般可采用砖、石砌筑。

2. 按进水形式分

大口井按进水的形式分，有井壁进水，井底进水和井壁、井底同时进水三种。井底进水时，井底设有反滤层。井壁进水时，井壁设有进水孔，内填滤料或采用无砂混凝土井壁。

3. 按剖面形式分

大口井按剖面形式分，有圆筒形、截头圆锥形、阶梯圆筒形三种，如图 10-15 所示。

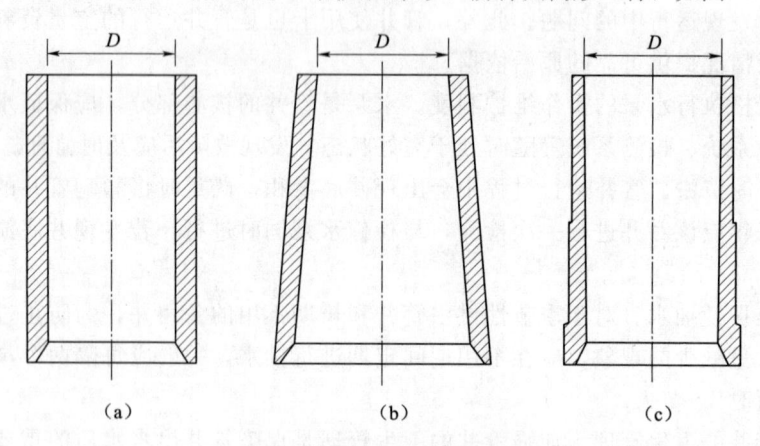

图 10-15 大口井剖面形式
(a) 圆筒形；(b) 截头圆锥形；(c) 阶梯圆筒形

圆筒形式具有下沉稳定、不易倾、井筒周围的土壤不易坍塌及便于接筑井筒等优点，但下沉时摩擦力大。

截头圆锥形式具有下沉时摩擦力小的优点，但井筒周围的土壤容易坍塌，下沉稳定性差，易发生倾斜而不易纠正，且接筑井筒也较困难，因而很少采用。

阶梯圆筒形兼具圆筒形和截头圆锥形的优点而被广泛采用。

此外，大口井也有完整井与非完整井之分。

(二) 大口井的结构

大口井（图 10-16）主要由井台、井筒、进水部分和底盘四部分组成。

1. 井台

井台是指井的地上部分，主要保护井防止洪水、污水以及杂物进入井内，同时还要考虑安装提水机具等。井台高度一般高出地面 0.5m 以上。

2. 井筒

进水部分以上的一段，又称旱筒，起保护井壁的作用，使用砖石砌成或混凝土浇筑。

大口井的井筒一般多为空心圆柱体，为了方便沉降，也可做成上小下大的空心圆锥体，井筒的厚度常随造井材料的不同而异，对砖石井筒多为24~50cm，对混凝土或钢筋混凝土井筒多为24~40cm，一般水面以上部分的井筒大小较水下部分小。对直径较大的井筒，因天然拱的作用很小，故在设计时不仅要考虑其轴向压力，同时还应考虑其周围土壤的侧压力，对井筒进行应力校核。

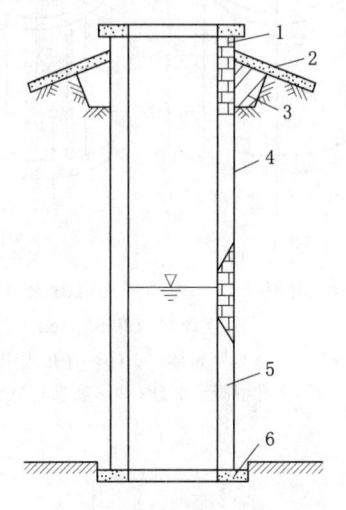

图 10-16 大口井示意图
1—井台；2—地面护砌；3—黏土截墙；
4—井筒；5—进水部分；6—底盘

3. 进水部分

相应含水层的部分，常因造井材料不同，其结构也不一样。进水部分可分为井底滤水结构和井壁滤水结构。

(1) 井底滤水结构。井底滤水结构也称反滤层，是防止井底涌砂的安全措施。按含水层粒度在井底铺设数层粒径不同的滤料，一般可设 3~4 层，每层厚度一般为 20~30cm，总厚度为 0.7~1.0m，当含水层为细沙时，则可设 4~5 层，总厚度达 1.0~1.2m。当含水层为粗沙、砂石时，可只设两层，总厚度不超过 0.6m。与含水层相邻的第一层滤料粒径一般可按式（10-47）计算，即

$$\frac{D}{d_i} \leqslant 7 \sim 8 \tag{10-47}$$

式中，D——与含水层相邻的第一层滤料粒径，mm；

d_i——含水层颗粒的计算粒径，mm，细沙、粉沙 $d_i = d_{40}$，中沙 $d_i = d_{30}$，粗沙 $d_i = d_{20}$，砂石、卵石 $d_i = d_{10}$。

d_{40}，d_{30}，d_{20}，d_{10} 是指含水小于该粒径的颗粒占总重的 40%、30%、20%、10%的颗粒直径，mm。相邻滤料之间的粒径比值，上层一般是下层的 3~5 倍。

(2) 井壁滤水结构。井壁滤水结构有多孔混凝土滤水结构和重力滤水结构两种类型。多孔混凝土滤水结构可制成块状，与混凝土块或砖块相间砌筑，也可在现场浇筑

成带状或预制成井筒（图 10-17）。

重力滤水结构可按其进水孔形式和位置的不同分为垂直式、倾斜式和复合式（即V字式）等（图 10-18）。

4. 底盘

底盘是衬托井筒整体结构的，多用混凝土现绕，按施工需要，有些底部为刀刃形。大口井的底盘，一般都采用钢筋混凝土现场浇注，高度为 10~50m，为了减少下盘时的用力，底盘外径比井筒大 10~20m，在下部做成刀刃形。刀刃与水平面的夹角为 45°~60°，如图 10-19 所示。在含有大量卵石的地层中，为了防止刀刃破坏，应在刀脚下加一环形的角钢，如图 10-20 所示。

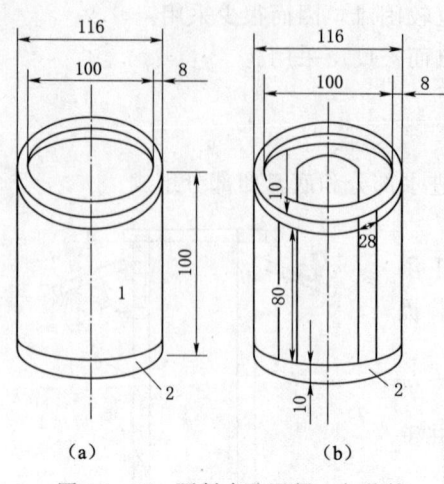

图 10-17 预制多孔混凝土与井筒示意计算（单位：cm）
（a）整体式；（b）穿孔式
1—多孔混凝土部分；2—密实混凝土部分

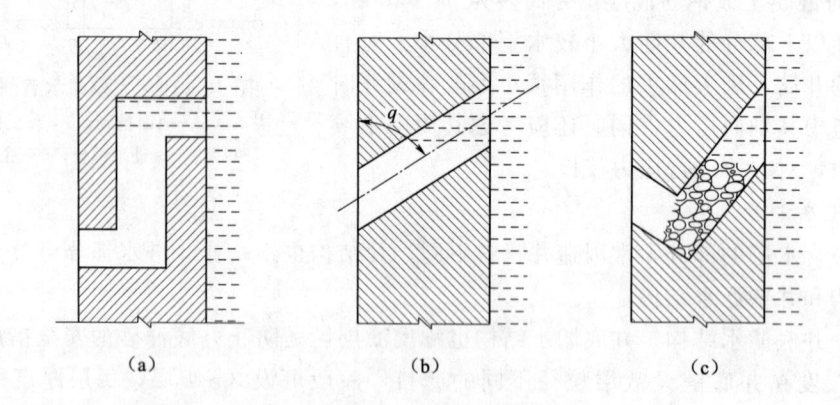

图 10-18 大口井井壁进水的重力滤水结构进水孔形式
（a）垂直式；（b）倾斜式；（c）复合式

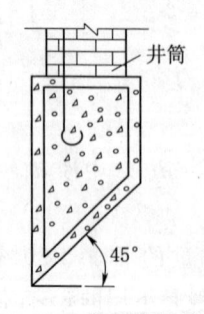

图 10-19 底盘结构示意图

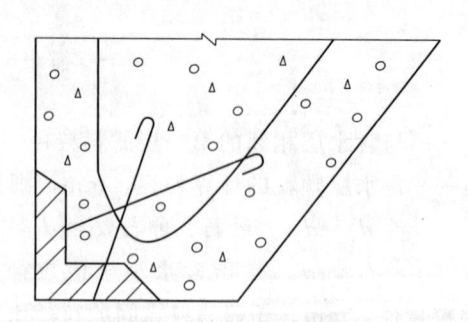

图 10-20 角钢连接示意图

除上述四部分以外，当大口井为完整井时，进水部分以下还应设沉沙部分，深度一般依地层颗粒大小级配情况而定，为1~3m。

二、大口井的出水量的计算

大口井出水量计算有理论公式和经验公式等方法。经验公式与管井计算时相似。以下仅介绍应用理论公式计算大口井出水量的方法。

因大口井有井壁进水、井底进水或井壁井底同时进水等方式，所以大口井出水量计算不仅随水文地质条件而异，也与其进水方式有关。

(1) 从井壁进水的大口井。可按完整式管井出水量，按式（10-48）进行计算。

(2) 井底进水的大口井。对无压含水层的大口井，当井底至含水层底板距离大于或等于井的半径（$T \geqslant r$）时，按巴布希金（Бабущкин. В. Д）公式计算（图10-21）：

$$Q = \frac{2\pi K s_0 r}{\frac{\pi}{2} + \frac{r}{T}(1 + 1.185 \lg \frac{R}{4H})} \quad (10-48)$$

式中 Q——井的出水量，m^3/d；

s_0——出水量为Q时，井的水位降落值，m；

K——渗透系数，m/d；

R——影响半径，m；

H——含水层厚度，m；

T——含水层底板到井底的距离，m；

r——井的半径，m。

承压含水层的大口井也可应用式（10-48）计算，将公式中的T、H均替换成承压含水层厚度即可。

当含水层很厚（$T \geqslant 8r$）时，可用福尔希海默（Forchheimer）公式计算：

$$Q = \alpha K s_0 r \quad (10-49)$$

式中 α——系数，当井底为平底时，$\alpha=4$；当井底为球形时，$\alpha=2\pi$；

其余符号与上式相同。

(3) 井壁井底同时进水的大口井。按出水量叠加方法进行计算。对于无压含水层（图10-22），井的出水量等于无压含水层井壁进水的大口井的出水量和承压含水层中的井底进水的大口井出水量的总和：

$$Q = \pi K s_0 \left[\frac{2h - s_0}{2.3 \lg \frac{R}{r}} + \frac{2r}{\frac{\pi}{2} + \frac{r}{T}(1 + 1.185 \lg \frac{R}{4H})} \right] \quad (10-50)$$

式中符号与前相同。

三、大口井的施工

大口井的施工方法可分为人工开挖法和机械施工法。

(一) 人工开挖法

人工开挖法是使用人力和简单的半机械化工具与设备开挖大口井的一种施工方法。该法也称为沉盘法或沉井法。具体方法是将预制好的底盘放在井位上，底盘上砌

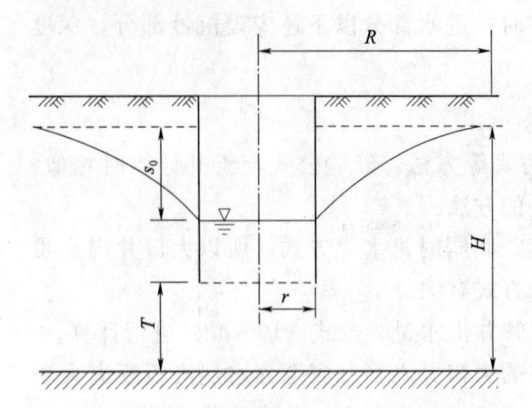

图 10-21 无压含水层中井底进水的大口井计算简图

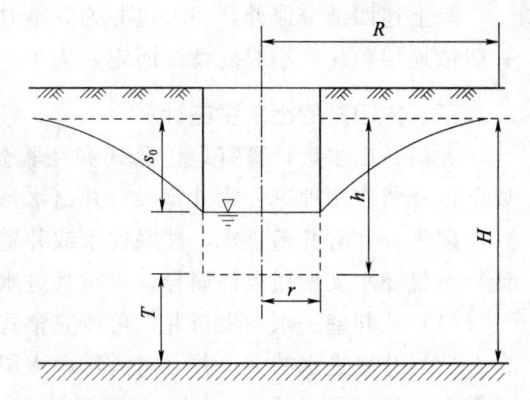

图 10-22 无压含水层中井底井壁进水大口井计算简图

筑井管至适当高度，再掏挖支承底盘的土层，底盘即与井管一起下沉，至适当深度时再继续砌筑井管，接着继续开挖，如此反复，直至下沉到设计深度为止。

沉盘法有平地下盘与井中下盘之分。当地下水埋深较大、岩层又较稳定时，为了加快施工速度，可先不放盘开挖井筒，至离地下水位 1.5～2.0m 时再放盘开挖称为井中下盘。将在地面上放盘开挖称为平地下盘。

大口井人工施工的现场情况如图 10-23 所示。

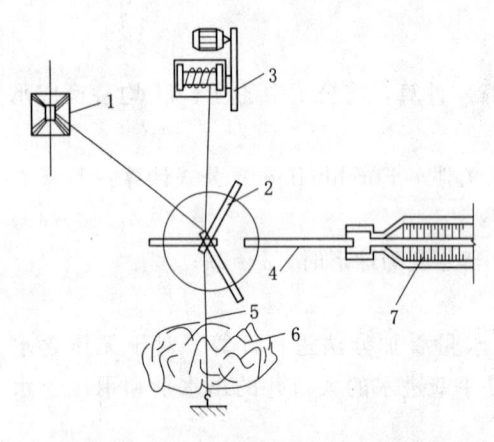

图 10-23 大口井人工施工现场平面布置图
1—绞盘；2—三脚架；3—卷扬机；4—水泵出水管；
5—滑道；6—弃土场；7—排水渠

（二）机械施工法

机械施工法具有节省劳力、提高工效、施工安全且易解决水下施工问题等优点。常用的机械施工方法分为挖掘机械开挖法、水力机械开挖法等。

1. 挖掘机械开挖法

挖掘机械开挖法适用于松散岩层，通常在砂土层岩内可使用两半式挖掘机进行施工，而在砾石或卵石地层中则可使用四瓣式挖掘机进行施工。使用合瓣式挖掘机开挖大口井，仅适用于井径较大、井深较浅的大口井，而井径较小，井深较大的大口井则不宜采用。使用合瓣式挖掘机开挖大口井的施工如图 10-24 所示。

2. 水力机械开挖法

水力机械开挖法适用于细粒松散和黏性不大的岩层。其原理是利用高压水流经水力喷射器的喷嘴冲击井底岩层，使其松散后与水混合，利用专门的管道借助负压力作用将其喷出井口以外。该施工方法效能高，但需具有足够的水源供应，且要有水泵及专门水管等设备保证，方可采用。水力机械挖掘大口井的施工如图 10-25 所示。

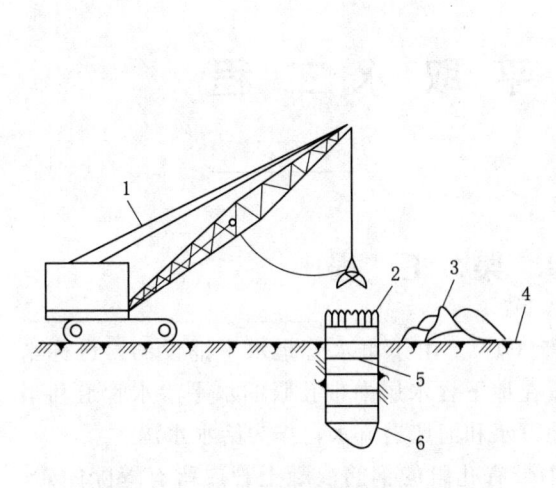

图 10-24　合瓣式挖掘机开挖大口井示意图　　图 10-25　水力机械开挖大口井示意图
1—索式挖土机；2—钢筋；3—弃土堆；4—地面；　　1—进水；2—压力管；3—喷嘴；4—进水管；5—吸嘴；
　　　　5—钢筋圈；6—井筒　　　　　　　　　　　　　　　6—扩散管；7—出泥

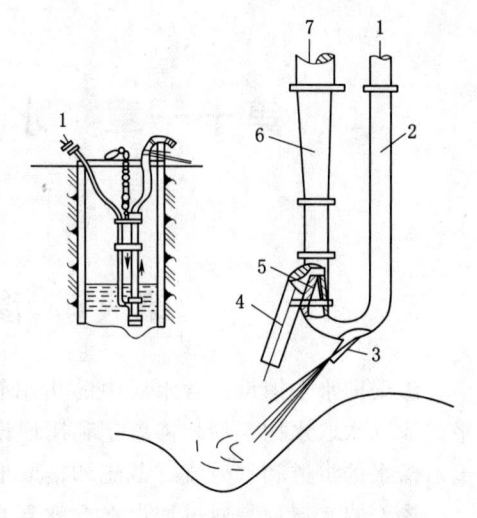

思 考 题

1. 管井的形式有哪些？
2. 管井的结构主要包括哪些方面？各部分结构的作用是什么？
3. 井孔钻进主要有哪些方法？各方法的原理是什么？
4. 冲击钻进和回转钻进具体包括哪几部分？各部分的作用是什么？
5. 何为填砾？粒料的选择有哪些决定因素？
6. 成井验收的主要质量指标有哪些？
7. 稳定井流运动特点是什么？
8. 大口井有哪些形式、结构，其适用于如何？
9. 大口井的井底反滤层如何设计？如何防止井底涌砂现象？
10. 大口井的施工方法有哪些？

第十一章 水平取水工程

第一节 渗渠工程

渗渠即水平铺设在含水层中的集水管（渠）。由于集水管是水平铺设的，也称水平式地下水取水构筑物。渗渠是利用埋设在地下含水层中带孔眼的水平渗水管道和渠道，借水的渗透和重力流，截流和集取地下水和河床潜流水，作为给水水源。

渗渠取水流程是通过埋设在含水层中带有孔眼的钢筋混凝土管或留有缝隙的砖、石渠道，截取地下水或者河床潜流水，然后流进集水井，使用水泵将水抽送入输水管内，再进入高地水池进行调节和消毒后，供给用水户。该取水方式最适用于含水层较薄的地带，既可最大限度地集取地下水量，又可起到一定的水质净化作用。当地下水或地表水未被工业废水和生活污水污染时，渗渠出水一般可以满足生活饮用水的水质的要求。由于渗渠具有结构简单、就地取材、需用设备少、运行费用低、维修管理方便，以及一般不需要净化设备等优点，被广泛使用。

一、渗渠的形式与构造
（一）渗渠的形式
1. 按补给水源划分

按补给水源可分为集取地下水为主的渗渠和集取地表水为主的渗渠两种（图11-1）。

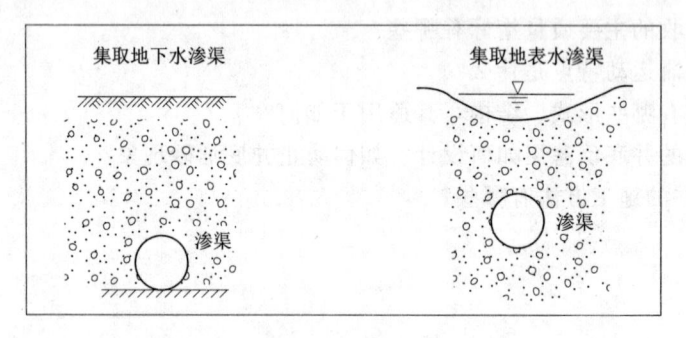

图11-1 渗渠形式（按补给水源划分）

集取地下水为主的渗渠是将渗渠埋设在河岸边滩地下，以集取部分河床潜流水和来自河岸上第四纪含水层中的地下水。此种渗渠，一般水质较好，水量比较稳定，效果较好，使用年限长，应用广泛。

集取地表水为主的渗渠是将渗渠埋设在河床下，集取河流垂直渗透水。此种渗渠，产水量虽然很大，但受河水水质的变化影响甚为明显，如当河水较浑浊时，渗渠出水水质往往很差,且容易淤塞,检修管理麻烦,使用年限也较短。

2. 按埋设位置和深度划分

按埋设位置和深度不同,渗渠可分为完整式和非完整式两种(图 11-2 和图 11-3)。

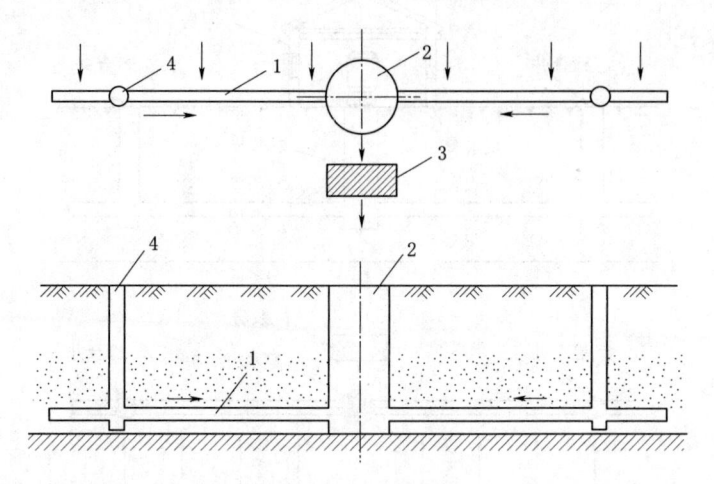

图 11-2 完整式渗渠
1—集水管;2—集水井;3—泵站;4—检查井

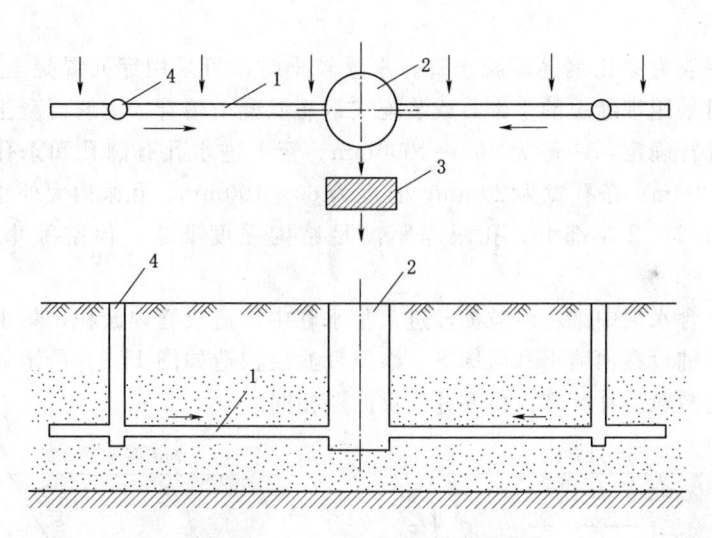

图 11-3 非完整式渗渠
1—集水管;2—集水井;3—泵站;4—检查井

完整式渗渠是在薄含水层的条件下,埋设在基岩上,主要靠加大水位降落量,最大限度地开采地下水,以增大渗渠产水量。非完整式渗渠是在较厚的含水层条件下,埋设在含水层中。从生产实践中看,采用完整式渗渠比较普遍,产水量较大;而采用非完整式渗渠却较少,因为在较厚含水层中,采用大口井或管井取水,工程造价要比渗渠造价低得多,不仅开采量大,且施工容易,进度快。除非在缺乏打井机具且用水量又甚小的情况下,才采用非完整式渗渠。无论集取地表水为主的渗渠,还是集取地下水为主的渗渠,都可按其所在的含水层厚度不同而选用完整式或非完整式渗渠。

(二) 渗渠的构造

渗渠（图 11-4）通常由水平集水管、集水井、检查井和泵房组成。

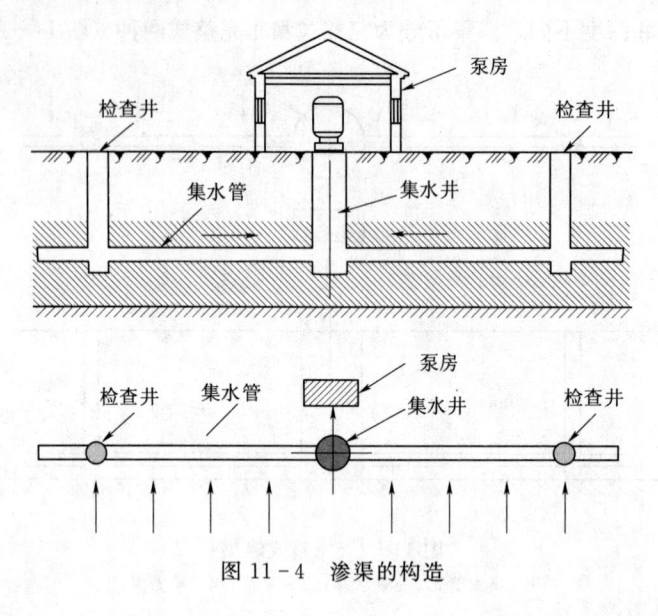

图 11-4 渗渠的构造

1. 集水管

集水管一般为穿孔钢筋混凝土管。水量较小时，可采用穿孔混凝土管、陶土管、铸铁管，也可采用带缝隙的干砌石或装配式钢筋混凝土暗管。钢筋混凝土集水管管径应根据水力计算确定，一般为 600~1000mm。管上进水孔有圆孔和条孔两种。圆孔孔径为 20~30mm；条孔宽为 20mm，长度为 60~100mm。孔眼内大外小，交错排列于管渠的上 1/2~2/3 部分。孔眼净距满足结构强度要求，但空隙率一般不应超过 15%。

为了防止含水层中细小颗粒泥沙进入集水管中，造成管内淤积，集水管外需铺设人工反滤层，铺设在河滩下和河床下。渗渠反滤层构造如图 11-5 所示。反滤层的层数、厚度和滤料粒径计算和大口井井底反滤层相同。

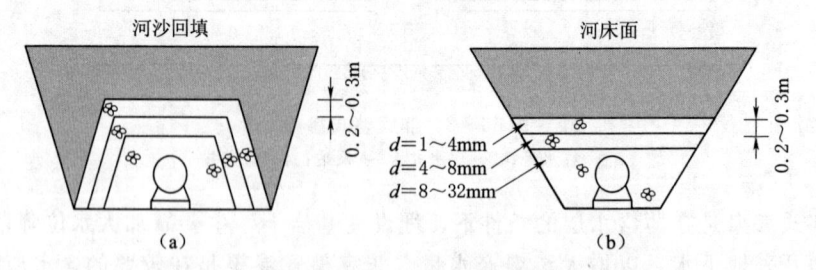

图 11-5 铺设在河滩下和河床下的渗渠反滤层结构
(a) 铺设在河滩下的渗渠；(b) 铺设在河床下的渗渠

对于集取地下水为主的渗渠的人工反滤层，如缺乏颗粒直径分析资料，而含水层又为砂卵石时，可按下列规格选用：第一层粒径为 5~10mm，厚度为 300mm；第二层粒径为 10~30mm，厚度 200~300mm；第三层粒径为 30~70mm，厚度为

200mm；总厚度为 700～800mm。集取地表水为主的渗渠人工反滤层的滤料级配，外层以上一般回填河沙，但必须干净，不能混有杂草泥块，粒径一般为 0.25～1.0mm，厚约 1m。下面三层反滤层分别采用粒径为 1～4mm、4～8mm、8～32mm，各层厚度约 150mm，也有的粒径略大些。但总的说来，要比集取地下水为主的渗渠反滤层滤料粒径小，尤其是外层滤料粒径更小。

2. 集水井

井径较大，用以汇集和存蓄地下水或者渗漏水的水井，集水井直径一般为 5～10m。

3. 检查井

为便于检修、清通，集水管端部、转角、变径处以及每 50～150m 均应设检查井。检查井形式分为全埋式、半埋式和地面式三种。全埋式即检查井全部埋于地下，井盖略高于集水管，且上部填以反滤层，适用于河水冲刷程度较大，渗渠不需要经常检修与清扫的给水工程。其缺点是井埋设较深，寻找或检修不方便。半埋式检查井是将井口埋在地面下 0.5～1.0m，优点是除有利于人防保护外，可防止被洪水冲毁井口；缺点是由于井盖埋在地下，一旦检修，不易找出井位。在集取地表水为主的渗渠中，多采用半埋式检查井。地面式检查井，即井口露出地面，多用于集取地下水为主的渗渠，便于检修，但必须注意采用封闭式井盖。井盖材料可用铸铁或钢筋混凝土。井盖底部周围用胶垫圈将井盖垫好止水，然后采用螺栓将井盖固定在井座上，以防泥沙从井盖缝隙进入渗渠。

4. 泵站

取水泵站按水源分地下水取水泵站和地面水取水泵站。地下水取水泵站又分深井泵站、大口井泵站和集水（集取泉水、渗渠水及虹吸管井群水）泵站。

二、渗渠的出水量计算

渗渠产水量计算，应根据水文地质参数、开采储量评价、选用渗渠类型以及布置形式等资料和条件进行计算。常见的渗渠出水量计算公式如下。

（一）铺设在无压含水层中的渗渠

完整式渗渠出水量计算（图 11-6）公式为

$$Q = \frac{KL(H^2 - h_0^2)}{R} \tag{11-1}$$

式中　Q——渗渠出水量，m^3/d；

　　　K——渗透系数，m/d；

　　　R——影响半径（影响带宽），m；

　　　L——渗渠长度，m；

　　　H——含水层深度，m；

　　　h_0——渗渠内水位距含水层底板高度，m。

非完整式渗渠出水量计算（图 11-7）公式为

$$Q = \frac{KL(H^2 - h_0^2)}{R} \times \sqrt{\frac{t + 0.5 r_0}{h_0}} \times 4\sqrt{\frac{2h_0 - t}{h_0}} \tag{11-2}$$

式中 t——渗渠水深，m；
r_0——渗渠半径，m；
其余符号意义同前。

式 (11-2) 适用于渠底和底板距离不大时。

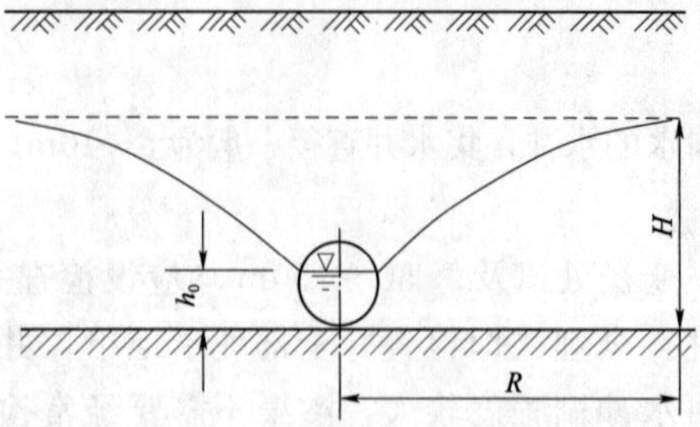

图 11-6 无压含水层完整式渗渠计算 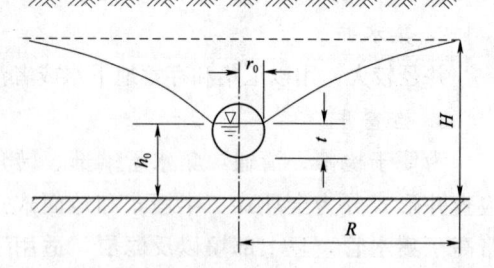　　图 11-7 无压含水层非完整式渗渠计算

（二）平行于河流铺设在河滩下的渗渠

平行于河流铺设在河滩下同时集取岸边地下水和河床潜流水的完整式渗渠（图 11-8）出水量计算公式为

$$Q=\frac{KL}{2l}(H_1^2-h_0^2)+\frac{KL}{2R}(H_2^2-h_0^2) \quad (11-3)$$

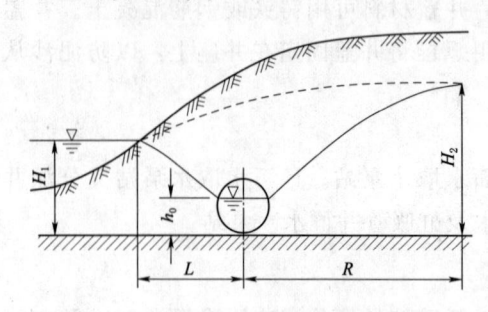

式中 H_1——河水位距底板的高度，m；
H_2——岸边地下水位距底板的高度，m；
其余符号意义同前。

图 11-8 河滩下完整式渗渠计算简图

（三）铺设在河床下的渗渠

铺设在河床下集取河床潜流水的渗渠出水量计算公式为

$$Q=\alpha LK\frac{H_Y-H_0}{A} \quad (11-4)$$

对于非完整式渗渠（图 11-9）A 值可由式 (11-5) 求得：

$$A=0.73\lg\left[\lg\left(\frac{\pi}{8}\times\frac{4h-d}{T}\right)\operatorname{ctg}\left(\frac{\pi}{8}\times\frac{d}{T}\right)\right] \quad (11-5)$$

对于完整式渗渠（图 11-10）A 值可由式 (11-6) 求得：

$$A=0.73\lg\operatorname{ctg}\left(\frac{\pi}{8}\times\frac{d}{T}\right) \quad (11-6)$$

式中 α——淤塞系数，河水浊度低时采用 0.8，浊度很高时采用 0.3；
H_Y——河水位至渗渠顶的距离；

H_0——渗渠的剩余水头，m，当渗渠内为自由水面时，H_0一般采用0.5～1.0m；

T——含水层厚度，m；

h——床面至渠底高度，m；

d——渗渠直径，m；

其余符号意义同前。

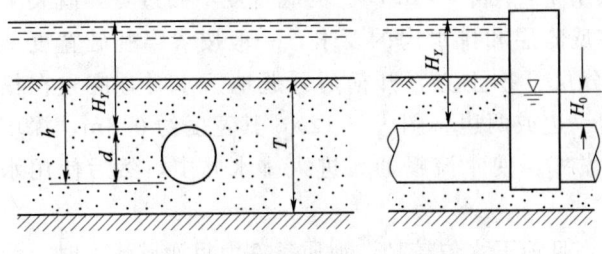

图 11-9　河床下非完整式渗渠计算 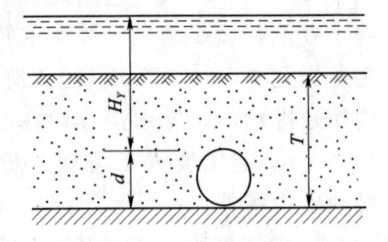　　　　图 11-10　河床下完整式渗渠计算

三、渗渠的施工与维护管理

(一) 渗渠的施工

渗渠施工方法包括挖槽施工、集水管施工、反滤层施工、回填及渗渠清洗五个部分。

1. 挖槽施工

(1) 施工准备工作。正式开工挖槽前，先做好施工定线测量工作。将集水井和渗渠的位置按照施工图设计要求的坐标和长度在地上定线，每隔50m打一固定桩，作开槽后校正渗渠中心线之用。为了更准确地控制渗渠位置，除了拟建渗渠区段必须设置标桩外，在渗渠两端20～50m以外设置定位桩，见图11-11。此外，在沟槽附近合适的位置固定永久性水准点，采用水泥砂浆保护，以备在施工过程中校正挖槽深度。

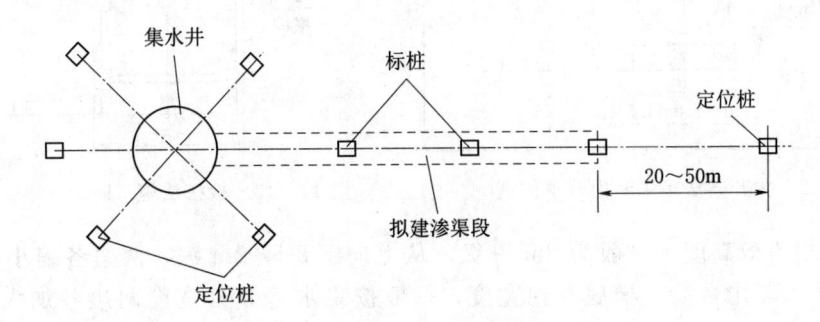

图 11-11　渗渠定线

在渗渠中心线的两侧按施工沟槽上部设计宽度边界外0.5m处，每隔20m各打木桩一个，以备在挖槽过程中随时测量挖土深度，直到挖到设计沟底标高为止。

在河道下边埋设渗渠，施工前必须做好河流改道工程，将主流临时改到挖槽的另一侧，使用草袋围堰挡住水流，以防河水倒灌。围堰高度要注意防止洪水淹没。

(2) 挖槽施工方法。

1) 在岸边或河滩下埋设渗渠时的施工方法。

a. 大开槽法。当潜水埋藏浅、含水层厚度不大时，可采用大开槽法施工（施工断面见图 11-12）。为了集中使用排水设备、材料和人力以保证施工进度，可从集水井起分段向上游施工，每段长 30~50m。由于预埋渗渠处的地质条件多数为粗沙或砂砾石、卵石组成，沟槽边坡可采用 1：1 或 1：0.75。沟底宽度不要过宽，既要节约土方量，又要满足安装集水管、反滤层和排水沟的要求，一般按渗渠基础宽度两边各加宽 0.5~0.75m。施工时要分层开挖土方。开槽后，遇地下水时，应先在槽内挖好排水沟，排水沟分设在沟槽一边或两边（图 11-12），其宽度约 0.3m，深度约 0.3m，且需要人工清理，防止淤塞，使水流畅通，进入排水井中，然后使用水泵抽出沟槽外。

b. 木板桩法。当渗渠埋设较深，且地下水位较高，地质条件为粗沙或流沙时，为了防止塌方，减少挖方量，最好采用木板桩法施工（图 11-13）。优点是：开槽断面小、节约土方、节省劳动力；缺点是：需要大量木材、开槽不能过长、施工期限较长、操作安装不方便。至于沟槽每层开挖深度以 2m 为宜，太深支撑受力太大，不仅不经济，且工人操作时上、下不便，易发生事故。如阜新某渗渠施工开始采用 3m 高支撑板，发生压塌，后改为 2m，才保证了施工安全。

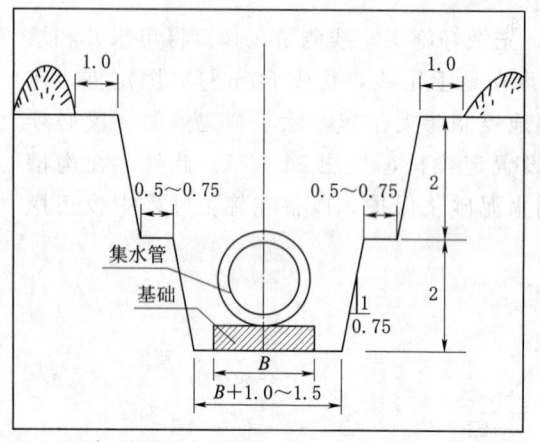

图 11-12 大开槽法施工断面（单位：m）

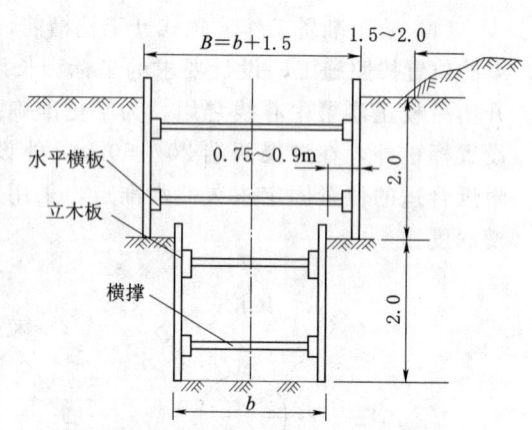

图 11-13 板桩法施工断面（单位：m）

木板桩有效高度，一般为 2m 一级，从上向下每隔 2m 深，两边各缩小 0.75~0.9m，作为工作台阶。槽底开挖宽度，一般按集水管基础宽度两边各加大 0.75m 为宜。

立木板厚度，一般为 40mm，宽 200~300mm，长 2~3m；木板下端锯成等边三角形，以便打桩时，减少砂土对木板的阻力，打板桩时入土快。横撑最好用杂木，杂木木质坚硬，耗损少。横撑一般采用 ϕ100mm 或 100mm×100mm 方木，其长度根据实地量得的间距，临时锯成所需要的长度，随锯随撑。所以备料时，横撑要长，现量现锯，支撑时间更久，以免板桩松动。

2）在河床下埋设渗渠时的施工方法。渗渠埋设在河床下时，其施工方法，除挖槽采用上述人工挖土外，主要是解决好排水问题。一般先用草袋围堰将施工段围起来，或者用草袋装土垒成导流坝将水流导向另外方向，再抽水施工。

2. 集水管施工

安装集水管前，先将安装段采用水平仪测量现有基础标高，按设计坡度填平，然后在基础中心线纵向两端各立一标杆，在两个标杆上按集水管外径尺寸各作一记号，各钉上小钉，再使用小绳将两标杆上小钉绑好，按照小绳坡线安装管子，上管皮不平处用石子垫好管底，使管子在设计坡度上安装平稳。如果两管接口不用水泥砂浆抹带，可在管子接口处使用石子垫平拨正。随着反滤料的铺设，先使用较大卵石或小块石沿着接口环向垒砌，堵住接口缝隙，但接口缝隙略大些，且必须注意勿使细小砂石漏进管内。

3. 反滤层施工

反滤层施工质量好坏，直接影响渗渠产水效果、出水水质以及集水管的使用寿命。因此，除要求反滤层滤料颗粒级配力求合理外，还要求在滤料筛分和铺设滤料等工序上，按照设计规定严格进行，以防小粒泥沙进入管内，造成管内淤积和堵塞。

4. 回填

渗渠工程的挖槽、安装集水管和铺装反滤层等主要工序完成后，开始回填工作。

5. 渗渠清洗

渗渠施工的各项工序完成后，应像管井洗井一样，及时清扫渗渠集水管内及反滤层中的淤泥和细沙。具体做法是：在集水井内安装临时抽水泵，待集水井中水位上升至一定高度时（可淹没渗渠反滤层 0.5～1.0m），使用水泵从井内抽水，直至井内水位下降至渗渠集水管管底为止，待水位再次上升至原来高度时再抽水，如此周而复始，直到抽出的水质由浑浊变清澈为止。一般要连续抽水 3～5d，方可清扫干净。此外，当渗渠工程规模较大时，从集水井内抽水排水量大，排水设备不易解决时，也可在检查井中安设水泵，分段清扫渗渠。

（二）渗渠的维护管理

渗渠的维护管理可使渗渠工程保质保量地供水，充分发挥工程效益，同时积累实践经验，提高渗渠设计、施工及生产管理水平。

1. 渗渠水源的生产管理

渗渠水源的生产管理工作，主要通过日常生产实践、必要的试验以及测试工作，掌握渗渠水源的产水量、水质及该水源在生产过程中对其周围的水文及水文地质状态的影响。

2. 渗渠水源的防护和维修

渗渠水源构筑物（如泵房、集水井、导水管以及集水管路等）多建于河岸、河漫滩或河床上。由于水文及水文地质条件不良，再加上管理不善而造成水源构筑物的淤堵，故需要清理，也是渗渠水源生产过程中一项重要任务。

(1) 水源防护。设置于河床的渗渠水源的集水井、集水管路及检查井，要严防洪水冲刷，更不能使洪水灌入而造成构筑物淤积。为此，在每年洪水来临前，应详细检查各构筑物是否具有防洪设施，如各构物的埋深是否满足冲刷要求，井盖封闭是否牢靠、必要的防冲设置（如构筑物上所加之块石）是否损坏或流失等等，如发现问题，应根据历年的经验，进行适当的处理。

设置于岸边或河滩上的渗渠水源泵房和集水井，应根据实际需要，建造一定的防洪工程，保持河床稳定。一般多是先建造一些短而距离较小的斜丁坝或护坡护岸工程。渗渠水源的防洪工程，既要保持河床不被洪水冲刷而影响构筑物的安全，又不能因工程过大而将水流挑走远离渗渠而影响渗渠产水量。

(2) 水源维修。渗渠水源在生产过程中，有时因河水或地下水的水文及水文地质条件、施工质量及生产维护管理不善等多方面因素影响，常常在渗渠集水管内、检查井及集水井内淤积一些泥沙，严重时将直接影响渗渠产水量。对此在一定的时间内，首先是用水冲法或加大集水管内流速的方法，将泥沙收集在集水井内，借助人工或水射器将泥沙清掏干净。

3. 提高水源的给水能力

渗渠水源投产运行几年或十几年后，由于水文及水文地质条件等变化，将对水源生产状态、机泵性能以及水源构筑物本身带来一定影响。为此，在生产过程中，应及时地采取有效的措施，最大限度地挖掘水源潜力，提高水源的供水量。

(1) 机泵调整。如果原有机泵供水能力小于渗渠产水能力，应增设水系或更换功率较大的水泵供水。反之，如原有机泵功率大于水源的实际供水能力，则应及时更换小功率水泵，避免使用大泵开开停停供水，或关小出水闸门供水。

如果原有水泵设置由于吸程限制不能再加大水位抽降，从水文地质条件考虑又允许加大抽降供水时，应更换吸程较大的立式水泵供水。

(2) 清淤和河流整治。为提高河水的渗透能力，对于易淤积的河道，或河道上设有临时性拦河坝的渗渠工程，应注意及时清除河床上的淤积层。具体做法是：在每年洪水期来临之前，采用人工或机械将淤积于河床上的淤积层推至河床的主流处，待洪水时，将其冲至水源下游。

建于河岸或河床上集取河床潜流水或河流垂直渗透水的渗渠工程，均要求河流的主河道与渗渠有一定的距离。当发现河道不稳定或主流改道时，应特别注意及时进行河道的整治工作。具体做法有时使用推土机疏通或开挖河道，有时需建一些永久性水利工程，应视实际情况而定。

第二节 截潜流工程

一、截潜流工程的形式与结构

（一）截潜流工程的形式

按截潜流的完整程度分为两种类型。

1. 完整式

将河床中的地下径流完全拦截，如图 11-14 所示，适用于砂砾石含水层厚度不大的河床。

2. 非完整式

当河床中含水层厚度较大或水量较充足时，考虑经济因素，在满足用水需要的前提下，可不将地下径流完全拦截。非完整式截潜流工程又按集水方式分为明沟式、暗管式和盲沟式三种类型，如图 11-15 所示。

图 11-14 完整式截潜流工程示意图
1—干河床；2—砂层；3—截水墙；
4—集水廊道

(二) 截潜流工程的结构

非完整式截潜流工程如图 11-15 所示，通常由五部分组成。

1. 进水部分

主要作用是集取地下潜流，多由用当地材料（砖、石等）砌筑的廊道或管道构成。进水部分留有进水孔眼，周围填充滤料。

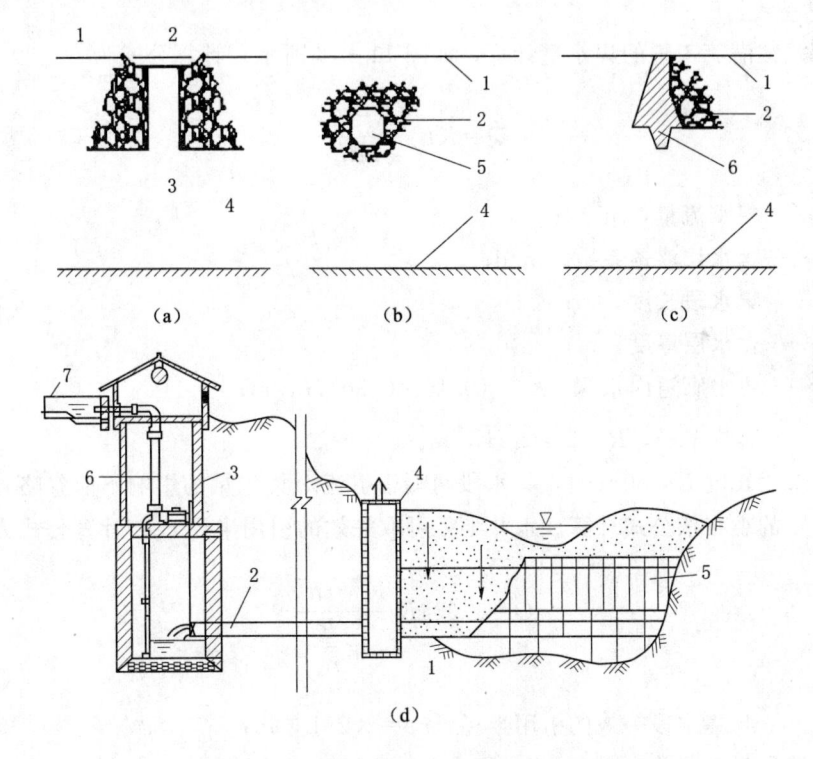

图 11-15 非完整式截潜流工程示意图
(a) 明沟式；(b) 暗管式；(c) 盲沟式；(d) 工程结构
1—河床；2—盖板；3—滤料；4—隔水层；5—集水管；6—挡水墙；7—出水池

2. 输水部分

将进水部分汇集的水输送至明渠或集水井，以便自流引水或集中抽水。

3. 集水井

集水井用于储存输送的地下水，通过提水机具将地下水提到地面。若地形条件允许，自流时可不设集水井，直接用管道或明渠引水或建蓄水池，利用闸门调节水量以自流灌溉。

4. 检查井

输水建筑的端部、转角和断面变换处应设置检查井。直线部分检查井的间距，一般可采用 50m。设置检查井的目的是通风、疏通、清淤、修理及观察管道工作状况等。当输水部分不长（<100m）时，为了防止洪水淹没，在河床中可不设检查井，只在岸边输水部分与进水部分衔接处设置。

5. 截水墙

截水墙是截潜流工程的主体部分。为了拦河修筑的不透水墙，也称地下坝或暗坝，多用当地材料（黏土、砌石等）修建或用混凝土浇筑而成。

二、截潜流工程的出水量计算

（一）河床无水时出水量的计算

1. 完整式

完整式截潜流工程的集水量计算，如图 11-16 所示，计算公式为

$$Q = KL\frac{H^2 - h_0^2}{2R} \tag{11-7}$$

式中　Q——集水流量，m^3/d；
　　　K——含水层渗透系数，m/d；
　　　L——集水段长度，m；
　　　H——含水层厚度，m；
　　　h_0——集水廊道内水深，$h_0 = (0.15 \sim 0.30)H$，m；
　　　R——影响半径，$R = 2s\sqrt{KH}$，m。

当集水段长度 $L<50m$ 时，集水段两端辐射流对集水量的影响不能忽略，此时可用"大井"的裘布依公式计算。水井半径可取等效的引用半径 r_w。计算公式为

$$Q = 1.364K\frac{H^2 - h_0^2}{\lg\dfrac{R}{r_w}} \tag{11-8}$$

式中　r_w——与集水段等效的引用半径，$r_w = 0.25L$，m；
其余符号意义同前。

2. 非完整式

非完整式截潜流工程的集水量一般采用下述的经验公式计算（图 11-17）：

$$Q = KL\frac{H^2 - h_0^2}{2R}\beta \tag{11-9}$$

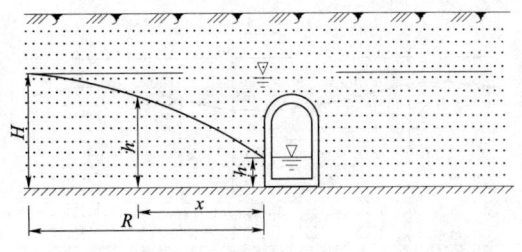

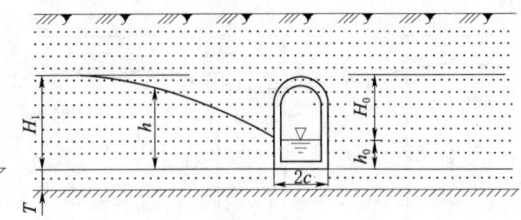

图 11-16　完整式截潜流工程计算示意图　　图 11-17　非完整式截潜流工程计算示意图

$$\beta=\sqrt{\frac{h'+0.5C}{h_0}}\sqrt{\frac{2h_0-H'}{h_0}} \tag{11-10}$$

式中　β——修正系数；

　　　h_0——廊道内水面到隔水层的距离，m；

　　　h'——廊道内水深，m；

　　　C——廊道宽度之半，m；

　　　H'——廊道底部到潜水位的距离，m；

其余符号意义同前。

式（11-10）适用于 $h=T$ 时的工况。若含水层意义较大时，应对 H 进行修正，公式为

$$H=2.0(T+h') \tag{11-11}$$

（二）河床有水时出水量的计算

1. 完整式（图 11-18）

$$Q=\alpha L K q_r \tag{11-12}$$

$$q_r=\frac{H-H_0}{A} \tag{11-13}$$

$$A=0.37\lg\cot\left(\frac{\pi}{8}\times\frac{d}{T}\right) \tag{11-14}$$

式中　Q——截潜流工程出水量，m^3/d；

　　　L——截潜流集水管长度，m；

　　　K——含水层渗透系数，m/d；

　　　H——集水管顶上的水头高度，m；

　　　α——与河水浑浊度有关的校正系数。当较大浑浊时取 $\alpha\approx0.3$，中等浑浊时取 $\alpha\approx0.6$，较小浑浊时取 $\alpha\approx0.8$；

　　　H_0——集水管外对应管内剩余压力的水头高度（当管中为一个大气压时 $H_0=0$），m；

　　　d——集水管直径，m；

　　　T——河床透水层的厚度，m。

2. 非完整式（图11-19）

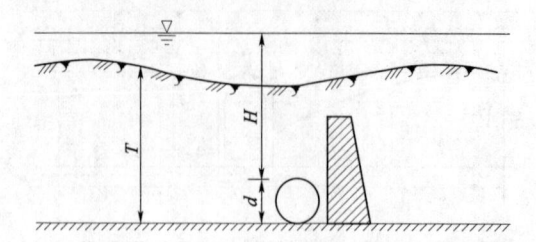

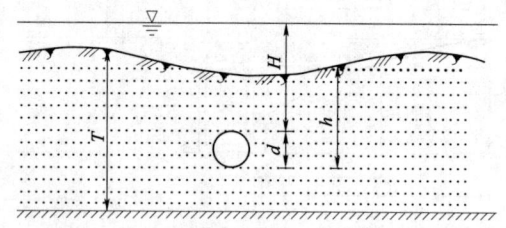

图11-18 河床有水时完整式计算示意图　　图11-19 河床有水时非完整式计算示意图

与完整式计算公式基本一致，仅 A 的计算不同，即

$$Q = \alpha L K q_r \tag{11-15}$$

$$q_r = \frac{H - H_0}{A} \tag{11-16}$$

$$A = 0.37 \lg \left[\tan\left(\frac{\pi}{8} \times \frac{4h - d}{T}\right) \cot\left(\frac{\pi}{8} \times \frac{d}{T}\right) \right] \tag{11-17}$$

式中　h——集水管的埋深，即由河床到管底的深度，m；

其余符号意义同前。

当 T 值极大时，A 值计算可用式（11-18）简化计算：

$$A = 0.37 \lg \left(\frac{4h}{d} - 1\right) \tag{11-18}$$

式中　各符号意义同上。

三、截潜流工程的施工

截潜流工程的施工一般定在春秋枯水期，以便于施工导流和防汛安全。

（一）管道施工

管道施工应注意以下几点。

（1）管道的开挖断面要考虑截渗墙和管道的设计尺寸，便于施工安装。

（2）管沟开挖要注意河床堆积物的稳定性，必要时应进行支护加固，以防止坑壁坍塌。

（3）防洪。如工程量大、短期内难以完成，则要考虑防洪措施，确保安全施工。

（4）施工排水。开挖前要进行排水量校核计算，排水设备的能力必须满足排水要求，且有备用的排水设备。

（二）进（输）水廊道施工

廊道式截潜流工程的施工方法大致可分为两种。如潜水位较高时，多采用开挖明沟法；如潜水位埋深较大，开挖深度较深时，宜采用开挖地道法。施工中应特别注意开挖地层的稳定性，除特殊情况外，一般应护衬加固，防止坍塌，同时也要考虑施工排水问题。

第三节 坎儿井工程

坎儿井是在第四纪地层中，通过截取山前冲积扇的地下水潜流，采用暗渠输水至盆地的一种取水方式，可有效避免蒸发损失。该取水方式不耗能，可自流供水和灌溉。坎儿井主要分布在我国新疆的吐鲁番和哈密地区，且主要集中在吐鲁番盆地的北部山前地带。

坎儿井是新疆勤劳智慧的各族劳动人民根据本地自然条件、水文地质特点创造的一种特殊的地下水利工程设施。工程的主体埋藏地下，称为暗渠，总长可超过5000多公里，人们形象地喻之为"地下水长城"。中外不少学者将新疆的坎儿井与万里长城、大运河并列为我国古代的三项杰出工程，也有学者将都江堰、灵渠和坎儿井统称为我国古代三大水利工程。

一、坎儿井的形式与构造

（一）坎儿井的形式

1. 按源头所在位置划分

按源头所在的位置，可将新疆坎儿井划分为山前潜流补给型、山溪河谷补给型、平原潜水补给型三种类型（图11-20）。

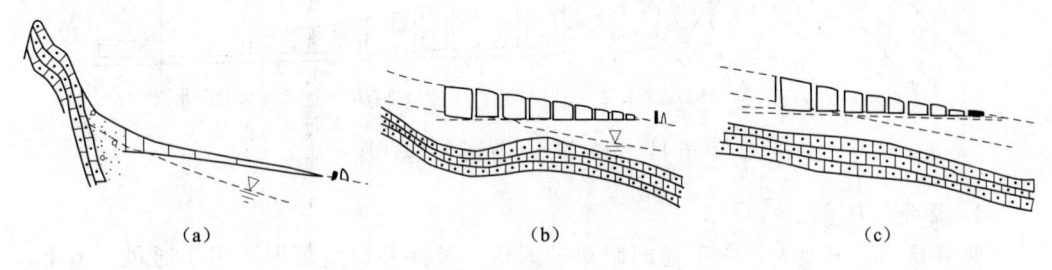

图11-20 坎儿井的类型
(a) 山前潜流补给型；(b) 山溪河谷补给型；(c) 平原潜水补给型

山前潜流补给型坎儿井直接引取山前侧渗于地下的潜流，集水段一般较短。山溪河谷补给型坎儿井引取山间谷底的地下潜流，如源头分布在火焰山以北灌区上游的坎儿井，地处地下水补给十分丰富的山溪河流摆动带上，源头距补给源近，此类坎儿井集水段较长，出水量也较大，分布最广。平原潜水补给型坎儿井引取平原中潜水丰富的潜流，一般分布在灌溉区内，地层为土质构造，水文地质条件较差，出水量较小。

2. 按水文地质条件划分

按水文地质条件，可将坎儿井分为砂坎和土坎两类。

砂坎所在地层为砂砾层，单井出水量较大，矿化度低，水量稳定。此类坎儿井群所在的地区大致为新疆吐鲁番市鄯善县的七克台镇、辟展乡、连木沁镇的汉墩地区、吐鲁番市的胜金乡以及火焰山以南的冲积扇灌区上缘。该坎儿井所采集的地下水大部分是天山水系形成的地下潜流，经过几十千米的漫长渗流，因受到火焰山的阻隔而上升，越过火焰山各山口后以泉水和地下潜流的形式出现，属山溪河谷补给型。但其中有一部分水是火焰山北灌区引用的地表水通过渠道渗漏补给地下水的，故分布在火焰山以南的冲积扇灌区上缘的坎儿井一般为山前潜流补给型或山溪河谷补给型。

土坎所在地层为土质地层，一般分布在火焰山南灌区的下游地带，属平原潜水补给型。井深较浅，约20m，出水量少，矿化度高，有的达不到饮用水的标准，少数甚至不能用于灌溉。

（二）坎儿井的构造

坎儿井由竖井、暗渠、涝坝、明渠等四部分组成，如图11-21所示。

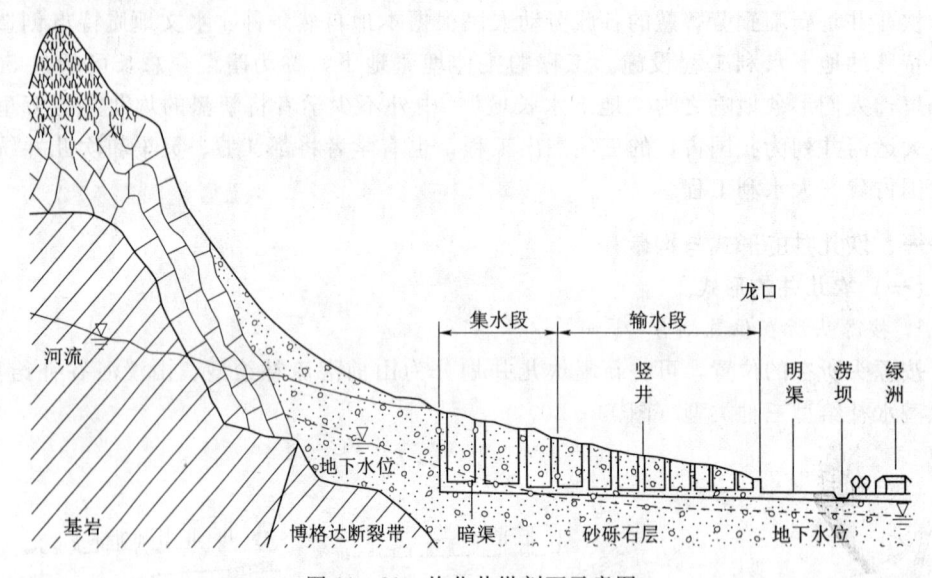

图11-21 坎儿井纵剖面示意图

1. 竖井

竖井是垂直于地表、向下通向暗渠的通道。竖井井口呈矩形，用于通风、出土、供掏挖坎匠和维修坎匠进出及在暗渠中劳作的坎匠运送各种工具和防护物资。暗渠内掏挖出的松土由柳条筐经竖井送出地面，堆在竖井口四周，形成大小不等的土堆，可阻挡风沙和山洪对坎儿井的侵蚀。竖井口终年以树枝、秸秆、木板等棚盖遮覆，现在有些竖井井口也用预制板或水泥板遮护，井盖上以砂石、泥土密封，以防止流沙渗漏、雨害冻融损害。竖井井口间距疏密不等，上游比下游间距长，一般间距为30~50m，靠近明渠处间距为10~20m。竖井的深度，深者在90m以上，最长达150m，从上游至下游由深变浅。竖井是坎儿井首先要定位和挖掘的工程。

2. 暗渠

暗渠是坎儿井的功能主体，是将融雪渗入地下部分的潜水由山前的潜水区经过戈壁和沙漠输送到适合人居住的生活区和灌溉区的主要通道。暗渠在当地又称"廊道"，廊道又分为集水廊道和输水廊道。当地的居民称集水廊道为"水活"，输水廊道为"旱活"。"水活"的长短以及切割地下水位线的深浅，决定了坎儿井源头水量的大小。"水活"的水平长度一般在50~200m。水量大时为一头，即只开挖一个集水廊道，当水量一般时，可同时掏挖多个集水廊道，以增加水源处的出水量。"旱活"一般长3~

5km，少数大于5km，最长的超过10km。"旱活"穿过砂砾层时水量损失很大，每千米损失率在8%～15%，一条3～4km的坎儿井水量损失30%～60%。暗渠断面为长方形、圆形或穹形，高1.5～1.7m，宽0.8m左右。由于系人工开挖，需凭经验施工。暗渠内水深一般仅为0.3～0.5m，个别地段水深超过1m。暗渠平均纵坡为1/300～1/100，少数坎儿井暗渠平均纵坡大于1/500。一般情况下，地层坚硬地段的纵坡大，疏松地段的纵坡小；"水活"处纵坡大，"旱活"处纵坡小。暗渠的出水口也叫"龙口"。中国传统神话传说中龙是掌控水的神灵，取名"龙口"是希望坎儿井水能长流不断。

3. 涝坝

龙口连接涝坝，涝坝又称"蓄水池"，用以调节灌溉水量，缩短灌溉时间，减少输水损失。涝坝面积不等，以600～1300m^2为多，水深1.5～2m。涝坝的大小决定于坎儿井蓄水量的大小，一般以晚上蓄满为好，有利于调节灌溉时间，保证浇地质量，减少跑水浪费现象。蓄水池不仅可用于调节灌溉水，还可与明渠一起调节空气湿度，改善居住环境。由于涝坝水量稳定、水温适中（一般夏季水温为16～17℃，即使在严冬也不低于10℃），矿化度低（pH值为7.9～8.2），可为当地的生物多样性提供适宜的生存条件，是干旱沙漠地区罕见的鱼类、两栖类动物和各种鸟类的乐园。另外，多种浮游生物成为鱼类的天然食物，且多种生物的排泄物则为农田提供充足的营养，从而形成良性循环的小生态环境。流向庭院的坎儿井水不仅水质清澈，且含有人体所需的十几种微量元素，是不用加工的天然饮用水，有利于人的身体健康。

4. 明渠

和涝坝连接的明渠是坎儿井输水渠道由地下走出地面的部分。一般在村民居住区附近或被浇灌的土地旁边，多环绕居民区或穿过居民的庭院，以方便居民生活，或直接流向田间地头便于农田灌溉。

二、坎儿井的施工与保护

（一）坎儿井的施工

目前，坎儿井施工基本上保留传统工艺，主体工程包括暗渠的放线、竖井定位及凿井、暗渠开挖、排土等，施工平面布置图如图10-22所示。

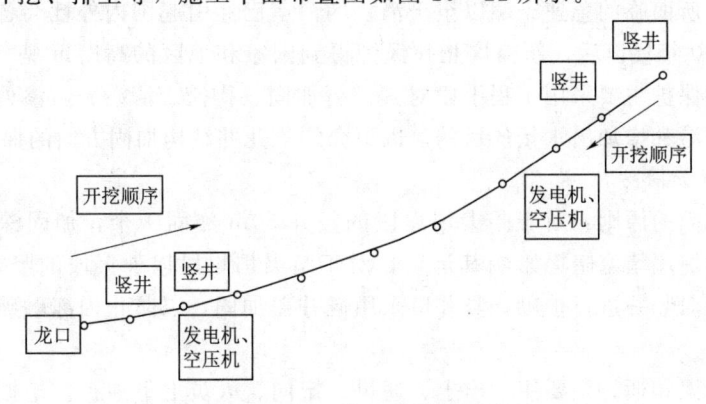

图11-22 施工平面布置图

第十一章 水平取水工程

(1) 放线。首先选择一处水源，估算潜流水位埋深；再确定坎儿井的位置；最后根据可能穿过的土层岩性，确定暗渠的纵坡。

(2) 竖井定位及凿井。从下游开始挖掘暗渠，先挖渠首段和龙口，逐步向上布置竖井。竖井挖好后，即从竖井底部向上游或下游单向或双向逐段挖通暗渠，然后修正暗渠纵坡。此外，为了防止风沙和碎石从竖井口落入坎儿井，并避免由于气温周期性波动产生反复冻结和融化导致竖井口坍塌，竖井口处常用树梢或木板及土料分层封盖。目前，竖井定位可借助GPS卫星完成。

(3) 暗渠开挖。暗渠开挖断面一般为窄深式。开挖暗渠和竖井所使用的工具，主要为镢头和刨锤。开挖暗渠一般先挖渠底，后挖顶部，靠油灯照明定位（在竖井内垂挂2个油灯，依据其方向和高低校正暗渠的方向和纵坡）。为了防止挖偏，采用两手轮流交叉挖掘的方法。遇到松散沙层时，为免塌方、防止水流淘刷，局部必须采用模板支撑。

(4) 排土。暗渠开挖过程中的排土一般采取人工水平运土至竖井底部，再使用土筐从竖井使用辘轳起吊的方式进行。在过去一般用人力拉，在较深的竖井用牛力拉，传统工艺所需劳动力一般组织3~5名坎儿井工匠（暗渠内挖掘1~2人，井口提上1人，井外倒土1人，赶牛1人）。

(二) 坎儿井的保护

坎儿井对研究新疆古代历史具有极高的研究价值，引起国内外许多专家学者的极大兴趣，在世界范围的影响深远。吐鲁番、哈密盆地的水资源极度贫乏，气候特殊，生态环境相当脆弱，坎儿井在其漫长的发展过程中，形成了与周围环境相适应、和谐而又独特的生态平衡关系。随着吐鲁番、哈密盆地工农业生产的快速发展，地表水超引、地下水超采、区域地下水位下降等原因，使得坎儿井补给水量逐年减少，严重影响了坎儿井的出水量。造成坎儿井日益干涸衰减的因素包括自然因素和人为因素。归结起来，目前坎儿井面临的问题主要包括：地下水严重超采，地下水位下降严重；坎儿井出水量日渐减少，水坎儿井数量急剧衰减；坎儿井暗渠及竖井破坏严重；坎儿井节水改造状况滞后；坎儿井管理模式落后，管理体制不健全等。

坎儿井作为一项伟大的地下水利工程和具有相当高的人文价值集于一身的宝贵文化遗产，目前所面临的急速干涸以至于消亡的命运已经引起国内外社会各界的广泛关注。20世纪90年代以后，新疆坎儿井保护得到国家和地区的高度重视。当前对重要坎儿井的抢救保护主要采用工程手段对其进行加固、掏捞、清淤、防渗处理，达到防塌、防淤、防渗和增加出水量的目的。以下介绍坎儿井结构加固方面的保护措施。

1. 竖井口加固防护

竖井口加固的原则：对于暗渠坍塌段的竖井50m加固1个，加固深度为1.5m。为防止竖井口坍塌堵塞暗渠影响其运行，对于暗渠坍塌段以外渠段的竖井全部加固。加固措施主要对竖井进行护砌，竖井口采用硅井盖加固，以防止因冻融破坏造成的井口坍塌。

竖井与暗渠相通，主要用于出土、通风、定向、人员上下通行。挖掘竖井时要保持垂直，以便暗渠的定向。从暗渠挖出的土石以及日后清淤的泥沙，堆在竖井口的四周，形成大小不等的土堆，有防止雨水或洪水通过竖井口流入坎儿井内的作用。很多竖井口使用砖块或者石头砌成长方形，主要是为了防止竖井口坍塌。过去，竖井口多用树枝、庄稼秸秆封口，再用砂土覆盖，以减少冻融、风沙对竖井口的危害，能够有效缩小竖井内外的温差，有效保护土体结构，减小井壁坍塌的面积。以往的保护方式井口稳定性差，易发生坍塌，需要经常维护。

目前，采用钢筋混凝土加固竖井井口，并加盖钢筋混凝土井盖。为了减轻冬天水汽对竖井的破坏，以及防止由于过于封闭坎儿井内缺氧等情况的出现，井盖上留有方形或圆形的通气孔，可有效保护竖井井口的稳定性，改善井盖内外存在的巨大温度差和湿度差，也避免在开启井口时树枝、砂石、泥土落入暗渠内，减轻了掏捞清淤的工作量，预防人畜不慎掉入竖井的隐患发生。

2. 暗渠加固防护

暗渠段分为集水段和输水段两部分。目前集水段尚无可靠的防护措施，加固防护主要是对其进行清淤掏捞延伸处理，保证、恢复和增加出水流量。由于输水段多为土渠，坍塌、渗漏严重，本着"因害防治"的原则，对于易于坍塌段应重点防护。

暗渠是坎儿井的主体部分，分为集水段和输水段两部分。部分暗渠段土层比较松散，渗透严重，易坍塌，以前使用木架棚板衬砌。由于木质的棚板容易腐朽，使用时间较短，每2～3年即需要更换一次，否则仍易出现坍塌现象。最初，暗渠加固直接采用暗渠开挖埋设管道，此种做法改变了坎儿井原有的建筑风貌，使坎儿井失去了原有的文物价值，有悖文物保护理念。目前，对坎儿井严重坍塌区域多采用统一预制的椭圆形钢筋混凝土涵管分装拼接，使暗渠逐渐演变成一条地下水管，有效解决了暗渠稳定性差的问题，减少了因车辆冲击震等动荷载作用导致的暗渠坍塌。

3. 明渠加固防护

明渠一般是土渠。由于明渠周边水资源充沛，植被丰富，在明渠内生长着水草，下渗比较严重，尤其是近年来坎儿井出水量小、流速慢，明渠断流的现象时常出现。明渠一般从生活区通过，且多位于马路两侧，受人为活动的影响较大。由于明渠常年暴露在外，周边的垃圾易进入渠道内，再加上明渠本身常年受水流的冲刷易淤积造成堵塞。之前部分明渠采取浆砌卵石方法加固，但此种方法改变了坎儿井原有的建筑风貌，外观与周边环境极其不协调。现在当地居民多采用直接埋设预制混凝土管道的方法，有效减少明渠输水段因地下渗漏造成水资源的损失，有效预防水土流失，流量更趋于稳定，不仅滋润了周边的树木，形成良好的生态循环，也尊重和延续了当地居民的生活习惯，使村落生机盎然、充满活力。

4. 坎儿井龙口加固防护

坎儿井暗渠出口段已进入灌区，暗渠出口处顶部覆盖层较薄，易造成坍塌，对坎儿井正常运行造成影响，有的甚至将坎儿井完全堵死，对下游灌区的灌溉以及人畜饮水造成影响。

坎儿井出口多半坍塌，且杂草丛生，严重淤堵坎儿井，影响出水。为了提高坎儿井出口的结构稳定性、美观性和取水方便性，需要对坎儿井出口采取一定的保护和加固处理措施。

坎儿井的龙口基本已进入灌溉区，土层较薄容易坍塌，且植被丰富，易堵塞坎儿井，影响坎儿井井水的正常流通，对坎儿井下游的灌溉区与居民区造成影响。坎儿井龙口是暗渠和明渠的连接点，是坎儿井井水利用的开始。因此，对龙口采取一定的保护措施，提高其结构的稳定性，对于坎儿井的利用和保护具有重要意义。龙口多采用U形渠，该做法不仅彻底解决了水流对龙口处土层的冲刷侵蚀，避免洞口土层冻融塌方堵水，更便于居民从龙口处取水，满足生产和生活的需要。

三、坎儿井式地下水库

地下水库是指修建于地下并以含水层为调蓄空间的蓄水实体，它在取水、用水和调节水资源方面与地表水库具有相似的功能。地下水库调节水资源的基本原理是，在丰水期将多余的地表水储存在地下含水层空间，干旱缺水时大量集中取用，腾出的地下库容为下一丰水期储水提供空间，以周期性补给-开采的运行方式有效地调节水资源供需的时间差。地下水库相对于地表水库，具有造价低、减少无效蒸发量、水质天然保护等优点。在干旱内陆河流域，利用山前凹陷带巨大的天然出水构造建设地下水库，是实现水资源高效利用、合理配置的有效途径。

山前凹陷带横坎儿井式地下水库（图11-23）是一种创新式水工建筑物布置形式，其工程结构主要由"引渗回补"调蓄系统、"横坎儿井"集水系统和"自流虹吸"输水系统组成。由于冲积扇下缘泉水溢出带的细土地层对地下水水平径流的阻隔作用，在无须建设地下截潜工程的条件下，山前凹陷带成为天然的地下库区，是山前凹陷地下水库的主要特征。

地下水库的根本作用是在丰水期或用水量少的时候，将地表余水储存于地下，补充枯水期的供水，同时为下一次储水腾出空间。因此，要使地下水库长期可持续运行，必须采取有效措施，增加地下水库的补给量。地下水人工补给的关键是建设高效率（入渗速度和入渗量）、预防堵塞、保护水质的工程保障系统。地下水人工补给系统是地下水库的重要组成部分，是地下水库建设的关键技术问题。

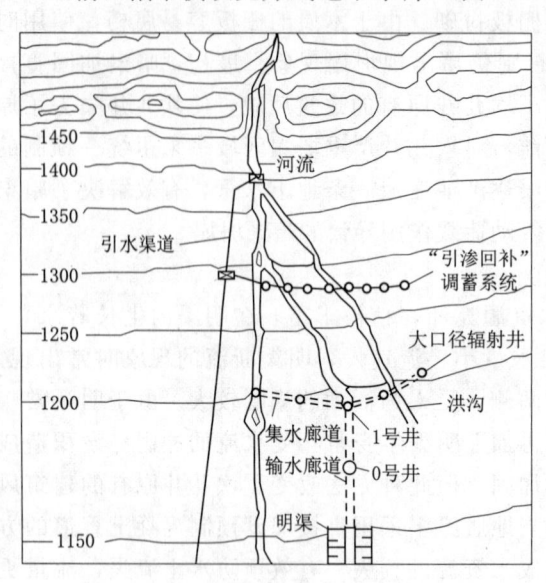

图11-23 横坎儿井式地下水库平面布置示意图（单位：m）

地下水人工补给的方法主要有地面入渗法和地下灌注法。地面入渗法主要包括渗透池补给、沟渠补给、淹没或灌溉补给、河道渗水补给等。该方法具有工程简单、投资少、收益大、易于管理等优点，但存在占地面积大、蒸发量大、入渗效率低等问题。地下灌注法是通过钻孔、大口径井或坑道穿透地表弱透水层，将补给水源直接注入含水层中的一种方法。该方法的优点是不受地形、地表渗透性、地下水位等条件的限制，且占地面积小，最突出的问题是成本高、易发生回灌淤塞。

目前，地面入渗法在国内外应用较为广泛，但为了加速地下水回补的速度，地面入渗法与地下灌注法相结合的方法已成为新的发展趋势。结合新疆台兰河地下水库的地形和水文地质特点，介绍几种河水回补方法。

(1) 人工渗渠结合渗井回补模式。开挖人工渗渠并与渗井相结合，渠道不防渗，渗井内回填砂砾石，表层为反滤层，可提高入渗效率，增加地下水回灌能力。

(2) 坑塘结合渗井回补模式。坑塘表面易淤积，通过修建渗井，将坑塘的清水直接导入含水层，以解决坑塘塘底的淤积问题。

(3) 系列梯级浅槽式渗水池回补模式。美国加利福尼亚州洛杉矶市 Range 县，在 20 世纪 70 年代初，将 Santa Ana 河道分成泄洪河道和水资源保护河道，并在水资源保护河道上修建了系列梯级浅槽式渗水池，上游每个渗水池充满水后，多余的水溢至下一渗水池。此外，在河道上游修建有多个专门用于排沙的配套水池。

思 考 题

1. 渗渠有哪些形式？其构造及施工有哪些要求？
2. 渗渠的维护管理措施有哪些？
3. 渗渠作为地下取水构筑物的优缺点是什么？
4. 完整式渗渠、非完整式渗渠的选取条件是什么？
5. 截潜流工程有哪些形式？有哪些优缺点？各适用于什么条件？
6. 截潜流工程的结构有哪些？
7. 截潜流工程有哪些施工方法？
8. 坎儿井的形式分为哪几种？各有什么特点？其构造由哪几部分组成？
9. 坎儿井在结构加固方面有哪些保护措施？
10. 如何理解地下水库？其基本原理和优点是什么？

第十二章 其他地下水取水工程

由于地下水埋藏条件、开采条件的不同,加之各地经济技术条件与习惯的差异,地下水取水建筑物的型式也多种多样,一般可归纳为垂直系统、水平系统、联合系统和引泉工程4种类型。前述章节详细介绍了垂直取水建筑物和水平取水建筑物。本章主要介绍辐射井、筒井等其他地下水建筑物。

第一节 辐射井工程

辐射井是由大口径的集水竖井和若干水平集水管(孔)联合构成的一种井型,其水平集水管在大口竖井的下部穿过井壁深入含水层中,由于水平集水管呈辐射状分布,故称为辐射井。辐射井是随着地下水集取工程发展而出现的一种新井型。它能高效集取不同类型水文地质条件的地下水,特别在浅层、薄层含水层,以及透性差的深厚含水层中,其出水量较普通管井、筒井、大口井高出数至十倍,具有很强的取水能力和较高的经济效益。

一、辐射井的形式与结构

(一) 辐射井的形式

(1) 按含水层类型分潜水含水层及承压含水层的辐射井。

(2) 按结构分井壁侧滤孔及水平辐射滤管的辐射井。

(3) 按配置排数分单层辐射管式及多层辐射管式的辐射井。当含水层薄但富水性较好时,可布设单层辐射管;当含水层富水性差但厚度大时,可布置多层辐射管。

(4) 按平面布置的不同,集水形式有以下几种类型。

1) 集取河床渗透水时,集水井设在岸边或滩池,辐射管伸入河床下,如图12-1所示。

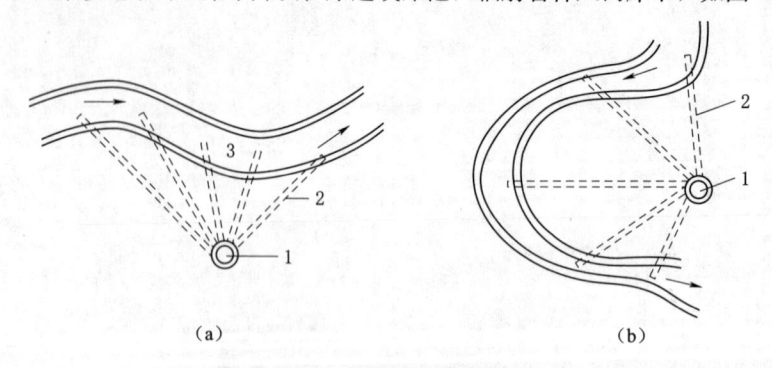

图12-1 不同集水形式的辐射井
(a) 集水井设在岸边;(b) 集水井设在滩地;
1—集水井;2—辐射井;3—河流

2)集取河床渗透水和岸边地下水时,集水井设在岸边,部分辐射管伸入河床下,部分辐射管设在岸边,如图 12-2 所示。

3)集取岸边地下水时,集水井和辐射管均设在岸边,如图 12-3 所示。

4)远离河流集取岸边地下水时,大多数辐射管的布置垂直于地下水流向,如图 12-4 所示。

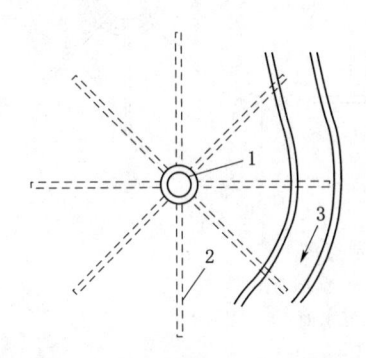

图 12-2 部分辐射管伸入河床下的情况
1—集水井;2—辐射井;3—河流

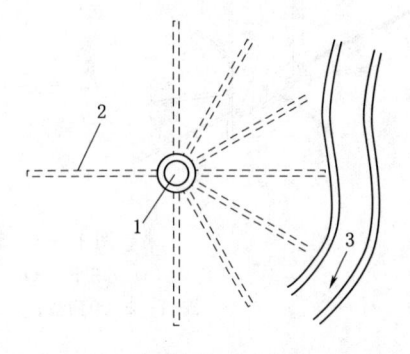

图 12-3 集水井和辐射管均设在岸边的情况
1—集水井;2—辐射井;3—河流

5)集取黄土中地下水时,集水井和辐射管均设在黄土含水层中,一般较均匀布置辐射管。

在平面布置上,如在地形平坦的平原区和黄土原区,常均匀对称布设 6~8 根;如地下水水面坡度较陡、流速较大时,辐射管多要布设在上游半圆周范围内,下游半圆周少设甚至不设辐射管;在汇水洼地、河流弯道及河湖库塘岸边,辐射管应布设在靠近地表水体一边,以充分集取地下水。

在垂直方向上,当含水层薄、富水性好时,可布设一层辐射管;当含水层富水性较差但厚度大时,可布设 2~3 层辐射管,隔层间距 3~5m,辐

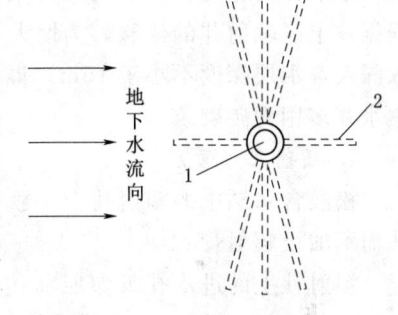

图 12-4 辐射管布置垂直于地下水流向
1—集水井;2—辐射井

射管位置应上下错开。最底层辐射管一般离集水井底 1~1.5m。最顶层辐射管应淹没在动水位以下,至少应保留 3m 的水头。辐射管应有一定的上倾角度(顺坡),以增加管内流速,减少淤积堵塞。在黄土内含水层中,坡度一般为 1/100~1/200。

(二)辐射井的结构

辐射井的结构图如图 12-5 所示。

1. 集水井

集水井又称竖井,外形相似于大口井,但它一般不直接从含水层进水。因此,除少数从井底进水外,绝大多数集水井的井底、井壁是封死的,便于施工和管理。集水井的用途是汇集由辐射管进来的地下水,形成方便的提水条件。集水井是辐射孔(管)施工的现场,也是抽水式提水机具安装的场所。

集水井的直径大小主要取决于施工辐射孔(管)的需要。当前施工机械多为水平

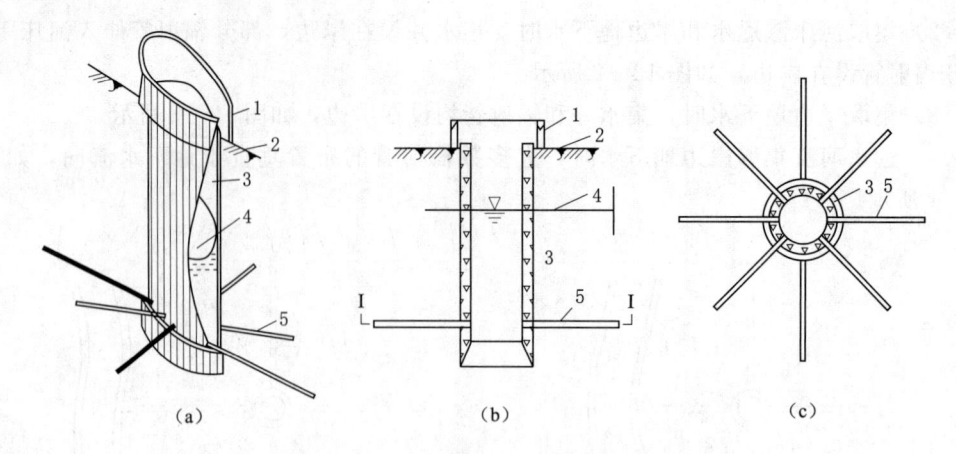

图 12-5 辐射井结构示意图
(a) 外形图；(b) 纵剖面图；(c) 横剖面图
1—围墙；2—地面线；3—集水井；4—静水面；5—辐射管

钻机和千斤顶，要求场地尺寸为 2.1~2.5m。工程上多采用 3.0m 的直径，也有直径达 6.0m 的集水井。

集水井的深度视含水层的埋藏条件而定。多数深度为 10~20m，有的深达 30m。根据黄土区辐射井的经验，为增大进水水头，施工条件允许时，可尽量增大井深，要求深入含水层深度不小于 15m。集水井使用混凝土和钢筋混凝土井管。农用辐射井的集水井多用青砖砌筑。

2. 辐射孔（管）

松散含水层中的辐射孔中一般均穿入入水管，而对坚固的裂隙岩层，可只用辐射孔而不加设辐射管。

辐射孔上的进水孔眼参照前述滤水管进行设计。辐射管的材料多为直径为 50~200mm 的穿孔钢管，也有用竹管和塑料等管材的。管材直径大小与施工方法有密切关系。当采用打入法时，管径宜小些；若为钻孔穿管法，管径可大一些。

辐射管的长度，视含水层的富水性和施工条件而定。当含水层富水性差、施工容易时，辐射管宜长一些；反之，则短一些。目前生产中，在砂砾卵石层中多为 10~20m；在黄土类土层中多为 100~120m。辐射管布置的形式和数量多少，直接关系到辐射井出水量的多少与工程造价的高低，应密切结合当地水文地质条件与地面水体的分布以及它们之间的联系，视情况而定。

二、辐射井的出水量的计算

由于辐射井的结构特殊，抽水时水力条件与管井、大口井不同。试验表明，辐射井抽水时水位降落曲线由两部分组成，在辐射管以外呈上凸状（类似普通井）；在辐射管范围内呈下凹状，水流运动的方向也不同，辐射管以外，地下水呈水平渗流，辐射管范围内以垂直渗流为主，辐射井水力特征见图 12-6。

因受辐射管的影响，距井中心等半径处，地下水位高低不同，辐射管顶上水位较低，两辐射管之间的水位较高，呈波状起伏。其等水位线如图 12-7 所示。

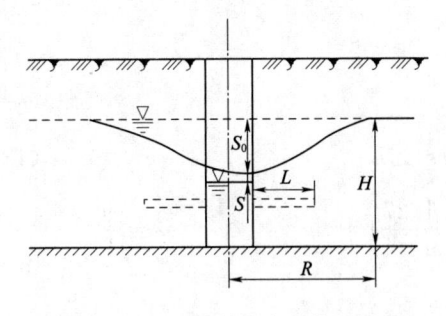

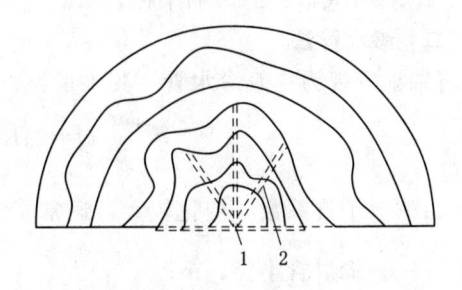

图 12-6　辐射井水力特征图　　图 12-7　辐射井抽水时等水位线示意图

1—集水井；2—辐射井

目前，辐射井出水量的确定尚无较准确的理论计算方法，多按抽水试验的资料确定。如缺乏资料，在初步规划时，可按下列方法估算。

（一）等效大井法

将辐射井化为一虚拟大口井，出水量与它相等。可按与潜水完整井相类似的公式计算辐射井的出水量，即

$$Q = \frac{1.36 K s_0 (2H - s_0)}{\lg R / r_f} \tag{12-1}$$

式中　Q——辐射井的出水量，m^3/d；

K——含水层渗透系数，m/d；

s_0——井壁外侧水位降落，m；

R——辐射井的影响半径，m；

H——含水层厚度，m；

r_f——虚拟等效大井的半径，m。

r_f 可用下列经验公式确定，即

$$r_{f1} = 0.25^{\frac{1}{n}} L \tag{12-2}$$

$$r_{f2} = \frac{2 \sum L}{3n} \tag{12-3}$$

式中　r_{f1}——辐射管等长时的等效半径，m；

r_{f2}——辐射管不等长时的等效半径，m；

L——单根辐射管的长度，m；

$\sum L$——辐射管总长度，m；

n——辐射管根数。

辐射井的影响半径可按下列经验公式估算，即

$$R = 10 s_0 \sqrt{K} + L \tag{12-4}$$

式中　各符号意义同前。

如有当地大口井影响半径 R_0 的试验资料，则辐射井的影响半径近似为

$$R = R_0 + L \tag{12-5}$$

式中 R_0——大口井的影响半径，m。

（二）渗水管法

将辐射管视为一般渗水管。其水量为

$$Q = 2\alpha K r s_0 \sum L \tag{12-6}$$

式中 α——干扰系数，变化较大，通常 $\alpha = \dfrac{1.27}{n^{0.418}}$；

r——辐射管半径，m；

其余符号意义同前。

三、辐射井的施工

辐射井的集水井和辐射孔（管）的结构不同，施工方法和施工机械也完全不同，故分别叙述如下。

（一）集水井的施工方法

与前述大口井的施工方法基本一样，故不再赘述。

集水井施工方法除人工开挖法和机械开挖法外，还可用钻孔扩孔法施工。

（二）辐射管的施工方法

辐射管的施工方法基本上可分为顶（打）进法和钻进法两种。前者适用于松散含水层，而后者适用于黄土类含水层。

（1）顶（打）进法。顶进和打入的方法基本上是一样的。顶进法是采用1000kN或更大的油压千斤顶，将长1.5m左右的短节穿孔钢管逐节陆续压入含水层中，见图12-8。

此法适用于中沙、粗沙或砂砾卵石含水层，允许采用的管径可大于200mm。

顶进法需配合水枪作业，所需供水压力为 $30 \sim 80 \text{N/cm}^2$，孔口流速在沙类含水层为15m/s左右，在卵石类含水层为30m/s。

目前较先进的顶进法是在辐射管的最前端装有空心铸钢特制的锥形管头（图12-9），并在辐射管内装置清沙管。

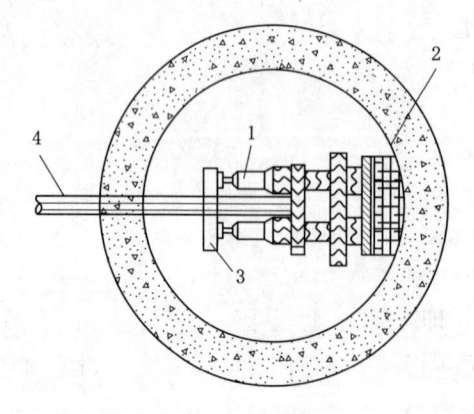

图12-8 顶进法示意图
1—千斤顶；2—支架；3—顶进夹板；4—穿孔钢管

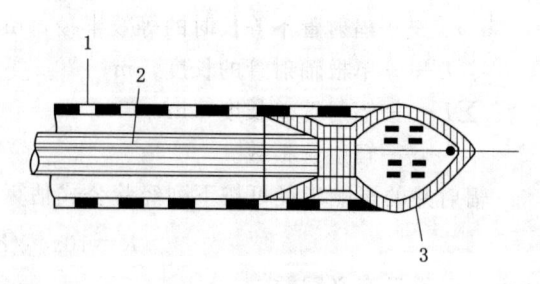

图12-9 管头式辐射管
1—辐射管；2—清沙管；3—锥形管头

在辐射管被顶进的过程中，含水层中的细沙粒进入锥头，通过清沙管带到集水井内排走。同时可将含水层中的大颗粒砾石推挤到辐射管的周围，形成一条天然的环形砂砾反滤层，如图12-10所示。

（2）钻进法。此法是采用水平钻机，先在含水层内钻成辐射孔，然后装入辐射管的一种方法。近年也有采用套管钻进法的，在钻进过程中，同时跟进辐射管，成孔后拔出，辐射管留在辐射孔内。钻进法用的水平钻机的结构和工作原理，与一般循环回转钻进相似，但钻机较轻便且钻进方向不同而已。

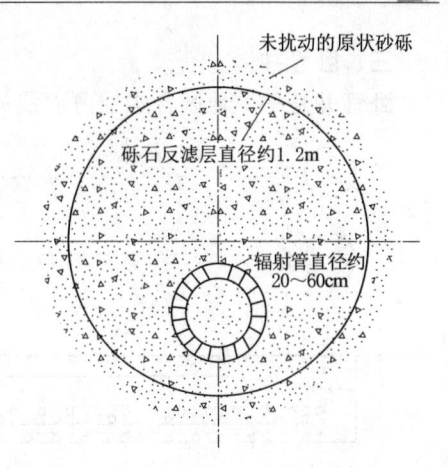

图12-10 辐射井外反滤层断面图

第二节 其他地下水取水工程简介

一、筒井

习惯上，将人工开挖或半机械化施工、直径较大、形状似一圆筒的各种浅井统称为筒井（图12-11）。因筒井与管井在结构方面没有本质的区别，仅是深度和直径有所差异而已，故有些文献中已不再加以区别，通称为管井。筒井的直径一般为1~1.5m，多用砖石衬砌，此类水井主要适用于含水层厚度不大（多为5m左右），水位埋深深度较小（一般不超过10m），潜水比较丰富，上层为淡水的地区。筒井深度也较小，最浅者仅有几米，通常不大于20m。但黄土区也有超过100m的筒井。由于施工困难，筒井大多采用非完整井形式，采用从井筒和井底同时进水的方式，以增加进水面积。

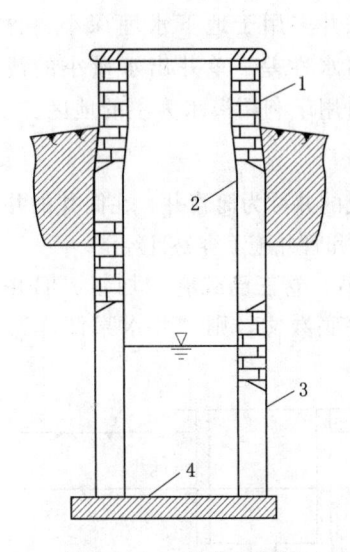

图12-11 筒井示意图
1—井台；2—井筒；3—进水部分；4—井底

二、轻型井

轻型井是直径小、深度不大、采用塑料管等轻质材料加固井壁、使用轻型小口径钻机施工的一种井型。直径一般为75~150mm，深度多为10~30m，最深不超过50m。最适合在地下水位埋深小（最好小于3m）的地区建造。

轻型井的出现主要是适应了中国农村的新形势，即联产承包责任制和乡镇企业发展对水井建设的要求。轻型井既可用于灌溉，又可用于人畜供水和乡镇企业的发展。实践证明，轻型井具有造价低，施工快速、简易等特点。在同等出水量条件下，造价只有其他井型的1/3~1/8，具有宽广的发展前景。

第十二章　其他地下水取水工程

三、卧管井

卧管井是平原地区含水层薄而浅的条件下采用的一种井型。它由水平的卧管和垂直的集水井组成（图 12-12）。水平卧管为直径 25～50mm 的穿透管，周围填上滤料，长度可达 100～200m。

在陡崖坡处，如有适宜的水文地质条件，可打陡崖卧管井。使用专用水平钻机钻孔，安装带有条孔的钢管、竹管等。管口常需装设闸门，以供调节和保护地下水源。卧管井只适用于特定的水文地质条件，或有渠水及其他人工补给水源的地区。

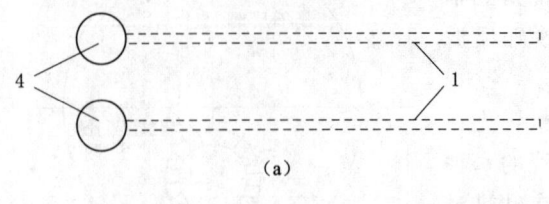

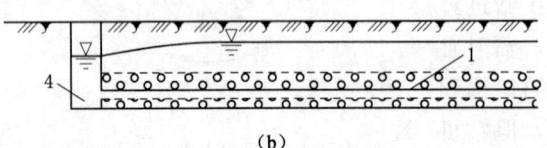

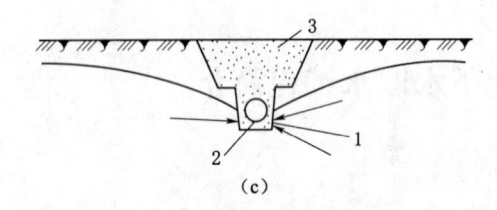

图 12-12　平原卧管井结构示意图
（a）卧管井平面布置示意图；（b）平行卧管方向断面图；
（c）垂直卧管方向断面图
1—卧管；2—滤料；3—回填土；4—集水井

四、联井

采用虹吸管连接两个以上的井，称为联井，三联井如图 12-13 所示。联井多用于地下水埋深小、含水层富水性差、单井出水量小的浅井，适用于利用潜水为主的地区。

五、筒管井

由上部直径较大的筒井和下部直径较小的管井联合而成的井称为筒管井。在筒井的井底加凿管井，其一可增加出水量；其二又较同样深度的筒井和管井施工容易且经济。

筒管井的雏形出现在清代，清代郭云升《救荒简易书》卷三已载有增加新、旧井出水量的方法：旱年将两根已打通各节的长竹竿插入井底数丈，则"井水泉汪洋"。此即为简易的筒管井，如图 12-14 所示。

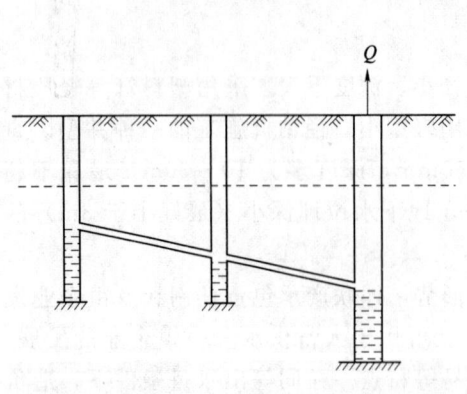

图 12-13　三联井示意图

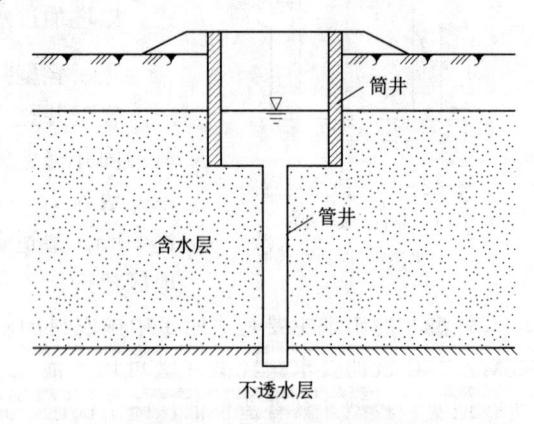

图 12-14　筒管井示意图

六、引泉工程

根据泉水出露特点，予以扩充、收集、调节与保护的引泉水建筑物，通称为引泉工程，如图 12-15 所示。有上升泉出露的地区，在泉口周围筑桩墙或以石块加护坑底和边坡，将泉眼围起，清理后铺设砾石滤层，其上铺黏土防渗层，并留通风口，称其为上升泉引泉工程；在下降泉出露的地区，在泉口清理到基岩或不透水层后，铺设块石和反滤层，其上铺黏土防渗层，并留通风口，称其为下降泉引泉工程。引泉工程必须在具有特殊地下水天然露头条件下采用。

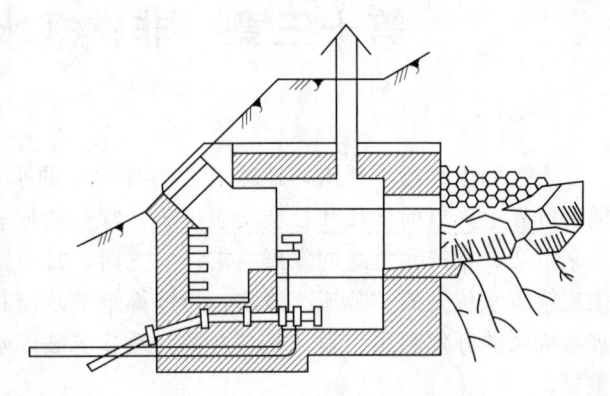

图 12-15　泉室引泉工程示意图

七、斜井

斜井自上而下分为井颈、井身和井底三部分。斜井井颈是接近地面出口、井壁需要加厚的一段井筒，由筒壁和壁底组成。斜井井筒是连接工业场地和井下各开采水平的主要进出口，服务年限长，因此斜井多用混凝土砌碹或料石砌碹支护。斜井适用于地下水位深，水量较丰富的基岩山区、丘陵区。

八、沉井

在地面制作从井内部取土，依靠自身重力克服井壁摩阻力后下沉到设计标高，后经过混凝土封底的井筒状结构称为沉井。沉井一般直径为 2~5m，井深 6~10m，适用于含水层埋藏浅、涌水量大、明挖易塌方的砂砾石卵石层或严重流沙地区。

思　考　题

1. 辐射井有哪些特点？有哪些形式和结构？
2. 辐射井出水量的计算有哪些方法？
3. 辐射井如何进行施工？
4. 其他地下水取水工程有哪些？

第十三章 非常规水资源工程

人类的生存离不开水,地球上虽然有大量的水,但能为人类所利用的淡水极少。随着世界上人口的增长和社会文明进步,常规的地表水、地下水等水资源将不能满足未来生活、生产和生态的发展需求。一方面,日益紧迫的水资源供需矛盾要求人类必须实施节水优先的"节流"策略,持续推进节水型社会的建设;另一方面,探寻非常规水资源的开发利用工程,从"开源"端寻求破解水资源危机的可持续策略将越来越重要。

世界气象组织(WMO)和联合国教科文组织(UNESCO)出版的 *International Glossary of Hydrology*(《国际水文学名词术语,第3版,2012年》)中,将水资源的定义进一步细化为"某地区一定时间范围内,在质和量上均能满足特定用水要求的可直接利用或可开发利用的水"。根据该定义,可将水资源划分为常规水资源和非常规水资源两种类型。可直接利用或便于开发利用的水,可定义为常规水资源;因水质等不能直接利用但经处理后可开发利用,或不易开发利用但通过一定的技术手段可开发利用的水,可定义为非常规水资源。因此,非常规水资源的非常规属性包括水质非常规、开发手段非常规、水质与开发手段非常规等。

非常规水资源是指区别于传统意义上的地表水、地下水的常规水资源,主要有再生水(经过再生处理的污水和废水)、海水、雨水、空中水、冰川水、矿井水、苦咸水等。各种非常规水资源的开发利用具有各自的特点和优势,经过处理后可利用或再生利用,在一定程度上替代或部分替代常规水资源,加速和改善天然水资源的循环过程,使有限的水资源发挥出更大的效用。

非常规水资源的开发利用方式主要有海水淡化、再生水利用、空中水资源利用、矿井水利用、苦咸水利用等。借助非常规水资源开发利用工程,能有效促进区域水资源的节约、保护和循环利用,对缓解水资源短缺、落实节能减排目标、促进循环经济发展、提高区域水资源配置效率和利用效益、改善和保护水生态与环境,具有重要的实际意义和战略价值。

第一节 海水淡化工程

一、基本概念

当人类缺水时,毫无疑问会将目光投向总量远比淡水多得多的海水。海水中含有 3.5% 的盐类化合物,如何低成本地将盐类化合物除去,一直是化学家孜孜以求的目标。海水淡化即利用海水脱盐生产淡水,是实现水资源利用的开源增量技术,可增加淡水总量,且不受时空和气候影响,以保障沿海居民饮用水和工业锅炉补水等稳定供水。从海水中取得淡水的过程称为海水淡化。

海水淡化主要是为了提供饮用水和农业用水,有时食用盐也会作为副产品被生产出来。海水淡化在中东地区很流行,在某些岛屿和船只上也常被使用。

我国已建和即将建成的工程累计海水淡化能力约为 60 万 t/d。从政策规划来看,未来 10 年内行业市场容量有 5~10 倍以上的成长空间,前景较为乐观。淡化海水成本已降到 4~5 元/t,甚至更低,经济可行性已经大大提升,考虑到未来技术进步带来的成本下降,以及政策倾斜与帮扶等因素,未来海水淡化产业有望出现爆发式增长。

二、海水淡化技术

全球海水淡化技术超过 20 余种,包括反渗透法、低多效、多级闪蒸、电渗析法、压汽蒸馏、露点蒸发法、水电联产、热膜联产以及利用核能、太阳能、风能、潮汐能海水淡化技术等,以及微滤、超滤、纳滤等多项预处理和后处理工艺,其中反渗透膜法及蒸馏法应用较为广泛。

从大的分类来看,主要分为蒸馏法(热法)和膜法两大类,其中低多效蒸馏法、多级闪蒸法和反渗透膜法是全球主流技术。一般而言,低多效蒸馏法具有节能、海水预处理要求低、淡化水品质高等优点;反渗透膜法具有投资低、能耗低等优点,但海水预处理要求高;多级闪蒸法具有技术成熟、运行可靠、装置产量大等优点,但能耗偏高。

(一)蒸馏法

蒸馏法是模拟自然界水循环的一种方法,海水吸收太阳热量,其中的水分蒸发形成云,云在高空中遇冷冷凝成雨,落下的雨即是淡水。利用该原理,开发出多种蒸馏法淡化技术,但其都是通过电能转化为热能或利用余热将海水中的水分子蒸发成水汽,实现盐水分离,然后再进行冷却成淡水的过程。蒸馏法是通过加热海水使之沸腾汽化,再将蒸汽冷凝成淡水的方法,如图 13-1 所示。

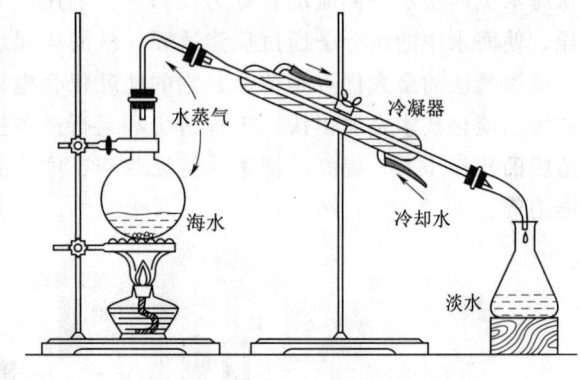

图 13-1 海水淡化的蒸馏技术

蒸馏法海水淡化技术是最早投入工业化应用的淡化技术,特点是即使在污染严重、高生物活性的海水环境中也适用,产水纯度高。与膜法海水淡化技术相比,蒸馏法具有可利用电厂和其他工厂的低品位热,对原料海水水质要求低、装置的生产能力大。

蒸馏法依据所用能源、设备及流程的不同,分为多级闪蒸、低温多效、蒸汽压缩蒸馏等,其中,低温多效在 70℃ 以下进行操作,远低于多级闪蒸 110℃ 左右的蒸汽温度,有效地避免了无机盐的结垢。

(二)冷冻法

冷冻法,即冷冻海水使之结冰,在液态海水变成固态冰的同时盐被分离出去。冷

第十三章 非常规水资源工程

冻法海水淡化的传统方法有直接接触法、真空法和间接法。冷冻海水淡化法原理：海水三相点是使海水汽、液、固三相共存并达到平衡的特殊点。若压力或温度偏离该三相点，平衡被破坏，三相会自动趋于一相或两相。真空冷冻法海水淡化正是利用海水的三相点原理，以水自身为制冷剂，使海水同时蒸发与结冰，冰晶再经分离、洗涤而得到淡化水的一种低成本淡化方法。冷冻法海水淡化工艺主要包括冰晶的形成、洗涤、分离、融化等过程。

与蒸馏法、膜海水淡化法相比，冷冻海水淡化法能耗低，腐蚀、结垢轻，预处理简单，设备投资小，并可处理高含盐量的海水，是一种较理想的海水淡化技术。

（三）反渗透法

反渗透法通常又称超过滤法，是1953年开始采用的一种膜分离淡化法。反渗透膜是一种具有选择透过性的半透膜，可允许水分子通过。当将相同体积的淡水和海水分别置于膜两侧时，淡水中的水分子将自然穿过半透膜而自发地向海水一侧流动，该自然现象称为渗透。例如，植物靠根部的渗透来吸取水分，渗透平衡对人的生命活动也极为重要。渗透是依靠半透膜实现的。

反渗透法采用某一特殊结构的膜过滤海水。反渗透法海水淡化是利用只允许溶剂透过、不允许溶质透过的半透膜将海水与淡水分开的，海水淡化的反渗透法流程如图13-2所示。在通常情况下，淡水通过半透膜扩散到海水一侧，使海水一侧的液面逐渐升高，直至一定的高度才停止。此时，海水一侧高出的水柱静压称为渗透压。若在海水一侧施加大于渗透压的压力时，水分子的流动方向将与原来的渗透方向相反，开始从海水侧向淡水一侧流动，称为反渗透。利用该原理，通过使用高压泵对海水进行加压，使海水中的水分子通过反渗透膜，从而实现水和盐分的分离。

反渗透法的最大优点是节能。它的能耗仅为电渗析法的1/2，蒸馏法的1/40。反渗透海水淡化技术发展很快，工程造价和运行成本持续降低，主要发展趋势为降低反渗透膜的操作压力、提高反渗透系统回收率、廉价高效的预处理技术、增强系统抗污染能力等。

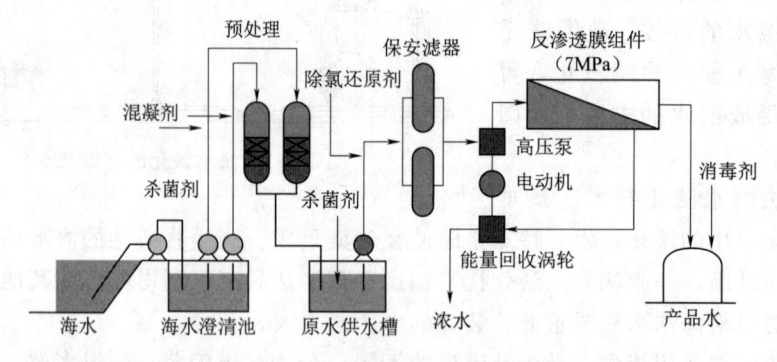

图13-2 海水淡化的反渗透法流程

三、海水淡化未来发展趋势

海水淡化作为一种淡水资源的开源增量技术，同时兼具产水稳定、水质易调节的优点，已成为我国沿海地区和海岛保障市政饮用水、解决工业用水短缺难题的有效手段。截至2020年年底，我国现有海水淡化工程135个，工程规模165.11万t/d，新建成的14个海水淡化工程总规模达6.49万t/d，其中规模最大的海水淡化工程规模达3.30万t/d。

我国在《海水淡化利用发展行动计划（2021—2025年）》中提出，"十四五"时期要着力推进居民供水、工业园区、海岛、船舶用水方面的海水淡化规模化利用。到"十四五"时期末，我国将新增超125万t/d的海水淡化工程，海水淡化总规模达290万t/d。

第二节 再生水利用工程

再生水是指污水、废水或雨水经适当处理后，达到一定的水质指标，满足某种使用要求，可进行有益使用的水。和海水淡化、跨流域调水相比，再生水具有明显的优势。从经济的角度看，再生水的成本最低；从环保的角度看，污水再生利用有助于改善生态环境，实现水生态的良性循环。

一、污水的特征指标

在研究污水处理方法前，首先必须了解污水的物理、化学和生物学方面的特性，为此需按《水质监测规范》（SD 127—84）和《地表水环境质量监测技术规范》（H591.2—2022）的规定进行数10种污水污染指标的测定。下面介绍一些指标的含义。

1. 氨氮

即氨态氮（NH_3-N）。水中氨氮的含量高，表示水臭、在不久之前受过严重的有机物污染。

2. 酸碱度

一般用pH值表示。pH值大于7时水呈碱性，小于7时水呈酸性。一般鱼类都不能在pH值低于5和大于9的水中生存。

3. 溶解氧

水中溶解的氧叫溶解氧，简称DO。其来源有二：一是空气中的氧；二是水生植物光合作用放出的氧。当水中DO很少时，嫌气性细菌繁殖且活跃，使有机物腐败、水体发黑发臭、鱼类难以生存。

4. 生物化学需氧量

简称BOD，是Biochemical Oxygen Demand的缩写。

有机物可通过以下两种途径进行分解：①由好氧微生物参与分解，分解进程快，产物是无色、无臭和无害的；②由厌氧微生物参与分解，分解进程慢，产物既有色、发臭还有毒。所以应防止有机物发生厌氧分解。

现在广泛使用BOD以反映水体被有机物污染的程度。BOD是指在温度、时间一定的条件下，微生物在分解氧化水中有机物的过程中，所消耗的游离氧数量，其单位为mg/L。

水温对BOD值影响很大，一般以20℃为标准。有机物生物降解的全过程很长（约需百日以上），其前五日的生化需氧量可用 BOD_5 表示；前二十日的生化需氧量，可近似地作为完全生化需氧量并以 BOD_u 表示。

生活污水的 BOD_5 为 100～300mg/L（约为 $0.7BOD_u$）。乳品、制革、肉类加工、制糖等以动植物为原料的企业，其生产污水的 BOD_5 值都可能在 1000mg/L 以上。

5. 化学需氧量

简称 COD，是有机物在强氧化剂的作用下，氧化为 H_2O 和 CO_2 时的化学需氧量。

与 BOD 相比较，COD 反映水中的有机物含量。COD 测定需时短，且不受水质限制（对于不具备微生物繁殖条件的某些生产污水，无法测定其 BOD）。但不像 BOD 可直接从卫生意义上说明污染状况。

COD 的值大于 BOD，其差值可概略表示为不能为微生物所降解的有机物的含量。生活污水的 BOD_5 与 COD 的比值约为 0.4～0.8。

6. 总有机碳

简称 TOC（Total Organic Carbon）。将污水水样置高温 900℃ 下燃烧，污水中的有机碳即被氧化为 CO_2，用红外线测定仪测出 CO_2 即可求得碳的含量。生活污水的 TOC 约为 100～350mg/L，略高于 BOD_5。

TOC 指标的测定方法简单易行，有逐步推广的趋势。

7. 总需氧量

简称 TOD。将污水水样置高温 900℃ 燃烧，其完全氧化所消耗的氧即为总需氧量。

TOD 是一项新开创的指标，优点是测定需时短，缺点是需要价格高昂的仪器设备。目前应用较少。

8. 其他

污水中亦常含有酚、氰、铬、汞、砷、铅、镉等有毒物质，其量可以用水质分析中的方法测出，常用单位为 mg/L。

二、污水的水质评价

水质评价是根据监测取得的大量资料，对水体的水质所做出综合性的定量评价，是环境质量评价的主要内容之一。

目前常用的水质评价方法有以下两种。

1. 综合污染指数 K

$$K = \sum C_K C_i / C_{oi} \tag{13-1}$$

式中 C_{oi}——各种污染物在地面水体中的最高允许浓度；

C_i——各种污染物的实测浓度；

C_K——地面水体各种污染物的统一最高允许指标，一般可考虑取为 0.1。

$K=0.1～0.2$ 时为轻度污染，$K>0.3$ 时为重度污染。

2. 有机污染综合评价公式

$$A = \frac{BOD_i}{BOD_o} + \frac{COD_i}{COD_o} + \frac{NH_3-N_i}{NH_3-N_o} - \frac{DO_i}{DO_o} \tag{13-2}$$

式中，分子为各项污染指标的实测值，分母为相应各项指标的地面水最高允许浓度值。以黄浦江为例，$BOD_o = 4mg/L$，$COD_o = 6mg/L$，$DO_o = 4mg/L$，$NH_3 - N_o = 1mg/L$。

$A \geq 2$ 时表示被有机物污染，A 值越大，污染越严重。

三、污水处理方法

污水处理方法很多，现摘要介绍以下几种。

（一）水体自净

污染物排入水体后，通过一系列物理（如扩散、稀释、沉淀等）、化学（如氧化、还原等）、物理化学和生物化学反应，污染物被分离分解，水体可基本上或完全恢复到原来的状态，该过程称为水体自净。

水体的自净能力有限，当排入的污染物数量超过某一界限时，将造成水体的永久性污染，该界限称为水体的自净容量。

总体来说，自然环境（大气、土壤、河流等）具有容纳污染物的能力，但具有一定的界限，该界限称为环境容量（如大气环境容量、土壤环境容量等）。

（二）物理处理法

污水物理处理法的去除对象主要是悬浮的污染物。

常见的物理处理方法有筛滤截留、重力分离（自然沉淀、自然上浮、气浮等）、离心分离等。具体使用的处理设备有格栅、筛网、滤池、沉砂池、沉淀池、除油池、气浮装置、离心机及旋流分离器等。

使用比较广泛的一种平流沉淀池，如图 13-3 所示。流入装置是横向潜孔，潜孔均匀地分布在整个宽度上，作用是保证进流急剧而均匀的扩散；流出装置是溢流堰型式，有时为了增加堰顶长度，在池中间部分增设集水槽；池上设有桥式行车刮泥机，其轨道设在池壁上，不刮泥时应将刮泥部件提出水外，以免受腐蚀。

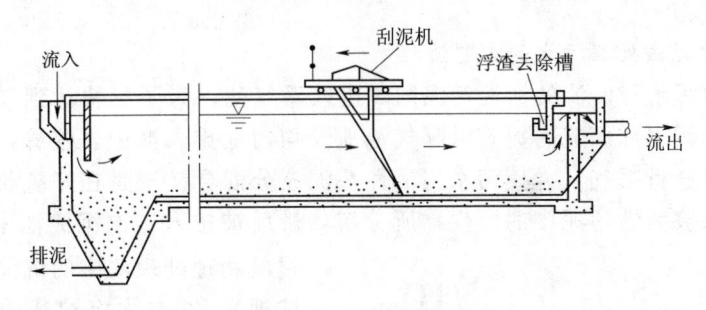

图 13-3 平流沉淀池

（三）活性污泥法

自然界存在依靠有机物生活的大量微生物，它们将有机物氧化分解为无机物。生物处理法是创造有利于微生物生长、繁殖的环境，以提高微生物氧化分解有机物效率的一种污水处理方法。生物处理法主要用于去除污水中的溶解性和胶体性的有机质，也可用于处理含酚、醛等有毒物质的生产污水。

活性污泥法是好氧性生物处理法之一，是最主要的生物处理方法。

1. 活性污泥

活性污泥是指用物理处理法处理过的生活污水，被注入空气后，污水中所生成的絮凝体及其沉淀物。其组成为：活性的微生物，微生物自身氧化的残留物，吸附的不能为微生物所降解的有机物和无机物。活性微生物又是由各种细菌、真菌、原生动物和后生动物等所组成的群体，其中细菌是活性污泥在组成和净化功能上的中心。

一些环境因素对活性污泥的性能有重大影响：

(1) 微生物的代谢需要溶解氧，一般认为污水中溶解氧的浓度以不低于 2mg/L 为宜。

(2) 微生物的代谢，需要一定比例的营养物，对氮、磷的需要量宜满足下列比例，即 BOD：N：P=100：5：1。

(3) pH 值保持为 6.5~9.0 为宜。

(4) 水温保持为 20~30℃ 为宜。

(5) 其他，例如重金属、H_2S、氰、酚等对细菌有毒害作用，其容许浓度可以查阅有关参考资料。

2. 曝气

将空气中的氧溶解到污水中去的现象称为曝气。通常采用的曝气方法有鼓风曝气和机械曝气两种。

鼓风曝气是传统的曝气方法。它是将压缩空气通过管道系统，送至水底的空气扩散装置，以气泡的形式扩散到污水中，以增加污水的溶解氧含量。

机械曝气，通常是利用安装在曝气池水面叶轮的转动，从以下三方面实现向池中充氧：①靠叶轮的作用使池中发生循环流动，从而不断更新大气与池水的接触面；②叶轮附近激烈搅动的水花将空气卷入池水之中；③叶片后面形成的负压区，将空气吸入池水之中。

3. 活性污泥法处理污水的工艺流程

需处理的污水与回流的活性污泥同时进入曝气池。为了尽快达到二者完全均匀混合的目的，污水和回流污泥宜沿曝气池池长均匀地排入池中。接着，沿池均匀地注入压缩空气进行曝气，并使污水与活性污泥充分混合。于是在好氧状态下，污水中的有机质便被活性污泥中的微生物所分解，最后被排入二次沉淀池中（在已进行过的物理处理法中的沉淀池称初次沉淀池）。在二次沉淀池中，澄清的水被排放，沉于池底的活性污泥部分被回流进曝气池，另一部分剩余的则被排出（图 13-4）。

剩余污泥的含水率高达 99% 左右，脱水性能也差，一般是将其排入浓缩池浓缩后再行处置，也有将剩余污泥排入初次沉淀池的。

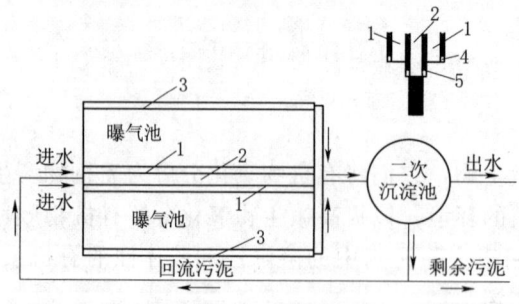

图 13-4 活性污泥法的典型工艺流程
1—进水槽；2—进泥槽；3—出流槽；4—进水孔；5—进泥孔

4. 活性污泥法的问题及发展

活性污泥法存在的主要问题是构筑物庞大、基建投资和占地面积过大、耗电多、管理复杂、处理成本高等。近年来出现了以下新技术。

(1) 纯氧曝气法，一种以氧气代替空气的新曝气法。此法可使曝气池中溶解氧的浓度维持在 6~10mg/L，因而允许曝池内污泥浓度达到 5~7g/L，从而增大了容积负荷率（约 2~6 倍）、缩短了曝气时间，减小了构筑物的规模和占地面积。

(2) 高压曝气法，即高压下进行曝气可加大水中溶解氧的浓度和氧的利用效率，因而能够缩短曝气时间、增大容积负荷率、节约动力消耗。

(3) 粉末碳——活性污泥法，其特点是向活性污泥法的曝气池中加投以粉末活性炭，以提高净化功能，具有较好的脱色、除臭、消灭泡沫、改善污泥的凝聚沉淀性和脱水性，避免产生污泥膨胀现象的良好效果。

(四) 生物膜法

生物膜法是好氧性生物处理法之一。常见的生物膜法有古老的生物滤池法和近 30 年来新发展起来的生物转盘法及生物接触氧化法。下面介绍生物转盘法。

1. 生物转盘

构造参见图 13-5。

盘片直径一般为 2~3m，一般用聚氯乙烯塑料或聚酯玻璃钢制成。盘片厚度 1~5mm。盘片间距 20~30mm，污水浓度较大时宜取较大的间距，以免被生物膜堵塞。

盘片串联成组，中心贯以转轴，轴两端置于固定在半圆形氧化槽壁的支座上。转盘的 40%~45%浸没于氧化槽的污水中，转轴高出水面 10~25cm。

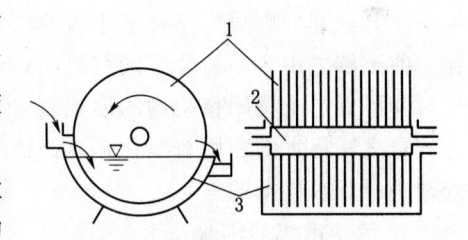

图 13-5 生物转盘构造示意图
1—盘片；2—转轴；3—氧化槽

清污时，使用动力驱动转盘在氧化槽内转动，转速以 0.8~3r/min（线速度为 10~20m/min）为宜。转速过高，盘片上产生的剪切力过大，易过早剥离掉依附在盘片上的生物膜。

当净化要求高时，通过生物转盘的污水可能还达不到净化标准，此时可采用多轴多级生物转盘。

2. 转盘生物膜

生物转盘投入运转 1~2 周后，在盘片表面上将形成生物膜，其厚度一般为 1.5~3.0mm，生物膜上栖息聚集着大量的微生物。

转盘在氧化槽内转动时，是交替地与空气和槽内的污水相接触的。与空气接触时，便吸收大气中的氧（相当于活性污泥法中的曝气）；与污水接触时，转盘生物膜上的微生物便摄取污水中的有机污染物质作为营养，从而使污水得到净化。由于新陈代谢作用，转盘上的生物膜将不断脱落更新，脱落的生物膜随处理水流出。因此，转盘后需设置沉淀池。

进入转盘氧化槽的污水，必须通过预处理（一般是设初次沉淀池）以去除悬浮物、油脂等堵塞转盘间隙的污染物质，并使水质匀化稳定。

3. 生物转盘的优缺点

与活性污泥法比较，主要优点有：转盘的环境条件更有利于微生物的生长，使得转盘上寄生的微生物属种更多更有利，所以转盘的污泥生成量较少且具有较强的脱氮功能；转盘电能消耗较少（对城市污水，每去除1kgBOD约耗电0.2~0.3kW）；转盘不需污泥回流设备；转盘噪音小，易于维护管理。主要缺点有：占地面积大，散发臭味较重。

（五）污水的土地处理法——污水灌溉

1. 污水灌溉的意义

据统计，城市污水中含氮 26.7~90.0mg/L、磷 3.2~3.9mg/L、钾 5.2~40.0mg/L。因此，污水除可供给农作物水分外，还可供给大量的肥料。一般污水灌溉旱田可增产50%~150%、水稻可增产30%~50%、蔬菜可增产50%~300%。

另外，污水灌溉又是一种污水的生物处理方法，通过土壤来达到净化处理。

2. 灌溉旱田时的污水净化过程

污水中的非溶解杂质被地表土壤所过滤和截留，并逐渐被微生物分解；渗至地表下的污水被土壤所吸附，在好氧条件下细菌对其进行分解、吸收，一部分成为细菌原生质，另一部分则成为作物易于吸收的养料；作物吸收不完的水分和养料被储存于耕作层的土壤之中；不易分解的有机质，经过一系列的长期的反应，将会形成新的腐殖质，并可促进土壤团粒结构的形成。

总之，污水的利用与净化是互为因果地结合在一起的，其净化效果也是一般生物处理法所难以比拟的。

3. 污水灌溉的水质要求

通过污水灌溉的方法来净化，一定要充分重视污水的水质。否则，不仅会污染土壤，还会造成农作物减产，甚至使农产品有毒以致不能食用。

一般生活污水，只要经过沉淀池（或污水库）的去除悬浮物、浮油、细菌和寄生虫卵的沉淀处理，即可满足农田灌溉的水质要求。

生产污水及其所占比例较大的城市污水，成分复杂，将其用作污水灌溉时，一定要充分重视污水的预处理工作。预处理后的污水水质应符合我国农业农村部编制的《农田灌溉水质标准》（GB 5084—2021）的要求。

4. 污水灌溉应注意的问题

在污水灌区，环境卫生条件较差，例如臭味大、蚊蝇多、居民发病率较高等。为了缓解或解决上述问题，宜在居民区周围多种树木以建立卫生防护带；采用清水和污水轮灌；加强卫生防疫工作等。

为避免污水灌溉污染地下水，在地下水位较高的沙质土壤的灌区，不宜采用污水灌溉；污水渠道应进行防渗，水田更要进行防渗处理；力争按照作物的需要和田间持水量的大小来灌溉污水，以免污水下渗汇入地下水中。

城市污水是连续排放的，而农田灌溉是间歇进行的，为解决二者之间的矛盾，一方面是合理组织采用轮灌，另一方面是选择适当位置修建水库。

四、污水处理系统

(一) 污水处理的分级

按处理程度划分，污水处理可分为三级。一级处理的主要任务是去除污水中呈悬浮状态的固体污染物。一级处理的 BOD 去除率可达 30% 左右。

二级处理的主要任务是，大幅度地去除 BOD，去除率可达 90% 以上。一般说，经二级处理后的污水，可达到向水体排放的标准。所以一级和二级处理法，是城市污水经常采用的又称为常规处理法，此时的一级处理也称预处理。

三级处理是在常规处理后，为了去除水中尚存的某些特定污染物（如磷、氮等）而增加的处理工艺。

(二) 污水处理系统

污水处理与处置系统的总流程，可参见图 13-6。

城市污水处理的典型流程，可参见图 13-7。

工业生产污水的处理流程，应根据其污水量和污水的有害成分，具体分析甚至通过实验确定。图 13-8 为较典型的处理流程之一。该污水的主要去除对象是甲醛。生物滤池是去除污染物流程的核心。设调节池的目的是调节水量和匀化水质。由于该污水呈酸性，不利于微生物的生长，故设中和池以中和其酸性。中和后产生的

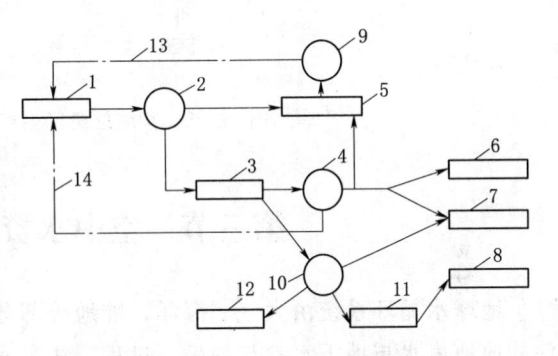

图 13-6 污水处置系统

1—污水发生源；2—污水；3—污水处理厂；4—处理水；5—河流环境容量；6—海洋环境容量；7—土壤环境容量；8—大气环境容量；9—水资源；10—污泥；11—焚烧；12—隔离有害物质；13—用水供应；14—处理水的再利用

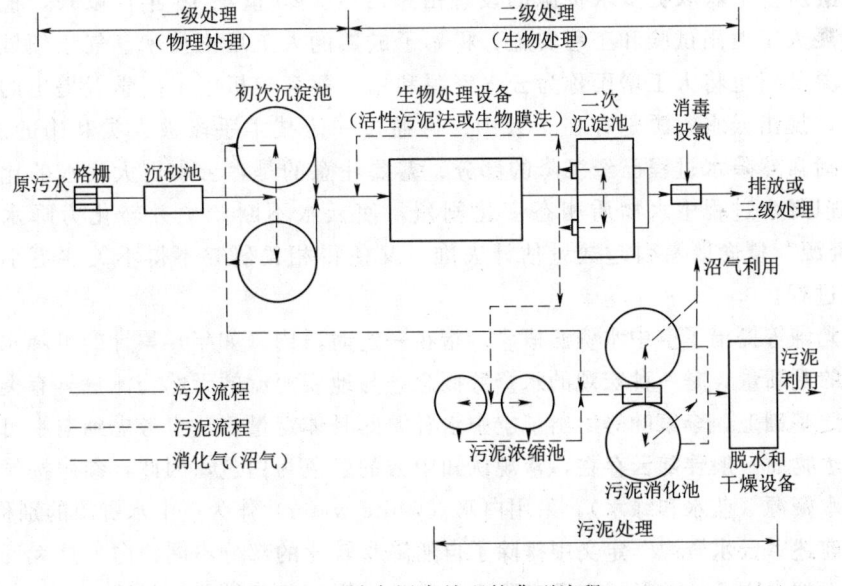

图 13-7 城市污水处理的典型流程

CO_2 不利于生物处理，故设除气池除去。预沉池的任务是去除中和滤池挟出的破碎滤料，投加生活污水的目的是给微生物补充营养物质。二次沉淀池的主要任务是通过泥水分离，使经过生物处理的混合液澄清，同时对混合液中的污泥进行浓缩。二沉池是污水生物处理的末环节，起着保证出水水质悬浮物含量合格的决定性作用。

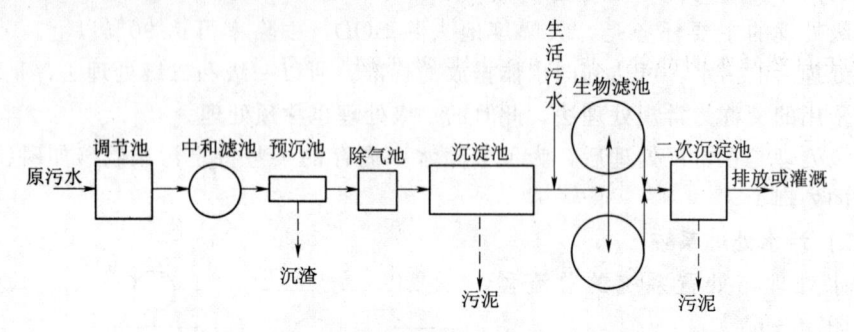

图 13-8 某维尼纶厂生产污水的处理流程

第三节 空中水资源利用工程

地球水循环系统由大气、海洋、陆地等部分共同组成，传统水资源研究一般只关注陆地地表水与地下水参与的循环过程，狭义水资源仅限于河道、湖泊和地下含水层中可被人类直接利用的淡水，水资源利用实践主要涉及地表水和地下水的开发与配置。在水资源短缺、生态保护需求强烈和全球气候变化等背景下，空中水资源作为一种重要的非常规水资源，已成为水文水资源领域新的研究方向，开发利用潜力巨大。

一、空中水资源的概念与量化

人类从空中获取更多水资源的设想由来已久。20 世纪 40 年代以来，世界各国不断开展人工增雨试验和工程实施，积累了成熟的人工增雨技术。气象领域专家学者和气象部门也将人工增雨称为云水资源利用。蔡淼辨析了不同学者提出的云水资源概念，提出云水资源是存在于云中、可通过一定技术手段被人类利用的水物质，但不包括自然降水过程已经沉降的部分。需要注意的是，云水占大气水的比例非常有限，但降水过程中水物质相态变化剧烈，使云水不断产生并转化为降水。因此"云水资源"概念既易引起数量估计失准，又使得相关研究不得不关注更小尺度的云降水过程。

王光谦等提出了空中水资源概念，指在一定时段内（如年）累计的可降水的空中水物质的更新量，是一种宏观的水资源概念，与地表河流的天然径流量具有类似的内涵。在此基础上，李家叶等给出了空中水资源的具体定量方法。考虑到空中可转化为降水的水物质一般伴随云存在，常规认知中云的颜色为白色，因此，参照按颜色定义的陆地水资源（蓝水和绿水），采用白水（white water）作为空中水资源的别称。

与前述"云水资源"定义中排除了自然降水转化的部分不同，白水是大气中具有降水潜力的水物质的总量，它通过降水与陆地水资源相互转化，如图 13-9 所示。同时，空中水资源和其他水资源一样，一般以年水量衡量，其本质是水物质的更新通量。

空中水资源与气象领域定义的云水资源主要有两方面不同。第一，空中水资源考虑的是较长时间内通过地表某处的空中水物质的更新量，是长时段的通量，不是状态量；第二，空中水资源考虑了水物质的可利用性，是空中水物质总量中的一部分，且包括发生自然降水的部分，但不是云中固液水物质量。

根据以上定义，为了计算空中水资源量，将空中不具有降水潜力的水物质定义为背景水（按晴空的颜色可称为青水）。该部分水物质在随大气运动的过程中，在当时当地的条件下不具备发生降水的可能性（未达到成云降水条件或降水后空气中留存的水物质）。因此，某地点某时段的空中水资源量即等于时段内各时刻空中总水物质通量减去背景水物质通量的积分，其示意如图13-10所示。

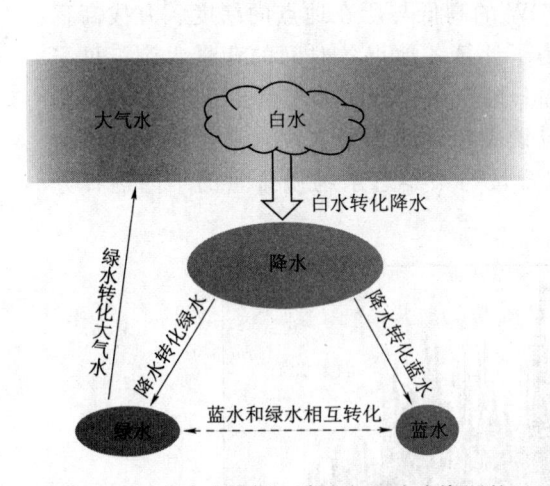

图13-9 空中水资源、降水与地表水资源的相互转化过程（出自文献[53]）

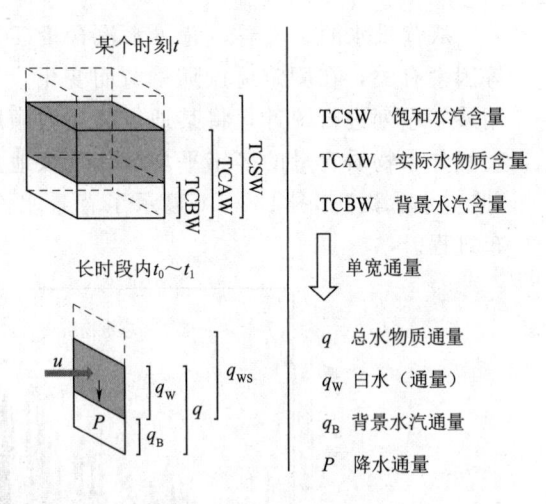

图13-10 量化空中水资源的相关变量（出自文献[53]）

为简化表示，不考虑大气的垂向分层，白水及其相关变量均为地表到一定高度大气中的总量或平均量，不再另作说明。采用q表示一定时间内从空中通过某地点的总水物质通量，其表达式为

$$q = \frac{\int_t \text{TCAW} \cdot \|\boldsymbol{u}\| dt}{\int_t dt} \tag{13-3}$$

式中　t——时间；

TCAW——垂直积分空中总水物质含量，全称为total column atmospheric water，量纲为[L]；

$\boldsymbol{u}$——风速矢量，$\|\boldsymbol{u}\|$表示风速大小，量纲为$[LT^{-1}]$。

q的量纲为$[L^2T^{-1}]$，表征的是通过某地点的总水物质单宽通量。

同理，一定时间内从空中通过某地点的白水通量q_W可表达为

$$q_{\mathrm{W}}=\frac{\int_{t}\mathrm{TCWW}\cdot\|\boldsymbol{u}\|\mathrm{d}t}{\int_{t}\mathrm{d}t} \tag{13-4}$$

式中　TCWW——通过该地点的具有降水潜力的水物质含量，全称为 total column white water。

考虑在某些时刻空中总水物质含量 TCAW 可能小于背景水汽含量 TCBW（total column background water），此时不宜将负值累计到白水，应将此时的 TCWW 赋值为 0，即

$$\mathrm{TCWW}=\begin{cases}\mathrm{TCAW-TCBW}, & \mathrm{TCAW}\geqslant\mathrm{TCBW}\\ 0, & \mathrm{TCAW}<\mathrm{TCBW}\end{cases} \tag{13-5}$$

从背景水的定义看，背景水汽含量 TCBW 的高低与所在地点的纬度、海拔高程等因素有关，在固定地点随季节而变化。为了计算各地点各时间的背景水汽，可采用多年序列进行统计，将某地点某年内顺序日晴空条件下（如云量少于 10%）的垂直积分水物质含量的多年平均值作为该地点该顺序日的背景水汽含量，该方法称为"晴空水汽法"。图 13-11 显示了背景水汽含量与某年总水物质含量的年内逐日分布过程。

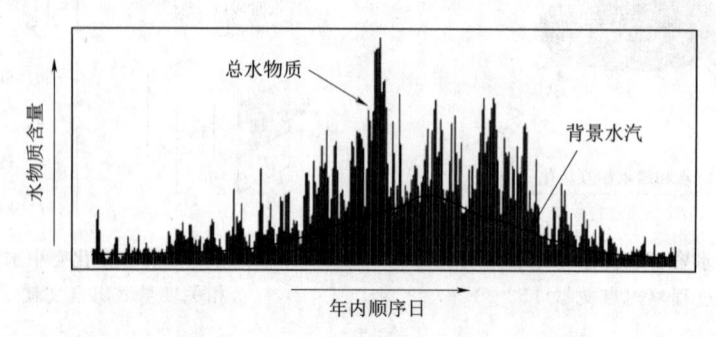

图 13-11　背景水汽含量与某年总水物质含量的年内逐日分布（出自文献 [55]）

根据上述定义和计算式，采用欧洲中期天气预报中心（ECMWF）的再分析数据，可计算得到多年平均背景水汽含量（TCBW）和空中水资源通量（q_{W}）的全球分布。背景水汽含量主要受纬度、海拔高度、海陆相的影响，空间格局呈现热带地区高、高纬度地区低，低海拔地区高、高海拔地区低，海洋上空高、内陆地区低等现象。水汽在大气环流作用下由背景水汽含量高的地区向含量低的地区运动，水汽超出后者的背景水汽阈值从而产生白水，在中纬度季风区尤为明显，是水汽由海向陆输送并产生陆地水资源的根本来源。

可以发现，背景水汽含量的计算方法直接影响空中水资源的定量评价结果，除以上较为简单的晴空水汽法外，还可采用考虑实际降水情况的"临界降水法"，根据降水可能性计算不具有降水潜力的大气水物质量。但需要注意的是，采用不同方法计算的空中水资源数值具有一定的差异性。

二、空中水资源的降水效率

气象领域关注降水过程中水凝物与降水量的比例关系，一般称为降水效率（precipitation efficiency），涉及云降水物理过程。水资源领域更关注宏观比例关系，对于空中水资源和降水之间的转化，可将某地点某时段内的降水量与空中水资源通量的比值定义为空中水资源的降水效率（white water precipitation efficiency, WPE），即

$$\text{WPE} = \frac{P}{q_\text{W}} \tag{13-6}$$

式中 P——在某时段内发生的降水量，量纲为 $[LT^{-1}]$。

WPE 的量纲为 $[L^{-1}]$，表征的是空中水资源水平运动单位距离产生的降水量占其自身的比例。

如采用栅格数据进行具体计算，则上述的 P 为某格点某时段内的降水量，q_W 为该格点同时段内的空中水资源通量，两个量的比值即为该格点的空中水资源降水效率。对所有栅格进行此操作，即得到空中水资源降水效率的空间分布。分析我国不同地区空中水资源降水效率分布可知：在青藏高原的东部（横断山脉、四川盆地）和东北部（祁连山脉），可达 $1.0 \times 10^{-6} \text{m}^{-1}$ 到 $2.0 \times 10^{-6} \text{m}^{-1}$；青藏高原的南部（喜马拉雅山脉南麓）是我国白水降水效率最高的区域，存在高于 $2.0 \times 10^{-6} \text{m}^{-1}$ 的带状或片状区域，雅鲁藏布江大拐弯附近的白水降水效率超过 $3.0 \times 10^{-6} \text{m}^{-1}$。可见，空中水资源降水效率受山脉影响显著，喜马拉雅山南麓、祁连山脉以及天山山脉等都是降水效率较高的地区，也是江河的发源地。

三、空中水资源的利用模式

空中水资源的自然转化和人工利用必然通过降水过程实现，人工利用空中水资源的目的是提高空中水资源的降水效率，从而增加目标区域降水量，并进一步增加陆地水资源量。空中水资源的人工利用既要考虑其自然禀赋，在空中水资源量丰富、自然降水转化效率高的地区开展利用，又要考虑陆地各项水资源需求和水利工程调控能力，进行有目的的空中-地表耦合优化利用。空中水资源主要具有以下三类利用模式。

1. 直接利用

最传统、最直接的空中水资源利用方式是人工增雨作业，用于缓解干旱、增加地表水资源。从大规模、系统性利用的角度出发，空中水资源利用的人工增雨作业应长期持续开展。

2. 时空转换

由于人工增雨作业受限于天气条件，为了解决空中水资源利用潜力与地表水资源需求的时空不匹配问题，可采用空中水资源利用的时空转换模式。一方面，可进行空中-地表耦合，结合地表水利工程的时间调蓄和空间调水能力开展空-地联合优化调度；另一方面，可利用降雪的固体状态进行季节性蓄存，冬季在高海拔和寒冷地区进行人工增雪作业，既可增加冰川积雪量，减缓冰川消融速度，又可在春夏季节通过融雪补充下游水资源。

第十三章 非常规水资源工程

3. 暴雨干预

除了增加陆地水资源外，空中水资源利用技术还可延伸应用到减缓暴雨灾害方面。通过大气环流分析预测，在致灾暴雨的水汽来源关键路径上提前实施空中水资源利用作业，可减少下游目标区域的暴雨强度和致灾程度。暴雨干预模式的核心手段还是人工增雨作业，只不过其作业的时空位置和解决问题的目标不同。

四、空中水资源利用的技术手段

1. 传统人工影响天气技术

人工影响天气技术以云降水物理学原理为基础，通过向云中撒播催化剂等方法使局地天气过程向预期目标转化或加强。人工增雨催化剂主要包括用于冷云催化的碘化银和干冰、用于暖云催化的吸湿性盐粒。为使催化剂进入云层，人工增雨作业手段包括高炮、火箭炮、碘化银燃烧炉、飞机作业等方式。其中，高炮和火箭炮具有一定安全风险，且弹药飞行轨迹简单，无法精确控制催化剂抵达的云层高度和扩散程度；地面燃烧炉作业位置低，催化剂进入云层严重依赖大气上升气流条件，抵达云层时损耗大，适合的作业点和作业效果有限；飞机作业具有播撒面积大、效果好等优势，但作业前需及时申请空域，飞机飞行也具较高安全隐患，综合运行成本高。可见，以上作业方式均不适用于以水资源利用为目标的长期业务运行。

近几年诞生了多项可供采用的人工增雨新技术，如无人机增雨、声波增雨、电荷增雨、激光降水等，为实现高效、安全、可靠的空中水资源利用提供了可能，其中无人机增雨降低了催化剂航空撒播的作业门槛和运行成本，可供长期作业使用，但其本质还是利用碘化银等催化剂，尚未突破传统人工影响天气的技术原理。

2. 基于强声波的空中水资源利用技术

在20世纪60年代，苏联科学家就开始尝试将强声波作为人工影响天气的技术手段，在声波消雾等方面取得了一定进展，并开展了基于强声波的人工降水试验。通常认为，声波增雨的基本原理是声致凝聚效应，远场声波带动云中微液滴往复运动，不同粒径的微液滴因所受挟带效果不同从而产生位移差，增强了云中微液滴间的相对运动，促进微液滴碰撞和合并，从而加快降雨过程。

清华大学于2015年起开展基于强声波的空中水资源利用的原理研究、技术开发和室内外试验，揭示了声波增雨的动力学和热力学机制，进行了室内实验验证，研发了旋笛-谐振式低频强声波发生系统（图13-12），并在全国建设多处试验基地开展基于强声波的空中水资源利用试验。通过开展多个完整季节的试验，获得了多基地、多年度的地面雨量实测数据，划分声波作用区和对比区，采用双比法、自

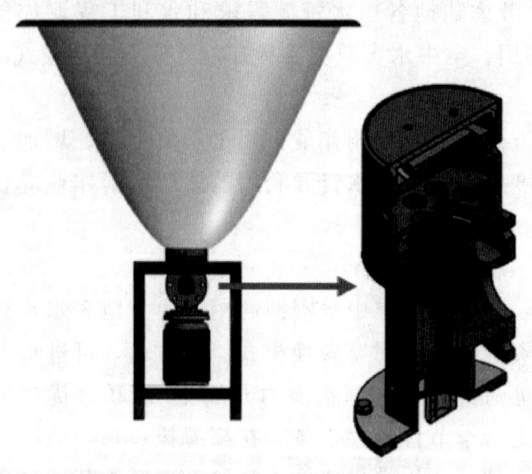

图13-12 旋笛-谐振式低频强声波发生系统结构示意图

抽样法进行增雨效果检验，统计证实了声波增雨的有效性，为开展空中水资源利用的工程实施奠定了基础。

思 考 题

1. 什么是非常规水资源？包括哪些类型？
2. 海水淡化技术有哪几种？未来的应用前景如何？
3. 污水的特征指标包括哪些？处理污水的方法有哪些？
4. 什么是空中水资源？其定量评价的关键点有哪些？
5. 请举例展望空中-地表水资源联合优化调度的前景。

参 考 文 献

[1] 中国大百科全书总编辑委员会《水利》编辑委员会，中国大百科全书出版社编辑部. 中国大百科全书：水利 [M]. 北京：中国大百科全书出版社，1992.

[2] 钱正英. 中国水利 [M]. 北京：水利电力出版社，1991.

[3] 水利电力部水利水电规划设计院. 中国水资源利用 [M]. 北京：水利电力出版社，1989.

[4] United Nations. World Water Development Report 2021 [R]. New York：United Nations，2021.

[5] 2030 WRG (2030 Water Resources Group). Charting Our Water Future：Economic Frameworks to Inform Decision–Making [R]. Stockholm：International Water Management Institute，2009.

[6] OECD. OECD Environmental Outlook to 2050：the consequences of inaction [J]. International Journal of Sustainability in Higher Education，2012，13 (3) 1–4.

[7] Burek P，Satoh Y，Fischer D，et al. Water Futures and Solution：Fast Track Initiative (Final Report) [R]. Vienna：International Institute for Applied Systems，2016.

[8] 水利部水政水资源司. 水资源保护管理基础 [M]. 北京：中国水利水电出版社，1996.

[9] 张彦法，陈尧隆，刘景翼. 水利工程 [M]. 北京：中国水利水电出版社，2007.

[10] 林继镛. 水工建筑物 [M]. 4版. 北京：中国水利水电出版社，2006.

[11] 陈德亮. 水工建筑物 [M]. 5版. 北京：中国水利水电出版社，2005.

[12] 麦家炫. 水工建筑物 [M]. 北京：清华大学出版社，2005.

[13] 陈胜宏. 水工建筑物 [M]. 北京：中国水利水电出版社，2004.

[14] 辛全才，牟献友. 水利工程概论 [M]. 郑州：黄河水利出版社，2016.

[15] 许宝树. 水利工程概论 [M]. 2版. 北京：水利电力出版社，1992.

[16] 田世豪，陈新元. 水利工程概论 [M]. 北京：中国电力出版社，2004.

[17] 辛全才，牟献友. 水利工程概论 [M]. 郑州：黄河水利出版社，2016.

[18] 中华人民共和国水利部. 2012年全国水利发展统计公报 [M]. 北京：中国水利水电出版社，2013.

[19] 沈冰，黄红虎，薛焱森. 水文学原理 [M]. 北京：中国水利水电出版社，2011.

[20] 詹道江，徐向阳，陈元芳. 工程水文学 [M]. 4版. 北京：中国水利水电出版社，2011.

[21] 王双银，宋孝玉. 水资源评价 [M]. 2版. 郑州：黄河水利出版社，2014.

[22] 徐存东. 水利水电工程管理 [M]. 北京：中国水利水电出版社，2012.

[23] 方国华. 水资源规划与利用 [M]. 3版. 北京：中国水利水电出版社，2018.

[24] 余钟波，黄勇，Franklin W. Schwartz. 地下水水文学原理 [M]. 北京：科学出版社，2008.

[25] 黄强，王义民. 水能利用 [M]. 4版. 北京：中国水利水电出版社，2012.

[26] 史海滨，田军仓，刘庆华. 灌溉排水工程学 [M]. 北京：中国水利水电出版社，2006.

[27] 白涛，杨杰，程琳，等. 水利工程概论 [M]. 北京：中国水利水电出版社，2019.

[28] 国家电力公司西北勘测设计研究院. 水电枢纽工程等级划分及设计安全标准：DL 5180—2003 [S]. 北京：中国电力出版社，2003.

[29] 中华人民共和国水利部. 混凝土重力坝设计规范：SL 319—2018 [S]. 北京：中国水利水电出版社，2018.

[30] 中华人民共和国水利部. 混凝土拱坝设计规范：SL 282—2018 [S]. 北京：中国水利水电出版社，2018.
[31] 中华人民共和国水利部. 碾压式土石坝设计规范：SL 274—2020 [S]. 北京：中国水利水电出版社，2020.
[32] 中华人民共和国水利部. 水工隧洞设计规范：SL 279—2016 [S]. 北京：中国水利水电出版社，2016.
[33] 中华人民共和国水利部. 水工建筑物抗震设计标准：GB 51247—2018 [S]. 北京：中国计划出版社，2018.
[34] 中华人民共和国水利部. 水工混凝土结构设计规范：SL 191—2008 [S]. 北京：中国水利水电出版社，2008.
[35] 中华人民共和国水利部. 水利水电工程钢闸门设计规范：SL 74—2019 [S]. 北京：中国水利水电出版社，2019.
[36] 周维博，施炯林，杨路华. 地下水利用 [M]. 北京：中国水利水电出版社，2007.
[37] 李海燕. 地下水利用 [M]. 北京：中国水利水电出版社，2015.
[38] 戴长雷，付强，杜新强，等. 地下水开发与利用 [M]. 北京：中国水利水电出版社，2015.
[39] 全达人. 地下水利用 [M]. 3版. 北京：中国水利水电出版社，1981.
[40] 麻效祯. 地下水开发与利用 [M]. 北京：中国水利水电出版社，1999.
[41] 吴正淮. 渗渠取水 [M]. 北京：中国建筑工业出版社，1981.
[42] 张景成，张立秋. 水泵与水泵站 [M]. 哈尔滨：哈尔滨工业大学出版社，2010.
[43] 胡祥. 水井钻探及成井工艺中几个关键技术问题的探讨 [D]. 北京：清华大学，2015.
[44] 张席儒，赵尔慧，霍崇仁，等. 地下水利用 [M]. 北京：水利电力出版社，1988.
[45] 陈崇希. 地下水不稳定流井流计算方法 [M]. 北京：地质出版社，1983.
[46] 张元禧，施鑫源. 地下水文学 [M]. 北京：中国水利水电出版社，1998.
[47] 骆鸿固. 截潜流工程 [M]. 北京：水利出版社，1981.
[48] 王毅萍，周金龙，郭晓静. 新疆坎儿井现状及其发展 [J]. 地下水，2008，30（6）：49-52.
[49] 邓铭江. 干旱区坎儿井与山前凹陷地下水库 [J]. 水科学进展，2010，21（6）：748-756.
[50] 肉克亚古丽·马合木提. 吐鲁番坎儿井保护研究 [D]. 上海：复旦大学，2013.
[51] 蔡淼. 中国空中云水资源和降水效率的评估研究 [D]. 北京：中国气象科学研究院，2013.
[52] 王光谦，李铁键，李家叶，等. 黄河流域源区与上中游空中水资源特征分析 [J]. 人民黄河，2016，38：79-82.
[53] 李家叶，李铁键，王光谦，等. 空中水资源及其降水转化分析 [J]. 科学通报，2018，63（26）：120-131.
[54] 李铁键，李家叶，傅汪，等. 空中水资源的输移与转化 [M]. 武汉：长江出版社，2019.
[55] 章肖融，干昌明，魏荣爵. 声波对水雾消散作用的初步实验研究 [J]. 南京大学学报（自然科学版），1963（5）：21-28.